新能源技术丛书

生物质能技术与应用

钱伯章　编

科学出版社

北京

内 容 简 介

本书是"新能源技术丛书"之一。本书详尽介绍了生物质能利用前景与一般应用进展,生物燃料的发展现状与前景,石油和化工公司研发与生产生物燃料进展,世界各国(地区)生物燃料应用现状与前景,生物质生产生物燃料新技术,生物炼制和生物质化工技术与产业。

本书可用作从事能源以及生物燃料和生物化工领域的规划、科技、生产和信息人员的工作指南,也可供国家决策机构人员和相关人员参阅,并可作为工科院校相关专业师生的参考用书。

图书在版编目(CIP)数据

生物质能技术与应用/钱伯章编. —北京:科学出版社,2010
(新能源技术丛书)
ISBN 978-7-03-028486-0

Ⅰ. 生… Ⅱ. 钱… Ⅲ. 生物能源-研究 Ⅳ. TK6

中国版本图书馆 CIP 数据核字(2010)第 149400 号

责任编辑:杨 凯 / 责任制作:董立颖 魏 谨
责任印制:赵德静 / 封面设计:郝恩誉
北京东方科龙图文有限公司 制作
http://www.okbook.com.cn

科 学 出 版 社 出版
北京东黄城根北街 16 号
邮政编码:100717
http://www.sciencep.com

北京凌奇印刷有限责任公司 印刷
科学出版社发行 各地新华书店经销

*

2010 年 9 月第 一 版 开本:B5(720×1000)
2010 年 9 月第一次印刷 印张:17
印数:1—4 000 字数:320 000

POD定价: 64.00元
(如有印装质量问题,我社负责调换)

丛 书 序

世界可再生能源的资源潜力巨大,但由于成本和技术因素的限制,其利用率还很低。水能、生物质能的应用技术相对成熟;风能、地热能、太阳能得益于政策的支持,近年来发展比较迅速;对海洋能(包括潮汐能、波浪能、温差能、盐差能等)的利用尚处于研发和验证阶段,距大规模商业化应用还有一段距离。

当今世界各国都在为获取充足的能源而拼搏,并对解决能源问题的决策给予极大重视,其中可再生能源的开发与利用尤其引人注目。新技术的发展,使得风能、生物质能以及太阳能等可再生能源得到快速开发和利用。随着化石能源的日趋枯竭,可再生能源终将成为其替代品。

在国际油价持续上涨的背景下,风能、太阳能、生物质能等新能源有望成为全球发展最迅速的行业之一,中国的新能源产业也正孕育着更多的投资机会。

我国新能源与可再生能源资源丰富,可开发利用的风能资源约 2.53 亿千瓦;地热资源的远景储量为 1353.5 亿 t 标准煤,探明储量为 31.6 亿 t 标准煤;太阳能、生物质能、海洋能等储量更是处于世界领先地位。在国际石油市场不断强势震荡,国内石油、煤炭、电力资源供应日趋紧张的形势下,开发利用绿色环保的可再生能源和其他新能源,已经成为中国能源发展的当务之急。中国国家能源领导小组描绘了可再生能源的诱人前景:到 2010 年,中国可再生能源在能源结构中的比例将提高到 10%;到 2020 年,将达到 16%左右。中国已出台《中华人民共和国可再生能源法》(简称《可再生能源法》),"十一五"规划中也明确提出,要加快发展风能、太阳能、生物质能等可再生新能源。

以"为国家提供优质能源"为己任的中国石油天然气集团公司(简称中石油)、中国石油化工股份有限公司(简称中石化)、中国海洋石油总公司(简称中海油),除了进一步加快石油、天然气的开发速度外,也将目光投向了生物质能、太阳能发电、风能利用、地热、煤层气等新能源开发上。

中石油继在中国石油勘探与生产分公司成立新能源处之后,其可再生能源计划已经有多个项目进入实质阶段,有望于"十一五"期间首先在生物质能、太阳能发电、风能利用、地热开发等领域取得突破。虽然投资巨大与风险并存,但作为国内最大的石油、天然气生产商和供应商,中石油仍然积极探索开发利用可再生能源,目的是为我国经济和社会发展增加新的能源选择。2003 年,中石油与中粮集团有限公司(简称中粮集团)合资开发的吉林燃料乙醇项目成为"十五"重点建设工程,也是国家生物质能产业的试点示范工程。2006 年,中石油成立了新能源处和相应的研发机构,现已启动一批可再生能源项目。其中,在西藏那曲地区、辽河油田、新疆油田等地建设了一批光伏发电、风力发电、地热资源开发利用等示范项目,并取得良好效果。2006 年 11 月,中石油与四川省政府签署了用红薯和麻风树开发生产乙醇燃料和生物柴油的合作协议。2006 年 12 月,中石油与云南省政府签署框架协议,拟在以非粮能源作物为原料生产燃料乙醇、以膏桐等木本油料植物为原料制取生物柴油等方面进行合作。

中石化和中粮集团于 2007 年 4 月中旬签订合作协议,共同发展生物质能及生物化工,拟在五年内合作建设年产 100 万 t～120 万 t 燃料乙醇的生产装置,双方通过项目招标赢得了合资建设广西合浦 20 万 t/a 生物燃料乙醇项目;合作还将涉及生物化工领域,双方拟共同致力于生物化工制品的研究、开发、生产和应用并形成产品规模,以推动中国化工行业的进一步发展。

新能源基金会(NEF)和中国资源综合利用协会可再生能源专业委员会(CREIA)于 2008 年 3 月底发布了中国 2007 年前 10 项可再生能源开发现状报告,指出 2007 年中国光伏电池量(不包括中国台湾)已超过美国,继日本和德国之后位居世界第三位。

2008 年,中国在投资可再生能源方面仅次于美国而居世界第二位,中国和美国的投资分别为 1760 亿美元和 2000 亿美元。据 HSBC(汇丰银行)估算,中国经济刺激计划投入绿色项目的资金达 2210 亿美元,为美国的两倍多,相当于中国 2008 年 GDP 的 5%。

在《可再生能源法》及《可再生能源中长期发展规划》等推动下,中国可再生能源已步入快速发展阶段。截至 2007 年底,可再生能源占中国一次能源供应的 8.5%,电力供应的 16%;2008 年,可再生能源利用量约为 2.5 亿 t 标准煤,约占一次能源消费总量的 9%,距离 2010 年可再生能源在能源消费结构中的比重占 10% 的目标仅有一步之遥。到 2020 年,可再生能源占一次能源供应和占电力供应的比例将分别达到 15% 和 21%。

加快发展包括可再生能源在内的新能源,是时代赋予我们的重大责任和发展机遇。

本丛书以"中国走向世界,并融入世界"为主线,以可再生能源和其他新能源的技术与应用新进展为出发点,全面介绍太阳能、风能、水力能、海洋能、地热能、核能、氢能、生物质能、醇醚燃料、天然气和煤基合成油、新能源汽车与新型蓄能电池以及热电转换技术等领域的技术发展、应用状况、研发成果、生产进展与前景展望。本丛书力求以最新的数据、最广的视角和最大的集成,使读者了解中国乃至世界在上述领域的新技术、新产能、新应用、新动向。

前　言

生物质能是太阳能以化学能形式储存在生物质中的能量形式,即以生物质为载体的能量。它直接或间接地来源于绿色植物的光合作用,可转化为常规的固态、液态和气态燃料,取之不尽、用之不竭,是一种可再生能源,同时也是唯一一种可再生的碳源。生物质能具有可再生性、低污染性、广泛分布性和可制取生物质燃料的灵活性特点。生物质能的原始能量来源于太阳,所以从广义上讲,生物质能是太阳能的一种表现形式。目前,世界很多国家都在积极研究和开发利用生物质能。

生物质能蕴藏在植物、动物和微生物等可以生长的有机物中,有机物中除矿物燃料以外所有来源于动植物的能源物质均属于生物质能,通常包括木材、森林废弃物、农业废弃物、水生植物、油料植物、城市和工业有机废弃物、动物粪便等。地球每年经光合作用产生的物质有 1730 亿 t,其中蕴含的能量相当于全世界能源消耗总量的 10~20 倍,但目前的利用率不到 3%。

生物质能是人类赖以生存的重要能源,它是仅次于煤炭、石油和天然气而居世界能源消费总量第四位的能源,在整个能源系统中占有重要地位。生物质能将成为未来可持续能源系统的组成部分,到 21 世纪中叶,采用新技术生产的各种生物质替代燃料将占全球总能耗的 40% 以上。

生物质能的应用包括:沼气、压缩成型固体燃料、气化生产燃气、气化发电、生产生物乙醇和生物柴油燃料等。

派克(Pike)研究公司的研究报告显示,全球生物燃料市场到 2020 年将达 2470 亿美元。预测表明,在仅仅 10 年内,生物燃料工业的市场就将在 2010 年价值 760 亿美元基础上翻三番。

生物燃料是生物质能用于生产运输燃料开发的重点和热点,有关生物乙醇和生物柴油生产的专有技术及其应用在《生物乙醇与生物丁醇及生物柴油技术与应用》中有专门论述,而有关生物燃料发展的综述与生物质生产生物燃料的新技术(生产生物油、气化/费托合成组合法、非发酵法/发酵法替代路线)以及生物炼制和生物质化工的评述则归纳在本书中阐述。

本书从全球视角出发,介绍生物质发电和沼气利用,生物燃料的产能效率、生物燃料的碳足迹、生物燃料的发展现状和前景、第二代生物燃料开发及其在航空业的应用,石油和化工公司研发与生产生物燃料进展,世界各国(地区)生物燃料应用现状与前景,生物油生产技术、气化加费托合成组合法、非发酵法和发酵法替代路线、生物质垃圾生产生物燃料的开发进展,并介绍了 CO_2 制取清洁燃料开发进展,生物炼油厂开发动向、生物质化工产品开发技术和应用,以及微生物产生能源新途径。

目 录

第 1 章 生物质能利用前景与一般应用进展

 1.1 世界生物质能利用前景

　　随着后化石经济时代的到来,用可再生的生物质资源来替代化石资源已成必然。生物质能是目前应用最广泛的可再生能源,消费总量仅次于煤炭、石油、天然气,位居第四位。生物质能是太阳能以化学能形式储存在生物中的一种能量形式,它直接或间接地来源于植物的光合作用,是以生物质为载体的能量。生物质主要指薪柴、农林作物、农作物残渣、动物粪便和生活垃圾等。生物能与风能、太阳能等都属于可再生能源。到 21 世纪中叶,采用新技术生产的各种生物质替代燃料将占全球总能耗的 40% 以上。目前,国外对生物质的利用侧重于把生物质转化成电力和优质燃料。

　　全球每年有 2000 亿 t 光合成有机物,其能量相当于全球每年消耗能量的 10 倍,但是目前其利用率还不足每年消耗能量的 7%。自然界每年贮存的生物质能相当于世界主要燃料的 10 倍,而现在全世界能源的利用量还不到其总量的 1%,因此生物质将成为 21 世纪主要的新能源之一。目前生物质能源占全球能源利用总量的 11%,但是部分来自不可持续的采伐。据预计,到 2020 年全世界生物质能源的商业化利用将达到 1 亿 t 油当量,并形成千万 t 级规模的生物液体燃料的生产能力。据联合国开发计划署(UNDP)估计,可持续的生物质能潜力巨大,可满足当前全球能源需求量的 65% 以上。

　　地球上每年生物体产生的生物质总量约在 1700 亿 t,目前被人类利用的生物质量只有约 60 亿 t,仅占总量的 3.5%。其中 37 亿 t 作为人类的食物,20 亿 t 用作材料和能源,3 亿 t 被用于满足人类其他需求。纤维素、半纤维素和淀粉是生物质中最主要的成分,它们占生物质的 65%～85%,也是地球上储量最大的物质。但这些物质不能被微生物直接发酵利用,只有水解成单糖才能被微生物发酵再利用。

　　近年来,生物质发电、燃料乙醇和生物柴油等生物质能产业在世界范围内快速发展,生物燃料在一些国家也已实现规模化生产和应用。尤其是进入 21 世纪,随着国际石油价格的不断攀升及《京都议定书》的生效,生物质能的发展得到世界许多国家的广泛关注,成为国际可再生能源领域的热点。总体而言,美国在开发利用生物质能方面处于世界领先地位。

据分析,2007年全部生物质为世界一次能源470 EJ($1EJ=10^{18}J$)贡献了约10%,但主要是传统的非商业用途的生物质。液体生物燃料现供应全球运输燃料的1%～2%,在今后二三十年内,这一份额有望增大。

现在一些作物专用于生产生物燃料,仅利用了世界总的土地面积132亿hm^2中的0.25亿hm^2。在巴西,超过汽油总需求量的40%由甘蔗生产的乙醇提供,除了生产生物燃料外,用作能源的一些作物也常常提供一些联产品,如动物饲料、化肥和电力。

对于生物质未来的潜力,利用适用土地、森林和城市闲土,并种植四季能源作物,则到2050年可望达到150～400 EJ/a(高达世界一次能源的25%)。一些达10亿hm^2、不适宜生产食品的边际和低质土地也可通过种植有选择性的能源作物来加以利用。

世界自然基金会和德国应用生态学研究所分别发表研究报告,强调生物能作为可再生能源对未来全球能源发展的重要性。该报告说,生物能的巨大潜力一直因政治因素而被忽视,如果不充分开发利用生物能资源,西方工业国家可能无法实现《京都议定书》制定的减少排放温室气体的目标。报告说,到2020年,西方工业国家15%的电力将来自生物能发电,而目前生物能发电只占整个电力生产的1%。届时,西方将有1亿个家庭使用的电力来自生物能。报告称,生物能资源的开发和利用还能为社会创造大约40万个就业岗位。

另外,据德国应用生态学研究所的报告估计,到2030年,德国大约14%的能源需求将由生物能来满足。报告称,到2030年,德国16%的电力、10%的供暖以及15%的汽车燃料等所需能源都可能来自生物能。

根据法国的能源政策,到2015年,全国使用生物燃油的比例将提高到10%。

芬兰、澳大利亚、瑞典和美国等国家已从木材和木材加工废弃物中获得大量低成本能源。芬兰20%的能源需求可由生物质能提供,2001年芬兰建成世界上最大的生物质能热电联产项目,总装机容量达550MW。

生物质能与煤炭的混合燃烧也具有很大的潜力。这项技术十分简单,并且可以迅速减少CO_2的排放量。这一技术在斯堪的纳维亚半岛和北美地区使用相当普遍。在美国,有300多家发电厂采用生物质能与煤炭混燃技术,装机容量达6000MW。还有更多的发电厂将可能采纳这一技术。

世界生物能协会(WBA)于2009年12月18日在瑞典农业科技大学发布报告称,世界有潜力能采用可持续的方式生产足够的生物质以满足全球能源需求。

世界生物能协会的报告指出,基于不同的科学研究,生物能生产可望到2050年达到1135～1548 EJ。据国际能源局的预测,总体而言,目前世界消费能源490 EJ,到2050年将会超过1000 EJ。报告指出,生物能最大的潜力将来自过剩农业土地和退化土地的生物质生产。现在使用生物质能量仅 50 EJ,为全球能源消费的 10%。生物能源作物在 2500 万 hm² 土地上生长,这仅为世界总土地面积的 0.19% 和总的农业土地的 0.5%。与其他技术相比,生物能有清洁之优势,许多小规模和廉价的生物能解决方案可直接予以实施。

1.2 我国生物质能利用前景

我国以石油为原料的大宗化学品长期供不应求,大量依靠进口。如 2005 年己二醇进口 400 万 t,对外依存度高达 78%。解决大宗化学品产量不足及对石油的严重依赖,加快原料多元化的研究开发迫在眉睫。我国科技部已将"非石油路线制备大宗化学品关键技术开发"列为"十一五"国家科技支撑计划重点项目。以可利用的天然气及煤层气、煤炭、工业废气、生物质等四大类非石油资源为原料,通过对化学工业竞争力大幅提升的若干重大关键共性技术的突破,将为节约和部分替代石油资源及工艺路线的变革提供技术支撑。通过若干非石油路线大宗化学品产业化示范,将培育形成自主知识产权的战略性产业。生物质资源将是非石油路线制备化学品的重要来源。

生物质能作为可再生能源是仅次于煤炭、石油、天然气之后第四大能源,它在整个能源系统中占有重要的地位。我国农村的生物质能主要包括农作物秸秆、人畜粪便、农产品加工副产品和能源作物等几大类。目前,我国农村生物质能开发利用已经进入了加快发展的重要时期。统计显示,截至 2005 年底,我国农村中使用沼气的农户达到 1807 万多户,建成养殖场沼气工程 3556 处,产沼气约 70 亿 m³,折合 524 万 t 标准煤,5000 多万能源短缺的农村居民通过使用了清洁的气体燃料,生活条件得到根本改善。

生物质能包括农作物秸秆、林业剩余物、油料植物、能源作物、生活垃圾和其他有机废弃物。目前,每年可作为能源使用的农作物秸秆资源量约为 1.5 亿 t 标准煤,林业剩余物资源量约 2 亿 t 标准煤,小桐子(麻风树)、油菜籽、蓖麻、漆树、黄连木和甜高粱等油料植物和能源作物潜在种植面积可满足年产 5000 万 t 生物液体燃料的原料需求。工业有机废水和禽畜养殖场废水资源量,理论上可以生产沼气近 800 亿 m³,相当于 5700 万 t 标准煤。根据目前我国生物质能利用技术状况,生物质能利用重点将是沼气、生物质发电、生物质液体燃料等。

我国生物质资源十分丰富,可用于生物质能源的农林等有机废弃物年产能潜力为 3.82 亿 t 标准煤,可用于种植能源植物的边际性土地年产能潜力为 4.15 亿 t。此外,中国已拥有一批可产业化生产的能源植物,如南方的木薯和甘蔗,北方的甜高粱和旱生灌木,中国广大地区还可发展木本油料等油脂植物。

生物质能源是唯一可再生、可替代化石能源转化成液态和气态燃料以及其他化工原料的碳资源,其含硫量低、灰分含量少、含氢量高。利用生物质能源可以弥补化石燃料的不足,缓解我国 50% 石油依靠进口的被动局面,而且利用生物质能源几乎不产生污染。

在未来十年内,我国生物质资源的开发将达到 15 亿 t 标准煤/a,如果将其中的
40％用来生产乙醇、生物柴油、二甲醚等液体燃料,每年可向市场提供 3 亿 t 的石油替
代品。

我国的生物质能资源虽然非常丰富,但利用率十分低下,而且主要被作为一次能
源在农村使用。生物质能约占农村总能耗的 70％,但大部分被直接作为燃料燃烧或
废弃,利用水平低,浪费严重,且污染环境。因此,充分合理开发使用生物质能,对改善
我国尤其是农村的能源利用环境,加大生物质能源的高品位利用具有重要的经济
意义。

改革开放 20 多年以来,我国以能源消费翻一番支持了国内生产总值翻两番,能源
利用效率有了显著提高。但总体来看,我国仍然没有摆脱“大量生产、大量消费、大量
废弃”的传统发展方式,能源资源少、结构不合理、利用效率低和环境污染严重等问题
仍然非常突出。我国计划 2020 年实现国内生产总值比 2000 年再翻两番,能源消费即
使翻一番,一次能源消费总量也将达到 30 亿 t 标准煤,石油的进口依存度也将进一步
增加,能源供应安全将面临更大的挑战。从长远发展来看,如果不能在节约能源、优化
能源结构和发展新兴可再生能源方面取得实质进展,我国的能源安全问题将更加突
出,环境污染和生态破坏的压力将更加沉重,能源和环境形势将进一步恶化,势必严重
阻碍经济社会的可持续发展。

生物质能源产业是在近几年全球油价飙升的背景下快速发展起来的。然而,在
2008 年 7 月中旬创出新高之后,国际原油价格急剧回落,给生物质能源产业带来了巨
大挑战。截至 12 月初,国际油价已跌至每桶 50 美元以下,此后又回升至 70 美元/桶
左右,油价在高位盘旋,说明发展生物质能源更有价值。调整原料和产品路线,仍是当
前推动生物质能源产业继续发展的关键。

当前,我国生物质转化利用的产品包括固体燃料、液体燃料油(包括乙醇、生物柴
油、生物油等)、气体燃料和生物质气化发电。从这几年我国生物质利用情况来看,生
物柴油存在原料不足、成本高的问题,这些问题在国际油价下跌之时曾一度阻碍了它
的发展。目前具有一定种植规模的原料油如菜籽油、大豆油以及棉籽油等价格过高,
均高于生物柴油成品,而具有一定价格优势的油品如地沟油、酸化油、泔水油等又缺乏
国家统一规范管理,原料过于分散,原料质量参差不齐,导致生物柴油的生产存在规模
化程度低、原料预处理难、催化剂活性低且分离困难等问题,生物柴油产业化进程长期
停滞不前,远远落后于市场需求。在生物质气化发电技术方面,发电转化效率低,一般
只有 12％～18％,不能满足大工业规模应用的需求,中大型的气化发电技术和设备的
核心技术缺乏研究,燃气热值低,气化气体中的焦油含量高,二次污染严重;生物质压
缩成固体燃料由于在压缩和烘干中要消耗大量的电能,能量转换并不划算。

针对我国生物质利用存在的原料、成本等障碍,生物质利用亟须解决发展定位问
题,从实践来看,首先应当把成本低的农林废弃物作为原料路线,我国每年仅林业剩余
物就超过 2 亿 t,约合 1 亿 t 标准煤,是一个巨大的绿色能源与资源库。其次要把液体
燃料油作为生物质利用的产品路线,但当前大多数液体燃料油工程采用简单工艺和简

陋设备,设备利用率低,转换效率低下;研究开发技术单一,缺乏综合利用与其他化工产品统筹研发,各项技术或系统间缺乏必要和有机的集成。

当前还不是我国生物质能源大规模发展与利用的时期,对生物质利用不能期望太高。像生物柴油在建的生产能力就达 350 万 t/a,一哄而上,不注重技术的研发,只能自己把自己束缚。国家有关部门应当把生物质利用作为战略产业来进行扶持,根据不同地域、不同原料建立适度规模的示范工程,连续运行,把可能出现的问题都反映出来,积累经验和数据,重点改造和突破。针对生物质能源产业的优惠和鼓励政策还要具有可操作性,重点要形成发展机制。

我国生物质能发展大事记:

(1) 2001 年,国务院决定在吉林、安徽、河南等四省建陈化粮乙醇厂,生产能力为 73 万 t,2006 年产量达 130 万 t。

(2) 2005 年 6 月,《可再生能源法》通过。其第十六条规定:"国家鼓励清洁、高效地开发利用生物燃料,鼓励发展能源作物。将符合国家标准的生物液体燃料纳入其燃料销售体系。"

(3) 2006 年 3 月,《中华人民共和国经济和社会发展"十一五"规划纲要》规定:"加快发展生物质能,支持发展秸秆、垃圾焚烧和垃圾填埋发电,建设一批秸秆和林木质电站,扩大生物质固体成型燃料、燃料乙醇和生物柴油生产能力。"

(4) 2006 年 4 月,国家发改委在全国立项建 30 个左右生物质能源高技术示范工程项目。

(5) 2006 年 8 月,国家发改委、农业部、林业局联合召开"全国生物质能源开发利用工作会议"。

(6) 2006 年 11 月 12 日,财政部、国家发改委、农业部、国家税务总局、国家林业局等五部委联合发布《关于发展生物能源和生物化工财税扶持政策的实施意见》。

(7) 2006 年 11 月 17 日,国家发改委通过生物乙醇"十一五"发展规划及政策建议论证。

(8) 2006 年至 2009 年,众多特大国有企业及大量中小企业,在广西、海南、新疆、内蒙古、山东、云南等地积极投入生物质能源产业开发。

(9) 2007,国家限制粮食大量用于生物能源的生产,保障人畜使用为第一原则,中国生物能源发展开始转向非粮食作物。

农业生物质开发利用是当前国内外广泛关注的重大课题,既涉及农业和农村经济发展,又关系到能源安全。我国农业生物质资源主要有农作物秸秆、能源作物、畜禽粪便和农产品加工业副产品等。大力加强农业生物质开发利用,既是我国开拓新的能源途径、缓解能源供需矛盾的战略措施,也是解决"三农"问题、保证社会经济持续发展的重要任务。农业部生物质工程中心于 2006 年 12 月中旬成立,近期目标是:构建开放式农业部生物质工程中心平台,加强农业生物质技术研究与工程集成,在固化成型、燃烧、沼气、燃料乙醇、生物质材料等方面的关键技术研究和装备开发方面取得突破性进展,创新一批具有自主知识产权的技术和产品;推广一批先进的生物质工程技术;建成一批生物质产业化示范工程;开展我国农业生物质资源现状调查,初步查清我国农业生物质资源的拥有量和分布情况,建立农业生物质资源数据库,促进我国农业生物质产业的形成与发展。中远期目标包括:全面推进生物质工程科技创新,在生物质能源转化和材料利用等方面达到国际先进水平,部分技术达到国际领先水平,增强我国农业生物质产业的国际竞争力;提高生物质能和产品在能源消费中的比重,通过生物质利用解决农村生活燃料短缺问题;基本实现农业废弃物的资源化利用,促进我国生态环境保护和社会经济的可持续发展。

国家林业局对生物质能源已经做出初步规划,准备拿出 2 亿亩(1 亩 = 666.6m²)林地作为生物质能源种植基地。有些树种的果实含油量为 50% 以上,通过发展生物质能源实现林油一体化,既解决了能源的可替代问题,也解决了生态问题。

国家发改委就我国生物燃料产业发展做出三个阶段的统筹安排:"十一五"实现技术产业化,"十二五"实现产业规模化,2015 年以后大发展。预计到 2020 年,我国生物燃料消费量将占到全部交通燃料的 15% 左右,建立起具有国际竞争力的生物燃料产业。我国是石油资源相对贫乏的国家。据测算,我国石油稳定供给不会超过 20 年,很可能在我们实现"全面小康"的 2020 年,就是石油供给丧失平衡的"拐点年"。为缓解能源压力,我国政府未雨绸缪,有关生物能源和生物材料产业研究已有数十年历史,在生物质能加工转化及相关环保技术方面有了一定的积累。我国完全有条件进行生物能源和生物材料规模工业化和产业化,可以在 2020 年形成产值规模达万亿元,在"石油枯竭拐点"形成部分替代能力。为实现"三步走"目标,国家发改委要求开展四项工作:一是开展可利用土地资源调查评估和能源作物种植规划;二是建设规模化非粮食生物燃料试点示范项目;三是建立健全生物燃料收购流通体系和相关政策;四是加强生物燃料技术研发和产业体系建设。

财政部对中国能源与生物化工产业将采取弹性亏损补贴、原料基地补助、示范补助、税收优惠四项财税扶持政策,为生物能源与生物化工产业的健康发展提供有力保障。在对生物质能发展实行财税扶持政策的同时,财政部将坚持三项原则:坚持不与粮争地,鼓励开发未利用土地建设生物能源原料基地;坚持产业发展与财政支持相结合,要有利于鼓励企业提高效率,有利于科技进步;坚持生物能源与生物化工发展积极稳妥,引导产业健康有序发展,避免投资过热。此外,科技部在"十一五"(2006~2010年)期间投入 1.5 亿元实施国家科技支撑计划重大项目"农林生物质工程",进行以生物质能源与生物质化工为主的研发,为生物质能源产业提供技术支撑。

我国已连续三个五年计划将生物质能源技术开发和应用列为重点。

根据《可再生能源中长期发展规划》确定的发展目标,到 2010 年,我国生物质发电量、沼气产量、固体成型燃料、非粮食液体燃料将分别达到 550 万 kW·h、190 亿 m³、100 万 t 和 120 万 t;到 2020 年,这四项指标将分别提升至 3000 万 kW·h、440 亿 m³、5000 万 t 和 1000 万 t。

根据中国国情和借鉴国外经验,并经可行性分析与论证,中国生物质能源发展的中期目标:到 2020 年,生产生物乙醇 2300 万 t、生物柴油及共生产品 500 万 t、车用甲烷 60 亿 m^3、生物塑料 1200 万 t,四者可年替代石油 5983 万 t。

生物质转化是国际生物质产业发展的重要方向,也是我国新时期拓展农业领域和建设社会主义新农村的战略举措。研究生物质转化前沿技术,开发附加值高、环境友好的生物质基产品,对促进资源丰富、潜力巨大的可再生生物质产业的发展和农业结构调整,增加农民收入,改善生态环境具有十分重要而深远的意义。

"十一五"期间,我国发展以生物质为原料的生物能源已成必然趋势,其中能源植物、燃料乙醇、生物柴油以及生物质发电和供热已列为重点专项。我国发展生物能源的外部条件已经成熟。虽然发展生物能源已获得国家层面的支持和社会的广泛认可,但目前还面临许多问题,如生物质资源不足、生物转化和加工效率低下、生物技术转化工艺难以实现规模化等。生物能源要想真正有所发展,科学界必须要在木质素、纤维素制燃料乙醇这样的世界性技术难题上联合攻关以求突破;同时加强对生物基因组方面的研究,以提高生物能源的转化效率。中国工业与环境生物技术专业委员会认为,到 2020 年,我国生物质加工产业 GDP 将达到 2.2 万亿元/年,而目前仅为 4000 亿～5000 亿元/a,未来生物经济的市场空间有望达到信息产业的 10 倍。

中国科学院 2009 年 6 月 10 日发布我国面向 2050 年科技发展路线图,其中的生物质资源科技发展路线图提出目标:确保国家未来生物质资源可持续利用,为中国 21 世纪生物资源科技、生物产业和生物经济的发展提供资源安全保障,实现中国由生物质资源大国向生物质资源及生物经济强国的根本转变。

生物质资源科技领域发展路线图的主线思维是:系统认知生物界的生物物质资源、功能性资源、基因资源和生物智能资源。通过基础性地部署生物质资源产生、演变、代谢调控等机理的目标研究;战略性地实施从生物群落-居群-个体-组织-细胞-基因完整性的需求研究和学科交叉融合;前瞻性构建生命规律研究的系统生物学理论和应用技术体系,从宏观生物资源和微观分子生物水平开发新型生物质资源的利用和发掘途径,为未来新能源和新材料、农业及食品、营养及健康、生态及环境领域发展提供生物质资源的科技支撑。

战略路径一:光合作用机理与提高作物及能源植物光能利用效率。揭示生物光合作用机理,解决生物光合原理应用技术的瓶颈;立足我国本土生物质资源,加强部署资源筛选评价及开发利用的理论和技术研究,突破现有遗传改良、基因工程、规模化种植和工业化生产的理论和核心技术的瓶颈,建成我国可持续生物能源的研发体系,最终实现我国生物再生能源技术规模化应用和商业化。

战略路径二:生物质能源。筛选优质高效的能源植物资源,建立能源植物在我国不同地域的繁育和生产基地;探索能源植物高效转能和蓄能的生物学机制,开展创新种质,优化规模种植及加工生产体系;建立完善的生物质能源转化的应用理论体系和技术集成,提高生物质能源的品级,实现大规模商业化应用生物质能源,以替代进口石油 30% 左右。

战略路径三:微生物资源发掘利用。微生物资源是人类赖以生存和发展的重要物质基础和生物科技创新的重要源泉。生命科学研究、预防医学的研究、生物技术及其产业的研发、食品科学等都是建立在微生物资源基础之上。根据我国的生物技术现状和微生物资源开发利用现状,加强微生物资源研发及相关产业链体系建设,提升我国生物产业的竞争力。

战略路径四:战略生物资源的发掘和可持续利用。生物资源既是地球上最重要的可再生资源,也是一个国家重要的战略资源。加强我国特有生物战略资源研究、遏止物种消亡,并致力于我国战略生物资源保护和发掘利用,合理布局我国广袤非农牧边际土地的生物产业发展,保障国家经济和社会发展所需的生物能源、农林产业、生态环境和人类健康的源头生物资源安全和可持续利用。

战略路径五:基因组及基因资源。面向 21 世纪基因组和基因技术发展趋势并结合我国国情,致力于基因组资源挖掘、生物燃料分子开发、分子机器认识与改进;揭示生命系统的分子机器,认识分子机器在生命体中调控,建立基于基因组数据库、基因组表达数据库、蛋白质表达和组装数据库基础上的系统生物学理论和应用技术体系,从微观分子生物水平开发新型生物质资源的利用和发掘途径。

战略路径六:生物质资源的特殊利用——仿生材料与仿生技术。自然界蕴藏着丰富的智能生物资源,“物竞天择”的生物世界是科学技术创新的知识宝库和学习源泉,是人类至今涉足甚微的智能资源库。通过仿生的智能特性研究,为设计和建造新的技术设备提供新原理、新方法和新途径。仿生科技与先进制造、先进材料和先进军事装备紧密相关,本章仅限于与生物质资源相关的仿生材料和技术,并突出与能源和环境有关的仿生生物质资源,重点放在节能减排上。

1.3　生物质一般利用进展

1.3.1　生物质利用概述

据预计,到 2020 年将有 50% 的有机化学品和材料产自生物质原料。生物质转化有各种方法,位于比利时布鲁塞尔的欧洲生物质工业协会将生物质转化分成四大类:直接燃烧、热化学转化工艺(包括热解和气化)、生物化学工艺(包括厌氧消化和发酵),以及物理化学加工(生产生物柴油的路线)。选用的技术取决于特定的原材料和下游产品的化学成分。

目前全球利用生物质生产燃料已有相当规模。有专家计算,如果将美国所有的谷物和大豆以 100% 植物油形式来生产生物柴油,只能满足美国目前需求量的 15%。而以废弃生物质为原料可避免发生与人争粮问题。据悉,英国 BP 公司已接受美国印第安纳州能源和资源协会资助,投资 940 万美元在该州建设以不可食用的含油作物麻风树生产生物柴油的项目,目标是 10 年内种植这种含油作物 8000hm²,届时每年可生产生物柴油 900 万 L。

以生物质为原料生产化学品是可持续发展的重要课题。长远来看,生物炼油厂可生产许多下游化学品、燃料和其他产品。据催化剂集团资源公司(CGR)分析,在美国,利用生物质制取的化学品已占化学品总销售额的 5%,预计到 2010 年将提高到 10%～20%。目前利用发酵工艺制取的化学品已多达 200 个产品,其中产量最大的 4 种产品分别是乙醇、柠檬酸、葡糖酸和乳酸。

化学产品量大面广,决定了此方面的研究课题和成果的异彩纷呈。赢创(原德固赛)公司正在研究以生物基原材料生产 3-羟基丙酸和 3-羟基异丁酸的工艺路线,以此进一步制取脂肪族有机物。法国 Metabolic Explorer 公司开发的 E. coli 菌种为从可再生资源制取丙二醇提供了具有成本竞争力的方法,该过程可联产丙酮产品。目前全球丙二醇市场为 150 万 t/a,主要用来生产不饱和聚酯、液体洗涤剂、防冻液和冷却剂等。

生物质加工都可利用其相同的前身物,如单糖和淀粉,它们也是食物的重要来源。乙醇是当今使用最多的生物燃料,世界乙醇生产的 40% 以上所用的原料为甘蔗,巴西居领先地位。谷物原料排在第二位,美国以谷物为主生产乙醇。

美国乔治亚技术研究院正着眼于实施纤维素乙醇生物炼油厂以弥补经济上的损失。该院化学与生物分子工程学校的研究人员正在开发 3 种环境友好的溶剂和分离体系:气体扩张液体、超临界流体和近临界水,以便以乙醇为原料生产特种化学品、医药中间体和香料。这些绿色工艺过程可生产价值高达 25 美元/磅的化学品。

酶是关键的生物催化剂。美国 Mascoma 公司与达特茅斯学院正在开发将纤维素生物质转化为乙醇的酶催化剂。英国工业生物技术公司(IBC)与 Isis 创新公司推出 Cytochrome P-450 技术。Cytochrome P-450 技术是以特种酶作为生物催化剂实现分子变换,使价值相对较低的物质只需一步就可转化为高价值化学品。初步的市场分析表明,该技术可制取超过 1.5 万种包括醇类、醛类、酮类和羧酸类的各种工业用化学品。生物质的另一关键应用是生物发酵。美国首诺公司在美国环保局资助下开展了新化学品污染预防计划,推出了可生物降解产品 Dequest PB,这种由菊苣根制取的产品可用于水质和工艺过程处理。

据美国 RISI 公司于 2008 年 6 月底发布的预测报告,预计到 2012 年北美的生物质制取能源市场将达 15 亿美元。该公司发布的国际木质纤维报告指出,生物质能源工业的未来前途光明。该市场呈爆炸性的增长不仅是由于来自私营投资公司和财富 500 强公司数十亿美元的投资,也由于许多立法行动举措包括美国新的农场法案的出台。截至 2008 年 6 月,在北美已确认有超过 65 个新的大型木质纤维能源项目投建,另有 30～50 个潜在的项目将建设。联产现是最为常用的技术,已至少有 30 个项目出台,超过 12 个项目已投运。下一步是生产木质纤维乙醇。据估计,能源项目消费的木质纤维到 2012 年将达 5000 万 t,这一数字到 2020 年将增长到 1 亿～2 亿 t。

德国、法国、瑞典、芬兰、波兰、西班牙和奥地利来自固体生物质生产一次能源最多,不过,德国、瑞典和芬兰使用生物质发电占一半以上(51.2%),其中联产装置占产量的 62.6%。芬兰的人均热当量功率为 1.348,其次是瑞典(0.904),拉脱维亚(0.646),爱沙尼亚(0.559)和奥地利(0.473)。

2010年4月上旬召开的"城市集中式生物质燃气产业技术创新战略联盟成立大会"发布信息显示,城市生物质燃气产业是以大规模产生的城市生活源和工业源生物质废物为对象,通过先进技术,将固体废物转化为高品位的清洁能源,其潜在设备产品市场达数千亿元人民币,具有巨大的产业化前景。据悉,我国目前每年产生约60亿t固体废物,其中约70%为生物质废物,成为我国环境污染的重要污染源。各类生物质废物中蕴藏着大量生物质能,通过开发先进的资源化技术,将固体废物转化为高品位的清洁能源,可达到废弃物减量、污染物和温室气体减排、资源回收等目的。在包括污染物减排、新能源利用在内的诸多领域,生物质燃气产业潜在的设备产品市场达数千亿元人民币。

1.3.2 生物质发电

生物质发电是指通过技术手段使蕴藏在生物质中的能量转化成可以利用的电能或热能,利用秸秆发电是最主要的方法之一。

秸秆包括玉米秸秆、小麦秆、稻草、油料作物秸秆、豆麦作物秸秆、杂粮秸秆、棉花秆等。国际能源机构的有关研究表明,农作物秸秆为低碳燃料,且硫含量、灰含量均比目前大量使用的煤炭低,是一种很好的清洁可再生能源。每2t秸秆的热值相当于1t煤,而且其平均含硫量只有3.8‰,远远低于煤1%的平均含硫量。

1. 直接燃烧

我国是农业大国,在农村能源消费结构中,生物质能约占生活用能的70%,占整个用能的50%,但生物质的利用仍以直接燃烧的柴灶为主(见图1.1),这种方式效率很低,只有15%左右。生物质工业锅炉的设计效率虽然也能达到矿物燃料的水平,但实际运行中的效率却并不理想。所以,应尽量推广更先进的生物质利用技术。

2. 气化供气、燃烧

随着人民生活水平的提高,许多城镇和农村开始使用煤气。而利用石油裂解气或优质煤为气化原料,生产成本相当高。生物质的特点,使其特别适于作气化的原料,利用气化炉,将生物质通过热化学转换变为可燃气体,作为生活煤气或锅炉燃料与煤混烧,可节约大量优质矿物燃料。图1.2为生物质气化集中供气示意图。

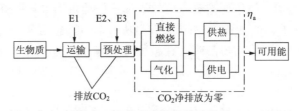

图 1.1 生物质直接燃烧示意图

下吸式气化炉已成功地用于农村供气系统,利用当地的农作物废弃物,如玉米秆、麦秆、稻壳等为原料,气化后的燃气作为当地居民生活用气。气体热值5.2MJ/m³,气化效率70%以上,煤气炉灶的燃烧效率为50%,系统效率约35%。

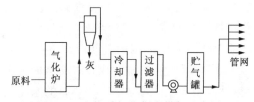

图 1.2 生物质气化集中供气示意图

中科院广州能源所研制的以 O_2 为气化介质,采用 CFBG 技术的中热值煤气系统,产生的煤气热值在 $10\sim12MJ/m^3$,气化效率在 70% 以上,总体效率在 40% 左右。循环流化床木粉气化炉,以燃气作锅炉燃料,气化热效率约 95%,燃气在锅炉中的燃烧效率在 95% 以上,燃烧总效率为 90% 左右。

3. 气化发电(中小型)

中小型气化发电系统包括气化、除尘、除焦、发电几部分,如图 1.3 所示。按国内目前气化发电技术水平,小型气化发电系统(2.5kW)的有效热效率为 11.6%;$60\sim200kW$ 稻壳气化发电系统,系统效率为 12%;中等规模气化发电系统(1MW),利用循环流化床技术,系统效率可达 17% 左右。虽然气化发电的系统效率较低,但产生的是高品位的电能,可用性高。

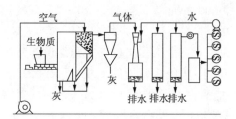

图 1.3 1MW 生物质气化发电系统示意图

4. 生物质 IGCC 技术

IGCC 即气化联合循环发电系统,适合于大规模处理农业或森林生物质,流程如图 1.4 所示,该系统具有处理容量大、自动化程度高、系统效率高等优点,较适合工业化生产。常压的 IGCC 系统,系统效率可达 35%$\sim$45%。

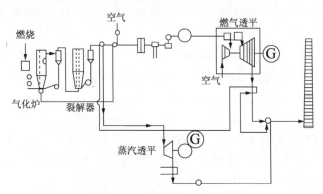

图 1.4 生物质 IGCC 示意图

生物质气化是指通过气化装置的热化学反应将低品位的固体生物质转换成高品位的合成气。由于生物质挥发分高、固定碳含量低，而且含 S、N 等元素极少，所以非常适合气化。目前生物质气化技术中采用的气化介质主要有四种：空气气化、富氧气化、空气-水蒸气气化和水蒸气气化，前三种气化方式所需能量由部分生物质气化炉内燃烧自给，水蒸气需由额外能量产生高温（大于 700℃）的水蒸气。生物质气化反应炉可分为固定床反应炉、流化床反应炉和携带床气化炉三大类。

1.3.3　国外应用进展

截至 2004 年年底，全球生物质发电装机已达 3900 万 kW，可替代 7000 万 t 标准煤，是风电、光电、地热等可再生能源发电量的总和。生物质发电主要集中在发达国家，特别是北欧的丹麦、芬兰等国，但印度、巴西和东南亚的一些发展中国家也积极研发或者引进技术建设农林生物质发电项目。

据报道，到 2020 年，西方工业国家 15% 的电力将来自生物质发电，而目前生物质发电只占整个电力生产的 1%。届时，西方将有 1 亿个家庭使用的电力来自生物质发电，生物质发电产业还将为社会提供 40 万个就业机会。

生物质发电方面，美国从 1979 年就开始采用生物质燃料直接燃烧发电，生物质能发电总装机容量超过 10 000MW，单机容量达 10~25MW。据报道，目前美国有 350 多座生物质发电站，主要分布在纸浆、纸产品加工厂和其他林产品加工厂，这些工厂大都位于郊区，提供了大约 6.6 万个工作岗位。美国能源部又提出了逐步提高绿色电力的发展计划，预计到 2010 年，美国将新增约 1100 万 kW 的生物质发电装机。

美国各州的可再生能源使用标准业已立法，开始促进生物质使用。美国能源情报署（EIA）预计，用于发电的生物质消费在今后几年内将大大增加。预计以生物质为燃料发电将从 2008 年 600 亿 kW·h 增加到 2020 年 1880 亿 kW·h，其中 1650 亿 kW·h 将来自木质和其他生物质。

美国先进能源佛罗里达公司于 2007 年 7 月底签署了为期 20 年的电力购买合同，佐治亚州 Norcross 的生物质气体和电力公司建设的木质废料燃烧发电装置购买 75MW 电力。该装置将于 2011 年商业化运行，使来自造纸厂的木屑、树皮、木节及其他木材废料气化燃烧产生气体用于发电。这是该州利用可再生能源和减少温室气体排放的一大举措。

从事清洁能源开发的 Ze-gen 公司于 2007 年 7 月底宣布，在美国马萨诸塞州 New Bedford 采用先进的气化技术，建设使生物质废物气化生产合成天然气和低排放电能的工厂。该工厂建于 New Bedford 的废物服务公司所在地。

2007 年 11 月初，Covanta 控股公司按照美国环保局新的能源性能标准建设的第一套废物生产能源设施开始投运。新的设施使佛罗里达州 Lee 郡 636t/d 城市废物转化为 18MW 电力。该设施在两套 600t/d 燃烧式装置中处理超过 400 万 t 的废物，发出电力可供 2.6 万户家庭使用。Lee 郡还将建设新的燃烧式装置，使该设施将城市废物转化为可再生能源超过 50% 以上。

美国太平洋气体和电力公司（PG&E）与 Martifer 可再生电力公司旗下的 San Joaquin 太阳能公司于 2008 年 6 月中旬签署两项合同，建设总能力为 106.8MW 的太阳能热-生物质燃料混合发电设施。建于美国加利福尼亚州 Coalinga 的太阳能-生物燃料项目每年将向 PG&E 公司在加利福尼亚州北部和中部的客户提供总计 700GW·h 电力。Martifer 可再生电力公司的混合发电设施通过将太阳能热技术与生物质燃料发电的蒸汽透平相组合，产生组合的太阳能-生物质燃料电力。每一项组合式电力项目每年需使用 25 万 t 生物质燃料，由当地生产的农业废弃物、绿色废弃物为原料。该项目于 2011 年投用。

雪佛龙能量解决方案公司在美国 Millbrae 城的 Millbrae 水污染控制装置，利用城市常见废物——来自餐厅的不可食用废油脂生产生物气体，用于产生可再生电力和热量，再用于城市废水处理。年节约能量价值 36.6 万美元。处理超过 3000gal 的废油脂，产生的甲烷气体用作 250kW 小型透平发电机燃料，发出电力用于废水处理。图 1.5 为美国加利福尼亚州 Millbrae 利用废弃油脂转化为生物气体的发电设备。

美国 Hilarides 酪农场将牛粪产生的生物甲烷用作卡车和发电用燃料，从而最大限度地减少了污染和使农场用能源实现了多样化。该酪农场从加利福尼亚州空气资源局替代燃料刺激行动计划获赠 60 万美元，这一替代燃料刺激行动计划补贴一些有利于增大使用非石油燃料的项目。Hilarides 酪农场使两辆重负荷柴油卡车转而使用由牛粪产生的生物甲烷用作燃料。采用厌氧池蒸煮器处理近 1 万头牛的排泄物，每天产生 22.6 万 ft³（1ft³ = 2.83×10⁻² m³）生物气体，足以供 2 辆重负荷卡车每天行驶所用燃料，这使该酪农场每天减少柴油消耗 650gal。

图 1.5　美国加利福尼亚州
Millbrae 利用废弃油脂转化为
生物气体的发电设备

美国 Austin 能源公司于 2008 年 9 月 1 日宣布在得克萨斯州东部 Sacul 附近投资 23 亿美元建设 100MW 生物质发电厂。该生物质发电厂采用木质废弃物为燃料，将于 2012 年建成投运。该电厂发出的电力可在 20 年内供 7.5 万户家庭用电。

美国堪萨斯州于 2009 年 12 月 11 日宣布，正在该州西南部规划一个项目，将采用牛粪为燃料用于发电。堪萨斯州格兰特（Grant）郡经济开发部主任 Gene Pflughoft 表示，这　变牛粪为电力计划非常适合堪萨斯州人均有两头牛的现实情况，对此有很大的兴趣，并且牛粪为极易可再生物，该项目于 2010 年初执行。一头奶牛一年产生的粪便按能量计相当于 140gal 汽油。据称，将牛粪与煤混合，24 000 户家庭就可利用 50 000 头奶牛的牛粪发电。2010 年计划的该示范项目将涉及混合 90% 煤炭和 10% 牛粪，将用于堪萨斯州电厂发电。该项目成功后将进一步扩大。目标是使每一饲养场都能与电网挂起钩来。

美国北塔科达州大学能源与环境研究中心(EERC)在北塔科达州 Grand Forks 的 Grand Forks Truss 装置验证生物质气化发电系统。该系统使低价值废料转化为有价值的热能和电能。该发电系统使用各种燃料,包括废料和其他有机原料。该生物质气化发电系统使木屑和木材废料转化成可燃烧的气体,产热和发电。可按需要,发电 10kW~1MW。

随着油价的不断攀升和全世界对于环境保护认识的提高,寻找既环保又经济的替代能源已经成为一些国家的主攻课题。美国得克萨斯州的一家新型能源厂就把牛粪变废为宝,将它们加工转换成一种与天然气类似的生物气体,并用于发电。位于美国加利福尼亚州中部的一家名叫 Vintage 的奶牛场宣布,他们发现了一条解决当地居民家庭用电的新途径,那就是利用牛粪进行发电。牛粪等动物粪便在自然界中受热分解之后会产生甲烷,这是一种比 CO_2 影响更大的温室气体。一些科学家称,控制动物粪便所散发出来的甲烷已经成为应对气候变暖的重要步骤。不过甲烷同样可以转化成可再生气体,这些气体可以代替煤被用来发电。有数据显示,一头牛的排泄物就可以产生大约 100W 的电能。阿尔伯斯发明的制造可再生气体的工程十分浩大,工作人员们首先将牛粪用水冲入一个面积较大的八边形的大坑中,然后再利用泵将其抽入一个被盖住的池塘中,池塘面积足有 5 个足球场大小,深度为 10 m 左右。经由屏障进行过滤后,固体残渣最终可以用来做牛圈的草垫,可再生气体则经由太平洋气体与电力公司(PG&E)的管道被输送至位于加利福尼亚州北部的发电厂。加利福尼亚州能源委员会表示,全州所有的奶牛养殖场场主都可以效仿这种做法,通过这种方式,他们既可以增加收入,又能帮助保护环境。据悉,牛、羊等反刍动物是甲烷、CO_2 等加剧空气污染和地球温室效应物质的重要释放者。目前,世界上共有 10.5 亿头牛和 13 亿只羊,牛、羊通过放屁、粪便、尿液所排放的甲烷气体含量占全世界甲烷排放量的 20%。其中,牛产生的甲烷气体量最大,是其他反刍动物的 2~3 倍。为了保护地球环境,目前科学界和各国政府都在积极地想办法,力图将牛、羊等动物的甲烷排放量降到最低。

欧盟使生物质用于燃烧发电和采暖的市场比美国更发达,主要是欧洲严格的法规和可再生能源启动计划的广泛支撑。例如,丹麦自 1993 年初就制定的法律要求增加使用生物质在能源供应中的使用。截至 2010 年 2 月,欧盟 27 个成员国同意在能源消费中使可再生能源发电所占份额提高到 21%,到 2020 年用于采暖占 20%。2005 年,所有欧盟可再生能源的 2/3 来自生物质,预计未来将保持重要份额。

在《京都议定书》的推动下,欧洲生物质市场强劲增长。据欧洲生物质委员会的分析预测,欧盟将使其生物质消费量从 2009 年 130 万 t/a 增加到 2020 年 1 亿 t/a。事实上,大多的北美生物质团粒装置的建设都专门针对出口到欧洲生物质市场。

2010 年 2 月《欧洲生物质电厂市场》调查报告显示,欧洲生物质电厂的数量在过去五年里增长了 40%,而英国的生物质发电能力远远低于芬兰和瑞典等国。调查结果显示,在已确认的 800 座生物质电厂中,2/3 以上位于斯堪的纳维亚或德语系国家。但报告认为,德国和奥地利多数电厂发电能力较低,原因是由于两国施行的投资政策以小规模电厂为主。奥地利的生物质电厂规模是欧洲最小的,平均装机容量为

2.3MW。尽管德国和奥地利的电厂数量最多,但其发电份额还不到欧洲总量的25%,而芬兰和瑞典的装机容量位居欧洲前列,几乎占欧洲总装机容量的一半。报告认为,芬兰和瑞典的生物质发电能力之所以强大,是由于两国林木资源丰富,而并非政府补贴政策的影响。芬兰生物质电厂的平均装机容量为3MW,位居欧洲领先地位。与上述四国相比,欧洲其他国家的生物质发电市场"相当微弱"。但报告预测,目前本国完全没有采用生物质发电或"规模非常有限"的国家,未来几年内可能出现强劲的市场增长。报告称,在造纸业、林业和部分农业占用地,存在着未被开发的有利地点。这些地点适于兴建大中型生物质电厂,只需利用相对较低的政府支持就可以开发。在新兴市场中,位于英国的大规模生物质电厂不容轻视,但由于英国林木稀疏,如果没有足够的材料供应计划中的项目,某些生物质电厂将被迫取消。该调查报告还预测,从2008年到2013年,欧洲生物质电厂的数量将增长近50%,达到1050座;装机容量也将增长50%,达到10 000MW。报告认为,在《京都议定书》进程和欧盟可再生能源指令的推动下,某些国家的强制"电网回购"电价有所上涨,因此促进了生物质发电的增长。"电网回购"政策,鼓励居民社区自行利用风能、水力和太阳能发电,并将所产生电量汇入国家电网,根据汇入电量的多少获得"现金回馈"。其本质上是一种政府强制公共事业公司以高于市场价回购绿色电力的行政命令。

英国为可再生能源项目开路,2007年11月22日宣布,建设世界最大的生物质发电厂。这座350MW以木屑为燃料的发电厂位于南威尔士海岸Talbot港的工业城,建设投资为8.3亿美元。这是世界上最大的生物质发电工厂,生产的清洁能源足以供威尔士居民的一半用电。该工厂的建成可为威尔士议会确定的2010年可再生能源目标的实现贡献约70%,可创造150个新的就业机会。木屑燃料用于燃烧,将是美国和加拿大可持续的资源,该电站每年燃烧300万t木屑。

生物质与煤炭混合的共燃烧减排技术正在英国脱颖而出。英国从事发电的Drax集团与全球发电技术领先开发商法国Alstom公司于2008年5月20日签约,后者承揽5000万英镑工程建设合同,在英国北约克郡的4000MW Drax电站建设150万t/a的生物质共燃烧装置。处理各种生物质材料,将生物质材料直接喷入电站燃煤锅炉内进行共燃烧。建设于2008年下半年开始,2009年底项目投用。建成后,该项目发电400MW,将成为世界上最大的生物质共燃烧项目,也成为Drax集团应对气候变化努力的组成部分,可减少其CO_2排放15%。将可再生生物质材料与煤炭混合并燃烧的共燃烧技术是一种减少碳排技术,对燃煤电站减少CO_2排放拥有重要潜力。2004~2009年,Drax集团开发了可再生生物质材料与煤炭共燃烧技术,设定了其挑战性目标:使共燃烧占其电力生产10%。相当于500台风力涡轮发电量,这样每年可减少其CO_2排放超过200万t。Drax电站也在其透平改造项目中取得良好进步,进一步减少CO_2排放100万t。加上其10%的共燃烧减排目标,到2011年可使每年的CO_2排放减少15%(基于现有发电量)。

Viridor Laing公司与英国Greater Manchester废弃物管理局于2009年4月9日达成协议,在英国Cheshire市的Runcorn地区建设废弃物产生能量的热电联产装置,将向英力士氯乙烯基产品公司供能。按照协议，Viridor Laing 公司将处理由 Greater Manchester 废弃物管理局提供的 130 万 t/a 生活废弃物，实施一体化的废弃物管理解决方案，包括回收服务、混配、机械生物处理和厌氧消化。从生活废弃物所产生的可回收固体燃料(SRF)将向 Runcorn 地区的废弃物热电联产装置供能，从而将产热并发电，并提供给 Runcorn 地区邻近的英力士公司的化学品生产之用。该废弃物热电联产装置建设总投资为 4 亿英镑，将于 2013 年初向英力士公司该生产基地供热和供电，该废弃物 CHP 装置完全投用时可达到 75 万 t 可回收固体燃料，将产生 100MW 电力和热量当量，占 Runcorn 生产基地总需求能量的 20%。

英国生物质发电呈现亮点。英国 Helius 能源公司于 2010 年 3 月 30 日宣布，继其他生物质燃烧发电站之后，又开发、设置和运作生物质燃烧发电站。Helius 能源公司将在英格兰西南部布里斯托尔(Bristol Channel)海峡埃文茅斯码头(Avonmouth Dock)建设 100MW 生物质燃烧发电站，以应对能源和气候变化部于 1989 年制定的电力法 36 款的要求。据该公司称，该电站可再生能源发电将产生可满足约 20 万户家庭用电，与类似大小的燃煤电站相比，每年将可减排 CO_2 超过 72 万 t。生产的电力将被送入当地的电网。该生物质电厂将每年需要高达 85 万 t 可持续原料来源，主要是木质材料。

法国燃气苏伊士(GDF Suez)公司于 2010 年 4 月 23 日与福斯特惠勒(Foster Wheeler)公司签署了一份合同，将在波兰建造世界上最大的生物质发电装置，称之为"绿色装置(Green Unit)"以增强其这一领域在欧洲的领先地位。该绿色装置生产能力为 190MW，将燃烧木材和农业燃料，可每年减少 CO_2 排放 120 万 t。装置将位于波兰东南部波瓦涅茨(Polaniec)，在法国燃气苏伊士公司的 1800MW 联合发电厂(煤/生物质为燃料)生产基地，将于 2012 年 12 月投入运转。该装置设计和建设循环流化床锅炉，这是世界上同类型仅燃烧生物质燃料的第一套设施，由福斯特惠勒提供技术。

德国 RWE Innogy 公司于 2010 年 1 月 21 日宣布，在美国乔治亚州南部建设世界上最大的生物质团粒工厂，该工厂年生产能力将为 75 万 t，使其成为世界上最大和最现代化的此类工厂。此项与瑞典生物质制造解决方案开发专家 BMC Management AB 公司进行的合作，项目总投资为 1.2 亿欧元。该工厂制造的生物质团粒初期将用于荷兰 Amer 现有的电厂燃烧使用，该电厂现已采用固体生物质，主要是木质团粒替代了 30% 的硬煤。并计划使混烧比例提高到 50%。在未来几年内，使用团粒将在其他纯生物质发电厂拓展，并也将应用于荷兰、德国、意大利和英国的常规发电厂。每年用 150 万 t 新鲜木材可生产 75 万 t 木质团粒。与欧洲不同，美国有大量不断增多的过剩的木材未加以使用，尤其在乔治亚州地区。木质团粒可从美国 Savannah 港运送至欧洲，与丹麦 Norden 公司业已签署长期运输合同。欧洲生物质市场正在不断发展中，可以说，没有生物质，德国和欧洲的 CO_2 减排目标将不能完成。由于有大量过剩，美国的木质比欧洲要廉价得多。

德国朗盛公司于 2010 年 3 月 16 日称其在巴西费利斯港投资 800 万欧元建设的一座用于生产电和蒸汽的废能发电厂投产。该发电厂的燃料主要是甘蔗渣，完全实现

了 CO_2 的中和,所排放的 CO_2 几乎与甘蔗在生长期间所吸收的 CO_2 量相当,而且工厂的发电效率高达 90%。早在 2003 年,朗盛就开始逐步采用可再生原材料取代矿物燃料。2010 年朗盛还将在印度和比利时建设另两座环保型发电厂,并计划再投入约 1700 万欧元用于开展和实施这些环保型发电项目。

意大利建设生物质气化发电项目。Babcock Wilcox Volund (B&W)公司于 2008 年 8 月中旬获签 1.4744 亿美元合同,以供应生物质气化装置。按照为期 10 年的合同,向意大利先进可再生能源公司(ARE)提供联合循环气化(CCG)技术。B&W 公司向 ARE 供应 CCG 技术,以建设多达 25 套小规模以生物质为燃料的发电装置,2008 年前先建设 6 套。第一套装置于 2010 年一季度投入商业化运行。每一套发电装置设计生产 4MW 电力,采用木屑生物质气化生产气体燃料以供发动机驱动发电。燃烧过程中产生的烟气热量将在热回收锅炉中加以回收,产生蒸汽再驱动蒸汽透平/发电机,使该装置在电效率约 45% 下运行。

荷兰 BioGast 可持续发展能源公司于 2007 年 9 月底从污水处理过程获取生物气体首次应用于 Beverwijk 市的民用和运输业。该系统从污泥发酵得到生物气体。BioGast 公司的目标是每年产生 650 000 m³ 生物气体,足以供 400 多户家庭使用。

荷兰于 2008 年 9 月 5 日宣布,采用鸡粪为原料的世界最大生物质发电装置投产。这个投资为 2.25 亿美元的项目由多种经营公用系统公司 Delta 拥有和运作。该生物质发电装置解决了荷兰一个关键的环境问题:大量鸡粪的管理问题。此前,需花费高额费用去处理它。该生物质发电装置可处理约 44 万 t 鸡粪,约占荷兰每年产生鸡粪总量的 1/3。包括荷兰在内的许多欧洲国家都存在大量各种类型动物粪便污染的环境问题。采用动物粪便作为碳中和的能源已成为所有管理方案中最有效、环境友好和低成本的方案。该生物质发电装置具有极好的"碳中和"效应,如果将鸡粪撒在农场的土地上,不仅会释放出 CO_2,而且会释放出甲烷,甲烷是温室效应很强的气体。通过将鸡粪用于发电,就可避免释放甲烷。该生物质发电装置专用于燃烧鸡粪,发电能力为 36.5MW,每年可发电超过 2.7 亿 kW·h。该装置位于 Zeeland 地区的 Moerdijk,服务于约 9 万户家庭用电。

图 1.6 荷兰燃用鸡粪的世界最大生物质发电装置

西班牙 ACCIONA 能源公司和 Ente Regional de la Energia de Castilla y Leon (EREN)公司在西班牙北部 Burgos 省的 Briviesca 建设 15MW 生物质发电工厂。该工厂从农业废弃物发电,每年燃用 10 万 t 秸秆,于 2009 年 10 月投运,发电 1.2 亿 kW·h。

比利时南部新建燃用生物质的热电联产工厂,发电达3.29MW,于2008年7月建成。比利时独立发电商Renogen公司与承包商Wartsila公司签署建设合同。工厂建在比利时南部Ardennes地区的Amel。新工厂向地区供热,提供热能高达10MW,发出电力进入当地电网。

比利时有机废物系统公司(OWS)在法国Bourg-en-Bresse地区开发应用大规模生物消化设施。与法国EDF旗下的Tiru公司合作实施的该项目每年处理9万t混合生活垃圾和1.5万t绿色废弃物。该项目于2009年3月投用,投运后每年可生产30 500t堆肥和14GW·h电力。采用干消化过程"DRANCO-技术"从生活垃圾处理有机物。废物首先在两个旋转罐内处理两天,以减少有机成分至小于40mm,然后在二个立式筒仓(体积为2000m³)内被消化。

瑞典公用工程Malar能源公司已逐步避免使用石油和煤炭发电,而转向生物质。该公司在Vasteras(Stockholm西北约100km)和其周围地区向9.9万客户提供电力、热能和用水服务。自1995年以来,已使所用能源从煤炭和石油大部分转向生物质。Malar能源公司于2000年开启大型生物质锅炉,从而使CO_2排放从20世纪90年代中期200万t/a下降至25万t/a。其目标是避免使用化石燃料。现所用燃料为36%生物质、31%煤炭、28%泥煤、4%生物油和1%石油。

丹麦是较早利用秸秆发电的国家。丹麦农作物主要有大麦、小麦和黑麦,这些秸秆过去除小部分还地或作饲料外,大部分在田野烧掉了。这既污染环境、影响交通,又造成生物能源的严重浪费。为建立清洁发展机制,减少温室气体排放,丹麦政府很早就加大了生物能和其他可再生能源的研发和利用力度。丹麦BWE公司率先研发秸秆生物燃烧发电技术,迄今在这一领域仍保持世界最高水平。在该公司的技术支持下,丹麦1988年建成了世界上第一座秸秆生物燃烧发电厂。同时,为了鼓励秸秆发电以及风能和太阳能等可再生能源的发展,丹麦政府制定了财税扶持政策。对于秸秆发电、风力发电等新型能源,丹麦政府免征能源税、CO_2税等环境税,并且优先调用秸秆产生的电和热,由政府保证它们的最低上网价格。政府还对各发电运营商提出明确要求,各发电公司必须有一定比例的可再生能源容量。1993年,政府与发电公司签订协议,要求每年燃用秸秆及碎木屑140万t。另外,丹麦从1993年开始对工业排放的CO_2进行征税并将税款用来补贴节能技术和可再生能源的研究。目前丹麦已建立了130多家秸秆生物发电厂,还有一部分烧木屑或垃圾的发电厂也兼烧秸秆。秸秆发电等可再生能源占到全国能源消费量的24%以上,丹麦靠新兴替代能源由石油进口国一跃成为石油出口国。丹麦的秸秆发电技术现已走向世界,并被联合国列为重点推广项目。

欧洲最大的森林生物质能电厂于2006年10月20日在奥地利维也纳11区Simmering投入运营,这个以木头碎料为燃料的发电厂每年可供电66MW,为4.8万户家庭供电,1.1万户用户供热,供电量为全奥电力年需求的1.5%。整个电厂共投资5 200万欧元。在原料方面,该发电厂每年消耗的木头碎料及树皮约为60万m³(约20万t),由奥地利联邦林业公司从方圆百公里森林中加工并运至电厂。选择维也纳11

区 Simmering 作为厂址主要是考虑了木料供应的运输问题——船舶、铁路或陆路运输都很方便,奥联邦林业公司还特别在附近 Alberner 港新设了一个散料货场以方便运输。在环保方面,维也纳生物质能发电厂的能源利用率为 80%。如果一个同样规模的电厂使用常规燃料运行,每年将使用约 7.2 万 t 的煤或 4.7 万 t 的燃油,常规燃料要从很远的地方进口。而相比之下该电厂减少的 CO_2 排放将达到 14.4 万 t/a。尽管燃烧木料也会排放一定数量的 CO_2,而即使这些木料在森林中自然腐烂的话,也会排放出相同数量的 CO_2,这些 CO_2 将被周围生长的树木所吸收。

全球环境能源公司(GEECF)旗下的 Biosphere 开发公司 2007 年 10 月中旬宣布,向 Global NRG 公司转让其绿色能源生产技术。转让合同覆盖澳大利亚、新西兰、太平洋列岛及部分非洲,包括南非和博茨瓦纳。Biosphere 技术过程系将固体废物气化为可再生能源,然后用于加热蒸汽来驱动发电透平。简而言之,将城市废物作为原料用于产生能量,废物产生的电力进入电网。该过程也可使用煤渣、煤矿废料为原料。作为世界最大的煤炭出口国澳大利亚采用 Global NRG 公司技术利用煤炭废料用于发电。在南非和新西兰都采用 Biosphere 技术。Global NRG 公司在 2006~2007 年已采用这一工艺过程每年发电 100 000MW。

位于印度 Patiala 邦 Ghanaour 的新能源和可再生能源 Vilas Muttemwar 公司在该邦 Ghanaour 建设利用稻谷秸秆和其他农业废物的发电厂,该生物质发电项目将发电 12MW,是 9 个类似项目中的一个,于 2008 年前投入运转,其他项目将在 4 年内全部投运,总发电量达 108MW。这些项目位于农村作业区,将为农庄提供有价值的电力。

印度最大的能源公司 NTPC 与印度石油公司(IOC)于 2010 年 3 月 19 日宣布,计划开发适用技术使用生物质发电。印度预计在第十一个 5 年计划期间增加发电量 78 000MW,并在第十二个 5 年计划期间再增加 100 000 MW。

日本于 2008 年 3 月中旬投产最大的木屑制气体产能装置采用了两台 GE 能源公司的 Jenbacher 型气体发动机,该设施现已在日本山方地区成功投用,发电 2MW,为当地电力用户供电。山方地区的气体产能装置完全采用木屑气化,无任何辅助的燃料供应,该设施采用邻近森林的木质生物质为进料。日本计划到 2010 年使生物质燃料使用量增加到 330MW。该项目是 GE 能源公司在亚洲承揽的大规模木质气体发动机的首次合同。日本应用木质气体发动机和气化技术是日本为遵从《京都议定书》承诺的举措之一。

日本三菱商事和总部设在广岛吴市的中国木材公司共同投资建设的"神之池生物能"木质生物能专用发电站于 2008 年 6 月底竣工。该电站的发电规模为 2.1 万 kW,专以木质生物能为燃料的发电站在日本国内属最大规模。神之池生物能发电站,以相邻的中国木材公司鹿岛工厂在木材加工、干燥工序过程中产生的副产品为生物能燃料发电。由于与生物能燃料的产生地点较近,因此减少了运输等所产生的能源消耗。该电站由两家公司各出资 50%,每年可减少 CO_2 排放量,以原油换算总计约为 6.11×10^7L。

日本一发电厂于 2008 年 12 月 22 日利用生物质上流式气化技术实施了 2MW 热电联产(CHP)发电能力。该电厂位于东京以北 400km,采用丹麦 Babcock & Wilcox 公司旗下的 Babcock & Wilcox Volund 公司转让的技术,将 60t/天木屑转化为合成气。该电厂电力供应山方县村山市的居民。在上流式气化工艺中,湿的生物质燃料从上部进入,与通过反应器上升的热气体相遇。燃料在气化器上部区域被干燥,而热解在下部发生。然后生物质材料通过还原区(气化),在炉栅以上的区内发生氧化过程(燃烧)。为向燃烧过程供应空气和向气化过程供应蒸汽,湿热的空气在反应器底部供入。采用上流式技术可使用宽范围的燃料和有宽范围水分含量的进料,这类设施也可放大到 20MW 的燃料进料。

以废弃的建筑材料为原料,经过再利用每小时可发电约 5 万 kW 的生物能源发电站,于 2008 年 6 月在日本千叶县的三井造船千叶事业所内建成。据称,该电站每年可减少 35 万 t 的 CO_2 排放,相当于节约 1×10^8 L 的原油。这座以废弃物再生资源作为燃料的生物能源发电站在日本国内目前属最大规模。三井造船公司称,该电站所使用的主要燃料,是那些或被填埋或被丢弃的木材、废塑料和纸屑压制的固形燃料(RPF)。每年约有 25 万 t 的废弃材料可以在这里得到再利用。该电站以废木材和 RPF 作为燃料通过锅炉燃烧,所产生的热再由蒸汽轮机转换为电力。所发电力向东京电力公司销售。

三菱公司与 Weyerhaeuser 公司也于 2010 年 2 月 2 日宣布组建生物质能源战略企业。两家公司将在 2011 年在美国联合投资和运作商业化规模生物团粒生产装置,有望成为世界级生物团粒生产商。生物团粒可采用木基生物质生产,目标是来自于美国可持续的森林资源或副产物,销售至公用系统和工业用户用于能源生产。三菱公司现在日本拥有两套生物团粒装置,该公司也参与德国主要的生物团粒生产商 Vis Nova 贸易公司的管理活动。

一些新的技术可望有潜力改变生物质资源的经济性。一个实例是烘焙,使生物质在低氧环境下加热至 250~320℃,然后制成团粒。这一过程的经济性已为大规模作业所认证,烘焙过程有吸引力的支撑之点是:有较高的能量含量(11 000 Btu/磅)、低的水分含量及高的贮存稳定性。

生物质团粒与煤混烧可实现减排和生物质利用,最近已在国外引起足够重视,并付诸实用和推广。

1.3.4 我国应用进展

我国生物质能资源非常丰富,发展生物质发电产业大有可为。一方面,我国农作物播种面积有 18 亿亩,年产生物质约 7 亿 t。除部分用于造纸和畜牧饲料外,剩余部分都可作燃料使用。另一方面,我国现有森林面积约 1.75 亿 hm^2,森林覆盖率 18.21%,每年通过正常的灌木平茬复壮、森林抚育间伐、果树绿篱修剪以及收集森林采伐、造材、加工剩余物等,可获得生物质资源量 8 亿~10 亿 t。此外,我国还有 4600 多万公顷宜林地,可以结合生态建设种植农植物,这些都是我国发展生物质发电产业的优势。

发展生物质发电,是构筑稳定、经济、清洁、安全能源供应体系,突破经济社会发展资源环境制约的重要途径。我国生物质能资源非常丰富,全国生物质能的理论资源总量接近 15 亿 t 标煤。如果到 2020 年,生物质能开发利用量达到 5 亿 t 标煤,就相当于增加 15% 以上的供应。并且生物质能含硫量极低,仅为 3%,不到煤炭含硫量的 1/4。发展生物质发电,实施煤炭替代,可显著减少 CO_2 和 SO_2 排放,产生巨大的环境效益。

事实上,我国生物质资源主要集中在农村,开发利用农村丰富的生物质资源,可以缓解农村及边远地区的用能问题,显著改进农村的用能方式,改善农村生活条件,提高农民收入,增加农民就业机会,开辟农业经济和县域经济新的领域。综合开发利用生物质能,形成完整的产业链条,可以加强农民的组织、联合和分工,促进农村基层组织建设。

据农业部 2006 年 5 月公布的数据,中国年生产秸秆约 6.7 亿 t,相当于中国 2005 煤炭生产量的 14%。目前,国家对秸秆发电实行优惠电价政策,上网电价高出燃煤发电 0.25 元/(kW·h),并可享受税收减免。到 2010 年,中国被废弃的秸秆将达 3.5 亿~3.7 亿 t。如果用于发电,则相当于 9000 万 kW 发电机,一年运转 5000 小时,产生电力 4500 亿 kW·h。据 2006 年中国能源研究会发布的数据,2005 年中国生物质能开发能力已达 2GW,到 2010 年中国生物质能开发能力将达 5GW,2020 年将达 30GW。

2003 年以来,国家发改委先后批复江苏如东、山东单县和河北晋州 3 个国家级秸秆发电示范项目,拉开了我国秸秆发电建设的序幕。在建秸秆发电项目分布在山东、吉林、江苏、河南、黑龙江、辽宁和新疆等地。2006 年 12 月,国家电网公司旗下国能生物发电有限公司的山东单县发电项目率先投产,装机容量 2.5 万 kW,与小型火电站的发电能力相当。此外,江苏宿迁和河北威县的秸秆发电站也已投产发电。

为了开发和利用生物质能,龙基电力公司于 2004 年从丹麦引进世界先进的生物发电技术。2007~2008 年,由龙基电力公司提供先进技术、国能生物发电公司投资建设的生物发电厂,从无到有,像雨后春笋般发展起来。自 2006 年 12 月我国第一家生物发电厂——山东省单县生物发电厂建成发电以来,陆续有山东省高唐、垦利生物发电厂,河北省威县、成安生物发电厂,江苏省射阳生物发电厂,黑龙江省望奎生物发电厂,吉林省辽源生物发电厂,河南浚县、鹿邑生物发电厂等生物发电厂建成并网发电。到 2007 年底,在共计一年的时间段里,共建成了 10 家生物发电厂。生物发电以其 CO_2 零排放的特点受到世界各国的青睐。生物发电产业在我国健康快速发展,为节能减排开辟了一条新路。以单县生物发电厂为例,装机容量为 2.5 万 kW,年消耗秸秆近 20 万 t,年发电量指标 1.6 亿 kW·h,可实现工业产值 1 亿余元。截至 2007 年底,这家电厂已发电逾 2 亿 kW·h。与同等规模燃煤电厂相比,一年可节约标准煤逾 9 万 t,减少 CO_2 排放逾 10 万 t。目前已并网发电的 10 家生物发电厂,年总装机容量达到 25 万 kW,如运营正常,一年可发"绿色电力"15 亿 kW·h 以上,节约标准煤逾 90 万 t,减少 CO_2 排放逾 100 万 t。生物发电还能使农民增收。单县生物发电厂投产后,直接和间接增加就业人口 1000 多人。周边农民向电厂卖秸秆,一年可增收约 5000 万元,同时还得到草木灰约 8000t,用以肥田。作为农民的生活用能,秸秆燃烧效率只有约 15%,而生物质直燃发电锅炉可以将热效率提高到 90% 以上。把农村大量废弃的秸秆用来发电,变废为宝,既节约了资源,又保护了环境。

我国的生物质气化技术已达到工业示范和应用阶段。广州能源研究所开发"生物质气化发电技术的研究与应用"成果,该成果是以气化为核心技术,配套自主开发的低热值气体燃料内燃发电机组,技术指标及设备规模两方面均取得了突破,形成了适合我国国情的农业废弃物气化发电系统,设备已全部实现国产化,投资不到国外同类技术的 2/3,运行成本也降低 50% 左右。该项目连续列入科技部"九五"、"十五"攻关和"863"等计划,达到国际先进水平。截至 2008 年 10 月,已建设的生物质气化发电站装机容量占目前国内市场份额的 70%,总装机容量逾 40 MW,累计合同额金额 1.5 亿元。该研究成果充分利用了废弃物资源,作为我国能源短缺的补充,同时又能改善能源结构,实现国家能源多元化战略。

中国科学院广州能源所多年来进行了生物质气化技术的研究,其气化产物中氢气约占 10%,热值达 $11MJ/m^3$。在"九五"期间分别在福建莆田建成了国内首个 1MW 生物质谷壳气化发电系统、在海南三亚木材厂建成了国内首个生物质木屑气化发电厂、在河北邯郸建成了秸秆为燃料的气化发电厂示范工程后,又与黑龙江农垦总局签订了兴建 20 套农业固体废弃物谷壳、稻草的生物质气化发电系统的合同。该项目总投资为 4000 多万元,年总发电量为 7500 万千 kW,年处理农业固体废弃物约 10 万 t。国家发改委核准建设宿州 $2 \times 25MW$ 秸秆热电厂项目,该项目由华电国际电力股份公司投资建设,总投资为 5.6 亿元,建成后年消耗秸秆约 30 万 t,年发电量 2.88 亿 kW·h。这一项目于 2006 年年底在宿州经济开发区开工建设。

四川简阳生物质发电厂项目于 2007 年发电。该生物质发电厂主要利用农作物秸秆作燃料,项目主要投资方为国能生物发电有限公司,总投资 2.7 亿多元。该项目建设内容及规模为 2 台振动炉排高温高压锅炉和 2 台装机容量 12MW 纯凝式汽轮发电机。该生物电厂的装机容量为 2.4 万 kW。根据设计,生物发电厂每年需要 10 万 t 的秸秆燃料。

安庆秸秆发电项目获得省发改委核准,于 2007 年 3 月开工。该项目是大唐集团在安徽省投资的首个秸秆发电项目。项目投产后,每年可为当地农民直接创收 5000 万元。该项目由中国大唐集团公司安徽分公司控股,安徽津利电力发展有限公司、安徽省皖河农场、安庆横江实业公司等共同投资建设,享受国家规定的可再生能源发电优惠政策。项目位于安庆市皖河农场,一期建设两台 1.5 万 kW 机组,工程动态投资 2.8 亿元,投产后年消耗秸秆 22 万 t,年发电 1.9 亿 kW·h。

华能长春生物质热电厂于 2008 年 4 月底在吉林省长春市双阳区奠基。该热电厂总投资约为 3 亿元人民币,装机容量为 5 万 kW·h,年发电量可达 1.8 亿 kW·h,2009 年 8 月实现投产发电。由于该热电厂主要利用农作物秸秆作为发电燃料,每年需要消耗秸秆 20 万 t,相当于节省了 8.5 万 t 标准煤。燃烧秸秆产生的热能还能满足

180 万 m² 面积的供热需求,使其能源利用效率达到近 90%。在广大农村,农民经常将无法利用的农作物秸秆在田间直接焚烧,这样做不仅浪费了资源,还造成了严重的空气污染。该生物质热电厂建成后,仅秸秆收购一项,每年就可为当地农民带来近5000 万元的直接收入。此外,秸秆燃烧后产生的底灰将全部返还给农民作肥料,真正实现物尽其用。

江苏国信如东生物质发电有限公司生物质发电于 2008 年 6 月初投用。如东生物质电厂年消耗秸秆 17 万 t,转化电能 1.74 亿 kW·h,相当于节约煤炭 8.5 万 t,减少CO_2 排放约 10 万 t。扬州市发改委为充分利用高邮秸秆资源,增加农民收入,同意建设高邮秸秆气化发电项目。本期建设规模为 4MW 燃气发电机组和相应的秸秆气化设备及辅助设施。该工程年需生物质燃料约 3 万 t,高邮市人民政府协助项目业主落实秸秆的收集;电厂以 35kV 接入电网。本期工程投资估算 4211.73 万元,其中资本金 1000 万元,占总投资的 23%。由高邮市林源科技开发公司出资,其余资金由项目业主融资解决。

山西省拟在 2012 年前,规划建设 14 处生物质发电项目,年发电量可达 9 亿kW·h,可消耗农林剩余物 105 万 t。山西省对生物能源具体数量及分布情况进行了调查。山西省 2006 年秸秆资源总量为 1011 万 t,除去要作牲畜饲料、还田、炊事等用途消耗外,还剩逾 500 万 t。晋南平原地区人工果木林和杨树枝的修剪和废弃枝条也可利用,每年约有 25 万 t。山西省生物发电规划初步确定,到 2012 年,全省要建设 14个生物质发电项目。这些项目将分布在大同、朔州、临汾、运城、长治、忻州、晋城、晋中等生物质资源较为丰富的地区。总容量 168MW,年发电量 9.24 亿 kW·h,消耗农林剩余物 105 万 t;到 2020 年,将规划扩建 13 个项目,使年发电量达到 17.8 亿 kW·h。据估算,这个数字将占 2020 年全省用电总量的 0.6%。可以消耗 200 万 t 的农林剩余物,可替代 100 万 t 的标准煤。到 2012 年规划目标实现后,每年可直接为全省农民增收 2 亿元,还能形成农林生物质的收储运产业,每年约有 1 亿元的产值,增加 1400 人的就业机会。2020 年,直接为农民增收 4 亿元,收储运业产值达到 2 亿元,增加就业机会 2000 个。此外,利用生物质发电,可大大减少农作物秸秆的废弃和露天焚烧,改善大气质量。初步测算,到 2012 年,可减少 CO_2 排放 125 万 t,减少 SO_2 排放 5400t。到 2020 年,可减少 CO_2 排放 250 万 t,减少 SO_2 排放 1.08 万 t。

河南省淇县天瑞生物质能公司 1×12MW 生物质热电机组于 2008 年 8 月并网发电。此举标志着河南省淇县在优化调整能源结构、增加农民收入、满足淇县企业供热需求方面开创了一条新道路。天瑞生物质能公司生物质热电机组发电是鹤壁市继国能浚县生物发电项目之后又一生物发电项目。国能浚县项目并网成功,实现了我国以小麦秆、玉米秆为燃料的黄色秸秆生物质直燃发电机组建设工作的新突破,填补了国内黄色秸秆直燃发电的空白。淇县天瑞生物质能公司生物质热电机组以淇县农作物秸秆和林业废弃物为主要燃料,享受国家规定的可再生能源发电优惠政策,其发电量全额上网销售。这一项目将解决淇县铁西工业区内 14 家市县重点企业的集中供热问题,年可消耗枝条薪柴、秸秆等农林废弃物 21 万 t,减少原煤消耗 12 万 t、CO_2 排放

900t、烟尘灰渣排放 720t,对于加强环境保护,实现能源可持续开发,促进鹤壁经济发展和构建和谐社会具有重要意义。洛阳市宜阳、嵩县将分别投资建设秸秆发电厂项目。宜阳建设 2×12MW 秸秆发电项目,总投资 3.6 亿元。项目建成后,年发电量约为 1.3 亿 kW·h,年消耗秸秆 22 万 t,增加农民收入 2000 余万元。嵩县建设 2×15MW 秸秆发电项目,引资 2.88 亿元,年发电 1.8 亿 kW·h。

2008 年 12 月初,湖北省安陆市与安能热电集团有限公司签订协议,引资 3 亿元兴建生物质热电联产项目。与传统的燃煤机组相比,生物质发电机组不仅可以大大减少温室气体和有害气体的排放,燃烧后产生的灰渣还可作为高品质的钾肥直接施用。该项目建成后,将年消耗生物质秸秆 60 万 t,年发电 1.5 亿 kW·h。湖北首个秸秆发电站神州新能源发电股份公司 25MW 生物质发电项目于 2008 年 12 月底在当阳市投产发电。该项目是湖北省首批新能源示范项目之一,总投资为 2.05 亿元。项目投产后,每年消耗秸秆近 20 万 t,发电 1.6 亿 kW·h,可以为 40 万户农村家庭提供全年的生活用电。该项目还将直接或间接带动 2000 余人就业,为农民增收逾 4000 万元。当阳市是湖北省小麦、油菜、玉米种植大市,每到夏收和秋收时节,当阳及周边县市区大量农作物秸秆因没有有效的利用渠道,村民只好在田间地头将其直接焚烧,不仅造成环境污染,还影响交通安全和人民群众健康。秸秆发电,能够有效地解决秸秆焚烧造成的大气污染,帮助农民增收。该发电厂每年可处理秸秆逾 20 万 t,与同等装机容量的火电机组相比,年可替代标准煤 9 万 t,减少 CO_2 排放约 10 万 t。

利用秸秆、谷壳、树枝等作为燃料的发电项目在江西省鄱阳县建成,于 2009 年投产,同时,该省万载县、吉安市的生物质能电厂 2009~2010 两年内投产。据介绍,鄱阳生物质能电厂总投资 2.5 亿元,建设两台 212MW 机组,每年可产生上网电量 1.4 亿 kW·h,年燃烧农林废弃物 18 万 t 以上,供热量达到 18 万 t 蒸汽,每年可减少 CO_2 排放 2600t。

山东省装机容量最大的生物质能发电工程 1 号机组于 2009 年 3 月中旬在聊城冠县投产。一年可消耗玉米秸秆、棉花秸秆和麦草等 17.27 万 t,年发电量达到 2.1 亿 kW·h,可以给当地农民年增收 4000 万元。另外,秸秆经燃烧后产生的草木灰,还可以给农民作肥料,帮助农民增收,降低环境污染。山东是农业生产大省,每年生产农作物秸秆 7000 万 t,能源产量相当于 180 万 t 标准煤。目前省年用电量在 1800 亿 kW·h 左右,如每年有 5000 万 t 秸秆用来发电,则可以产生 326 亿 kW·h 电,生物发电占的比例将显著增加。根据规划,山东省到 2010 年,全省新能源开发利用总量达到 1000 万 t 标准煤,清洁优质的可再生能源在一次能源消费结构中的比例由不足 1% 提高到 5%,其中全省生物质能发电装机容量达到 100 万 kW。聊城生物质电厂工程由国电聊城发电有限公司、聊城康桥商贸有限公司、聊城鲁能华昌集团有限公司投资兴建,引进的是丹麦秸秆燃烧发电技术,全部投产后,其发电规模能达到 3 万 kW,是目前省内装机容量最大的生物质能发电工程。

2009 年 11 月 4 日,苏北最大、总投资 454 万元的连云港市天顺牧业沼气发电项目在灌南县田楼乡投产。该公司采取"秸秆养牛—屠宰加工—粪便作肥—生物制剂—

沼气发电"的五链循环经济模式。利用产业链上游的猪牛粪便和屠宰加工有机废水生产沼气,再用沼气进行发电。可日产沼气 1500m³,发电 1500kW·h,发电可日消化猪牛粪便 70~100t。每年产优质有机肥可增收节支 21.9 万元,每年沼气发电超过 40 万 kW·h,可增收节支 60 余万元。项目投产将充分利用农作物秸秆资源,积极推广秸秆氨化处理技术,还可减少秸秆所带来的环境污染问题。牛食入大量的作物秸秆等饲料,排出大量含氨磷钾的粪便,有利于改良土壤、培肥地力和增产粮食。牛粪再用于沼气发电,增加再生能源。发电过程所形成的沼渣用于蘑菇栽培或养蚯蚓,对蚯蚓和牛骨、牛血进行生物制剂的提炼,以实现真正意义上的生态农业和循环经济。

截至 2010 年 2 月,湖南省已核准生物质电厂 9 座,共 21 万 kW。已投产常德澧县、益阳、岳阳 3 座电厂,力争 2012 年有 25 万 kW 的生物质能项目投产发电。据了解,惠明垃圾发电厂利用填埋生物质能沼气发电,现有装机规模 0.6 万 kW,有利于解决城市生活垃圾在处理过程中产生沼气后的易燃易爆和二次污染问题。益阳、澧县两个生物质电厂,使用农作物的秆、叶、壳等废物资作燃料发电,有利于带动农业的广度开发和农产品的深层次加工。以一台 1.5 万 kW 的机组为例,每年消耗燃料 15 万 t,年均收购单价为 280 元/t,再加上其他人工成本,电厂每年直接支付给农民的费用达 5000 万元,社会效益相当明显。生物质能作为新能源,在调整能源结构、减缓温室效应、发展低碳经济方面作用较为突出。据测算,一座装机 1 万 kW 的生物质电厂,相当于每年减少标准煤消耗 2.8 万 t,减少 CO_2 排放 7.2 万 t,减少 SO_2 排放 800t。

中国第一座利用甘蔗叶的发电厂已于 2010 年 3 月 3 日在广西壮族自治区投入运营。该工厂每年使用 20 万 t 农业废弃物用于发电,其中包括甘蔗叶和树皮。该电站能力为 1.8 亿 kW·h,与相同效率的燃煤发电厂相比,可每年减少 CO_2 排放 10 万 t、SO_2 排放 600t 和粉尘排放 400t。该电厂从农民手中购买甘蔗叶价格为 120 元/t(12.9 欧元/t)。广西每年有 800t 可供利用的甘蔗叶,可为约 38 家电厂提供这种植物材料。

2010 年 3 月 26 日,亚洲最大的生物质能发电项目在广东湛江遂溪县开建,项目规划总投资达 25 亿元。该项目由广东粤电集团投资建设,主要开发利用湛江周边地区的秸秆、叶片、皮壳、树枝、树皮、林业加工边角料等农林废弃物进行直接燃烧,通过生物质能转换技术实现发电,具有环保、节约能源、惠民、可再生持续利用等优点。该生物质发电项目总装机容量为 4×50MW 机组,分两期建设,第一期工程装机规模 2×50MW 直燃生物质发电机组,计划在 2011 年初投产,届时将成为亚洲生物质能发电领域中单机容量及总装机容量最大的生物质发电企业。据了解,该新型清洁能源项目建成投产后,可直接反哺农业、带动农村就业,预计可以年创利税 7000 万元,同时为当地农民增加收入 2 亿多元,每年还可以减少 CO_2 的排放量达到 40 万 t。

重庆华东化工有限公司与北京中博佳源环保发展有限公司于 2010 年 4 月中旬签订 SDF 污泥合成燃料研发产业化合作协议。签约双方将在重庆南岸区设立 SDF 污泥合成燃料研发与生产基地,项目总投资 1 亿元,达产后脱水污泥年处理量为 72 万 t,SDF 燃料年产量为 36 万 t,年产值 2.5 亿元,纯利润将达 3000 万元以上。据了解,

SDF污泥合成燃料技术就是将城市废水污泥经过无害化、除臭、干化、合成等工艺过程,变成高热值燃料,为国内外首创,并获发明奖。该技术有效解决了污泥除臭、无害化和减量化等技术难题,产品与优质烟煤品位相当,可作为发电、工业及城市供热等领域的高效低碳能源。

福建科迪环保有限公司自行研制的低温负压热馏垃圾处理技术获得成功,并在福州闽侯南通垃圾处理示范厂投用。此前,焚烧与填埋一直是我国城镇生活垃圾处理的主要手段,焚烧产生二噁英及填埋占用土地和二次污染成为痼疾。这一技术主要是通过让垃圾发电,使其变废为宝。即将生活垃圾通过隔氧、低温、负压热馏处理,变成接近于天然气的可燃气、焦油及炭渣,炭渣又被循环利用,为新的垃圾热馏处理供热,这期间不用再添加任何燃料。因为生活垃圾是在隔绝氧气、炉温300~350℃得到负压热馏处理,可有效抑制二噁英的产生,做到了生活垃圾处理的资源化、无害化。垃圾处理示范厂占地面积仅420m²,总投资130万元,日处理生活垃圾10t,每吨垃圾可生成180kg炭渣,150kg焦油和100m³可燃气。若这项技术得到大面积推广,达到日处理300t的规模,就可获得3万m³可燃气,从中提取4.5t液化气,可供上万户居民使用,同时可制取25t甲醇,产生4.5万kg焦油,并可提炼出13t汽油和32t重油,效益相当可观。

高成本是生物质发电产业发展瓶颈。目前,我国生物质发电产业刚刚起步,主要是消费一些多余的农作物秸秆,为农业发展和农民增收摸索一条路子。从已建成的生物质发电厂来看,暴露出了资源收集和管理方面的矛盾和问题。而生物质发电的高成本,正是生物质资源需要收集、运输和储存造成的,生物质发电要解决农业生产的季节性和工业生产的连续性的结合的问题。

1.4　生物质发酵产生生物气体(沼气)

生物燃料一般仅指生物柴油和生物乙醇,其他的可再生燃料如生物甲醇、生物甲烷和二甲醚仍处在开发的初期,但一些小规模的项目已开始显现出大的应用潜力。当今,石油仍是可供选择的燃料,占汽车运输燃料的98%。国际能源局2008年1月发布的报告显示,虽然一些国家力图提高生物燃料用量,但总的运输用液体燃料供应量来自生物燃料的比例仍小于2%。分析人士认为,仅使用生物燃料是不够的,这些可再生燃料来源必须是可持续的,理想的是第二代来源,但这一技术再过5年也未必被大规模采用,因此也要开发其他的替代方案。美国政府正在考虑利用废弃的填埋地来生产可再生能源。一个解决方案是收集甲烷气并用作生产生物燃料的可再生能源来源。埋地气体是城市固体废弃物厌氧分解的自然副产物。

生物气体生产至少来自三种来源:农业废弃物、污水污泥和固体生活废弃物。

生物质发酵可产生生物气体(沼气)。沼气(生物气体)发酵又称厌氧消化,是在厌氧环境中微生物分解有机物最终生成沼气的过程,其产品是沼气和发酵残留物(高效的有机肥)。沼气发酵是生物质能转化最重要的技术之一,它不仅能有效处理有机废物,降低化学需氧量(OD),还有杀灭致病菌、减少蚊蝇孳生的功能。此外,沼气发酵作为废物处理的手段,不仅能耗省,还能产生优质的燃料沼气和肥料。严格地说,有机物在一定的条件下,经微生物转化都可转化成沼气,只是物质的分子结构不同,被转化利用的时间存在差异。能转化成沼气的生物质包括畜禽业污物(牛粪、猪粪、鸡粪、屠宰场污水污物);工厂废物废水(豆制品厂废水、酒厂废物、肉品加工厂废水);植物类(青草、水葫芦、作物秸秆);其他(生活垃圾、废水处理厂污泥)。在前20年内,生物气休的使用在污水处理设施、工业加工应用、埋地和农业部门已取得了成功。

1.4.1 国外利用进展

1. 美 国

埋地气体用于生产生物燃料有两种方法。可为常规的乙醇或生物柴油生产用电提供燃料,或者用作生物柴油的原材料。在美国,这些用途包括:为汽车提供压缩天然气、为垃圾卡车提供液化天然气(LNG)、制取合成柴油、生产甲醇和生产生物柴油。

2007年,通用汽车公司第5个埋地气体项目投用,这些项目使其年节约达500万美元。宝马公司也有类似的项目,年节约达100万美元。在美国北卡罗来纳州Jackson郡,Smoky Mountain生物燃料公司采用埋地甲烷和废油转而每年生产了100万gal生物柴油,应用于社区汽车和向外零售。

美国环境电力公司2007年11月7日宣布,在美国得克萨斯州Stephenville建成可再生天然气(RNG)设施,这是北美最大的可再生天然气设施,该设施可生产约6350亿英热单位可再生天然气,相当于超过460万gal的采暖用油。该设施为环境电力公司旗下的Microgy公司拥有,从粪肥和其他农业废物产生富甲烷的生物气体,调制该生物气体可达天然气标准,并可通过商业管道进行分销。RNG(R)成为Microgy公司的可再生天然气品牌。环境电力公司已与太平洋天然气和电力公司签署了为期10年的购买合同,后者自2008年10月1日起正式接受RNG(R)。PG&E公司同意每天购买80亿英热单位RNG(R)。

PPL公司旗下的PPR可再生能源公司2007年11月上旬宣布,在美国维蒙特州Moretown的埋地场开发和设置4.8MW甲烷发电厂。该200英亩Moretown埋地场每天可提供240ft³甲烷气体。该设施产生的电力将送入电网。该项目于2008年12月31日投用。

美国POET公司与南达科他州Sioux Falls市于2008年4月中旬签署合同,将Sioux Falls市垃圾堆积场埋地产生的甲烷应用于POET公司Chancellor工厂的用能。使用甲烷替代POET生物炼制所用的天然气,发挥埋地沼气的效益。这一项目初期将替代该工厂天然气用量的10%,到2025年将增加到30%。甲烷将通过10mi(1mi=1.6km)的低压管道运送。使用项目于2009年第二季度完成。

美国废物管理(Waste Management)公司2008年4月中旬宣布在弗吉尼亚州利用埋地沼气发电提供电力。位于Bethel Landfill的埋地沼气产能设施(LFGTE)生产绿色电力 4.8MW,可供超过 4700 户家庭用电。该公司还计划建设另外两个更大的埋地沼气产能设施,利用 King George 郡和 Gloucester 郡的埋地沼气,将产生 19.2MW 绿色电力,可供超过 2 万户家庭用电。

美国 IESI Bethlehem 埋地公司和 Pepco 能源公司于 2008 年 11 月 24 日宣布 5MW 埋地气体发电项目投用。该设施由 Pepco 能源服务子公司 Bethlehem 可再生能源公司拥有和运作,以埋地物分解产生的甲烷为燃料。据称,该 5MW 埋地气体发电项目投用可避免 140 辆运送车一年的运煤量,与常规煤炭发电厂相比,可减排 CO_2 73t。

Ridgewood 可再生电力公司于 2008 年 12 月 8 日宣布在美国罗德岛开发 41MW 埋地气体发电项目,该设施将是美国第二大埋地气体发电厂。该项目到 2010 年底分三个阶段完成,投资约为 8000 万美元。Ridgewood 可再生电力公司自 1996 年起在该州埋地场运作埋地气体发电项目,近 12 年来,现有设施已从 12MW 扩大到 20MW。

美国废物管理公司和林德北美公司于 2009 年 11 月 10 日宣布,组建的合资公司已开始在美国加利福尼亚州 Livermore 附近的 Altamont 埋地地区生产清洁的可再生车用燃料。该装置是世界最大的 LFG 制 LNG 装置。该装置由林德公司建设和运作,并净化和液化埋地气体,该埋地气体由废物管理公司从埋地地区的有机废弃物经自然分解进行收集。该装置设计每天生产 1.3 万 gal 的 LNG,足以供废物管理公司在加利福尼亚州 20 个社区 485 辆废物和循环回收收集车中 300 辆作燃料使用。Altamont 埋地地区 LFG 制 LNG 装置通过另一种实用方法回收和利用有价值的清洁能源,减少对化石燃料的依赖。常规的 LNG 已在该公司废物收集卡车中用作清洁燃烧和经济实用的替代燃料。埋地气体制 LNG 是一种高度超低碳燃料,空气资源管理局对此业已认定,Altamont 埋地气体制 LNG 项目可使 CO_2 排放每年减少 3 万 t。林德公司在设计、开发和操作净化系统方面拥有经验,LNG 装置使之可从废弃物捕捉能源,生产清洁的可再生燃料,弥补化石原料的不足,并减少 CO_2 排放。Altamont 埋地地区 LFG 制 LNG 装置也可满足加利福尼亚州 Governor Schwarzenegger 两项环境指令(生物能源行动计划和 S-3-05 行动指令)的要求,生物能源行动计划旨在推进生物质用作运输燃料的使用和市场开发,S-3-05 行动指令旨在使加利福尼亚州到 2020 年温室气体排放减少 25%。

美国陶氏化学公司于 2010 年 2 月 23 日宣布,该公司于 2008 年 6 月建成位于美国乔治亚州 Dalton 的胶乳地毯背衬装置采用可再生甲烷能源为燃料,这种管输级甲烷来自埋地的"垃圾气体"。陶氏化学公司的可再生能源过程基于其 LOMAX 技术,该过程每年采用约 24×10^{10} Btus 甲烷气体,相当于 2100 户美国家庭一年采暖所需的能量。地毯背衬制造采用 LOMAX 技术,每年可减少 CO_2 排放 1.22 万 t,相当于每年道路上行驶的 2300 辆汽车的排放量,也相当于每年替代 20 万桶石油。

2. 德　国

世界最大生物气体装置在德国东部于 2009 年初投用,生物气体直接进入天然气管网。位于德国东部 Konnern 地区的生物气体装置将使 1500 万 m³ 生物甲烷进入天然气管网供德国用户使用,从而减少对俄罗斯天然气进口的依赖。2007 年,德国设置生物气体能力为 1280MW,拥有约 3750 套生物气体设施。据德国生物气体协会的预测,到 2020 年,德国将有高达 20%的天然气需求来自生物气体供应。德国现有最大、投资为 1000 万欧元的生物气体装置已将 600 万 m³ 生物甲烷送入天然气管网。生物气体发展升温缘于 2007 年关键技术取得突破,使可使生物气体可注入天然气管网中。在 Konnern 四周的 30 个生物气体发生场每年要接受 12 万 t 原材料,主要是谷物作物。8 个发酵罐预计每年产生 3000 万 m³ 生物气体,其被加工成 1500 万 m³ 生物甲烷。

EnviTec Biogás 公司在德国 Güstrow 的生物甲烷装置已于 2009 年 11 月底投产,这套能力为 55MW 的装置采用的技术可使生物甲烷质量提高到可直接调入天然气分配管网之中。Güstrow 生物甲烷装置成为世界最大的生物甲烷装置,可满足 5 万人口的城镇需要。这套世界最大的生物甲烷装置经过不到两年的建设已大部分完成,并与 Mecklenburg-Western Pomerania 州 Güstrow 天然气管网联网,热力能力为 55MW。全部建成后,20hm² 地区将拥有 20 台发酵罐及发酵残余物贮罐。生物气体生产过程的供入原料如谷物和切割牧草均来自 50km 范围内的农场。2009 年夏季第一条生产线投用,产生物甲烷超过 400 万 m³,并供入由 ONTRAS VNG Gastransport 公司运作的气体管网。据称,生物气体的利用具有替代进口天然气的巨大潜力,经济友好的生物甲烷生产吸引了工业和农业经营者。另有 25MW 热力能力装置已在建设中,于 2010 年底投用。德国政府对生物气体市场的需求正在增长之中,预计到 2020 年将有 60 亿 m³ 生物甲烷进入气体管网。据德国能源局计算的数据,将需要建设高达 2000 个新的生物气体生产设施。现在有不到 20 个设施生产精制过的生物气体供入国家天然气管网。

据德国生物气体贸易协会(Fachverband Biogas)于 2010 年 1 月 19 日公布的数据,截至 2009 年底,德国投运的生物气体设施达 4500 套,其中 95%采用来自作物和牲畜的废弃物,如废浆液、粪便和能源作物。

与其他国家采用生活有机废弃物相比,德国大多数的生物气体主要采用来自农场的原材料。德国也验证了采用来自食品工业的有机废弃物来生产生物气体。

3. 英　国

英国于 2008 年 10 月在伦敦投用第一座压缩生物甲烷(CBS)加注站,以用于支持以 CBM 为动力的街区清洁汽车运营。Gasrec 公司是英国第一家液体生物甲烷燃料生产商,得到后勤合作伙伴 Hardstaff 集团的支持,该设施应用于由英国最大的废弃物管理集团 Vcolia 环境服务公司拥有的汽车加注 CBS。该 CBS 从填埋地产生的沼气生产,在所有的商业化适用的生物燃料中具有最低的碳密度,排放比化石燃料低 70%。

4. 尼泊尔

尼泊尔农村通过大规模使用沼气,将在今后 5 年内减少排放 CO_2 600 万 t。这种低科技生物燃料能使像尼泊尔这样的贫困发展中国家,也为抵制全球变暖出一份力。

而且,在农村地区使用沼气还能使各国交易 CO_2 排放权。尼泊尔的经验证明了交易权的价格是很具竞争力的。沼气是生物质发酵生成的甲烷和 CO_2 的混合物,即使人们使用越来越多的专用能源作物,作为厌氧发酵的单酶或与其他原料一起发酵,有机肥如动物粪便,家庭垃圾和城市固体垃圾仍然是沼气的常用原料。在尼泊尔,沼气设备是低科技的简单设备,即存储牛粪的圆槽。该设备多建于房屋附近,以便产生的气体通过管道输送到厨房。将近85%的尼泊尔人生活在农村地区,其中95%的农村人口使用诸如木材和农业废料等传统的、收成不稳定的燃料。这些燃料造成室内严重烟尘污染,被称为"厨房中的杀手",每年大约造成120万妇女和儿童死亡。而且,这些燃料的利用率极低:真正利用的能量仅占燃料含有能量的5%～10%。沼气设备不仅更加清洁,而且效率更高。20世纪50年代末,尼泊尔首次引入沼气,如今成千上万的家庭都在使用沼气。与全球的 CO_2 排放量相比,尼泊尔减少的排放量可能微不足道,但这是一个像尼泊尔这样贫穷的国家,能为抵制全球变暖出力的典型范例。

5. 古 巴

古巴宣布于2009年在中部 Cienfuegos 省设置现代化生物气体发电装置。该装置将采用 Palmira 城镇养猪场猪排泄物产生生物气体。据估算,古巴拥有700多套生物气体装置,最大装置在哈瓦那,与联合国工业发展组织共同开发。

1.4.2 国内利用进展

我国的沼气利用技术基本成熟,尤其是户用沼气,已经有几十年的发展历史。自2003年,农村户用沼气建设被列入国债项目,中央财政资金年投入规模超过25亿元,在政府政策的大力推动下,户用沼气已经形成了规模市场和产业。到2008年年底,全国已经建设农村户用沼气池约3000万口,大中型沼气设施达到了8000多处,生活污水净化沼气池14万处,畜禽养殖场和工业废水沼气工程达到2700多处,年产沼气约120亿 m^3,为近8000万农村人口提供了优质的生活燃料。同时,随着沼气技术不断进步和完善,我国的户用沼气系统和零部件基本实现了标准化生产和专业化施工,大部分地区建立了沼气技术服务机构,具备了较强的技术服务能力。大中型沼气工程工艺技术成熟,已形成了专业化的设计和施工队伍,服务体系基本完备,具备了大规模发展的条件。

到2010年,全国农村户用沼气总数达到4000万户(新建1800万户),占适宜农户的30%左右,年生产沼气155亿 m^3;到2015年,农村户用沼气总数达到6000万户左右,年生产沼气233亿 m^3 左右,并逐步推进沼气产业化发展。年新建规模化养殖场、养殖小区沼气工程4000处,年新增沼气3.36亿 m^3;到2015年,建成规模化养殖场、养殖小区沼气工程8000处,年产沼气6.7亿 m^3。

在我国,据称,2.5kg秸秆可以产生 $1m^3$ 天然气,秸秆发酵工艺的成熟将使秸秆成为可替代能源。由河北沧州政府支持的这一项目,在中温37℃、浓度20%～10%的情况下,利用秸秆发酵工艺,能使2.5kg秸秆出 $1.375m^3$ 沼气,提纯后产生 $1m^3$ 天然气。秸秆发酵工艺能使天然气的成本下降到 $0.5～0.9$ 元/m^3。据介绍,按我国每年可产生能利用的秸秆总量 6 亿 t 计算,利用这项工艺加工后,秸秆 1 年的产气量相当于西气东输工程 200 年的供气量。目前,这一成果已申请多项国家专利,并引起有关专家的高度重视。传统沼气是利用粪便作原料,因原料不足、气量不够、经济效益低未能继续发展。而利用秸秆发酵产生沼气拥有降解率高、出气快、周期短、效益高的特点。大量剩余的沼渣可彻底解决我国土地因长期施化肥而产生的土壤板结、有机物含量下降等问题。这一项目现已进入商业化运营,2005 年建成的日产沼气近 400m³ 的秸秆沼气工程,供一家食品厂使用,效果良好。在国家相关部门支持下,第二个便于向全国推广、可供 500 户居民使用的标准化工程,在 2006 年 10 月底投入运营。

由山西省太原市特石环保材料有限公司研发的利用农业秸秆资源工业化生产高热值沼气的技术通过专家评审,采用该技术建设的装置已在山西省太原市投入运营。该装置可低成本实现农村清洁能源的集约化生产,减少 CO_2 和烟尘排放,为改变农村能源结构提供了技术保证。据介绍,该装置实现了低投入、高效率生产高热值沼气(甲烷含量 70%～80%)的目标,秸秆的生物能源转化率高达 80%,具有创新性。该装置生产过程安全可靠,既不产生废液、废渣,也不污染环境,自动化程度较高,操作简单。山西省太原市特石环保材料有限公司自主开发的这项专利技术具有三大创新:复合微生物菌群能够彻底分解秸秆;利用生物分解热为生产装置提供热源,使装置在任何季节都不需要额外加热仍然保持高效率运行;变压厌氧发酵技术提高了沼气产率和沼气热值,降低了装置能耗。

2007 年 7 月底,东北三省第一家垃圾发电项目——沈阳大辛生活垃圾沼气发电厂建成并网发电。这是一个由外资企业投资的垃圾发电项目,它标志着外资企业开始抢滩内地城市生活垃圾处理市场。投资 1.2 亿元的沈阳大辛垃圾填埋沼气发电项目全部由美国新新集团投资兴建、运营,经营期限为 20 年。此项目计划分三期进行投资,一期建设 2 台发电机组,发电容量为 2MW·h。项目全部建成后,可为当地 3.7 万户城市居民提供生活用电,投资回报可观。新新集团是一家涉及环保、建筑等行业的跨国集团。1993 年开始进入中国市场。垃圾填埋、并用填埋沼气发电项目是其重要业务之一。2008 年 4 月 29 日,东北地区首个垃圾填埋沼气发电站——沈阳市老虎冲垃圾填埋沼气处理及发电项目一期工程并网发电。今后,平常居民家中的烂菜叶、剩菜、剩饭这样的生活垃圾,都可以成为发电的原料。老虎冲垃圾填埋沼气发电项目由老虎冲与意大利阿兹亚公司合作开发,是东北首家利用垃圾填埋产生的沼气发电的项目。项目利用老虎冲垃圾填埋场每天接收的沈河、和平、浑南等城区的 1700t 生活垃圾填埋后产生的沼气进行发电。项目分两期进行,当天并网发电的为一期工程,二期计划 2010 年完成。其中,一期工程能满足 2.5 万城市居民 1 年用电,年节约标煤 1.5 万 t,减少温室气体排放量相当于 12 万 tCO_2。项目全部完成后,可供 5 万居民一年用电。该项目可彻底解决老虎冲垃圾场周边臭味扰民问题,消除了沼气外泄可能引发的火灾和爆炸隐患,缓解了城市电力短缺问题,减少了温室气体排放,可以说是一举多得的好事。

打捞是治理太湖蓝藻的有效手段,但捞上岸的蓝藻如何处理,却成了难题。无锡市积极探索蓝藻的无害化、资源化利用的后处理问题,2008 年 3 月起选择了南洋公司和唯琼农庄两个试验点,并分别与江南大学和江苏省农科院合作,合力攻克蓝藻发电课题。混合一定比例的猪粪,通过厌氧发酵产生沼气,1t 蓝藻可发电逾 40kW·h。2008 年 6 月中旬,无锡市首套蓝藻产沼气设备在无锡市南洋农畜业有限公司点火发电。这一设备投产后每日最多可处理蓝藻 300t,年消耗蓝藻 3 万~4 万 t。

工程总投资近 2 亿元、目前亚洲地区最大的垃圾填埋气体发电项目——上海老港再生能源有限公司填埋气体发电项目于 2008 年 7 月下旬在上海投入运行。该项目其年均垃圾处理量达 292 万 t,每年发电达 1.1 亿 kW·h,可在一定程度上缓解上海日趋紧张的电力供需矛盾。据悉,上海老港生活垃圾填埋场由一、二、三、四期工程组成,占地面积达 6.5km²,日处理生活垃圾 8000t,占全市垃圾产出量的 70% 以上,在 2010 年前竣工。该填埋气体发电项目本期建设规模为 12 台发电机组,总装机容量为 15MW。当垃圾填埋后,厌氧发酵过程产生沼气,主要成分为甲烷和 CO_2,理论上,每吨填埋垃圾可产生沼气 145m³,集中收集后可发电逾 200kW·h。该项目建成满负荷生产后,与相同发电量的火电相比,每年节约发电用煤 3.78 万 t,每年减少了填埋场区约 8100 余万 m³ 可燃易爆填埋气体的排放,同时向上海电网输送电力约 1.1 亿 kW·h,将占全市绿能发电量的一半,并可解决约 10 万户居民的日常用电。届时上海市电网电源也将呈现火力发电为主,风力发电、生物质能发电并存的多元化供应结构。

天冠集团燃料乙醇公司于 2008 年 12 月利用生产乙醇过程中产生的沼气发电,减少污水排放,节约能源,收到明显成效。为提高沼气利用率和实现资源循环利用,天冠集团将剩余沼气脱硫、脱水、去杂后经增压装置进入沼气发电机组进行发电,沼气发电机组排放的尾气(温度为 500~600℃)还可用来干燥饲料、污泥肥料以及采暖等。据测算,每年可发电 1425.6 万 kW·h,节约电费支出 855 万元,通过综合利用热能每年可节约燃料费 160 万元。

我国自主知识产权的大型秸秆生物气化工程试运行获得成功,为秸秆能源化利用开辟了一条新路。秸秆生物气化是秸秆在厌氧条件下经微生物发酵而产生沼气的工程,可使用稻草、麦秸、玉米秸等多种秸秆,也可与农村生活垃圾、果蔬废物、粪便等混合发酵,原料组合非常灵活,来源充足,有着更为广阔的发展空间和发展潜力。利用秸秆生物气化比用畜禽粪便生产沼气具有原料来源充足、沼液零排放,直接作为有机肥料使用的沼渣可长期贮存、运输方便、价格较便宜等优势。在山东省德州市德城区秸秆能源化利用示范工程,黄河涯镇前仓村秸秆生物气化站为太阳能温室加热保温的半地下结构,采用了北京化工大学研制的"自载体生物膜法"发酵技术,年产沼渣、沼液逾 700t,日供气 400m³,通气户数 375 户。

北京化工大学于 2009 年 3 月 21 日宣布,由该校科研团队攻关的秸秆生物气化关键技术取得突破性进展,破解了不能完全以秸秆为原料生产沼气的难题,使秸秆产气量提高了 50% 至 120%,为实现秸秆规模化生产沼气奠定了基础。据介绍,利用秸秆生产沼气需要解决两个关键问题:开发简单、快速、高效的秸秆化学预处理技术;研制适合秸秆物料特性的高效厌氧发酵反应器。他们发明的常温、固态化学预处理技术可在厌氧发酵前对秸秆进行快速化学处理,预先把秸秆转化成易于消化的"食料",使秸秆的产气量提高 50%至 120%,解决了秸秆木质纤维素含量较高、不易被厌氧菌消化、厌氧发酵产气量低、经济效益差等问题。此外,针对秸秆密度小、体积大、不具有流动性及传热传质效果差等问题,研制出一种新型反应器。该反应器采用组合式强化搅拌系统,可实现机械化进出料和自动化高效搅拌;同时,采用带太阳能温室的半地下式反应器结构,可把部分太阳能和地热能转化成沼气能,大大提高了系统的能源转化效率和能效比。目前,秸秆化学预处理技术和专用高效反应器技术已获得了国家授权发明专利,拥有我国自主知识产权。山东泰安、德州等地已利用该技术建成了多个完全以秸秆为原料的厌氧发酵生产沼气的集中供气示范项目,下一步还将再建 16 个沼气工程。另外,他们的秸秆生物气化生产车用替代燃料一体化技术已获得 2 项授权专利,正在洛阳投资 5000 万元进行产业化生产。与传统的秸秆热解气化技术相比,生物气化反应条件温和,产出效益高,且不产生有害副产品,但由于秸秆的木质纤维素含量高、消化率低、产气量少,此前一直不能完全以秸秆为原料生产沼气。

据了解,我国每年产生各类作物秸秆约 7 亿 t,其中约 50%受技术制约未得到有效处理和利用,秸秆禁烧和规模化利用问题一直难以解决。同时,政府大力推动的农村沼气生产却遇到原料供给瓶颈。因此,以秸秆为原料生产沼气可以一举两得。

2009 年 3 月 9 日,吉林燃料乙醇有限公司沼气综合利用装置建成并投入使用。这在国内乙醇行业尚属首次,标志着该公司在节能减排、发展循环经济方面取得了新的突破。过去,该公司处理污水场所产生的沼气基本是作为废气白白烧掉。2008 年年底,该公司经过考察论证,决定以沼气为燃料新上两台燃气锅炉,实施这个投资少、见效快的沼气综合利用项目。投产后的燃气锅炉运行平稳,每小时可产蒸气 4.5t,通过管线直接作为乙醇生产装置的热源,有效缓解了公司生产用气的紧张状况,每年可创经济效益 300 多万元。

到 2009 年 5 月 4 日,仪征化纤(简称"仪化")公司水务中心利用沼气发电 1000 万 kW·h,创效 400 多万元,已将一期工程的投资全部收回。仪化公司利用沼气发电的同时,共减少沼气燃烧排放 400 万 m³,实现了节能减排、增收节支的目标。过去,仪化公司水务中心生化二装置每小时要接受近 400t 的工业污水,工业污水在厌氧处理过程中产生大量的沼气,由于这种气体易燃易爆,只有通过火炬进行高空燃烧后全部排放,造成较大的浪费,同时对现场周围的环境造成一定影响。为了减少沼气的燃烧排放,并对沼气进行综合利用,使它变废为宝,2007 年年初,仪化开发沼气发电项目,实现了两台发电机组同时运行并网发电的目标,每月发电近 40 万 kW·h。这一项目被中石化列为节能项目,一期项目的发电机组投运后,实现了对废气的综合利用,降低了运行成本。生化二装置处理 PTA 污水的两个厌氧反应器所产生的沼气,在满足一期两台发电机组正常生产用气的情况下,还有一些剩余的废气,2009 年 1 月 10 日,仪化公司沼气发电二期项目的两台机组投运,将剩余的废气进行综合利用,将所有沼气用来发电,实现了变废为宝的目标。由于 PTA 生产中心大力开展节能降耗工作,工业污水排放由 2007 年的每小时 400t 减少到现在的 320t;废水经过厌氧产生的沼气也由过去的 420m³ 减少到 320m³ 左右。气源的减少不同程度地影响了发电量。针对这一新的难题,水务中心合理调配气源,通过技术改造,将 PTA 生产中心污水预处理产生的沼气引入生化二装置沼气发电现场,延长沼气机组连续运行的时间。沼气发电既消除了沼气燃烧带来的环境污染,又为仪化公司创造了稳定的经济效益。2009 年 3 月份,水务中心生化二装置沼气发电量达 61.4 万 kW·h,创沼气发电装置投运以来月发电量的最高纪录。仪化公司一、二期沼气发电项目的 4 台发电机组每年发电量约 680 万 kW·h,同时对发电过程中产生的余热进行回收利用,年产蒸气约 3000t,这些蒸气成为附近纸管生产企业急需的能源。

农业部规划设计研究院农村能源环保所以"十一五科技支撑计划项目"为依托,优化集成了"秸秆一体化两相厌氧发酵"工艺技术。他们已在天津静海县四党口村建立了一座 1200m³ 大型发酵罐的集中供气示范工程,产气率比一般沼气发酵罐高 20%;年产沼气 54 万 m³,能满足 1000 户农民做饭所用;一年可以消化 2000t 青贮秸秆。该技术前不久通过了专家鉴定。专家认为,该项技术解决了秸秆沼气发酵的难题,拓宽了沼气发酵原料的来源,开辟了秸秆综合利用的新途径,创新点突出,达到国内领先水平,推广应用前景广阔。

我国每年有 2 亿 t 左右秸秆未被及时处理,造成大气污染和资源浪费。秸秆含有大量有机物,可通过厌氧发酵产生沼气,但由于秸秆的木质纤维素含量高、流动性差,以秸秆为原料的沼气工程存在进出料困难、产气不稳定及发酵速度慢、效率低等问题。"秸秆一体化两相厌氧发酵工艺技术"的主要创新点首先在预处理技术上——它是在秸秆发酵前的预处理过程中引入畜牧业的青贮技术,既解决了秸秆的保存及消化问题,又能促进其后期发酵;在进料方式上,该技术通过优化设计饲料行业敞开式的气动输送设备,实现了大粒径物料的密闭输送;"秸秆一体化两相厌氧发酵工艺技术"的"厌氧消化反应器"结构也是创新点——它在同一发酵罐中将产酸和产甲烷分开在不同区域,使产酸和产甲烷的菌种分别达到最佳的发酵效果,增强了不同菌种间的互补和协同作用,提高了产气效率;此后又将沼液回流至集料池与进料混合,实现了物料的多次接种,进一步提高了产气效率。另外,该工艺产生的液态消化物由系统内部循环利用,无沼液外排,沼渣含水率低,不需脱水即可作肥料使用,有效地解决了产气后大量沼渣沼液的运输难题。

鸡粪产生生物气体用于发电在我国也脱颖而出。重庆开发出的垃圾畜禽粪便混合发酵等创新技术,能够使沼气中甲烷含量提升 30% 以上。科技部将该技术纳入国家"十一五"科技支撑计划,并在全国进行推广,推广首站为四川、贵州等地。

以养鸡为主导产业的福建省光泽县兴建了一座鸡粪发电厂,并于 2008 年 10 月开始投用,每年可供电逾 3 亿 kW·h。光泽凯圣生物质发电有限公司鸡粪发电厂的 2 台发电机组并入省电网运行。利用鸡粪发电的凯圣生物质发电项目由圣农公司和武汉凯迪公司共同投资,总投资 2.4 亿元,装机容量 20MW,2006 年 6 月开工。鸡粪发电开创了养殖业污染源综合利用的示范先例。鸡粪发电厂不仅能为当地供电近 1 万 kW·h,还将产生大量的热气能,可向当地 3 万户居民供热。鸡粪发电不仅将巨量的污染源完全消灭,还能化害为利,发电后所产生的灰粉是一种非常好的钾肥原料,可用作有机肥原料。每年还可由此获得 2000 万的减排收益。养鸡是光泽县的主导产业,目前全县共养鸡 6000 万只。由于养鸡,在光泽每年都会产生 30 万 t 的鸡粪,除了部分利用外,大量鸡粪被丢弃在山里,堆成小山,严重影响了环境卫生。作为我国南方规模最大的白羽肉鸡食品加工企业,该县的圣农公司更是每年产生 20 万 t 以上的鸡粪,按照企业发展目标,至 2010 年,圣农集团每年将产生鸡粪超 40 万 t,仅靠企业自有的有机肥厂将无法消化。同时,光泽县又是一个缺电县,将鸡粪通过燃烧用于发电,可谓一举多得。

我国最大的蛋鸡场沼气发电厂——德青源沼气发电厂的两台 1MW 沼气发电机组 2009 年 4 月 13 日实现了并网发电,把以鸡粪为原料的"绿色电力"源源不断地输送到京津唐电网。据悉,鸡场里平均一只鸡一年可发 7kW·h 的电。北京德青源蛋鸡场是亚洲最大的蛋鸡场,存栏蛋鸡 210 万只、雏鸡 90 万只。这些鸡每天产生鸡粪逾 210t,整个蛋鸡场每天排出生产生活污水约 270t。不过现代化的沼气发电厂的建成,能将这些鸡粪和污水全部收集起来,生产沼气并用于发电。90 万只雏鸡产生鸡粪较少,剩余的 210 万只鸡,平均每只鸡每年可以发 7kW·h 的电。据悉,德青源沼气发电厂是采用世界一流的生物发酵技术和燃气发电技术建成的。这些鸡粪每年向电网提供 1400 万 kW 的绿色电力,产生相当于 4500t 标煤的余热用于供暖,而且还可以减少 8 万余 t 的温室气体排放,并为当地农民提供优质有机肥 18 万 t。而且鸡粪发电成本平均只有约 0.3 元,而火力发电每度电成本约 0.7 元。

由中国石油化工研究院开发的一种石化污水处理装置,2009 年 8 月获得了国家实用新型专利。该技术广泛应用于石化污水处理领域,在保证出水水质的同时,还可以高效地将污水中的有机物转化为沼气。炼化污水经该装置处理后,出水 COD 低于 60mg/L,达到国家污水排放一级标准;甲烷产率高于 0.20m^3/kg COD,且存在较大的提升空间。以大庆石化炼油和化工两座污水处理厂为例,COD 年处理量近 5000t,若采用该装置进行处理,每年可回收甲烷超过 100 万 m^3。该专利技术处理效率高、抗冲击能力强、能耗低、剩余污泥产量少,并可高效地将污水中的有机物转化为沼气。该装置由膨胀颗粒污泥床反应器和曝气生物滤池构成,具有传质效果好,有机物降解效率高,资源回收潜力巨大的特点。曝气生物滤池集生物膜工艺和吸附过滤工艺于一体,是一种广泛应用于中水回用领域的高效好氧生物反应器,可进一步去除厌氧出水中的残余有机物,保证良好的出水水质。据了解,石化污水成分复杂、污染物种类多、水质和水量波动大、可生化性较差。目前石化行业污水的生化处理装置大部分采用传统的活性污泥工艺,供氧量和投药量大,而且石化企业集中处理废水时生化系统容易瘫痪。为此,石油化工研究院根据厌氧-好氧组合工艺降解机理,开发出了该装置,有效提高了石化污水的处理效率。

中国迄今最大的生物气体(沼气)项目之一,2009 年 11 月 17 日建成的 2 万 m^3 山东民和沼气项目成功实现发电联网。民和项目是第一个清洁发展机制(CDM)项目,该项目已在联合国气候变化框架公约清洁发展机制执行理事会登记,年营业额为 60

万欧元。该项目将处理 18 万 t 动物废弃物,可产生 10.95m³ 甲烷和 25 万 t 有机肥,可用于发电 2190kW·h。截至 2009 年 11 月 17 日,中国在风能、水电、生物能和垃圾填埋等领域已注册了 652 项 CDM,占全球项目总数的 34.8%。

截至 2009 年 12 月,海口市已建立了一批镇级、村级沼气物业管理服务站示范点,沼气正常使用率上升到 99%。沼气循环经济已成为带动全市农业增长、农民增收的新亮点。海口市在普及用户型沼气建设的基础上,结合该市大中型养猪场多、排污点多的现状,积极推行“沼气发电、集中供气、绿色农业、治理污染、综合利用”模式,在资源有效利用、生态型、设施型、环保型为特点的农业循环经济等方面进行探索,闯出了一条新路,实现了通过办沼气解决养猪场污染、农村生活用能、农业优质肥料、生态保护、村庄环境卫生、农民节支增收等“六大难题”。近年来,海口市畜牧业(特别是规模养殖场)发展迅猛,到目前为止,已建成存栏 100 头以上规模养猪场 513 个(其中 3000头以上大型猪场 27 个)。推广农村沼气新技术,通过对农村畜禽粪便污水资源循环利用,化废为宝,实现节能减排,全市年净化畜禽养殖场废弃物达 200 多万 t。海口市目前累计完成总投资 7254 万元(其中政府投入 5021 万元,农户和企业自筹 2133 万元),建成 106 处大中型、联户型沼气池,实现年净化畜禽饲养场废弃物 200 多万 t,推广“猪-沼-作物”生态生产模式基地 7.8 万亩,保护林木面积 14 万多亩,项目覆盖 23 个镇1152 个村 143 万多户,受益农民 7.2 万余人。每个建池农户来自沼气的年节支增收达 2500 元。目前,海口全市使用沼气的农户达 1.4 万多户,每年每户节省薪柴开支达1200 元。据悉,海口市沼气建设与管理已步上产业化发展道路。沼气池从分散的户用型向更集中、供气能力更强的大中型、联户型转变;开发沼气从简单的气灯照明、生活燃料向集中供气、沼气发电、沼肥综合利用转变;后续管理从松散型向规范化物业管理转变;沼液利用从桶装运送向管道、车辆输送转变。

2009 年 12 月 18 日,内蒙古自治区鄂尔多斯市东胜区传祥垃圾处理有限责任公司承担的“十一五”科技支撑计划重大项目——新型高效规模化沼气高效利用示范工程启动。他们从 2004 年开始从事城市生物质废弃物综合处理研究,攻克了生物质厌氧发酵的关键工艺及设备的难点,申报 8 项专利,其中有机废弃物联合厌氧发酵工艺已获发明专利授权。整套技术通过对垃圾进行综合分选,最终形成厌氧发酵料、可回收物、填埋物三大类别,生产出颗粒有机肥、液态肥和沼气,并用沼气直接进入机组发电,实现了垃圾的有效处理和利用。传祥公司目前已经形成的生产线可日处理 400t生活垃圾、200t 粪便、60t 餐厨垃圾、40t 污泥。可日产沼气 6000m³,将 6000m³ 沼气用于发电,日发电 5000kW·h。

广西壮族自治区林业厅统计,截至 2009 年 12 月底,广西累计建成户用沼气池355.3 万座,沼气入户率达 44.4%,继续保持沼气池入户率领先全国的纪录。自 2001年以来,广西沼气池入户率已连续 9 年蝉联全国第一。2009 年广西继续把农村沼气池建设列为为民办实事项目,原计划新建沼气池 20 万户,实际完成 21.5723 万户。针对农村沼气利用重建轻管、管理服务滞后等问题,广西着力加强农村沼气服务体系建设。截至 2009 年底,广西累计建成乡村沼气服务网点 4531 个,覆盖了广西 31.8%的行政村。未来3年内,广西将继续加大农村沼气服务体系建设力度,争取每年新建2000个基层服务网点,力争在2012年末,将沼气服务网点覆盖到70%以上的行政村。

中科院成都生物研究所开发的高效稳产沼气工程关键技术于2010年2月通过四川省科技厅验收。成都生物所在集成引进德国高浓度CSTR沼气发酵工艺的基础上,对传统CSTR工艺进行了优化研究,从不同物料发酵浓度、发酵装置结构、进出料方式、搅拌类型等方面进行了改进,构建出一套产气高效、管理方便、运行安全稳定的沼气高浓度发酵工艺。

我国秸秆数量大、种类多、分布广,每年秸秆产量近7亿t。综合利用这一宝贵资源,推进秸秆能源化利用,是节约利用资源、防止环境污染、促进结构调整、增加农民收入的重要途径,也是发展循环农业,推进农业和农村节能减排任务的重要举措。用秸秆产生沼气还可以解决不养猪农户的沼气原料问题,对巩固发展沼气建设成果具有重要意义。

近年来,农业部以科学发展观为指导,以普及农村沼气、促进秸秆综合利用为目标,以技术创新和机制创新为动力,积极推进秸秆沼气试点工作。2009年又在全国12个省对不同原料、不同工艺、不同规模的秸秆沼气技术进行试点。通过验证工艺和设备的可靠性、可行性及适用性,从中筛选出了几种可供推广的主推工艺,因户制宜、因村制宜、因场制宜,为大规模推广秸秆沼气提供技术支持和管理经验。

第 2 章　生物燃料的发展现状与前景

 2.1 减少对石油的依赖和减少温室气体排放的双重作用

日益苛刻的环保法规推动车用燃料质量的发展。人们在积极探寻清洁气、柴油燃料生产新工艺的同时,也在努力开发和利用矿物替代燃料,其中经济性好、对大气污染小的生物燃料备受青睐。

随着油价的上涨、轻质石油储藏的减少以及环境问题的日益突显,使得替代燃料用作运输燃料日益升温。生物乙醇、生物柴油和其他替代燃料预计将在一定程度上填补石油供应的短缺。美国《化学与工程》报道,在汽油为 1 美元/gal 的时代,生物燃料曾是能源市场很小的影响因素。但是,油价上升后,由可再生资源如谷物、大豆和其他作物生产的燃料引起人们极大的关注。

发展生物燃料可实现缓解石油供需矛盾和减排温室气体的双赢目的,因此越来越受到能源消费大国的重视。据世界瞭望学会发布的报告,生物燃料如乙醇和生物柴油对减少全球对石油的依赖拥有巨大潜力。生物燃料市场的扩大和新技术进步的协同作用有望缓解油价上涨的压力,并可振兴农业经济和减少全球温室气体的排放。

现在从食品作物如谷物、油菜籽油和棕榈油制取的第一代生物燃料已对减少化石燃料使用和应对全球变暖起到一定作用。但是,使用作物生产生物燃料会与人争粮,造成粮价上涨。

2.1.1　减少对石油的依赖

美国环保局于 2006 年 9 月 7 日提出可再生燃料使用标准(RFS),按照该标准,乙醇、生物柴油和其他可再生燃料的用量将增加一倍,从而使可再生燃料在美国的市场份额从 2006 年的 2.78% 提高到 2007 年的 3.71%。美国环保局表示,根据美国 2005 年能源政策法实施的结果,可望到 2012 年使美国每年的石油需求减少 39 亿 gal,并使每年的温室气体排放减少 14 亿 t。业已提出的 RFS 旨在使美国使用的可再生汽车燃料数量从 2006 年的约 45 亿 gal 增加到 2012 年的至少 75 亿 gal。所用的可再生燃料将具有最好的经济性,并能为汽车产业提供灵活的燃料。美国石油化工和炼制协会(NPRA)表示,美国环保局的决定将通过该标准为 RFS 运作提供更大的保证,但也必

须加强乙醇、生物柴油和其他可再生燃料作为美国燃料混配物整体一部分的管理
水平。

据国际能源局于 2006 年 11 月发布的《世界能源报告 2006》显示,虽然生物燃料
将进一步满足运输行业的能源需求,但到 2030 年,生物燃料所占份额仅能达到 4%,
因为食品需求将与之竞争。然而,报告同时指出,新的生物燃料技术如纤维素乙醇的
发展可望使生物燃料发挥更大的作用。

美国环保局于 2007 年 4 月中旬推出了美国第一个综合性可再生燃料标准,该标
准将使替代燃料使用增加,并使汽车的整体平均燃料经济性(CAFE)标准更加现代
化。RFS 需确定美国主要炼制商、调和商和进口商在 2007～2012 年使用可再生燃料
的最少数量。最低量标准由生产商或进口商总的可再生燃料所占百分比确定,并每年
有所增长。2007 年,确定所有销售燃料的 4.02% 来自可再生来源,约为 47 亿 gal。按
照 2005 年能源政策法,RFS 要求美国需在 2012 年在销售的车用燃料中至少调入 75
亿 gal 可再生燃料。为实现美国总统提出的 10 年减少汽油用量 20% 的要求,RFS 将
促进使用如乙醇和生物柴油在内的生物燃料。该方案也将为农业产品建立新的市场、
提高能源安全性和推进开发新技术,生产与常规汽油成本可竞争的可再生燃料。特别
是,RFS 为从纤维素生物质如换季牧草和木屑生产可再生燃料提供了更大的吸引力。

用生物燃料如生物柴油、乙醇和生物丁醇替代部分石油基汽油或柴油已成为美国
的国策。美国提出的目标是到 2025 年通过大量使用生物燃料,替代从中东进口石油
的 75% 以上。据美国能源情报署发布的 2007 年度能源展望报告,美国可再生燃料消
费量将从 2005 年的 6.5×10^{15} Btu 增加到 2030 年的 10.2×10^{15} Btu。

除法规支撑使用可再生燃料如乙醇以外,美国燃料使用的增多预期也会受到适用
的谷物和生物原料供应增长以及车用汽油调和价格优势的刺激。

美国馏分油燃料的替代来源预计到 2030 年将增长到占总馏分油组成的 7% 以
上,在 2005 年颁布的能源法中,生物柴油受到税收减免的支持,到 2030 年生物柴油将
达到 4 亿 gal,从煤制油技术生产的馏分油将达到 57 亿 gal。

目前已有几种有发展前途的替代燃料技术,生物燃料已作为解决这些问题的近期
解决方案。主要的乙醇调和商 BP 公司认为,生物燃料可作为解决温室气体(GHG)排
放和保证能源供应安全问题的有力解决方案。到 2030 年,生物燃料将可望供应美国
道路运输燃料的 10%～25%,即每年可达 850 亿～1950 亿 gal。

日本东京大学研究生院于 2007 年 5 月底启动以水稻为原料制造生物燃料的产业
化计划,该计划的名称为"水稻·日本工程"。其目的是通过"产、官、学"(企业、政府、
研究机构)相结合,对水稻从生产到制成汽车燃料并销售进行实证研究,催生新的产
业。据称,在日本,水稻比甘蔗、玉米更适合种植,很多农民愿意利用废弃耕地增加水
稻种植面积。为了完成这一项目,首先要进行技术研究开发和宣传活动,建立"产、官、
学"联合组织,在此基础上建立生物燃料制造工厂。日本经济产业省发布普及新型环
保汽车生物燃料新战略,内容是到 2015 年,通过"产、官、学"联合开发技术,将生物燃
料的价格降至 40 日元/L,为目前价格的三分之一以下。现在以玉米和甘蔗为原料的

生物燃料的价格为 150 日元/L,比汽油价格高。为了降低生物燃料的成本,经济产业省决定开发以日本能大量供应的稻秸为原料的生物燃料,到 2030 年将运输部门对石油的依赖程度从现在的 100％降至 80％。"水稻·日本工程"是普及新型环保汽车生物燃料新战略的重要一环。

加拿大制定汽油和柴油中采用可再生生物燃料的目标。投资 3.45 亿加元(2.99亿美元)支持生物燃料和其他生物产品的开发。加拿大环境部要求到 2010 年汽油中平均可再生燃料含量为 5％。到 2012 年柴油和采暖用油中可再生燃料含量为 2％。到 2010 年汽油的 5％将需要约 5.55 亿 gal/a 可再生燃料;到 2012 年柴油和采暖用油的 2％将需要约 1.59 亿 gal/a 可再生燃料。3.45 亿加元用于资助两项计划:农业生物产品创新计划和可再生燃料生产的投资支持计划。

法国石油天然气工业支持政府的生物燃料计划,使汽油和柴油中生物燃料含量从2005 年的 1.2％增加到 2008 年的 5.75％。法国实施生物燃料计划的底线比欧盟指令早 2 年,下一步的目标是使生物燃料所占份额增加到 2010 年 7％和 2015 年 10％。到 2008 年,法国将生产 300 万 t 生物燃料,其中 220 万 t 为生物柴油。现每年生产 40万 t 生物柴油和 10 万 t 乙醇。石油工业贸易集团 UFIP 对增产生物柴油以减少从中东进口馏分油尤为感兴趣。该集团支持增产汽油调和料,2006 年中期法国成品汽油含 5％乙醇。

德国生物燃料法自 2007 年开始,汽油中生物燃料的比例为 1.2％、柴油中生物燃料的比例为 4.4％。

巴西是世界上领先的生物燃料生产国,其甘蔗作物的一半用于生产该国非柴油运输燃料的 40％以上。在美国,谷物作物的 15％用于生产非柴油运输燃料的约 2％,乙醇生产以更快的速度增长。美国这一增长态势已超过巴西成为世界生物燃料的领先生产国。据估算,巴西和美国现生产的乙醇已低于目前的汽油成本。

根据规划,西班牙到 2010 年末将成为最大的生物燃料生产国之一。已有多家公司计划建设生物燃料装置和投资生物燃料研发。西班牙于 2005 年制定了投资为 230亿欧元的可再生能源计划,到 2010 年生物燃料将占总燃料消费量的 5.83％。

南非把生物燃料作为发展可再生能源的主攻方向,预计在 2013 年使生物燃料在可再生能源中所占的比例达到 75％。南非已经批准了一项生物燃料工业的发展方案,准备投资 8.45 亿美元,利用本国丰富的农作物和大量未被开发的土地生产生物燃料。南非使用的石油有 60％依赖进口。

世界瞭望学会称,采用新技术后,在今后 25 年内生物燃料可望占美国运输燃料的37％,如果汽车燃料经济性翻一番,则占运输燃料比例可提高到 75％。在这 25 年内,欧盟使用生物燃料也可望替代 20％~30％的石油。

据分析,生物燃料长期的发展潜力在于使用非食用原料,包括农业、城市和林业废弃物,以及高速增长的富含纤维素的能源作物如换季牧草等。

2.1.2　有助于减少温室气体排放

美国明尼苏达大学的研究人员研究认为乙醇和生物柴油都属清洁能源,且生物柴油的环境效益更明显。生物柴油较普通柴油的温室气体排放量低 41%,生物乙醇较汽油的温室气体排放量低 12%。而种植大豆与种植玉米相比,所需的氮肥和农药都要少得多。

运输业占世界温室气体排放的 25%,而且这一比例还在上升。生物燃料在减少温室气体排放方面拥有很大潜力,尤其是开发使用以农业废物和纤维素作物如换季牧草为原料的先进生物质技术,如图 2.1 所示。

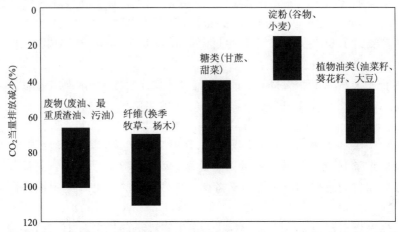

图 2.1   采用不同原料和相关炼油技术,每辆汽车行驶每千米时温室气体排放的减少量

将生物燃料与石油燃料相调和使用,可减少汽车的硫、颗粒物和 CO_2 排放。在发展中国家,乙醇和生物柴油在改进城市空气质量方面起到很大作用,并有助于禁铅和禁用其他有毒性燃料添加剂。

经济合作与发展组织(OECD)于 2008 年 7 月 16 日发布世界生物燃料生产报告指出,目前美国、欧盟和加拿大对生物燃料产业提供的政府资助已使运输行业净温室气体排放减少,这一减少占运输行业总排放量的 1.0%。

英国运输部称,至 2010 年,英国所有汽车燃料销售量的 5% 将来自可再生能源,届时生物燃料的销售额将比现在高出 20 倍。英国召开的环境友好汽车会议已提出加快促进绿色汽车问题。这一要求将通过可再生的运输燃料责任(RTFO)来达到。据计算,预期到 2010 年可削减约 100 万 t CO_2 的排放。据称,这相当于行驶在道路上的汽车减少 100 万辆。未来几年,CO_2 排放可望减少,这有助于使运输对气候变化的影响减小。与化石燃料相比,英国使用生物燃料可减少温室气体排放 53%,英国使用小麦生产生物丁醇将可减少温室气体排放 64%。

国际粮食政策研究所(IFPRI)于 2010 年 3 月 26 日发布的报告通过计算表明,欧盟公路运输使用的第一代生物燃料,即使考虑到间接土地使用变化(ILUC)的影响,净温室气体排放也可减少高达 5.6%(20 年内可减排 CO_2 1300 万 t)。然而,研究指出,对欧盟生物燃料消费高于公路运输燃料 5.6% 时的仿真结果表明,ILUC 排放会迅速增加,并减小生物燃料的环境可持续性。2009 年,欧盟通过了可再生能源指令(RED),其中包括到 2020 年达公路运输燃料使用可再生能源 10% 的目标。公路运输可再生的能源选择,包括第一代和第二代生物燃料和电力。RED还设立了欧盟消费生物燃料的环境可持续性标准:减少直接温室气体(GHG)排放的最低量(2009年35%,随着时间的推移,2017年提高到50%)以及对土地转为生产生物燃料原料作物(仅土地使用的直接改变)使用类型的限制。修订后的燃料质量指令(FQD),作为RED同时通过,其中包括相同的可持续性的标准和指标,到2020年欧盟消耗的燃料在生命周期温室气体排放方面要减少6%。欧洲议会和理事会要求委员会审查ILUC,包括采取可能的措施以避免这种情况,并报告了到2010年底会出现的情况。

2.2 生物燃料的产能效率

在石油价格飞涨的今天,生物燃料作为一种清洁能源备受瞩目。美国农业部和能源部的研究指出,在今后25年内,先进的生物燃料可望替代美国运输燃料的1/3以上。现在使用的生物燃料原料,其产率变化很大,如图2.2所示。转化过程的效率、土地的适用性,以及生物燃料生产的水资源,都是这些燃料生产未来的主要制约因素。

生物燃料的亮点之一是在环保上可对化石燃料实现可持续发展的替代。生物燃料基本上是通过光合作用将太阳能转化为液体燃料形式的一种方法,改进其生产的最大问题是其净能量平衡。生物燃料生产也需要较多的能量供入(尤其是使用化肥所需的化石能量、拖拉机燃料、加工能量等),这些能量供入都不包含在生物燃料自身中。技术进步已改进了生产效率,专业分析人士指出,所有现在的商业化生物燃料的化石能量平衡值均为正值(见表2.1)。不仅转化过程的效率持续改进,而且生物能正在越来越多地用于原料加工。表2.2列出生物燃料的原料和生产成本。

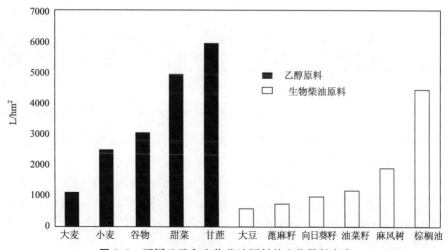

图 2.2 不同乙醇和生物柴油原料的生物燃料产率

表 2.1   不同燃料类型的化石能量平衡

燃料(原料)	化石能量平衡(近似数)
纤维素乙醇	2～36
生物柴油(棕榈油)	～9
乙醇(甘蔗)	～8
生物柴油(废弃植物油)	5～6
生物柴油(大豆)	～3
生物柴油(油菜籽)	2.5
生物柴油(蓖麻籽、葵花籽)	2.5～3
乙醇(小麦、甜菜)	～2
乙醇(谷物)	～1.5
柴油(原油)	0.8～0.9
汽油(原油)	0.8
超低硫柴油	0.79
汽油(焦油砂)	～0.75

注:这些比值未计生物质供入。其中,石油燃料的平衡值不大于1,因为
原油作为能量供入,而生物燃料加工完全采用非化石燃料。纤维素生
物燃料的比值为理论值。

表 2.2   生物燃料的原料和生产成本(2007 年 10 月)

原 料	原料成本(美元/L)	生产成本(美元/汽油、柴油当量升)	世界作物产量($\times 10^6$ t)	收率(L/英亩农田)
生物乙醇				
麦子(大麦、小麦)	0.22～0.34(欧洲)	0.53～0.93(欧洲)	593	2500(欧洲)
甘蔗	0.127	0.34	1169	6500(巴西)
甜菜	0.20～0.32(欧洲)	0.63～0.90(欧洲)	213	5500(欧洲)
玉米	0.23(美国)	0.43(美国)	693	3100(美国)
第二代纤维素乙醇(近期估计)	0.087～0.097	0.43～0.53	—	随原料而不同
汽油	—	0.40～0.50	—	—
生物柴油				
大豆油	0.38～0.55(美国)	0.48～0.73(美国)	229(大豆)	500(美国)、700(欧洲)
油菜籽	0.30～0.60(欧洲)	0.35～0.80(欧洲)	46.9(油菜籽)	1200(欧洲)
棕榈油	—		39	
废弃植物油	—	0.33～0.44		
麻风树	0.39(印度)	0.55(印度)		529

据测算,生产 1MJ 能量的汽油需用 1.1MJ 石油,而从谷物生产 1MJ 乙醇(当今的乙醇生产)仅需用 0.04MJ 石油。

美国明尼苏达大学的研究人员在对乙醇和生物柴油这两种燃料添加成分的生命周期进行对比分析后得出结论,虽然生物柴油较乙醇具有更高的能效,但要满足美国日益增长的能源需求,只依靠这两种燃料是很不现实的。明尼苏达大学的这项研究表明,生物燃料的能效是不容置疑的。无论是源于玉米(谷类)的乙醇燃料还是基于大豆的生物柴油,燃烧产生的能量都大于人们在种植和提炼过程中投入的总能量,其中生

物柴油所产能量比投入能量高 93％,而乙醇燃料所产能量比投入能量只高 25％。

从全生命周期的角度对各种可再生能源在全生命周期中的能耗进行分析,可再生能源也会消耗化学能。例如,太阳能发电离不开多晶硅,但多晶硅片生产的能耗比生产火电、水电设备的能耗大得多。水电看起来不耗能,但大坝是用水泥钢筋建成的,生产水泥钢筋的耗能很大。生物质发电时,要把农作物从地里收割起来送到发电的地方,也要消耗柴油、汽油。

精确测算现有的生物燃料生命周期的产能效率,不仅能让我们在当下做出更合理的选择,而且有利于确定未来更好的生物燃料品种。研究人员指出,按照其计算结果,即使美国当前种植的所有玉米和大豆都用来生产生物燃料,也只能分别满足全社会汽油需求的 12％ 和柴油用量的 6％。而玉米和大豆首先要满足粮食、饲料和其他经济需求,不可能都用来生产生物燃料。

明尼苏达大学的研究还指出,乙醇燃料和生物柴油只是第一代生物燃料,未来的生物燃料应该在产出效率上有明显提高,其生产用地也不能和主要农作物用地冲突。应用在低产农田和较恶劣环境种植、且需要肥料和农药较少的作物、牧场上茂盛的草和木本植物及农林废弃物等来生产生物燃料,较目前的玉米乙醇和基于大豆的生物柴油能够有更好的回报,当然是更好的选择。

近年来生物燃料已成为美国应对能源挑战的首选解决方案。美国于 2007 年 12 月颁布的能源独立法和 2007 年安全法包括有可持续增长的可再生燃料标准。这一标准要求生物燃料生产到 2022 年达到 360 亿 gal,其中 210 亿 gal 为先进生物燃料,先进生物燃料将来自非谷物淀粉生物质,与汽油或柴油相比,至少可减少 50％ 的温室气体排放。

当今,发展替代的生物燃料对于可持续发展是一项有价值的贡献,但是必须开发新一代生物燃料,并具有大大降低排放 CO_2 的潜力。

2.3　生物燃料的碳足迹

国际可持续生物燃料圆桌会议指导委员会于 2008 年 8 月 13 日宣布,有关如何定义和衡量具有可持续性的生物燃料的国际标准草案正式推出,该国际标准草案旨在为投资者、政府、企业和民间社会评估不同种类生物燃料的可持续性提供参照。这套国际标准草案推出后的六个月中,将向全球开放以供讨论。计划 2009 年 2 月基本完成磋商过程,4 月正式出台第一版可持续生物燃料的国际标准。这套国际标准草案内容涉及生物燃料开发的一些主要问题,如生物燃料对于减缓气候变化和促进农村发展的影响,开发生物燃料与保护土地和劳工权利的关系,生物燃料对于生物多样性、土壤污染、水资源以及粮食安全的影响等。

美国一些大学在研究生物燃料生产的窘境时指出,虽然使用生物燃料替代常规石油燃料可减少全球排放,但这些节约有的被生产生物燃料的排放抵消,研究中计算了土地转换使用等因素。例如,东南亚清除低洼地的热带雨林用以种植油棕榈,则每公顷土地会使 CO_2 排放减少 610t,基于该地区油棕榈的平均年生长率,则需 86 年生产足够的生物柴油才能弥补这一碳减排的负面影响。研究认为清除热带雨林而生长油棕榈会使碳减排损失的补偿期达 840 年之久。而另一方面,巴西从快速生长的甘蔗来生产乙醇,则碳减排损失的补偿期仅为 17 年。

生物燃料的投资、生产和消费正在升温,欧美政府的补贴和激励机制推动其加快发展。另外,作为应对全球变暖的措施也推动了其发展。从常规的观点看,生物燃料的碳足迹低于石油基燃料,然而将食品作物转化生产生物燃料助推了粮食价格的上涨。此外,考虑到土地使用的种植则碳足迹并非完全如此。因而生物燃料面对碳认定的挑战。据称,与汽油相比,以生命循环为基准,谷物基生物乙醇可减少温室气体排放高达 40%,对于生物柴油而言,可减少温室气体排放高达 60%。

德国、荷兰和英国 3 个欧盟国家根据其碳排法都计划对生物燃料征税,如果法律通过,将在所有 27 个成员国执行。欧盟提出要求,生物燃料必须证明其碳足迹至少比被替代的石油燃料低 30%(2011 年起低 40%)。

德国 Heidelberg 能源和环境研究院于 2008 年 11 月 27 日发表的报告显示,由德国生物燃料生产商 VERBIO Vereinigte 生物能源公司从谷物(黑麦和小麦)生产的生物乙醇按生命循环周期基准分析,比汽油排放 CO_2 减少 80%。VERBIO Vereinigte 生物能源公司是欧洲领先的生物柴油和生物乙醇生产商,其年产能力为 45 万 t(接近 1.36 亿 gal)生物柴油和 30 万 t(接近 1 亿 gal)乙醇。对 VERBIO 公司位于 Schwedt/Oder 和 Zörbig 的两套装置生产的乙醇进行研究,旨在测定在一般生产条件下可减少 CO_2 排放的情况。结果表明,所有技术和装置可大大减少 CO_2 排放,超过德国生物质可持续性法令(BioNachV)规定的 30%。例如,采用基于 VERBIO 公司业务模型的基准情况分析,测定的温室气体减少的潜力在 40%(Schwedt DDGS 黑麦)和 80%(Zörbig 小麦)之间。

美国 Nebraska-Lincoln 大学研究人员于 2009 年 1 月 27 日发布所作的研究成果,指出谷物乙醇生产的温室气体直接排放比汽油生产少 51%,这一研究结果基于最近乙醇生产过程的效率有所改进。研究人员评价了使用天然气为燃料的干磨厂乙醇装置,这类装置的乙醇生产能力占目前美国乙醇生产能力的 90%。这项研究对最近谷物乙醇生产全过程改进的影响进行了定量化评价,包括谷物生产、生物炼厂操作和联产品使用。最近的研究表明,效率更高的装置现占乙醇总生产量的 60%,到 2009 年底占 75%。这些新的生物炼厂通过采用改进的技术,提高了能效,减少了排放。干燥使用的能量占乙醇装置总能量使用量的 30%。与汽油相比,乙醇工业生产的燃料产生的直接影响生命循环的温室气体排放要少 48%~59%。由于谷物生产的进步,使其与以前研究相比,GHG 排放要减少 2~3 倍。以前的研究,净能量比平均为 1~1.2,现在的研究为 1.5~1.8。这意味着生产乙醇需使用 1 个单位的能量,而作为乙醇则产出 1.5~1.8 个单位的能量。

生命循环协会于 2009 年 4 月 23 日所作的研究表明,采用美国 Argonne 国家实验室 GREET 模型所作的分析,使用 Solazyme 公司生产的 Soladiese 海藻生物燃料的汽车全生命循环周期温室气体排放与标准的石油基超低硫柴油(ULSD)相比,要低 85%~93%。分析也表明,Solazyme 公司的先进生物燃料与目前任何业已应用的第一代生物燃料相比,可大大减小碳足迹。另外,由美国国家可再生能源实验室下属的 ReFUEL 实验室所作的测试表明,Solazyme 公司生产的 SoladieselBD 产品与 ULSD 相比,GHG 大大降低,排放的总烃类(THC)、CO 和颗粒物质总量低达 93%。CO 降低约 20%,总烃类降低约 10%。Solazyme 公司现生产两种海藻生物燃料:由海藻油制取的脂肪酸甲酯生物柴油 SoladieselBD,以及可再生柴油 SoladieselRD。SoladieselRD 由炼油厂生产,将海藻油进行加氢处理脱氧,得到纯的烃类产品。

美国密歇根科技大学研究人员 David Shonnard 和 Kenneth Koers 等与霍尼韦尔旗下的 UOP 公司于 2009 年 4 月 29 日共同完成的生命循环周期分析(LCA)表明,亚麻荠基可再生喷气和柴油燃料与石油基燃料和生物柴油相比,这种绿色喷气燃料和绿色柴油燃料在亚麻荠生长时对化石燃料的需求较低,同时与生物柴油(BD)相比,温室气体(GHG)排放也较低(见图 2.3)。

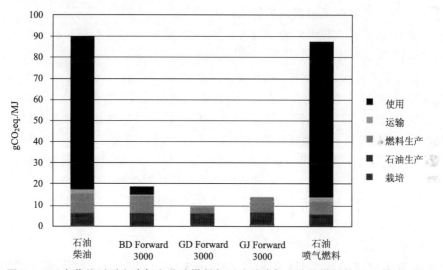

图 2.3 亚麻荠基可再生喷气和柴油燃料与石油基喷气和柴油燃料的 CO_2 排放比较

研究采用 Sustainable Oils 公司在蒙大拿州种植的亚麻荠,并采用 UOP 公司加氢技术生产可再生喷气和柴油燃料。研究表明,亚麻荠绿色喷气燃料(GJ)与石油喷气燃料相比,其 GHG 排放减少近 84.4%;亚麻荠绿色柴油燃料(GD)与石油柴油燃料相比,其 GHG 排放减少 89.4%。与石油柴油燃料相比,生物柴油 GHG 排放减少 78.5%。对亚麻荠种子原料供应链也进行了研究,它可使土壤的 N_2O 排放减少。

栽培能量需求由化石能源使用量、可再生生物质能使用量和其他能源使用量组成。亚麻荠是可持续的生物燃料作物,具有天然的高含油量,需化肥和农药很少,更重要的是具有极好的可轮作性,在边缘土地上也能生长,不会与人争粮。仅蒙大拿州种植亚麻荠就有 200 万~300 万英亩,可每年生产 2 亿~3 亿 gal 油。

美国密歇根科技大学的教授对芥蓝从种植到最后制成航空燃油并进行应用的全周期 CO_2 排放量进行分析后,2009 年 7 月证实采用芥蓝籽油替代现有航空燃油可减少碳排放 84%。通过精炼工艺,芥蓝籽油可转换成环保型碳氢化合航空燃油和可再生柴油。芥蓝籽航空燃料标准达到或超过所有石油类航空燃油规格,可直接使用现有航空发动机,与现存航空仓储、运输和技术设施兼容,成为短期内化石燃料的绝佳替代品。不同于用玉米制造乙醇或大豆制造生物柴油,芥蓝需要较少的水分和氮肥,但产油量高,是迄今最有前途的可再生燃料资源之一。其应用推广取决于市场价格和商业化生产规模等。

自 2008 年中期至 2009 年 6 月 10 日,对 14 种系列梅赛德斯-奔驰卡车和客车使用 NExBTL 可再生柴油(加氢处理后的植物油,HVO)联合进行的初步试验结果表明,与化石燃料相比,可减少 NO_x 排放 15%,减少 CO_2 排放 60%。NExBTL 可再生柴油由 Neste 石油公司生产。这一试验项目为期 3 年,2011 年结束。在德国进行的试验采用梅赛德斯-奔驰商用汽车,总行程 330 万 km,实现减排 CO_2 超过 2000t。

所有这些计划仍在研究之中,但未来方向已经指明,生物燃料减少碳足迹将是未来的发展方向,这将是难以超越的挑战。

多年来,人们都在重点致力于改进空气质量,为此汽车制造商和石油炼制商通过提高汽车燃油效率和生产清洁燃料来满足这一挑战。最近和未来的一些变化也将集中于降低温室气体排放,而需求的增多和产品质量要求的提高将继续使炼制的 CO_2 排放增多,这些都与柴油需求增多及严格的船用油和燃料油含硫标准相维系。

在欧洲,能源和气候法案目标是:与 1990 年相比,到 2020 年能效提高 20%,GHG 排放降低 20%,并且使欧盟能源消费中的可再生燃料份额提高到 20%。然而,如果不采取使用可再生燃料和采用商业化的碳捕集与封存技术,则欧盟规划的目标则可能不能实现。为此,其可再生能源政策和应对气候变化法案包括以下内容:

(1) 低碳生物燃料法令,目标是到 2020 年低碳生物燃料占运输燃料的 10%,并实施生物燃料的可持续性。

(2) 已提出促进 CO_2 碳捕集与封存的指令。

(3) 新车效率目标:2015 年新车 CO_2 排放达 130g/km,相当于柴油消费 5L/100km,并将进一步降低至 2020 年的 95g /km。

供应液体生物燃料的关键技术主要有:植物油制柴油、从糖类发酵制生物乙醇、利用纤维素原料和生物质制柴油(BTL)。如法国 Axens 公司业已开发了第一个连续化、多相催化剂反酯化工艺,可用以生产高质量的第一代生物柴油和甘油,而不产生废弃物。另外,为了顺应未来 BTL 柴油的需求,以大大降低从油井到车轮的 CO_2 排放,Axens 公司正在拓展其 Gasel 费托合成技术,以用于将各种来源(天然气、生物质和煤炭)的合成气转化成含蜡物料,再通过加氢裂化转化成超清洁液体燃料(XTL)。

为满足 GHG 排放限制,石油炼油商将需要实施新技术、能效改进以及 CDM 的联合应用。Axens 公司已开发了综合能效改进软件包,它可对项目进行鉴定,确定技术和经济的可行性,具有可降低能耗和满足 CDM 要求的潜力。

为了满足未来对车用燃料的要求,基于拥有大量煤炭资源和原油短缺的状况,煤炭将起重要作用。Axens公司的直接煤液化(DCL)工艺适用于生产高质量馏分油燃料,它采用已经商业化验证的膨胀床反应器系统,而间接煤制油(CTL)技术基于费托合成技术。DCL和CTL装置可与CCS解决方案相组合,以应对该过程较高的CO_2排放(见图2.4)。

替代液体燃料如第一代和第二代乙醇、生物柴油、天然气制合成油(GTL)、BTL、CTL和DCL现约占道路运输燃料的2.5%(能量含量),据估算,到2020年这一比例可望提高到7%,2030年将达到9%～10%。

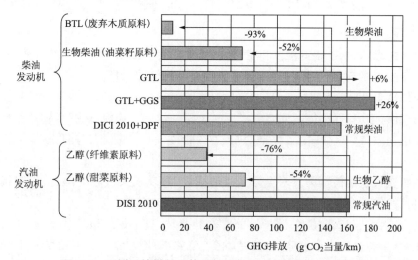

图2.4 不同运输燃料及其原料的油井至车轮的CO_2排放

BTL=生物质制油;GTL=天然气制合成油;CTL=煤制油;CCS=碳捕集与封存;LCB=木质纤维素生物质;DICI=直喷式压缩燃烧;DPF=柴油颗粒过滤器;DISI=直喷式点火燃烧

美国罗彻斯特(Rochester)理工大学集成制造研究中心(RIT)于2010年3月30日发布研究报告表明,使用E20燃料(20%乙醇,80%汽油),与传统的汽油或E10混配物相比,可降低碳氢化合物和CO排放。RIT团队在10辆老式汽油车(未设计使用乙醇燃料混合物)中使用E20进行了测试,用E20行车超过10万mi,定期分析了排放量和整体的磨损与撕裂。与传统的汽油相比,该车队平均减少CO排放23%,碳氢化合物排放减少13%,未检出对车辆运行或机械有不良的影响。

以色列Evogene公司于2010年4月15日发布评估报告,作出了蓖麻品种生产生物柴油的生命周期评估(LCA),评估发现,在美国,这种生物柴油与石油柴油相比,可减少温室气体(GHG)的排放90%。

Evogene公司是改良植物性状的开发商,该公司的专有产品开发平台结合了最先进的计算法基因技术、植物及现场试验验证能力和独特的选拔体系。

其结果是基于Evogene公司对蓖麻品种改性的目标,旨在美国得克萨斯州和巴西的半干旱地区种植,可提高作物产率至4～5t/hm²,因此可提供不与人争粮的额外好处。

评估结果表明,Evogene 公司蓖麻生物柴油的生产和使用效果如下:

(1) 如果蓖麻种植在非耕地或半干旱土地上,与常规柴油相比,在美国可减少温室气体净排放 90%,在巴西可减少温室气体净排放超过 75%。

(2) 超过大豆生物柴油达到的温室气体减排效果,对于美国,与大豆相比,可多减排 43%。

2.4　生物燃料对食品价格的影响

应该注意,如果不很好地加以管理,生物燃料也可能引发一些问题。例如,由于将作物用于生产燃料,生物燃料的增长会驱使食品价格的上扬。

OECD 于 2008 年 7 月 16 日发布世界生物燃料生产报告,认为生物燃料生产对减少温室气体排放和提高能源安全性产生了一定的影响。同时认为,生物燃料产业的发展将在中期内继续抬高食品价格,对发展中国家的大多数人口将造成食品的欠安全性。

生物燃料起初被作为应对全球变暖的手段,而现在又被联合国、世界银行和一些非政府机构作为全球食品价格上涨的原因之一加以指责。

联合国食品和农业组织(FAO)负责人 Jacques Diouf 于 2008 年 7 月 21 日考察古巴时表示,生物燃料生产剥夺了世界 1 亿 t 粮食,加剧了粮食紧张之势。上涨的油价和贸易壁垒使农场主加快种植用于生产生物燃料、效益较高的作物,而不是去种植粮食。据世界银行估算,食品价格 3 年来已经上涨了近一倍,世界银行 Jacques Diouf 表示,有 20 亿人口遭受食品危机的影响。分析认为,如果生物燃料生产维持现有水平,而不是按预期速率增长,则从中期看,粗谷物和糖类价格将比现在预期的分别降低 13% 和 23%。

美国过剩 24 亿蒲式耳(1 蒲式耳=35.238L)的谷物,相当于可生产超过 60 亿 gal 的乙醇。据预测,美国谷物生产商到 2015 年将可生产 150 亿蒲式耳的谷物。这意味着至少可生产 160 亿 gal 乙醇,超过美国燃料需求量的 10%,并且仍可满足所有其他市场对谷物的需求。

但事实上,生物燃料的生产已经开始影响农业商品市场。2005 年巴西甘蔗作物约 50% 专用于生产乙醇,这一需求助推了世界糖价格的上涨。在美国,2005 年约有 15% 的谷物作物用于生产乙醇,2006 年生产乙醇的谷物数量已等于美国的谷物出口量。在欧盟,2005 年油菜籽作物超过 20% 用于生产生物柴油,约占欧盟运输燃料的 1%。

美国乙醇产量增长助推了谷物价格上涨。作为美国主要的乙醇原料——谷物的价格在 2007~2008 年已上涨至 5 美元/蒲式耳。如果原油价格维持走高,乙醇作为汽车燃料的需求继续增长,则谷物价格预计还会上涨。谷物价格的上涨已直接影响到由谷物制取的产品。

以粮油作物为原料生产生物燃料的被称为第一代生物燃料,利用木材等纤维素为原料的称为第二代生物燃料。发展第二代生物燃料,有可能避免与粮油作物争夺耕地而造成全球粮油供应紧缺的问题。

在美国和欧洲推行利用粮油作物生产生物燃料的政策引导下,第一代生物燃料的快速发展已带来了严重后果,截至 2008 年 4 月,国际粮油市场价格近两年急剧攀升,在拉美、东南亚、非洲等许多地方开始出现粮荒,全球粮食紧张的趋势还有可能愈演愈烈。而造成全球粮食紧张的祸首之一,是大量粮油作物被用于生产生物质燃料。主要粮油生产和出口国如美国和加拿大,都减少了对国际市场的粮油供应,欧洲国家如德、法等国则扩大了粮油的进口,抬高了国际市场的粮油价格。尤其是 2007 年以来,食品价格出现持续上涨,生物燃料对食品价格上涨的影响几何,令人关注。国际货币基金组织(IMF)对此作出了评述。有观点认为,生物燃料生产的增长是食品价格上涨的最主要因素,食品供应转而用于生产生物燃料占全球食品价格近期上涨因素的近一半。IMP 认为,这一影响对发展中国家会更大些。美国经济咨询委员会的负责人 Edward Lazear 认为,生物燃料生产对食品价格上涨的影响只占一小部分。Edward Lazear 认为,在 2007 年,乙醇生产约占食品价格上涨因素的 1.2%。为说明上述观点,将前几年的食品价格变化绘成图 2.5,按照对数值计,IMP 食品价格指数上升了 36%。

图 2.5 中示出按对数值计的商品价格、农业原材料价格、能源价格和食品价格,2000 年设定为 1。此图由 IMP 根据国际货币统计绘制于 2008 年 5 月 18 日。

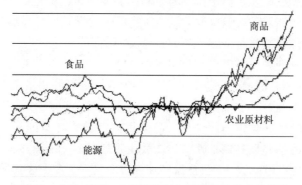

图 2.5 食品、商品、农业原材料和能源价格的变化趋势

在现有生物燃料中,乙醇是最大的品种。谷物乙醇占乙醇总量的大部分。谷物基乙醇生产在 2007 年增长很快,美国 2007 年谷物总生产量约 25% 用于乙醇生产。截至 2008 年 5 月,美国谷物基乙醇生产的增长占前 12 个月以来谷物价格上涨 37% 幅度中的约 7.5%。在世界其他地区,2007 年谷物基乙醇生产的增长约占使谷物价格上涨的 13%。综合美国和世界其他地区乙醇生产的增长,可以估算出全球谷物基乙醇生产总的增长在谷物价格上涨 37% 中占据约 13%,即在 2007 年内约占谷物价格上涨因素的 1/3。

根据美国能源情报署对实际的和预测的乙醇生产量分析,认为要按照美国可再生燃料标准,尚不能达到乙醇生产增长的目标。在现有的谷物和汽油价格下,乙醇生产不能考虑指令所要求的效益。EIA 对 2008 年乙醇生产指出,要供应 91.5 亿 gal 乙醇(包括进口)才能达到高于 90 亿 gal 的指令要求。如果谷物价格相对于汽油价格上涨,并且乙醇用于替代汽油无太大成本优势,则按指令要求在未来会存在悬念。其他政策(乙醇补贴和税收)也是美国乙醇生产增长中的促进因素。有几方面情况需要考虑:

第一,发展中经济体对各种商品的需求正在增长,这一趋势仍将继续。2001～2007 年全球主要商品的消费每年都在增长,高于 20 世纪 80 年代和 90 年代的增速。某些主要发展中经济体(中国、印度和中东)人口快速增长。

第二,生物燃料提高了对特定食品作物的需求。近年来的高油价,加上美国和欧盟的政策支持,推动了将生物燃料作为运输燃料的补充,尤其是先进经济体。2005 年,美国一举超过巴西成为世界最大的乙醇生产国,乙醇占全球生物燃料使用量的80％以上。欧盟是最大的生物柴油生产地。

据称,生物燃料对食品市场的影响,原料占 20％～50％,尤其是谷物和大豆,但是生物燃料对石油产品市场无影响,生物燃料占运输燃料供应量现仍小于 1.5％。这就造成了价格扭曲,意味着石油产品价格决定了生物燃料的零售价格,而生物燃料的增长正在很大程度上影响原料价格(尤其是乙醇,由谷物和糖类生产)。

在今后至少 5 年内,美国和欧盟使用谷物生产生物燃料仍将继续,新的技术是开发第二代生物燃料原料,从非食用植物制取,后者不会与主要的食品作物争地和水源。在美国,2007 能源法案制定了近五倍的生物燃料目标,要求到 2022 年达 350 亿 gal;欧盟也要求到 2020 年运输燃料的 10％必须使用生物燃料。这意味着在一段时间内,一些主要的食品作物价格将继续上涨。

国际能源局执行局长 Nobuo Tanaka 于 2008 年 7 月 7～9 日在日本召开的八国峰会上表示,美国和欧洲的生物燃料在当今供应紧缺的石油市场上正在起着关键的作用。因第一代生物燃料基于食品作物,八国峰会号召向放弃第一代生物燃料方向发展,大力支持发展第二代产品,第二代产品使用如纤维素之类的材料。峰会强调了现在生物燃料生产的重要性和侧重性。第二代生物燃料基于非食用的植物材料,应对生物质给予更多的支持,因为它不与食品作物来源相竞争,然而这一技术商业化的生命力仍在建立之中。甘蔗生产乙醇的生产线是有生命力、商业竞争力和可持续性的,但在美国和欧洲确实是个问题,同时欧美也有一些优势。遗憾的是生物燃料仍缺乏竞争性,美国和欧洲,以及部分亚洲仍需给予大量补贴。尽管如此,生物燃料仍是美国和欧洲现有能源供应结构中的组成部分,自 2005 年以来已替代了约 100 万桶/d(约 4500万 t)当量原油消费。在现有能源供应极其紧张的市场中,生物燃料占有很大比重。没有生物燃料,则油价会涨得更快。但是,国际能源局执行局长 Nobuo Tanaka 表示,从总体上看,仍需转向第二代生物燃料。各国政府应对第二代生物燃料的研发投入更多。世界银行和联合国的领导人也参与了 2008 年 7 月 7～9 日召开的八国峰会,也极力主张推进发展第二代生物燃料。

美国斯坦福大学 Carnegie 学院于 2008 年 7 月初发布调研报告,认为如果生物能源农业对现在被废弃的农业土地加以开发,则生物燃料可成为世界能源未来可持续发展的组成部分。使用这些土地来种植能源作物,以替代现有的作物土地,可避免与食品生产相竞争,并可减少与气候变化有关的碳足迹。研究认为,可持续发展的生物能源约可满足北美、欧洲和亚洲能源密集型经济需求的 10%。研究人员估算全球有多达 470 万 km² 的被废弃土地可望应用于生产能源作物。这些潜在的土地面积可相当于美国(包括阿拉斯加)土地面积的一半。据估算,世界可收获的干生物质可望达 21 亿 t,总能量含量约为 41 EJ(相当于约 1.7 亿桶石油),可望满足世界能源需求 8%。

2.5 生物燃料的发展现状和前景

2.5.1 生物燃料生产发展现状

从富含淀粉和糖类的作物如甘蔗和谷物生产生物乙醇是当今发展中替代燃料的先行者。虽然生物乙醇的能量密度低于汽油,但已确认它甚至可用作赛车燃料。从上述作物生产生物乙醇在美国和巴西已确立工业化地位。从油料作物如向日葵生产生物柴油在欧洲发展最快。生物燃料市场正在快速发展之中,但仍然还很小。全球燃料乙醇生产量在 2000~2005 年间翻了两倍多,生物柴油增长了近 4 倍。

截至 2005 年,世界生物燃料生产量略超过 67 万桶/d,仅相当于全球运输燃料市场的 1%。但是,自 2001 年以来产量已翻了一番以上。随着燃料价格的上扬和各国政府在政策上的支撑,生物燃料产业强劲增长。

据统计,2006 年世界生物燃料生产量增长 28%,达到 440 亿 L。燃料乙醇增长 22%,而生物柴油增长 80%。虽然生物燃料占全球液体燃料的供应量小于 1%,但 2006 年生物燃料生产量的骤增满足了世界所有液体燃料供应增加量的 17%。

据杜邦公司分析,世界生物燃料年销售量已达 103 亿 gal(相当于 2885 万 t),到 2020 年将增长到约 870 亿 gal(相当于 2.44 亿 t)。据美国从事咨询的 McKinsey & Co 公司分析,目前生物燃料市场价值已达约 260 亿美元/a,相当于工业生物技术市场的 27%。CleanEdge 公司在报道 2008 年清洁能源趋势时指出,2007 年全球生物燃料生产和销售价值已达 254 亿美元,预计 2017 年将达 811 亿美元。SRI 咨询公司的分析师分析表明,2000~2007 年世界生物燃料的能力、生产和消费以年均 32% 的增速发展,预计该产业将以更快的速率向前发展,2008 年以后的年增长率分别为:能力 115%、需求 101%。据美国 Accenture 公司于 2007 年 12 月的研究分析,生物乙醇和生物柴油占全球运输燃料消费的 1%。预计这一比例到 2017 年将增长到 5%~10%。据美国能源部和杜邦/bP 公司统计和预测,2006 年北美、中/南美、欧洲和亚太地区的生物燃料产量分别超过 40 亿 gal、40 亿 gal、11 亿 gal 和 17 亿 gal,2020 年上述地区将分别为 300 亿 gal、70 亿 gal、200 亿 gal 和 300 亿 gal,如表 2.3 所示。

表 2.3   世界各地区生物燃料生产现状和预测(单位:亿 gal)

地区 年份	北美	中/南美	欧洲	亚太地区
2006	>40	>40	>11	>17
2020	300	70	200	300

OECD 于 2008 年 7 月 16 日发布的世界生物燃料生产报告中指出,前几年,来自谷物或甘蔗生产的乙醇,以及基于植物油生产的燃料已快速增长,预计在今后 10 年内产量将翻一番。OECD 的研究表明,大多数国家的生物燃料产业均通过财政支持得到较多补贴措施,生物燃料已在运输燃料市场中占据一定份额,并得到贸易保护。美国、欧盟和加拿大 2006 年提供的全部资助达 110 亿美元,这一数额预计将在 2013～2017 年提高到 250 亿美元。

市场研究公司 RNCOS 于 2008 年 7 月中旬发布一项全球生物燃料市场分析报告,报告指出,基于美国和巴西生物燃料产业的强大推动力,全球生物燃料产量预计将在 2014 年超过 270 亿 gal。根据该报告,2008～2017 年,全球乙醇产业将以较快的速度增长。报告还指出,美国燃料乙醇产业仍将是全球生物燃料的主要驱动力,美国政府计划推广 E85 车用乙醇汽油,其相关税收激励等政策也对此起到了巨大的推动作用。因此,美国国内的燃料乙醇需求仍将继续上涨,未来几年内,其产量仍将得到较大提高。巴西是紧随美国之后的全球第二大乙醇生产商,RNCOS 指出其未来的乙醇生产将以出口为导向,巴西国内实行乙醇强制使用政策,目前的立法要求 20%～25% 的燃料乙醇混合率。

2008 年,生物燃料的全球产量是 5876 万 t,替代了 2% 的石油,其中燃料乙醇的产量是 5040 万 t。以美国为例,2009 年美国燃料乙醇的产量达到 3300 万 t,2008 年是 2700 万 t,以美国全国石油用量 9 亿 t 来计算,替代石油率达 6%。

Pike 研究公司的分析表明,美国、巴西和欧盟是三大生物燃料市场。美国能源部能源情报署的统计表明,2008 年美国燃料乙醇消费量达到 96 亿 gal(363.4 亿 L),生物柴油消费量为 3.2 亿 gal。

欧盟议会工业委员会于 2008 年 9 月 18 日投票通过可再生能源指令,目标是到 2020 年保持所有道路运输中使用的可再生燃料达 10%。然而,这一目标提出的新要求是这些可再生燃料的 40% 要来自于第二代生物燃料、电力或氢气。欧盟委员会也投票支持可再生能源指令中的过渡目标:到 2015 年道路运输用可再生燃料达 5%。对于过渡目标,可再生燃料的 20%,即燃料总量的 1% 应来自于第二代生物燃料、电力或氢气。

据美国环境法规研究院于 2009 年 9 月 30 日公布的能源补贴研究统计数据,美国政府对化石燃料提供的补贴大大高于对可再生能源提供的补贴。2002～2008 年,化石燃料获得约 720 亿美元补贴,而可再生燃料获得的补贴总计为 290 亿美元。可再生燃料获得补贴的一半以上用于补贴谷物基乙醇。化石燃料获得补贴中 702 亿美元用于传统能源如煤炭和石油,23 亿美元用于 CCS,而 CCS 的目的是用于减少来自燃煤电厂的温室气体排放。

英国可再生燃料局于 2009 年 11 月 9 日发布报告称,英国业已认证的可再生生物燃料仅 33％符合政府已确定的可持续性标准。分析认为,在短期至中期内,尚无比第一代生物燃料可削减运输部门 CO_2 排放的其他替代方案。Gallagher 公司于 2008 年 7 月发布的报告提出了某些可再生燃料生产的有关问题,并指出了英国生物燃料的社会和环境可持续性问题。2008 年中期至 2009 年中期,生物燃料占英国所用全部燃料的 2.6％(比目标高出 1％),然而,这些燃料仅 24％被认为是可持续的,这期间的目标是 30％,而这一数字至 2009 年 11 月 9 日提高到 33％。仅 8％的生物燃料在英国生产,其余从 18 个不同的国家进口。

2.5.2　生物燃料发展的前景预测

OECD 和联合国食品局于 2008 年 5 月底发布的报告指出,今后 10 年全球的生物燃料产量将增长。据最保守的估算,今后 10 年生物燃料产量将会翻一番。全球乙醇生产量预计到 2017 年将达 1250 亿 L,是 2007 年产量的二倍。生物柴油生产量预计将会更快速增长,从 2000 年小于 10 亿 L、2007 年底近 110 亿 L 增加到 2017 年约 240 亿 L。从农业废弃物而不是从食品类作物生产的第二代生物燃料在今后 10 年还不能大规模生产。随着原油价格的上涨,乙醇价格到 2009 年已超过 55 美元/百 L,但是因生产能力扩增,在 2017 年将跌落至 52～53 美元/百 L。预计国际乙醇贸易将快速增长至 2010 年的 60 亿 L 和 2017 年的近 100 亿 L。这些贸易大多数将来自巴西,而出口市场以欧盟和美国为主。生物柴油价格尽管预期会高于化石柴油的生产成本,价格范围在 104～106 美元/百 L,但产量仍将增长。今后几年,生物柴油的国际贸易不会有太大变化,这是由于较冷气候条件下采用棕榈油基生产生物柴油存在一些技术上的制约,同时主要消费国产量会有所增加。

2008 年 3 月初美国政府发出预警,在今后 15 年内从废弃产物生产的乙醇将不能满足国会提出的指令要求,这是因为按照新能源法需生产的乙醇总体短缺。新能源法要求美国到 2022 年生产 360 亿 gal/a 生物燃料,以增强汽油供应和减少石油进口。然而到目标指定的日期,仅能达到 RFS 的 325 亿 gal。短缺是因为来自纤维素资源如木屑、换季牧草和其他农业与林业废弃物生产的乙醇数量较少。

据从事咨询的 Frost & Sullivan 公司于 2008 年 6 月中旬发布的《北美生物燃料市场:投资分析》报告预测,北美生物燃料市场到 2012 年将达到 185.2 亿美元的营业收入,比 2007 年的 99.8 亿美元翻近一番。新一代生物燃料强烈的风险投资气候预计将会推进更有效地使用海藻、废物、秸秆、木屑和其他森林基产物去生产生物燃料。北美有关生物燃料的法律支持包括:拓展的可再生燃料标准的推行、大批量调和商税收优惠减免、小型农业生物柴油生产商税收优惠减免,以及替代燃料加注基础设施税收优惠减免。美国对国外石油的依赖度继续增大,费用约达 10 亿美元/a。来自委内瑞拉和波斯湾的石油已占美国 2007 年总石油进口约 26.3％。

美国从事咨询的 Accenture 公司于 2008 年 9 月 10 日表示,虽然要进行预测比较困难,但可以预计:20 年内生物燃料可望占全球燃料的 10％～15％。Accenture 公司认为,生物燃料生产的未来将会越来越趋向多样化的燃料市场。

Susan Ellerbusch 于 2008 年 10 月 8 日在普氏能源网于美国芝加哥召开的第 3 届纤维素乙醇和生物燃料年会上表示,到 2030 年生物燃料数量可望超过 6000 亿 L (1585 亿 gal),这将需要在纤维素生物燃料领域取得新的进展。

基于对发展目标和未来规范的预测,BP 公司于 2008 年 10 月 10 日发表评估认为,生物燃料到 2030 年将占全球运输燃料市场的 11％～19％,但该公司全球生产燃料副总裁 Susan Ellerbusch 表示,如果生物燃料产业能解决当今存在的土地、原料和技术问题,则到 2030 年生物燃料可望占运输燃料的 30％。

美国农业部(USDA)于 2009 年 2 月 12 日发布农业长期预测报告,预计今后 10 年生物燃料生产增长最大的地区和国家将为欧盟、巴西、阿根廷和加拿大。

美国能源部预计,到 2030 年全球生物燃料生产量将会翻一番,预计产量将从 2010 年 130 万桶/d 增加到 270 万桶/d。据总部位于美国 Cleveland 从事市场研究的 Freedonia 集团公司于 2008 年 4 月 4 日的分析预测,尽管生物燃料存在对环境和食品供应的影响问题,世界生物燃料的需求预计仍将以每年 19.5％的速率增长,达到 2011 年的 9200 万 t。据 Freedonia 公司统计,2006 年世界生物燃料需求量为 3770 万 t, 2001～2006 年的年均增长率为 19.9％。未来市场的扩大将来自于乙醇的需求将会翻一番,另外全球生物柴油需求甚至会更快增长。其他的生物燃料也将强劲增长,但增速会低于乙醇和生物柴油。据 Freedonia 公司预计,2006～2011 年生物燃料需求的年增长率预期为:亚太地区为 35.3％、西欧为 22.1％、北美为 19.5％。在生物燃料需求增长的绝对量方面,北美将处领先地位。

美国从事市场研究的 BCC 公司于 2009 年 3 月中旬发布报告表示,未来几年北美地区液体生物燃料的市场价值将以年均 1.6％的速度减少,到 2013 年液体生物燃料的市场价值将从 2008 年的 371 亿美元减少至 343 亿美元,该市场几乎全部由所谓的第一代生物燃料组成。报告同时提出,未来几年北美地区其他液体生物燃料(除第一代生物燃料)的市场价值将出现高速增长,从 2008 年的 200 万美元增长至 2013 年的 3.08 亿美元。BCC 公司称,液体生物燃料发展最为重要的推动力量是高油价。自 2008 年下半年以来国际油价的大幅下挫已经严重影响到生物燃料的发展。不过 BCC 仍然表示,国际油价将随着全球经济的复苏而出现反弹,届时生物燃料又将增添发展动力。

市场研究商 Pike 研究公司于 2009 年 6 月中旬发布研究报告,认为全球生物燃料市场到 2020 年将达 2470 亿美元。预测表明,10 年内,生物燃料工业的市场将在预计的 2010 年价值 760 亿美元的基础上翻三番。Pike 研究公司还指出,生物燃料工业的增长受到廉价原料来源的限制及生产燃料与人争粮观念的影响。

乙醇和生物柴油的经济性尚不能与石油燃料相竞争,一些国家政府已在进一步出

台支持政策。尽管如此,Pike 研究公司的报告仍然预测在今后几年内,将出现新一代生物柴油的三大冲击波:

第一,到 2010 年,这一市场预计仍以废弃油脂生产生物柴油燃料为主。

第二,预计到 2014 年将使麻风树基生物柴油燃料大量推向市场。

第三,将出现微藻基生物柴油燃料,微藻基生物柴油燃料将于 2012 年实现商业化规模应用,预计到 2016 年将对这一市场产生深刻影响。

Pike 研究公司同时预测认为,今后 10～15 年生物燃料工业仍充满良好的前景。一些国家长期支持的承诺将保持不变,有利于生物燃料市场的发展,同时技术进步和规模经济性将大大改进生物燃料与石油竞争的经济性。

据 BP 公司 2009 年 7 月发布的预测,到 2030 年生物燃料将占运输燃料的 11％～19％,如果能克服某些障碍,尤其是在第二代纤维素生物燃料领域取得突破,则这一比例可提高到 30％。截至 2009 年 7 月底,比较一致的预测认为,到 2030 年生物燃料将占燃料供应量的 11％～19％。

据 Pike 研究公司于 2009 年 7 月 27 日发布的预测报告,到 2022 年世界生物燃料市场将从现在的 1000 亿美元提高到超过 2800 亿美元。报告预计,推行生物燃料消费指令的国家数将会增多,同时来自改进的第二代原料的生产能力将会增长,这将使 2009～2022 年世界生物燃料年增长率达到 15％。开发第二代原料将可减小生物燃料的碳足迹。报告预测认为,生物燃料生产的快速增长将取决于原料的发展,如低级脂肪、麻风树和海藻油。

擅长从事工业研究的 RNCOS 公司于 2009 年 7 月 30 日发布的报告称,2007～2017 年全球生物燃料市场将以年均 12.3％的速度增长。2008～2019 年,全球乙醇和生物柴油生产的年增长率将分别为 6.04％和 5％。

国际能源署于 2009 年 9 月上旬发布预测报告,预期 2014 年全球生物燃料产量将增至 220 万桶/d。国际能源署执行董事 Richard Jones 表示,生物燃料的前景是光明的,它将弥补常规石油产量的下降。未来五年生物燃料将占新增汽油和柴油需求的 15％。2008 年全球生物燃料产量总计达每天 150 万桶。当前生物燃料占运输业用燃料的 1.5％。到 2030 年,预计生物燃料将占 4％或在政府政策的支持下可达 8％。

在不久的将来,生物燃料生产的增长仍将主要受到来自巴西和美国生产的谷物基乙醇的拉动,预计到 2012 年,乙醇生产量将会翻近一番。欧洲共同体已于最近要求生物燃料到 2020 年满足其运输燃料需求量的 10％。

BP 公司于 2009 年 9 月 17 日作出预测,生产燃料将成为美国汽车燃料市场中的较大组成部分,在今后 20 年内将可替代 25％的汽油。BP 替代能源公司 CEO Katrina Landis 表示:“跟随欧洲的发展趋势,美国的柴油使用也正在增长,到 2030 年,预计生产柴油将可为柴油发动机用燃料提供 8％。”然而,在这一期间,预计生产燃料将约占美国汽油市场的 25％。

美国哈特(Hart)能源咨询公司于 2009 年 10 月 1 日发布预测报告称,全球生物燃料使用量预计到 2015 年将增加二倍。报告认为,全球生物燃料需求量到 2015 年将占世界汽油总组成的 12%～14%。据该报告提供的数据,巴西将保持世界生物燃料第一出口国的地位,预计美国将是生物燃料使用中增长最大的国家,到 2015 年将使其现在的消费量增长超过 30%。在供应方面,预计巴西将使其生产量增长 30%,并使其现在出口的生物燃料数量翻一番,保持世界最大的生物燃料出口国地位。德国将继续成为欧洲最大的生物燃料生产国。报告预计到 2015 年一些其他国家将开始对世界生物燃料生产作出重要贡献,这些国家是阿根廷、中国、哥伦比亚、法国、印度尼西亚、马来西亚、菲律宾和泰国。哈特能源咨询公司同时还表示,预计印度在生物燃料生产方面将会有很大增长,乐观估计,印度将会很快超过巴西成为领先的生物燃料出口国。在生物燃料生产类型方面,预计生产量将以棕榈油生物柴油、大豆生物柴油和乙醇为主。

第二代生物燃料如有机废弃物生产的生物燃料将在今后几年陆续登场,这类生物燃料的成本和碳足迹均将下降。从废弃物生产生物燃料与将废弃物埋地相比,碳足迹将会减小,因为有机质腐烂生成的甲烷与 CO_2 相比,是温室效应更强的温室气体。

国际能源局执行副总监理查德·琼斯(Richard Jones)于 2009 年 11 月底表示,如果世界上每个国家都推广使用生物燃料,则生物燃料的使用在 2050 年可能会激增至 2500 万桶/d。

壳牌公司于 2009 年 12 月 2 日宣布,在其将德国生物质制油(BTL)生产商科林(Choren)公司的股份出让后不到 1 个月,该公司表示,将着眼于 2020 年的先进燃料前景。自进入 21 世纪起,人们普遍认为,到 2010 年,先进燃料,如 BTL、丁醇和生物甲烷将具有广泛应用于商业的机遇。但壳牌首席执行官 Peter Voser 表示,这些燃料要到 2020 年才具备实用条件。经过市场评估,以及世界从金融危机中走向复苏,壳牌正在采取谨慎的态度。壳牌公司主张改进补贴和法规,鼓励发展清洁燃料,而不是普遍发展生物燃料。美国埃克森美孚是另一个致力于生物燃料的能源巨头,竭力发展藻类油,并拟将它应用于可再生的运输燃料,拟在原料方面投入 6 亿美元。

美国哈特能源咨询公司全球生物燃料服务部执行总监塔米·克莱因(Tammy Klein)于 2009 年 12 月 10 日发布的预测认为,到 2015 年全球生物燃料的需求将翻一番。塔米·克莱因还指出,亚太和拉丁美洲将可通过生产生物燃料改善农村经济。

据 Lux 研究公司于 2009 年 12 月 23 日发布的研究报告,生物基燃料对 2500 亿美元的石油工业而言,在成本、性能和规模方面尚未构成有力竞争,为了取代每年消费的 300 亿桶石油,当今的生物基技术将需要加快培育。报告还指出,生物燃料和生物材料与石油竞争的发展路径表明,成本和规模是使生物燃料替代石油燃料的主要障碍。在这项研究报告中,Lux 研究公司建立了用于石油产品及其生物基替代品的价值链定量模型。该模型从原料成本和能力开始,然后引用了技术和工艺,并探讨了最终用途。这项研究的结论是,特意种植的作物将不能产生足够的生物质,而废弃物将成为最佳选择。四种主要原料分类中,作物、藻类、废弃物和 CO_2 在近期将是上乘原料。报告认为,来自林地的约 3160 亿 t 的废弃生物质以及 5340 亿 t 的作物残余物和其他废物已能超过石油当量,并且成本在 40 美元/桶石油当量(BOE),这些材料的成本低于其他原料。Lux 研究公司的研究认为,生物基替代品到 2020 年仅占燃料和化学品份额的 5%。研究人员还预计,来自食用作物的燃料及材料将增加 4.47 亿桶石油当量,非食用作物将增加 1.07 亿桶石油当量。然而,农业、林业、城市生活垃圾将贡献约 11 亿桶石油当量。该研究还发现,改造现有的石油、造纸和生物乙醇工厂可望大大降低生产成本,并可提供运输和其他基础设施。尽管在供应方面尚存在挑战,但一些航空公司正在采取过渡手段,将其所需燃料转向生物燃料。作为一个实例,由 14 家航空公司组建的集团(服务于 Seattle-Tacoma 国际空港)与航空运输协会一起,已同意购买高达 7.5 亿 gal 可再生喷气燃料和生物柴油。为了推动生物燃料的发展,美国能源部和农业部已于 2009 年 11 月宣布,向生物燃料、生物能源和其他生物基产品开发领域资助 2400 万美元。

据国际能源机构预测,到 2020 年,乙醇和生物柴油的产量将增加 2~3 倍。2006 年,全球粮食乙醇的产量有 511 亿 L,其中美国产量为 182 亿 L,巴西为 170 亿 L,欧盟为 30 亿 L。生物柴油的市场要比乙醇市场小得多,2005 年仅有 42 亿 L。生物燃料在当今世界交通运输燃料中仅占 1%,到 2030 年,乐观估计在 15%左右。

人们对全球生物燃料市场增长的预期仍是高的,据美国从事咨询的 Pike 研究公司所作的研究,生物柴油和乙醇合计的销售额将从 2010 年的 760 亿美元提高到 2020 年的 2470 亿美元。

Pike 研究公司管理总监 Clint Wheelock 表示,虽然生物燃料市场仍处于发展之中,但前景是光明的,这是因为一些国家政府和私营实体对其发展给予了长期的支持承诺。Clint Wheelock 还认为,技术的发展和规模经济性的实现将大大改进生物燃料与石油相比较的经济性。国家政府承诺给予生物燃料市场发展以巨大的支持,这一支持将达到每年超过 1000 亿美元,长期的承诺将使生物燃料市场得以稳步发展。

生物燃料生产最大的不确定性来自政府政策和技术开发进展的快慢。技术将继续改进生物燃料开发的经济性,但是生物燃料工业也将与一些技术如插电式混合动力车相竞争。

生物燃料的竞争预计将来自各个方面,而不仅仅是汽油和柴油。Accenture 公司认为,随着市场要求在低碳经济中采用较清洁的燃料组成,预计政府法规会加快这一竞争进程。

运输燃料不断发展中的多样化将由众多的参与者来提供,包括农业综合企业和化工公司。存在着许多不同的生产商和不同类型的生物燃料。绝大多数一体化的石油公司不从事农业或生产生物燃料,它们通过长期合约获取生物燃料。有些大的石油公司与一些较小的开发生物燃料的公司也组建了科学联盟和合资企业。有些跨国石油公司有潜力并雄心勃勃地涉足所有运输燃料技术,而其他一些非传统的行业如化学品生产在今后 10 年内涉足生物燃料生产尚不会太多。

插电式混合电动车(PHEV)正在开发之中,可望 2010 年广泛应用。一些电技术将涉及公用设施,如汽车制造商通用汽车公司正在与非盈利的电力研究院合作致力于使用 PHEV 需要的基础设施研究。法国电力公司(EDF)已在法国一些道路、街道和停车点设置了 PHEV 用充电点。EDF 也与 Elektromotive 公司合作在英国设置了充电点。PHEV 可望采用掺混的生物燃料驱动,但预计其最终将会与生物燃料相竞争,使驾车人选择电力、生物燃料或者汽油或柴油。另外,汽车制造商正在推出灵活燃料汽车。美国道路上行驶的大多数汽油车可采用 10%乙醇燃料,而柴油车可使用 5%~10%生物柴油,但这根据汽车制造商和国家不同而不同。

行业专家于 2010 年 2 月 21 日指出,为了补救气候恶化,世界各国政府需要作出政策上的改变,才可望实现从烃类向生物燃料的转变。由都柏林的研究和市场推广出版商所作的这份"全球生物燃料行业综述"报告指出,各国政府需要作出一些政策上的改变,从而使生物燃料可望成为烃类的主要替代。报告称,由于上涨的价格和逐渐减少的供应,石油已经成为一种存在供应问题的能源。近年来,科学界的共识是,气候变化是真实存在的,并且大多是由碳排放引起的。一个应对气候变化的举措将是采取高的税收或其他一些政策措施来控制碳化石燃料的使用。对化石燃料增税将可驱使石油产品价格上升,从而使替代燃料更有经济上的吸引力。而现在,替代燃料的竞争还没有政策支持。

该项调查涉及地区和全球市场的动态性、原料选择的优势和弱点以及各代生物燃料的经济性。报告称,虽然第三代技术藻类滞后于第二代纤维素生物燃料好几年,但藻类生物燃料是真正的革命,并且几乎可以肯定会成为 2016 年无需实行补贴的能源。然而,如果能满足某些生产挑战,藻类可望成为唯一可供选择的能源。此外,这项研究还表明,藻类可在边际或沙漠土地上使用半咸水或咸水养殖生长,使藻类生产燃料无需农业用地或淡水。藻类也需要使用 CO_2 作为原料,从而使藻类生物燃料的生产接近碳中性。此外,科学家和工业部门必须确保藻类生产生物燃料不与人或动物的食物来源相竞争。海藻油可提炼成汽油、柴油和航空燃料。它与其他生物燃料不同,其他生物燃料受限于特定的运输应用。藻类还可以用作营养补充品和化妆品,以及动物饲料和其他副产品。

该项研究预测,到 2022 年,第三代生物燃料将成为全球最大的生物燃料来源,占 37%。

研究还认为,世界新兴经济体对运输用石油的需求预计会增长,据研究报告估算,到 2022 年,全球将消耗 8340 亿 gal(平均 29 亿 t)汽油、柴油和航空燃油等产品,2009 年为超过 1690 亿 gal。研究认为,生物燃料生产量预计可达 1090 亿 gal,将占全球汽油市场的 9.3%、柴油市场的 12.4%和全部航空燃油消费的 17.8%。该项研究的结论是,在未来几年,可以认为,全球生物燃料行业将发展成可以数千亿美元衡量的市场,并且成为清洁技术领域的主要部门。

创新观察(Innovation Observatory)公司于 2010 年 3 月 12 日发布报告认为,基于木质植物材料生产的生物乙醇(称之为第二代生物燃料)在今后 5 年内将年增长超过50%。然而,报告指出,生物燃料的环境效益仍取决于政策制定者,仍需要公用事业的继续支持来克服大规模商业化生产的挑战,必须致力于提高生产第二代生物燃料的竞争性以及潜在效益。

2.5.3 生物燃料发展的竞争性

生物燃料的竞争性如何？按精确的能量当量基准评价，截至 2006 年，在美国，乙醇无补贴可与约 60 美元/桶油价的原油相竞争；在巴西，竞争价为 35 美元/桶；在欧洲，竞争价为 115 美元/桶。据欧盟估计，无补贴时生物柴油可与 65 美元/桶原油相竞争。欧洲生物燃料的补贴比美国高 3 倍。到 2020 年，欧洲生物燃料的补贴可望是欧洲运输业优惠减免的 23 倍，这类补贴将为农业预算额的 50% 或欧盟总预算的 20%。美国生物柴油工业的补贴为 1 美元/gal，即 300 美元/t。

美国生物燃料生产现主要以谷物为原料，然而分析师认为，基于对快速增长的长期预测，美国耕地不足以满足生产生物燃料行业以及食品工业作为原料所需的谷物数量。美国于 2007 年年初颁布《2007 年美国燃料法》，该法律旨在增加可再生燃料如乙醇的生产，并扩大在全国的推广应用。《2007 年美国燃料法》通过可再生燃料生产、分销和消费的拓展，大大降低了美国对进口石油的依赖，同时还将增加生物柴油的生产量，并为纤维素生物燃料生产的新投资提供税收减免优惠，将纤维素生物燃料看作新一代的可再生燃料。该法律还将通过确保石油公司不阻止可再生燃料的销售，建立健全的生物燃料分销网络，并提供税收优惠减免，以鼓励更多的乙醇生产商就地调和和销售其乙醇燃料，对将乙醇运送至炼油厂不增加运送费用。法律将通过税收减免优惠以推动增加使用可再生燃料，提高可燃用乙醇的汽车生产量，并要求整个美国车辆于 2014 年都使用这种燃料，同时要求用国家资金购买的汽车使用清洁技术。

美国是世界上最大的玉米生产国之一，但有研究表明，即使把美国生产的每一粒玉米都用于乙醇生产，也只能满足美国汽车所需燃料的 12%。这意味着粮食乙醇最终仍将无法代替汽油成为美国汽车未来的主要燃料。

美国农业部预计，2008 年乙醇生产需要 6000 万 t 谷物。截至 2006 年 12 月 31 日，美国已拥有 166 套乙醇装置，每年使用谷物 5300 万 t。另有 79 套装置在建设中，将需要谷物 5100 万 t。11 套装置扩建将再需要谷物 800 万 t。如将美国所有的谷物都转化为乙醇也只能满足美国汽车燃料需求的 16%，为此发展纤维素乙醇是必由之路。发展乙醇工业已成为美国国会 2005 年能源政策法的一部分，到 2012 年需有 75 亿 gal 乙醇用于汽车燃料。据估计，2006 年美国乙醇生产量约为 49 亿 gal。

欧盟 2006 年出台了一项政策，要求到 2020 年，欧盟国家生物质燃料所占比例从 2% 增加到 10%；德国更是出台强制规定，要求到 2020 年使用生物质混合燃料的比例达到 20%。为了实现这些以节能和环保名义出台的新政策，德、法等国大量改种专供生物燃料的油菜，原本这些国家有许多耕地可自产粮食，而现在也要到国际市场上和穷国争粮。为了维持西方国家的高消费生活，欧美国家不从节约能源、节制消费上下工夫，却变相地从发展中国家抢资源，如从巴西大量进口乙醇燃料，从印尼大量进口棕榈油，造成这些国家大量耕地被占用，要到国际市场上购粮。

巴西一直大力推动生物燃料的发展，目前已拥有世界上最庞大的生物燃料生产链和先进的生物燃料应用技术，乙醇、生物柴油及其他可替代能源已占其能源消耗总量的 44%,远高于 13.6% 的世界平均水平。

　　为了达到 1997 年《京都议定书》规定的削减温室气体排放的目标,日本在 2008 年提出更多的税收激励措施来促进生物燃料的使用。根据《京都议定书》的有关规定,日本必须在 2008~2012 年使本国的温室气体排放量比 1990 年削减 6%。然而,日本政府的初步统计数据显示,日本在 2006 年的温室气体排放量比 1990 年增加了 6.4%。日本政府准备建议修改某些法规,旨在免除乙基叔丁基醚的进口税以及免除用植物制造的生物乙醇的使用税。ETBE 是一种用乙醇和石油副产品异丁烯结合而成的含氧化合物,其进口税为 0.03 美元/L。ETBE 的挥发性和腐蚀性均低于乙醇,可以用更大比例与汽油混合用于汽车。东京加油站已于 2007 年试销这种汽油与 ETBE 混合的燃料。为了把生物燃料的使用量在 2010 年前扩大到 13.2086 万 gal,日本政府已要求本国石油工业在每年所销售的石油产品中应包括 5.5476 万 gal 的生物燃料。

　　政府是新兴生物燃料市场的决策者,生物燃料能否赢利要由政府决定。能源消费国希望能源供应多元化,尤其是美国、中国、印度及欧洲国家,但能源安全、农业、环境哪个优先要由政府的政策决定。生物燃料原料的选择为地区发展提供了机遇,调查显示,用各种标准衡量,甘蔗都是具有优势的原料。为了让决策者、农民、农产品经营者和生产商建立起全球性的生物燃料供应市场,选择原料要综合权衡生产成本、化石燃料、可种植土地、原料市场规模等多种因素。全球生物燃料工业要由政策制定者、农民、农产品经营者和生产商共同推动。市场需求取决于政府、汽车制造商、油品调和商和零售商对生物燃料取代石油的态度和支持程度。

　　目前,生产生物燃料的成本比化石燃料高,政府干预显得十分重要,随着生物燃料工业逐渐成熟,政府干预将会减弱。在不同的生物燃料生产国,要优先考虑的问题不尽相同,因此,生物燃料工业的发展目标、激励机制、进口关税、税收结构也都存在差异。石油工业和交通运输业要从政府政策、燃料供应、相关技术等方面出发,考虑它们下一步在生物燃料工业的走向。技术将不断改进生物燃料经济,但哪一种技术具有最大影响还不确定,生物燃料工业的规模也不确定。现在最被看好的是纤维素乙醇,加工成本还有很大潜力可挖。尽管生产乙醇、生物柴油和其他生物燃料的潜力、成本还有不确定因素,但有一条是肯定的,那就是未来的能源资源将越来越多元化。

　　OECD 在 2008 年 7 月 16 日发布的世界生物燃料生产报告中提出如下建议:

　　(1) 应致力于利用替代燃料来节约化石燃料能源,从而降低能源消费。一般来说,通过节能来减少温室气体排放的成本要比采用替代能源低许多。

　　(2) 从事生物燃料生产的一些国家应使用现在不用于食品作物种植的土地,并且不使用对环境敏感的土地。

　　(3) 生物燃料和原料的市场开发应使生产更为高效和廉价。

　　(4) 改进政府的支持政策,以减轻食品价格上涨的压力。

　　欧盟可能通过一项提案,对发展生物燃料加以限制,因为这种能源可能引起环境与社会问题。欧盟已提出限制条件,欧盟市场上使用的生物燃料应采用可持续发展的方式生产。欧盟已提出,与 1990 年相比,到 2020 年可再生能源使用量将提高 20%,

生物燃料将占全部运输燃料的 10%。然而,生物燃料增长使森林面积减少,食品价格上升。生物燃料引起一些环境问题和社会问题。生物燃料与化石燃料相比,是可再生的和环境友好的燃料,但不是完全清洁的能源,必须对生物质进行收获和处理,这使得生物燃料成为正碳排燃料,而不是零碳排燃料。另一问题是对耕种土地的环境影响,尤其在亚马孙河地区和印度尼西亚,造成种植生物燃料的作物大量生长。英国皇家学会的研究指出,生物燃料实际上可能危害环境。

全球粮食紧张的严峻形势表明,依靠占用粮油耕地来大量发展生物质燃料的策略是错误的,也是无法可持续发展的。为了解决全球粮食紧缺,并兼顾全球能源紧缺问题,发展第二代生物质燃料有重要意义。第二代生物质燃料的原料主要是速生林木材、麦秸、稻壳和其他纤维素原料,这些原料来源广泛,不增加粮食作物的耕地负担,而且生产生物质柴油的效率高。据德国科林公司的专家计算,如果德国生物质燃料的混合比例达到 10%,需要年产生物质燃料约 400 万 t,如采用第一代生物质燃料的原料,则要消耗约 500 万 t 油菜籽和 600 万 t 的其他粮食作物,种植面积达 30 000km²。而采用第二代生物质燃料的原料,同样年产 400 万 t 燃料,只需占用 7500km²。

2.6 第二代生物燃料开发与应用

2.6.1 第二、第三代生物燃料加快开发

生物柴油和生物乙醇被称为第一代生物燃料。2005 年生产脂肪和油类 1.25 亿 t,其中约 90% 被食品工业消费。使用生物柴油和生物乙醇仅是解决世界能源问题的第一步。尽管投资在继续增长,但仅依赖基于植物种子和果实的生物柴油和生物乙醇燃料不能解决 CO_2 排放问题和满足日益增长的能源需求。为此,需开发第二代生物燃料,它们以植物和生物质整体为原料制取。据信,生物质可望满足世界 1/3 的能源需求。

全球目前最大的以木材和纤维素为原料、年产 15 000t 生物质柴油的生产装置于 2008 年 4 月 17 日在德国投入使用,该装置建在位于萨克森州弗赖贝格的科林公司里。经过数年的研制和试生产,科林公司终于实现了不以油菜、玉米等粮油作物为原料,而是利用速生林木材、麦秸和其他生物质废弃物工业化生产柴油。科林公司非常看好第二代生物质燃料的发展前景。公司的企业开发部表示,目前来自美国、加拿大、瑞典、法国和挪威等国的客户,对科林公司的工业化生产装置很感兴趣,他们等待见证弗赖贝格的这套生产装置完全运行正常,以便在其他国家推广。

一些第二代生物燃料生产已经脱颖而出。如法液空旗下的鲁奇公司于 2008 年 12 月 22 日宣布在德国 Forschungszentrum Karlsruhe 建设第二代生物燃料中型装置,以顺应欧盟对生物基汽车燃料的要求。与 Karlsruhe 科技研究院(KIT)合作的这一项目将验证该公司三阶段 bioliq 工艺的生存发展能力。该中型装置第一阶段已于 2007 年完成验证,其第二阶段从秸秆产生生物合成原油(bioliqSynCrude)将被加工成

合成气,于 2011 年完成。据鲁奇公司测算,7.5t 含水 15w％的生物质可生产 1t 合成燃料。该项目由鲁奇公司进行工程、建设、设备供应、设置和投运。该项目顺应欧盟的要求:对生物基汽车燃料需求到 2010 年将增加到 5.75％,德国目标到 2020 年要大大提高从可再生资源生产这类燃料的份额。该项目得到德国营养品、农业和消费品保护部有关可再生生物资源行动计划的支持。

根据欧盟 2009 年 1 月发布的可再生能源法,欧盟委员会于 2008 年 9 月中旬设定绿色运输目标,将使欧盟道路运输用能源到 2015 年有 5％来自可再生能源,到 2020 年达到 10％。2015 年目标值的 20％,必须由非第一代生物燃料来满足,包括来自可再生资源的电力或氢气,亦即不与食品争粮的、称之为"第二代"的生物燃料。需使非第一代生物燃料所占份额到 2020 年提高到至少 40％。

美国咨询公司莱森特(Nexant)的生物燃料开发管理师 Ron Cascone 于 2009 年 9 月底表示,基于食品来源和使用农业土地来生产生物燃料正面临着挑战,许多工业活动的重点已转向开发基于纤维素生物质和非粮油脂如麻风树和微藻原料。

第二代生物燃料技术正在开发之中,其中一条可供选择的路线是,使生物质热解,生成生物合成原油,然后经气化、甲醇合成和甲醇制合成燃料(MTS)过程,生产生物柴油和汽油。

研究显示,技术问题在生物燃料工业的未来具有最大的不确定性。技术将会使生物燃料开发的经济性继续提高,但仍然具有不确定性的是,技术的影响深度以及对生物燃料工业最终规模的影响程度。

生物乙醇和生物柴油是现在生产最多的生物燃料。生物乙醇可从任何可发酵的糖制取,但是仍主要由食品类谷物包括各种谷物、含油种子和甘蔗生产。然而,第一代乙醇有几方面的缺陷:没有足够的可耕种的土地既要满足食品需求,又要满足燃料需求;生物乙醇是能量密度低的燃料,不能大量与汽油调和;存在乙醇运送问题;包括乙醇在内的生物燃料减排潜力的不确定性问题。鉴于上述问题,美国基于谷物的乙醇数量最多也将只能每年生产 120 亿～150 亿 gal/a。下一代的产品包括纤维素生物燃料可克服第一代生物燃料的某些缺陷。

纤维素生物燃料可使用非食用作物,包括植物的纤维材料,将其转化为可发酵的糖类。从纤维素生产乙醇需要三个主要步骤:通过热化学预处理过程,以使其结构破解,使之能为酶所接受;采用特定的酶使材料水解成单一的糖类;使糖类发酵为乙醇。使纤维素破解为单一的糖类是纤维素乙醇开发的技术障碍之一。

已有几家化学公司与美国能源部下属的国家可再生能源实验室合作开发纤维素乙醇技术。Genencor 公司与 Novozymes 公司在降低酶的成本方面进行了攻关;UOP 公司与太平洋西北国家实验室正在开发新技术,以便能在现有的美国炼油厂生产生物燃料;Archer Daniels Midland (ADM)公司和杜邦公司也涉足该项目研究。目标是开发将纤维素转化为乙醇的工艺,在今后 5 年内与谷物乙醇相比要有成本上的竞争性,并且到 2030 年与石油基汽油相比有成本上的竞争性。

成本是商业化生产纤维素乙醇的主要障碍。原料成本、酶的成本和损耗是纤维素乙醇装置三大成本因素。与谷物相比,纤维素生物质较难破解成可发酵的糖类。该过程需要酶解因子超过 50～100 倍的酶。转换成操作成本,它要比生产谷物乙醇贵 2～3 倍。

Genencor 公司集中于三种原料:甘蔗渣、谷物秸秆和木屑,以及一种预处理过程。该公司已开发了第一种适用于纤维素乙醇的商业化酶。这种酶商业化名称为 Accellerase,不仅是可应用于纤维素乙醇装置的优化酶,而且为生产商设计纤维素装置提供了良好的开端。

开发中的其他替代燃料工艺包括从生物质制取生物丁醇和从海藻培植制取生物柴油,但是在今后几年内尚不能达到市场规模。费托工艺也可用于使生物质、煤炭或天然气转化为液态燃料。氢气作为替代燃料,尚在开发中,一些关键技术有待解决,属于长期项目。氢气在被扩大使用前,也需解决新的储存和分销基础设施问题。

总部位于美国纽约州 White Plains 的 Nexant 公司最近研究指出,从食品作物如谷物生产生物柴油和生物乙醇将只是“过渡性”技术,这一产业将转向由非食品作物生物质生产所谓的纤维素生物燃料。这也将是生产生物汽油和生物柴油技术平台的综合,并大多可望与发电和生产化学品相结合。某些技术的成功率尚不清楚,但不容置疑的是,生物燃料是许多公司在化学品和其他领域发展的关键市场机遇。

IEA 指出,当前受绿色能源倡导者狂热追捧的第二代生物燃料如纤维素乙醇等,未来 5 年还不可能在全球生物燃料市场扮演重要角色。不过一些第二代生物燃料的示范装置已经在加拿大、西班牙和美国等地开始建设,第二代生物燃料技术的开发,最终将减轻第一代生物燃料需要大量粮食和土地所产生的负担。今后 10 年内,乙醇生产将面临前所未有的发展机遇:一些国家乙醇的进口将增长,非粮作物用作乙醇生产原料,纤维素乙醇作为竞争的乙醇燃料将走向前台。

从事咨询的 Frost & Sullivan 公司于 2009 年 10 月初发布报告称,第二代生物燃料生产正在潜势待发,生物质原料的预处理和气化新技术的开发可望减少生物燃料的生产成本,从而使其用作运输液体燃料在商业上达到可行的程度。

Frost & Sullivan 公司的“世界第二代生物原料的市场分析”报告指出,在预处理方面,水解和发酵的技术进展具有减少第二代生物燃料生产成本的潜力,第二代生物燃料将以农业剩余物、林业剩余物和造纸厂黑液为原料。应用于生物燃料生产后序阶段的催化合成技术开发也有使成本降低的潜力。

Frost & Sullivan 公司高级研究分析师 Phani Raj Kumar Chinthapalli 表示,上述发展趋势和优势,加上多家公司竭力推动温室气体减排,将驱使第二代生物燃料到 2015 年的商业化生产量达到 50 亿 gal/a。第二代生物燃料全生命循环中的温室气体排放为负值,这表明为净的碳消耗。Chinthapalli 同时指出,直至 2017 年第二代生物燃料具有大规模生产能力时才会对全球的能源格局产生重大影响,在此之后,影响会进一步增大。

William Thurmond 在“乙醇 2020 年:全球市场调查”报告中指出:如果竞争前景看好,大规模纤维素乙醇生产将付诸实现;如果生物燃料进/出口的国家政策进一步放宽,则美国、中国和印度到 2020 年汽油消费的 20% 可望以乙醇替代。今后 10 年,全球乙醇市场既面临发展机遇,又面临转型挑战。这份研究报告于 2007 年 6 月下旬在美国密苏里州 St. Louis 召开的第 23 届国际燃料乙醇论坛和展览会上发布。报告提出了第一代、第二代和第三代生物燃料的发展历程和前景。

第一代(即 1G)生物燃料基于传统的现有生产技术、经济性和原料,产品在邻近地理上的农业地区发展和销售。第二代(即 2G)生物燃料基于乙醇生产厂的加快转移,从传统农业区转向沿海新区,具有进口、出口、采用多种原料和与炼油厂共生的优势。

对于生物柴油也是如此,非食品原料如海藻和麻风树,每英亩可有很高的回报,而且不会损害食品的供应或助推抬高食品价格。第三代(即 3G)生物燃料基于新出现的技术和生产工艺,如纤维素乙醇、生物丁醇和二甲基呋喃,在较低成本下,它们可生产较多燃料,并且每英亩有较高的投资回报率。2G 和 3G 乙醇燃料的出现将有助于克服农业、商业和乙醇生产工艺技术目前存在的许多限制。

油价高涨和随之而来的燃料危机,迫使人类不得不减少对石油等不可再生能源的依赖,因此由生物质资源获得替代能源的方向无疑是正确的,但路线图如何设计决定着能否尽快实现目标。专家指出,用粮食生产替代能源的路线对人口大国极其不利,在中国行不通。同时,国内外现有的生物能源生产工艺需要两三个甚至更多的步骤,从能量投入产出上看也不可行。

首先,对于中国这样的人口大国来说,没有足够的粮食用于制造新能源。用玉米或甘蔗生产乙醇,或食用油深加工后与柴油混合而成的替代能源在中国并不适用。因此,利用不可食用的生物质,是国内生物能源的一大发展方向。这些物质包括秸秆等农产品废弃物,落叶等森林废弃物,以及海藻类等其他废弃物。据美国和欧盟测算,每年产生的这些废弃物折算成能量,与一年中社会油品消耗量折算的能量基本相当,完全可以由这几类生物质获取足够的能源。

其次,生物质转化的目的是获取能量,现有工艺存在的共性问题是转化过程中投入的能量大于得到的能量。目前国内外均已开发出发酵、酸水解、加氢等多种生物质生产燃料或化合物工艺,但都至少需要两三个步骤。步骤多必然导致能量投入大,能耗增加。专家表示,欧美已有这些工艺的示范装置,但只作为政府投资的研究项目,大规模工业化还不行。目前,很多国家都在探索一步法工艺,国内也有多家科研院校正在攻关,如北京大学化学与分子工程学院等。这一技术可望在 10~15 年内实现工业化。

清华大学开发的 ASSF 法生产甜高粱生物燃料技术于 2009 年 3 月在 2009 年世界生物燃料大会上获得"可持续生物燃料技术奖"提名。大会认为,以纤维素乙醇、藻类生物柴油为代表的第二代生物燃料是发展方向,应加大研发和示范力度;同时还应注重改进第一代生物燃料技术,加快甜高粱乙醇等过渡技术的商业化进程;生物燃料的生产必须符合可持续标准。

中美合资安徽淮北中润生物能源技术开发有限公司 2008 年 7 月 31 日宣布,其纤维素生物质一步直接液化技术中试在国际上率先取得成功。该方法从纤维素生物质中获取燃料及化工原料时,反应条件温和且纤维素生物质中的有机物可以无损失(无碳化、无气化)全部转化,是生物能源技术的一个革命性突破。纤维素生物质一步直接液化得到生物乙醇,是生物质能源的发展方向。淮北中润生物能源技术开发有限公司经过几年的探索,已经掌握了第二代生物质生产燃料乙醇的精炼技术和生产工艺。在此基础上,该公司研发出第三代生物质再生能源精炼技术的关键催化体系——互促催化系统。该系统可以在较温和条件下,使纤维素生物质一步液化降解为单体。2008年6月,中润公司采用粉碎后的豆秆、芦苇、竹子、油菜秆等原料,在$100 \sim 300\,^{\circ}\!\mathrm{C}$的低温、低压和可控条件下,成功制备出秸秆乙醇,且没有气化和碳化现象。重复试验证明,该生产工艺及参数稳定可靠。据介绍,互促催化系统可将木质素和纤维素两种不同的高聚物催化降解过程和谐地结合在一起,并能够互相促进,将木质素全部降解为甲基苯酚、多甲基苯酚、香兰素等单环芳香化合物;纤维素和半纤维素绝大多数被转化为含有$5 \sim 12$个碳的小分子多羟基化合物。与第二代纤维素生物质制备乙醇技术相比,该技术可以减少碳损失,无需使用高价的水解酶,经济效益十分明显。目前,中润公司已从安徽当地的生物质中提取出一种水解酶,有望大大降低纤维素乙醇的成本。现在,中润公司在生物质液体燃料技术领域已有多项全球领先的专利,主要包括全新的生物质生产液体燃料方法、高效纤维素生物质生产液体燃料工艺、纤维素生物质直接液化方法等。其中,利用液化产物小分子的多羟基化合物生产汽油已获得较完整的全球专利。该公司表示,接下来将在一步液化法产物的分离提纯方面继续进行探索,并将很快实现规模化生产。

据介绍,利用秸秆固体直接液化成生物原油属第三代生物能源发展技术,克服了第二代技术中生产工艺复杂、成本高昂、碳元素损失严重等缺点。在已进行的中试过程中,没有出现气化和碳化现象,植物纤维中的碳可以全部转化为原油,可望极大地提高原料的利用效率。

发展生物燃料产业既要重视生物质转化技术开发,也要重视提高生物能源作物产量的技术开发,利用现代生物技术培育不与粮争地的高产生物质。另外,专家指出,木本植物将是液体生物质燃料的希望。我国对木本植物的普查工作已经完成,结果显示,适宜生产生物柴油的木本植物主要是中国黄连木、文冠果、麻风树、光皮树;生产生物乙醇的木本植物主要是石栎、辽东栎、青冈、栲树以及木本纤维植物柠条、旱柳、杨树、紫穗槐等。

现在普遍用于生产生物柴油的油菜、棉籽,生产燃料乙醇的甘蔗、甜高粱等都存在与人争粮的问题。发展木薯乙醇等二代生物乙醇时也基本没有考虑到这些土地是否可能转化为耕地的问题。而木本植物一来不与农争地、不与人争粮;二来植物种类很多,种植面积很大,易于收集利用;三来含油量较高,又没有固定用途。因此木本植物是重要的可再生能源和资源,作为生物质燃料资源的发展空间非常大。

目前我国已经基本掌握了适宜用于生产液体生物质燃料的目标物种的特性,从分子水平上进行了研究,筛选、培育了优良树种类型和优良单株。我国木本植物用于生物柴油生产已经具备一定基础,用黄连木生产生物柴油已经通过了国家级鉴定,达到了美国生物柴油的标准,可以批量生产,使用后尾气能达标排放;文冠果生产生物柴油不仅有实验室成果,还在进行批量生产实验;麻风树、光皮树的研究也已开展。木本植物生产燃料乙醇的工作刚刚起步,这一领域还没有成熟的技术。

用于生产生物燃料的木本植物林基地必须结合生态建设工程,因地制宜地营造生态能源林基地,在利用树体保护生态的同时,为生物质燃料生产提供原料。如在太行山、秦岭等黄连木集中分布区,可以发展生物柴油;在沙地或水土流失严重适合农作物生长的地区,可种植沙柳、红柳等旱柳类植物,发展生物乙醇。林业部门和化工企业应尽快进行技术对接。

动植物死亡后的化石现成为我们当今使用的"脏"的能源,但是活着的有机物可望成为未来的清洁能源。近年来,研究人员纷纷开发如何从植物、动物、菌菇和细菌产生新一代燃料和电力的途径。当植物颜料分子吸收光线时,发生光合成而进入"反应中心"这个称之为蛋白质复合体的叶绿素分子。这一反应中心使植物首先产生化学能。这一能量的转变效率近100%。研究人员正试图以此设计光伏电池。美国芝加哥大学化学教授 Greg Engel 的研究正处于光合成第一阶段的量子水平。研究人员发现,能量传递实际上是类似于波的过程。在植物中,颜料分子和反应中心等同于天线复合物,天线复合物收获太阳光。重建能量传递的一种方法就是围绕光伏电池建立大的"活着的天线"。因为单晶硅光伏电池的平均效率为11%~15%,因此这些分子必须能更多地收集较多的光线。而太阳能工业远远没有能模仿光合成,一些生物能源公司正在开发专用于生产燃料的海藻生长工艺,这些多产的类似于植物的有机物可生产大量油,然后再转化为乙醇和生物柴油。在纤维素乙醇工业方面,开发高效破解生物质的纤维素、半纤维素和木质素成为能发酵的糖类是成功的关键。最大的酶生产商之一——Verenium 公司正在着力于从白蚁的胃液中提取酶类。这类酶借助于白蚁的消化系统可破解95%的生物质,耗时在24小时之内。

另外,瑞典《每日新闻》2009年8月18日报道,瑞典研究人员开发出可将废旧衣物变为生物燃料的新技术。据报道,瑞典布罗斯学院穆罕默德·塔赫萨德教授领导的研究小组发现,废旧牛仔裤中所含的棉纤维经过处理后可转化为车用燃料。研究人员使用一种对环境无污染的溶剂长时间浸泡旧牛仔裤,成功地将牛仔裤中的棉纤维从聚酯纤维中分离出来,然后再将棉纤维转化为乙醇或其他生物燃料。而剩下的聚酯纤维还能进行回收利用。塔赫萨德说,如果技术成熟,人们仅需少量花费便能将废旧衣物转换成生物燃料。

美国能源部于2010年1月底宣布,按照美国复苏和再投资法,为先进生物燃料和生物产品国家联盟与美国先进生物燃料集团研究、开发海藻基、生物质基生物烃类燃料及基础设施投资7800万美元。

(1)先进生物燃料和生物产品国家联盟(NAABB)获得4400万美元的资助,由 Donald Danforth 植物科学中心引领,将开发海藻生物燃料(如可再生汽油、柴油和喷气燃料)与生物产品可持续实现商业化的系统。

NAABB 将开发和验证大大提高海藻生物质和脂质产量、高效收获和抽取海藻和海藻产品及生产可再生燃料所需的科学和技术。联产品包括动物饲料、工业原料和辅加产能。研发活动将加速克服海藻生物燃料路线图中的几个关键障碍,包括原料供应(菌株开发与培植)、原料后劲支持(收获和抽提)与转化(生产燃料和联产品)。

NAABB 的合作伙伴包括 Donald Danforth 植物科学中心、Los Alamos 国家实验室、Arizona 大学、Colorado 州立大学、得克萨斯 A&M 大学 AgriLife 研究中心、Diversified 能源公司、UOP 公司等十几家单位。

(2) 美国先进生物燃料集团(NABC)获得 3380 万美元的资助,由美国可再生能源实验室和西北太平洋国家实验室引领,将致力于开发生物质基烃类燃料,使可持续的低成本生产工艺能最大量利用现有的炼制和分销基础设施。研究和开发策略包括六大工艺方案:①发酵,②催化转化,③催化快速热解,④水热解,⑤水热液化,⑥低成本一步法合成气制馏分油。第一年对每一方案作出技术经济评价后,将有 1~2 个工艺策略进行验证,并在 2~3 年内进行集中开发。NABC 的合作伙伴包括美国可再生能源实验室、西北太平洋国家实验室、雅保公司、Amyris 生物技术公司、Argonne 国家实验室、爱荷华州立大学、UOP 公司等十几家单位。

截至 2010 年 3 月,美国已有 4 家主要的化学公司在开发先进的生物燃料和生物材料,这些项目开发将寻求新的原料以减少对石油和天然气的依赖。

有两个实例表明,一些公司正在采用微藻来生产替代燃料。第一个实例是美国能源部的先进研究项目局能源项目(ARPA-E)将资助 1770 万美元项目费用的一半,项目涉及由杜邦公司和生物燃料与化学品专业公司 Bio Architecture Lab 使用微藻(更多地称之为海藻)来生产燃料异丁醇。最终,杜邦公司及合作伙伴 BP 公司期望使海藻基异丁醇通过他们现有的运输燃料合资企业 Butamax 先进生物燃料公司(Butamax Advanced Biofuels)推向商业化。

在第二个海藻基项目中,霍尼韦尔公司旗下的 UOP 公司将验证捕集 CO_2 并将其转化成燃料的项目,美国能源部将提供 150 万美元,用于捕集弗吉尼亚州 Hopewell 的霍尼韦尔已内酰胺装置排气中的 CO_2,并将其用于海藻培植系统,从海藻中抽出的油将用以转化成生物燃料。

法国阿科玛公司也着眼于生物材料作为替代原料,该公司已开发了将植物油转化为生物柴油的副产物甘油用作为生产丙烯酸的原材料。为期 3 年投资 1500 万美元的计划也包括在法国 Carling 建立研发中心,该地拥有以丙烯为原料的丙烯酸装置。

另外,美国雅保公司将参与国家 Butamax 先进生物燃料财团开发与基础设施匹配的生物基燃料。

2.6.2 航空业使用第二代生物燃料方兴未艾

1. 航空业减排提上日程

欧盟已经制定出一项有关"更加遵守环境保护规则的绿色民用航空发展计划",该项计划将在欧盟的公共部门与私人企业间建立紧密的合作伙伴关系,以求达到显著的实施效果,目前欧盟给这项计划取名为"洁净的天空"。据欧盟相关机构调查,尽管国际组织目前还很难对全球飞行器所排放的温室气体总量进行准确的测定,但以里程计量排放废气的规则,在欧盟 1999 年通过的有关航空运输污染限制条例中就有所概述。如欧盟第 925 号条例规定,布鲁塞尔到纽约航班的温室气体排放量不得超过每人 1t。按照欧洲对轿车尾气排放的标准,汽车的尾气控制标准是每千米排放 CO_2 及 NO_x 2.2g。换句话说,一架飞机从布鲁塞尔到纽约单程飞行时,平均每个乘客带来的废气排放量,等于一个人开车行驶约 450 000km 所造成的空气污染。有关统计还证实,2006 年在比利时、卢森堡、荷兰三国有约 4800 万人次乘坐飞机,相当于三国总人口平均每人每年乘飞机旅行 1.5 次,这比 5 年前增加近一倍。同时,欧盟成员国航空客流量近年来也一直在上升,且达到 9% 左右的增长率,几乎是全球经济增长率的 3 倍。

目前欧洲航空运输业的温室气体排放量约占欧盟温室气体排放总量的 5%,但从 1990~2005 年,航空业的废气排放量增长了 78%,增长率远远高于其他行业。如果不立即采取有效措施,预计到 2015 年这一数字将达到 160%,届时航空业造成的污染将使其他行业的温室气体减排努力功亏一篑,欧盟实现《京都议定书》的减排承诺有可能变得可望而不可即。随着人们对乘坐飞机旅行需求的增加,航空制造业在不断研制更多、更大的飞机。波音公司每年向世界投放约千架客机,未来 20 年,该公司售出的客机将有 3% 是 400 座以上的大客机。这些空中"巨无霸"对大气的污染可想而知。

欧盟相关专家认为,解决航空运输所带来的温室气体问题已经刻不容缓,必须尽快规划出新的治理目标,欧盟洁净空间计划正是由此而生。欧盟在为"洁净的天空"计划发表的新闻公报中指出,"洁净天空"的主要设想是,通过技术革新与创新,减少目前航空运输中产生的大约 40% CO_2 和 60% NO_x 排放量,以及减少 50% 的飞行噪声。欧盟准备以开发先进科技为主导,寄希望在 2015 年前完成主要机群的技术更新工作,并重点对三种类别的飞机进行改造:长途、区域间和直升机(螺旋翼),欧盟将开发环保引擎和环保航空飞行系统,重点在 6 个领域进行科研与创新,包括更加科学的机翼结构设计;智能引擎的开发;柴油环保引擎的研发;螺旋桨(翼)的降噪声处理;电子系统环保降耗功能的改进;更轻更耐久性零部件及可回收材料的利用。为了完成上述研究创新任务,欧盟将从第 7 个科研框架规划(2007~2013 年)中拿出 8 亿欧元进行资助,其余费用将由私人企业出资。

研发和实施航空领域新技术将是欧盟防止气候变化,节能减排的关键,欧洲空中客车公司表示要积极配合欧盟的"洁净的天空"计划。该公司对外界宣布,将从 2020 年起,对所有新设计的空中客车飞机进行"洁净化处理",使 CO_2 排放量比 2000 年设计的飞机减少 50%,NO_x 排放减少 80%,起降和飞行噪声降低 40%。空客公司还将组织一批高级研究人员,研究制造无污染的"绿色飞机",实现民用飞机的"零排放的环保目标",目前空客公司在技术研发的各个部门都与环保工作建立了密切的联系,共同寻求在环保技术上的革命性突破。现在该公司已经取得了一些进展,如提高燃油效率,CO_2、NO_x 减排和降低噪声等。

欧盟指出,严格控制航空运输业 CO_2 的排放量,必须在全球范围内共同采取行动,国际合作无疑是有效防止气候变化的最有效方式。欧盟一方面在国际航空组织范围内,与美国、日本等国开展减排谈判与合作项目,逐渐组成"发达国家航空减排俱乐部",促使新兴发展中国家尽早承担减排义务;另一方面欧盟在实现"洁净的天空"计划过程中,将进一步拉开与其他飞机生产国家在航空领域的技术差距,一旦欧盟企业在上述领域取得进展,将在全球绿色航空领域占据优势地位,同时形成与美国激烈竞争的局面。

在航空工业上,空中客车公司于 2007 年 6 月宣布该公司飞机减排目标:2020 年所有空客进入市场的新飞机,与 2000 年相比,CO_2 排放减少 50%,NO_x 排放将减少80%。空中客车公司也将在机场启用燃料电池和氢能技术用于发电。为支撑这一决策,空中客车公司将从 2008 年起增加 25% 的研发和技术投入。空中客车公司也制定了公司能耗降低 30% 的目标。公司旨在建立"经济-高效"的航空工业。

欧盟 2007 年 7 月上旬宣布,计划于 2011 年设定飞机碳排放限值。据欧盟发布的数据,飞机的 CO_2 排放仅占全球总排放的 3%,但从 1990 年起已增加了 87%。随着低运费飞机数量在欧洲的快速增长,减少飞机的排放已提上日程。欧盟运输部于2007 年 7 月初同意实施一项计划,要求飞机减少排放,或从其他工业购买"CO_2 排放信用(carbon credits)"。欧盟环境部于 2007 年 12 月中旬同意航空业欧盟温室气体排放交易方案(EU ETS)。

根据国际航空运输协会(IATA)的统计,全球民用航空运输所产生的 CO_2 排放量占总排放量的 2%,每年民用航空运输量以 5%～6% 的幅度上涨,而全球民用航空业CO_2 排放总量的年上升幅度为 3%。

欧洲宇航防务集团 2008 年 2 月 27 日宣布,该集团旗下的空客公司制造的 A320飞机于 26 日使用新型环保发动机进行了一系列试飞,并取得成功。这次试飞使用的是国际航空发动机公司(IAE)研制的 SelectOne 发动机,它由 V2500 发动机改进而来,能够提高燃料的能效和减少 CO_2 的排放,此外还可以降低飞机维修的费用,于2008 年第三季度交付客户使用。欧洲宇航防务集团表示,新型环保发动机可适用于A319、A320 和 A321 三种型号。

欧洲议会 2008 年 7 月 8 日通过其与欧盟理事会达成的妥协方案,同意从 2012 年开始将航空业纳入欧盟温室气体排放交易机制。根据最终方案,到 2012 年,所有在欧盟机场起降的航空班机的温室气体排放总量不得超过 2004～2006 年平均水平的97%,其中 85% 按相应比例免费分配给各航空公司,其余 15% 则通过拍卖方式有偿分配,即排放总量超标的航空公司必须向排放总量低于限额的航空公司购买超出部分的排放权。在 2013 年以后,航空业排放总量将被进一步限制在 2004～2006 年平均水平的 95% 以下,其免费排放配额也将随之进一步减少。此外,方案还就某些特殊情况做出例外规定,如运力过低或 CO_2 年排放量少于一万 t 的小航空公司不必纳入温室气体排放交易机制等。该方案将在得到欧盟理事会最后批准后正式生效。

从各种状况考虑,预计飞机的 CO_2 排放将会继续增长,到 2050 年将达到 0.23～1.45 Gt/a。按参比状况(Fa1),相对于中间估算范围排放状况而言,这一排放到 2050

年将增加 3 倍达到 0.40 Gt/a,即为预计总的人为 CO_2 排放的 3%。从各种不同的状况考虑,到 2050 年 CO_2 排放增加的范围将是 1992 年数值的 1.6～10 倍。

据美国航空运输协会(ATA)2008 年 9 月 8 日公布的 2008 经济报告,1978～2007 年空中航线实现 CO_2 减排 25 亿 t,这相当于 29 年内道路上 1870 万辆汽车的排放量。2007 年,美国航空业排放的 CO_2 比 2000 年减少 112 亿 lb。除了使低燃料效率的飞机退役外,美国航空业通过改进飞机性能使燃油消耗比 2000 年减少 5.38 亿 gal。ATA 也要求实施综合性计划,以进一步限制飞机排放并使燃料效率再提高 30%。这一要求将相当于再减排 12 亿 t CO_2,相当于每年 1300 万辆汽车的排放量。按照已提出的美国排放交易规则,这将使美国航空业的碳交易费用每年节约 90 亿美元。

截至 2009 年 9 月,大陆航空公司、日本航空公司、SAS 航空公司、英国航空公司、加拿大航空公司、卡塔尔航空公司、JetStar 航空公司、Virgin Atlantic 航空公司和 Virgin 美国航空公司均引用了碳补偿计划。英国航空公司于 2009 年 9 月 22 日宣布,到 2050 年将净减排一半 CO_2,碳排将从 2005 年 1600 万 t 减少到 2050 年的 800 万 t。英国航空公司将推进投资使用较清洁的飞机,采用替代燃料,使用较高效的飞行航线和将排放交易从欧洲推向全世界。航线将增加,而碳足迹将减少。为了应对气候变化问题,国际航协承诺,全球航空业将会在 2020 年实现碳中和增长,2050 年的行业排放将比 2005 年减少 50%。

2. 航空业试用第二代生物燃料的现状与进展

在欧盟决意对全球 2000 家航空公司强制推行碳排放限额标准之际,飞机升级换代和航空生物燃油成为航空公司两大"救星"。波音公司表示,航空生物燃油有望在 2015 年全面投入商用。另外,到 2020 年,波音全部机型的燃油效率都将比现在提升 25%。按照欧盟的规定,自 2012 年起,航空公司将被分配一定的温室气体排放限额。据专业机构预测,航空公司要想达标,须购买 7700 万 t 碳排放指标,总费用高达 10 亿欧元,这将使全球航空业背负沉重负担。

在全球粮食危机的影响下,全世界都在重新评估生物能源发展战略对粮食危机的影响。2008 年 6 月 9 日,世界航空业巨头空客公司宣布将发展第二代生物燃料作为替代性航空燃料,这种新型生物燃料从非食物作物(如藻类)且能大量消耗 CO_2 的植物中提炼出来,这就决定了这一新型生物燃料将不会再引发"燃油抢粮"的争论。根据空客公司可持续发展部门负责人菲利浦·冯塔介绍:这种第二代生物燃料的开发,因为其原料是非粮食作物,所以不会对人类的粮食安全和供应产生影响,而且空客公司希望通过发展这一新能源来应对传统碳氢航空燃料价格不断上涨的挑战,同时,通过种植这种能够大量消耗 CO_2 的藻类植物还可以实现抗击全球气候变暖和环保的功效。

Rolls-Royce 公司与英国 British Airways 公司于 2008 年 7 月 15 日宣布,已开始研究航空工业替代燃料的试验程序。该项研究将确认现有航空工业标准燃料煤油的实用替代方案。两家公司将为 British Airways 波音 747 用 Rolls-Royce RB211 发动机试验供应替代燃料试样。这一试验将打开 Rolls-Royce 公司在英国 Derby 进行发动机试验的大门。另外,新西兰航空局与波音和 Rolls-Royce 公司合作,进行第二代生物燃料的验证飞行。大陆航空、波音和 GE 航空公司于 2009 年上半年进行生物燃料验证飞行。Virgin Atlantic 公司波音 747 已采用生物燃料从 Heathrow 飞行至 Amsterdam。空中客车(Airbus)公司 A380 已采用天然气制液体燃料进行短时间试飞。

2009 年 6 月,波音公司及航空工业团队公布的研究结果表明,生物衍生的合成石蜡煤油(Bio SPK)试用性能与石油基 Jet A 燃料相当或更好。试验包括几种商业飞机发动机类型,采用高达 50% 石油基 Jet A/Jet A-1 燃料和 50% 可持续性生物燃料。

美国 UPS 航空公司于 2009 年 7 月 8 日宣布,到 2020 年其飞机将再减排 CO_2 20%,达到 1.24lb/(t·mi),自 1990 年以来累计减排 CO_2 42%。为达到 2020 年飞行目标将采取以下措施:投资更高燃料效率的机型和发动机;节约燃料航行行动计划;采用生物燃料。UPS 航空公司拥有世界九条最大的航线,拥有 600 架飞机和每天 1900 个飞行航班,飞往世界上 200 个国家和地区的 800 个目的地。Jet A 燃料是主要燃料,占公司 CO_2 排放的 52.6%,其次是柴油,占 32.7%。

国际航空运输协会(IATA)2009 年 8 月底发布报告称,预计第二代生物燃料将在 2012 年开始在航空业内正式商用,2040 年使用比例将达总燃料的 50%,可摆脱对石油的依赖,并有望在 2050 年实现减排 50% 的目标。报告指出,航空业原计划 2013 年完成第二代生物燃料安全性测试,而最新资料显示测试最快可于 2011 年结束。同时,一些航空公司已进行了混合燃料试飞,如新西兰航空公司的试飞使用了来源于麻风树的燃油,美国大陆航空公司使用了麻风树和藻类混合燃油,日本航空公司使用了来源于麻风树、藻类和亚麻荠的混合燃油。生物燃料将从 2012 年开始正式应用于航空运输业,所占比例不高于总燃料的 1%,2015 年有望达到 1%,并逐年递增,在 2040 年达到 50%。一些航空公司预计,到 2025 年总燃料的 25% 将采用生物燃料,到 2030 年增至 30%。

目前,全球航空运输业每年消耗 15 亿～17 亿桶航空煤油,2008 年航油支出高达 1650 亿美元。国际航空协会发布的报告指出,只要航空业燃料中的 1% 采用生物燃料,就可以维持生物燃料市场。生物燃料产业可以为发展中国家提供机会与经济利益,帮助其发展生物燃料产业,在无法种植粮食作物的土地种植第二代生物燃料作物。

欧洲飞机制造商空中客车公司于 2009 年 11 月 18 日在迪拜航展上表示,到 2020 年全球飞机动力可用 15% 替代燃料,到 2030 年比例可达 30%。空中客车公司替代燃料工程方案经理沃克(Ross Walker)表示,"如果我们得到正确的来源,就有可能使世界喷气燃料的 15% 到 2020 年来自可持续发展的来源,并且到 2030 年使 30% 来自可持续的来源。"目前的挑战是找到可持续的原料,它们不与粮食生产争夺土地和水。微藻可在海水中生长,是有前途的替代燃料的生物质来源,可以相信,这是我们一直寻找的千载难逢的生物质资源。"如果利用像阿联酋国家大小的地区来培植藻类,就有

可能生产出足够的生物航空燃料,以支持世界民用航空业。"空中客车公司致力于发展
"插入式燃料",亦即可以在现有的飞机燃料中使用而不对飞机加以改动。沃克指出,
整个飞机制造业,包括发动机和飞机制造商,已在合作开发替代燃料项目。

美国 AltAir 燃料公司于 2009 年 12 月中旬宣布,与 ATA 为主的 14 家以上主要
的航空公司签署可再生喷气燃料供应谅解备忘录,这些航空公司来自美国、墨西哥、加
拿大和德国,将购买由 AltAir 燃料公司来自亚麻荠生产的高达 7.5 亿 gal 的可再生喷
气燃料和柴油。由位于华盛顿州 Anacortes 新装置生产的可再生燃料将替代 Seattle-
Tacoma 国际空港每年消费石油燃料的约 10%。ATA 公司执行局总裁 Glenn Tilton
表示,这一举措将有助于拓展航空燃料供应链,创造绿色工作岗位和提升能源安全性。
参与签约的航空公司包括美洲航空公司、加拿大航空公司、阿拉斯加航空公司、Atlas
航空公司、Delta 航空公司、FedEx 快运公司、夏威夷航空公司、Jet Blue 航空公司、
Lufthansa 德国航空公司、Mexicana 航空公司、Polar 航空货运公司、联合航空公司、
UPS 航空公司和美国航空公司。

亚麻荠油将在位于 Anacortes 的现有的 Tesoro 炼油厂的新装置转化成可再生喷
气燃料和柴油。基于美国农业部有关对比项目数据的分析,AltAir 燃料公司估算该
项目将为各种工业,包括农场和农业后勤、工程和建设,以及运营、维护和炼制,创造数
百人的就业机会。该装置公称能力为 1 亿 gal/a,定于 2012 年开始投运。亚麻荠油来
源于蒙大拿州的可持续油种,这是北美最大的亚麻荠油研究计划,现已与多家农场主
和种植合作商签订了生产合同。AltAir 燃料公司已选择由霍尼韦尔旗下的 UOP 公
司开发的炼制技术,UOP 公司已于 2009 年为各种试飞和美国军用合同生产生物喷气
燃料。AltAir 燃料公司可再生喷气燃料和绿色柴油已在 Tesoro Anacortes 炼油厂与
石油基喷气燃料和柴油进行调和,并通过现有的管输系统运送至 Seattle-Tacoma 国
际空港和其他地点。由 AltAir 燃料公司生产的可再生喷气燃料和柴油完全可与现有
的运输燃料基础设施相匹配,并且无需特殊处理。该燃料将按已签约的谅解备忘录由
航空公司拥有的和运营的飞机消费使用。

可持续油品公司(Sustainable Oils)是美国可再生、低碳和生产亚麻荠基燃料的公
司,该公司于 2010 年 3 月 28 日提供的可再生加氢喷气(HRJ)燃料,使用 50%亚麻荠
油混配物的 HRJ8-JP8 燃料在美国空军 A-10C Thunderbolt II 飞机上用于两台发动
机的试飞。这次长达 90min 的飞行在佛罗里达州埃格林(Eglin)空军基地使两台发动
机采用了传统的和生物基燃料混配物为动力。亚麻荠被军方选用进行初步测试,是因
为它不与人争粮,与石油喷气燃料相比,已经被证明可以减少超过 80%的碳排放量,
并已成功地在商业航空公司试飞测试。此外,亚麻荠含油高,是耐旱作物,需用较少的
化肥和除草剂,是可与小麦轮作的极好作物,并能在贫瘠的土地生长。亚麻荠于 2009
年 9 月在蒙大拿州农场收割,亚麻荠油已在美国华盛顿州进行过几次实地试验。

2010 年 4 月 22 日,为纪念世界地球日,美国海军航空机波音公司 F/A-18F 超级
大黄蜂(Super Hornet)飞机(见图 2.6)采用生物燃料进行了飞行,这一"绿色"飞行旨
在提高人们对气候变化的认识。未改型的飞机起飞于美国马里兰州 Patuxent River

海军航空站,作为动力的为 50%亚麻荠油与 50%的 JP-5 航空燃料组成的可持续的生物燃料混合物。截至 2010 年 4 月,波音生物燃料试验已经包括五种商用飞机的验证飞行,4 种发动机的试验以及各种不同燃料处理器、原料和发动机制造商的实验室试验,用以确保燃料达到或超过目前航空燃料的高性能和品质标准,而不改变发动机或机身。

图 2.6 美国海军航空机采用生物燃料飞行

亚麻荠的种植只需少量水或肥料,不与人竞粮,因此是几种有前途的生物燃料作物之一。航空和地面运输用可再生燃料开发的全球研究升温,已导致可再生燃料商业化市场的出现。巴西、新西兰和其他国家正在积极探索商业化开发的机遇。藻类生物质组织(Algal Biomass Organization)支持可再生海洋来源成为绿色能源的新形式,该组织是被一些开发商如波音公司认可的全球机构之一。

3. 应用于航空业的第二代生物燃料研发进展

位于美国印第安纳州西 Lafayette 的 Swift 企业公司于 2008 年 6 月推出新的航空燃料,这种航空燃料与市场上任何产品相比,价格低廉、燃料效率高,并且环境友好。航空工业已宣布计划将其应用于商业化航线飞行。Swift 企业公司这种 100%可再生航空燃料在 2008 年 4 月 28 日召开的航空燃料标准国际年会上正式发布。它与现在的生物质燃料不同,这种被称之为 SwiftFuel 的航空燃料由生物质衍生合成烃类组成,其用于飞机的有效行程范围(二次加注燃料之间的行程距离)高于石油,预计其成本为现有石油制造成本的一半。Swift 企业公司的这种创新燃料可满足或超过美国国家实验室认定的航空燃料标准。这一认定得到弗吉尼亚州 Alexandria 的 ASTM国际协作研究委员会的支持。据称,这种燃料不同于第一代生物燃料如 E-85(85%乙醇燃料),E-85 现在还不能很好地与石油竞争。对于航空飞机而言,这一要求是最高的。Swift 企业公司开发的这种燃料不仅可完全替代航空工业的标准石油燃料,而且可以超过它。试验表明,SwiftFuel 航空燃料的燃料效率要高出 15%～20%,无硫排放,无需添加稳定剂,冰点低 30℃,不会产生新的碳排,同时无铅。此外,这种燃料的组分可调配替代喷气/涡轮燃料。自从美国环保局于 30 年前实施禁铅令以来,航空工业是运输业中唯一仍使用含铅燃料(四乙基铅)的部门。然而,全面禁铅将在不到 2 年的时间内实现。包括国内和海外在内的普通航空工业正在寻求解决这一困境的途径。Swift 企业公司新的专利技术可提供美国航空工业所需的 180 万 gal/d 的燃料,这可通过仅利用美国现有生物燃料基础设施的 5% 来实现。据称,这种燃料可望改变航空历史,并有助于美国印第安纳州和中西部地区的经济发展,这些地区拥有丰富的可生产 SwiftFuel 航空燃料的资源。

美国亚利桑那州立大学于 2008 年 9 月 5 日宣布,与 Heliae 开发公司和亚利桑那科学基金会(SFAz)合作,取得了一项研究与商业化的突破,从海藻开发、生产和销售煤油基航空燃料。这一生物燃料项目采用亚利桑那州立大学海藻研究与生物技术实验室 Qiang Hu 和 Milton Sommerfeld 教授开发的专利技术,从海藻商业化生产出航空煤油。据称,Qiang Hu 和 Milton Sommerfeld 等在海藻基生物燃料和生物材料方面的研究工作,已从实验室走向中型规模验证和生产阶段。研究人员确认了特定的海藻菌株可使其细胞质的大部分都转化成油的形态,这些油是"中度链长的脂肪酸类"基团。由这些特殊海藻生产的油高含中度链长的脂肪酸,它们在脱氧化处理后,其链长完全接近常规煤油中存在的烃类长度。煤油与少量燃料添加剂相混合后,就成为 JP8 或 Jet A 喷气燃料,适用于喷气航空飞行应用。中度链长脂肪酸基煤油生产的一个竞争性优势是无需采用昂贵的化学或热裂化过程,而动物脂肪、植物油和典型的海藻油中常见的长链脂肪酸却需采用上述过程处理。研究人员表示,世界需要可持续的替代燃料来源,这也是航空工业的关键所在。

美国位于加利福尼亚的合成微生物学公司 Solazyme 于 2008 年 9 月 18 日宣布,生产出世界第一款微生物衍生喷气燃料。Solazyme 公司由海藻衍生的喷气燃料已经美国领先的燃料分析实验室之一西南研究院分析,通过满足航空涡轮燃料测试的 ASTM D1665 标准需要的 11 项规格。试验的范围包括以下关键测量:密度、热氧化稳定性、闪点、冰点、蒸馏和黏度等。美国每个月使用 16 亿 gal 喷气燃料,从而带来大量温室气体排放。另外,欧盟已预计将于 2011 年将使欧盟进出空港的飞机参与排放交易系统。Solazyme 公司现已生产海藻油数千加仑,是唯一通过规格测试生产这类燃料的先进生物燃料公司。生产的燃料除喷气燃料外还包括称为 SoladieselBD 的生物柴油和称为 SoladieselRD 的可再生柴油,它们的化学性质与石油柴油相同。像 Solazyme 公司的航空燃料一样,两款 Soladiesel 柴油燃料可与现有的运输燃料基础设施相匹配。Solazyme 公司拥有独特的海藻转化工艺,可使海藻在大罐内快速、有效并且无需阳光就可生产出油。

美国北达科他大学能源和环境研究中心(EERC)2008 年 9 月底宣布,其生产的 100% 可再生生物喷气燃料符合 7 项关键的 JP-8 标准参数,包括冰点、密度、闪点和能量含量。EERC 从多种可再生原料生产的燃料试样已通过美国空军研究实验室(AFRL)的测试。EERC 已与美国安全部安全先进研究项目局(DARPA)就生物燃料发展计划签署了 470 万美元合同。DARPA 也与 GE 公司和 UOP 公司签署相关合同。EERC 从植物油生产 JP-8 采用热催化裂化和分离工艺。UOP 公司从事游离脂肪酸的加氢/脱氧化工艺开发,GE 公司采用将生物质气化生产生物油,然后使生物油加氢的工艺。第一批 DARPA 生物燃料的主要技术目标已达到 60％以上的转化效率。从生物油制取 JP-8 的能量含量,已验证可达到 90％的转化率。

按照 EERC 的工艺,从裂化反应器产生四类物料:①轻馏分,轻馏分由未反应的气相物料加上小分子量有机化学品和烃类组成,其化学和物理性质与 JP-8 燃料不相符,将其分离掉。②生物喷气燃料化学组分。表 2.4 列出 EERC 的可再生生物喷气燃料与石油基 JP-8 的性质比较。③未反应原材料,从生物喷气燃料中分除,返回裂化反应器。④残余物(如焦油),较高分子量、较低挥发度、较低热值。

表 2.4　EERC 的可再生生物喷气燃料与石油基 JP-8 的性质比较

规格试验	EERC JP-8	JP-8 平均	JP-8 规格
芳烃%体积分数	19.8	17.9	≤25.0
烯烃,%体积分数	1.9	0.8	≤5.0
密度	0.805	0.803	0.775～0.840
闪点(°C)	49	49	≥38
冰点(°C)	−52	−51.5	≤−47
燃烧热值(MJ/kg)	42.9	43.2	≥42.8

2008 年 9 月 24 日,波音携手领先的航空公司及霍尼韦尔旗下的美国环球油品公司成立了一个工作组,旨在促进新的可持续性航空燃料的开发和商业化。在世界自然基金会(WWF)和自然资源保护委员会(NRDC)等全球知名环保组织的支持下,可持续性航空燃料用户组织使民用航空业在全球交通运输行业中率先自愿将可持续性行动引入其燃料供应链。该工作组的宪章为实现可再生燃料来源的商业化应用,以减少温室气体的排放,同时减小民用航空业受油价波动的影响和对化石燃料的依赖。支持可持续性燃料计划的航空公司包括法国航空、新西兰航空、全日空、卢森堡 Cargolux 货航、海湾航空、日本航空、荷兰皇家航空、北欧航空和维尔京大西洋航空。这些航空公司的燃油消耗量占民用飞机总油耗的 15％。

据 2008 年 11 月 5 日发布的信息,由麻风树籽生产的"绿色航空喷气"燃料已在罗尔斯-罗伊斯公司(Rolls-Royce)位于英国 Derby 的工厂中采用新西兰波音 747-400 飞机中的 4 个发动机中的一个进行了试飞。初步测试数据表明,这种燃料符合商业航空采用的所有必需的规范,由罗尔斯-罗伊斯公司领衔的技术团队正在新西兰飞行队中对这种燃料作进一步的认证试验。为使这种燃料符合必需的特定规范,在新西兰飞行队的波音 747-400 飞机上进行试飞,用于驱动罗尔斯-罗伊斯发动机 RB211,这于 2008 年 12 月完成燃料测试。这次试飞由新西兰飞行队、波音公司、罗尔斯-罗伊斯公司和 UOP 公司共同进行,由 UOP 公司生产这种航空生物燃料。采用 UOP 公司 EcoFining 工艺的原料灵活性方法来生产可再生的"绿色燃油",UOP 公司使麻风树油去氧化处理,然后采用选择性裂化和异构化来生产合成的石蜡基煤油,石蜡基煤油然后就可与常规的航空燃料以高达 50％的比例进行调和。表 2.5 列出 UOP 公司生物基 JP-8 的性能。

UOP 公司将从天然油类和脂肪生产的绿色喷气燃料表征为第一代燃料。采用不可食用的麻风树油为原料,为生产第二代可再生航空燃料构筑了桥梁,第二代可再生航空燃料将是使用木质纤维素生物质和海藻油生产的完全可再生的喷气燃料。新西兰飞行队试飞使用的麻风树油来自于非洲东南部(马拉维、莫桑比克和坦桑尼亚)以及印度。这种油来自环境可持续的农场生长的麻风树籽。

任何环境可持续的燃料必须满足社会、技术和商业范畴的要求。首先,燃料来源必须是环境可持续的,并且不与现有的食品来源相抗争。其次,这种燃料必须能替代传统的喷气燃料,并且在技术上至少与目前使用的产品一样好。最后,与现有的燃料供应相比应具有成本竞争优势,并且易于获得。

表 2.5　UOP 公司生物基 JP-8 的性能

性质	Jet A 或 Jet A-1	ASTM 试验方法	JP-8 燃料	
			麻风树基	石油基
总酸度(mgKOH/g),最大	0.1	D 3242		
1. 芳烃,v%,最大	25	D 1319	24.3	18.8
最小	8	D 1319		
2. 芳烃,v%,最大	26.5	D 6379		19.6
最小	8.4	D 6379		
挥发性				
1. 物理蒸馏		D 85		
蒸馏温度(℃)				
回收 10% 的温度(T10),最大	205		168	182
回收 50% 的温度(T50)		报告	182	208
回收 90% 的温度(T90)		报告	219	244
终沸点温度,最大	300		241	265
T50-T10(℃),最小	15		14	26
T90-T10(℃),最小	40		51	62
蒸馏残液(%),最大	1.5		1.1	1.3
蒸馏损失(%),最大	1.5		0.4	0.8
2. 模拟蒸馏				
蒸馏温度(℃)				
回收 10% 的温度(T10),最大	185		156.2	
回收 50% 的温度(T50)	报告		180.6	
回收 90% 的温度(T90)	报告		231.2	
终沸点温度(℃),最大	340		273.2	
闪点(℃),最小	38	D 56 或 D 3828	48	51
密度(kg/m³),15℃	775~840	D1298 或 D4052	778	804
流动性				
冰点(℃),最大	Jet A：40 Jet A-1：47	D5972、D7153、D7154 或 D2386	−69	−51
燃烧性				
燃烧净热值(Mj/kg),最小	42.8	D4529、D3338 或 D4809	435	432

试飞合作伙伴包括 Terasol 能源公司,该公司是可持续的麻风树开发项目的领先

者,它拥有独立资源,并认证了用于飞行的麻风树基燃料符合所有的可持续性范畴。新西兰飞行队、波音公司和 UOP 公司是可持续航空燃料用户组织的成员,这一组织的建立在于促进可持续的新的航空燃料的开发和商业化应用,以应对商业航空业面临的油价上涨和依赖于化石燃料的挑战。

波音公司及航空工业团队于 2009 年 6 月 19 日发布高级研究报告,表明其试飞的一系列生物衍生可持续发展的生物燃料的性能与石油喷气燃料相当。根据这项研究,生物衍生的合成石蜡基煤油 2006～2009 年进行的一系列地面和飞行试验表明,Bio-SPK 燃料性能与典型的石油基 Jet A 相当或更好。试验包括采用几种商业化飞机发动机,使用高达 50%的石油基 Jet A/Jet A-1 燃料与 50%可持续发展的生物燃料。

其他发现还包括:

(1) 试飞用 Bio-SPK 燃料混合物符合并超过商业化航空喷气燃料的全部技术参数。这些标准包括冰点、闪点、燃料密度和黏度等。

(2) Bio-SPK 燃料混合物对发动机和其他部件无不良影响。

(3) Bio-SPK 燃料混合物与典型石油基喷气燃料相比,能量密度高,从而拥有飞行每英里距离燃料消费较少的潜力。

Bio-SPK 燃料生产过程是将生物衍生的油类(甘油三酸酯和游离脂肪酸)转化成 Bio-SPK。首先,将这类油使用标准的油清洗方法清洗。然后将这些油使用 UOP 公司可再生喷气燃料工艺(renewable jet Process)转化为较短链长、柴油范围的石蜡烃。该工艺过程通过从油中去除氧分子(脱氧化)使天然油进行转化,并通过与氢气反应(加氢)使所有烯烃转化成石蜡烃。去除氧原子从而提高燃料的燃烧热,去除烯烃从而提高燃料的热稳定性和氧化稳定性。然后,第二反应使柴油范围的石蜡烃进行异构化和裂解成为喷气燃料范围碳数的石蜡烃。最终的产品为生物衍生的合成石蜡基煤油,它含有在常规石油基喷气燃料中相同典型类型的分子。Bio-SPK 工艺过程与沙索公司的费托 SPK 工艺有许多相似之处,两种工艺过程最后步骤是加氢,然后是分离(见图 2.7)。

试飞采用以 Rolls-Royce 发动机为动力的 ANZ 747-400、CFM 发动机为动力的 CAL 737-800 以及 Pratt ＆ Whitney 发动机为动力的 JAL 747-300 飞机。此外,GE 公司在其美国俄亥俄州工厂进行了初试。

每一次试飞都采用了生物燃料的不同混配物:新西兰航空公司飞行采用从麻风树生产的燃料,大陆航空公司飞行采用麻风树和海藻基的燃料混配物,日本 JAL 航空公司飞行采用麻风树、海藻和亚麻荠基燃料。

下一步,波音公司与 UOP 公司和美国空军研究实验室将遵照 ASTM 国际航空燃料委员会要求进行综合性研究。为使最终喷气燃料中生物衍生的燃料组分比例提高到 50%以上,将需要有更多的石蜡烃,需使芳烃符合密度规格。UOP 公司正在开发热解油催化稳定和脱氧化工艺,可望得到喷气燃料范围的环状烃类,从而使生物衍生的燃料组分提高到 50%以上。

ASTM 国际航空燃料子委员会于 2009 年 6 月 26 日宣布,按照喷气燃料

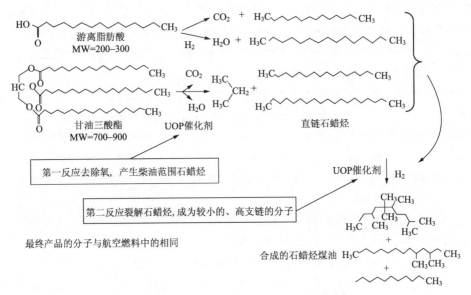

图 2.7　UOP 公司 Bio-SPK 生产工艺

(D02. J0.01)要求,通过了新的燃料标准,称之为 DXXXX,从而允许商业航空使用合成燃料。这一规格描述了燃料性质和控制制造所需要的规定,以及这些燃料用于航空业应具备的质量。新规格为航空业使用多种替代燃料(包括非可再生和可再生的混配物)筑建了框架,并提出了与规格 D1655 生产的常规燃料可完全互换的目标。

该规格的初期发布采用从费托合成工艺生产的燃料,与常规 Jet A 混配量可高达 50％。费托合成燃料可由各种原料生产,包括生物质和天然气制合成油,煤制油及组合应用。

以加氢处理的可再生喷气燃料(HRJ)与其他替代品作为技术评价数据,来认证费托合成燃料,包括的燃料如生物衍生的合成石蜡烃煤油。有关 ASTM 需要的 HRJ 燃料的研究报告于 2009 年底完成。这将支撑 HRJ 燃料于 2010 年底进入新的 DXXXX 规格。

以色列 Seambiotic 公司旗下的 Seambiotic 美国公司于 2009 年 7 月 10 日与美国航空航天研究中心签约,合作开发在微藻开式池中大规模生长过程的优化。双方将模拟微藻生长过程,以便使微藻用作航空生物燃料原料。将采用 NASA 在大规模计算机化模拟方面的经验以及 Seambiotic 公司生物过程模拟的经验,使生物质过程成本降低。双方将改进生产过程,从替代物种生产海藻油,在 NASA 试验装置内使生产过程成为生产航空燃料的替代路线。

世界航空工业面对燃料价格的上涨和化石能源的短缺,正在力求减少对化石燃料的依赖,并减少碳排放和成本。可持续航空燃料用户集团(SAFUG)正在为此而努力。研究表明,生物衍生的合成石蜡基煤油(Bio-SPK,生物-SPK)在 2006～2009 年经实验室、地面和飞行试验证明,其性能等于并优于传统的石油基 Jet A 喷气燃料。使用 Bio-SPK 燃料对发动机及其部件无负面影响,其能量密度也大于典型的石油基喷气燃料,具有可减少燃料消费的潜力。另外,生物衍生来源的可再生喷气燃料可减少 CO_2 排放。图 2.8 示明 UOP 公司加氢可再生喷气燃料(生物-SPK)生产过程与碳排比较。

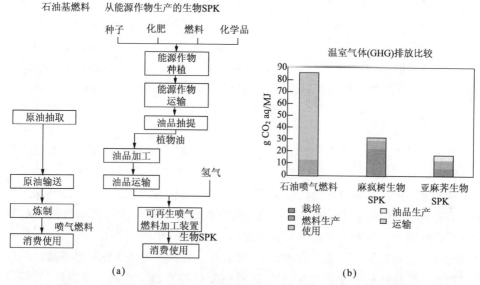

图 2.8 UOP 公司加氢可再生喷气燃料(生物-SPK)生产过程与碳排比较

2009 年 7 月 14 日,又有 5 家航空公司宣布加入可持续航空燃料用户集团(SA-FUG)。这 5 家航空公司分别是:阿拉斯加航空公司、英国航空公司、Cathay 太平洋航空公司、TUIfly 航空公司和 Virgin Blue 航空公司。炼制技术开发商霍尼韦尔旗下的 UOP 公司是合作成员。

可持续航空燃料用户集团定义可持续航空燃料可持续要求的范畴是,加工产生的燃料可用于替代或与现有喷气燃料相调和。可持续航空燃料将采取现有的分配、贮存和加注系统,不需对现有的商业喷气发动机作任何改变。可持续航空燃料可能的来源有海藻、亚麻荠、盐土植物、麻风树和非食用纤维素。可持续航空燃料用户集团自 2008 年下半年组建以来已确立了相关基金、环境机构、研究项目和实施原则。除前已发布的海藻和麻风树品种外,该集团也于 2009 年下半年作出盐土植物(可在盐水地生长的一类植物)的可持续性评价。这一工作将评价生命循环周期 CO_2 排放以及社会-经济影响。可持续航空燃料用户集团成员将执行可持续生物燃料协商机制,履行 RSB 原则和准则,按国际标准用于可持续生物燃料生产。

坐落于美国北达科他大学的能源与环境研究中心(EERC)受科学应用国际公司(SAIC)的转包,将从海藻生产 100% 喷气燃料。这一工作得到美国国防部防卫先进研究项目局的资助,这是 EERC 为美国军方第一次成功生产 100% 可再生燃料工作的继续。EERC 将采用相同的专有技术从海藻油生产喷气燃料。与科学应用国际公司合作从海藻生产燃料,以提高 EERC 经济地商业化生产可再生燃料的能力,这种可再生燃料可与现有燃料互换,并可在分配网络中应用,不对世界食品供应造成负面影响,并实现环境良性循环。SAIC 要求最大限度地减少海藻生产成本,达到美国国防部防卫先进研究项目局喷气燃料(JP-8)的成本目标——3.00 美元/gal。

美国 BioJet 公司于 2009 年 9 月 26 日宣布,将向 Las Vegas 石油和燃料经销商出售 400 万桶航空生物喷气燃料。一旦喷气生物燃料于 2010 年底被认定,这项合同将于 2011 年执行。该燃料标准由美国试验和材料学会(ASTM)国际部开发制订。BioJet 公司到 2017 年将每年供应 3000 万桶生物燃料,国际航空运输协会希望达到使用 10% 生物燃料的目标。BioJet 公司预计航空生物燃料的需求将会超过 2.80 亿桶/a。BioJet 公司生产的大量生物燃料采用麻风树籽,同时该公司也对亚麻荠、海藻和其他化学工程化来源的潜在原料进行开发。BioJet 公司在发展自有麻风树原料的同时,还从菲律宾、秘鲁等国进口原料。

美国普渡(Purdue)大学于 2009 年 11 月 23 日宣布,将设立由联邦资助的新的设施,以测试飞机引擎和开发替代燃料,旨在减少美国对进口石油的依赖。有助于燃料开发和推进的国家试验设施已获得美国空军 135 万美元的资助,将在普渡机场尼斯旺格(Niswonger)建设航空科技大厦。现在航空航天工业在发展绿色飞机使用生物燃料方面已出现了前所未有的兴趣。该设施预计于 2010 年底或 2011 年初投用,将在航空发动机和飞机的硬件方面进行测试,并提供有关燃料的可持续性和排放目标的经济评估数据。工作将集中在喷气发动机,还将包括活塞式发动机的一些测试。据称,美国每年燃用约 17 亿 gal 涡轮燃料,这显然可通过调和替代燃料使之节约。这项工作将解决航空航天进展中的四大瓶颈:通过硬件测试;开发控制逻辑和系统允许灵活燃料操作和提高效率问题;实现与作物生产相关的生物燃料的可持续性问题;生物和合成燃料满足近长期航天需求的能力问题。

经过一系列严密的测试,已有一家航空公司成为使用调和生物基油飞行的先驱。据介绍,荷兰皇家航空公司的波音 747 飞机于 11 月 23 日采用亚麻荠油和煤油喷气燃料的混合油为动力,有限地载客飞行。亚麻荠生物燃料业已被证明,可减排温室气体 80%。采用生物燃料调和油将无需对喷气式飞机进行改动。

世界最大的飞机制造商之一巴西 Embraer 公司与 GE 公司以及一体化可再生能源公司 Amyris 于 2009 年 11 月 19 日签署谅解备忘录,将评估合作开发可再生喷气燃料项目,预计采用 GE 发动机使用 Embraer E-Jet 燃料可望于 2012 年实现验证飞行。这一联合组合了飞机和发动机行业的领先者,将开发和生产新一代喷气燃料。目标旨在加快引用可再生喷气燃料,可大大减少温室气体排放,为石油基喷气燃料提供长期的可持续替代。Amyris 公司的可再生喷气燃料有希望成为常规石油基喷气燃料的替代品,它由现有的甘蔗制取,可实现供应安全、可再生的、价格稳定,并可减少喷气燃料总组成的温室气体排放。新的燃料已经过美国空军研究实验室、西南研究院、GE 航空部和其他工业合作伙伴的试验。巴西政府已为 Amyris 公司可再生喷气燃料开发计划提供资金,巴西拥有世界上最大的甘蔗作物生产及生产乙醇的相关经验,并致力于开发可再生喷气燃料。Amyris 公司采用新兴的合成生物学科学来生产可再生燃料,通过微生物如酵母的新陈代谢途径,使"生物工厂"工程化,将糖类转化成宽范围的产品,包括柴油燃料、喷气燃料和功能化学品。

美国 BioJet 公司与亚麻荠生产商 Great Plains Oil 公司于 2010 年 1 月 7 日签约,将生产可再生喷气燃料。两家公司计划在美国、西欧、南美和亚洲联合开发一体化亚麻荠栽培和相关炼油厂项目。按照协议,BioJet 公司将在开发可再生喷气燃料项目中提供其国际网络和管理经验。Great Plains Oil 公司将提供其在亚麻荠生长和加工中的经验。双方估计,在 5 年内,从现有规划项目培植的亚麻荠可生产约 2 亿 gal/a 可再生喷气燃料、6500 万 gal/a 联产品和 230 万 t/a 亚麻荠麦片(用作高质量动物饲料)。BioJet 公司将与航空工业领先的生物喷气燃料供应链集成商合作,尤其将采用合成石蜡基煤油技术。该公司已与大型分销商签约销售 400 万 gal 生物喷气燃料。Great Plains Oil 公司是可再生燃料能源公司,原生产和销售由亚麻荠生产的生物柴油,该公司已与英力士企业公司合作将生产和供应亚麻荠油。由 Great Plains Oil 公司提供的亚麻荠油采用霍尼韦尔旗下的 UOP 公司技术被转化成绿色喷气燃料。2009 年 11 月 23 日,部分这种喷气燃料已被荷兰航空公司 KLM 应用于第一次生物燃料飞行。亚麻荠油生物燃料供入量少,且产生高质量亚麻荠麦片副产物,与石油喷气燃料相比,具有很大的竞争潜力。

卡塔尔航空公司、卡塔尔科技园(QSTP)和卡塔尔石油公司(QP)于 2010 年 1 月 11 日宣布,联合进行工程、经济分析,开发可再生生物喷气燃料以支持航空业。卡塔尔航空公司已于 2009 年 10 月成功利用天然气制合成油燃料调和油进行了世界上第一次商业化飞行。

UOP 公司、阿布扎比 Masdar 科技研究院和波音公司于 2010 年 1 月 18 日宣布,共建可持续的生物能源研究项目,该项目将采用集成的盐水农业系统,以支撑开发和使应用于航空的生物燃料与联产品推向商业化。UOP 和波音公司已于 2009 年对可持续地生产可再生喷气燃料用盐水基植物(盐生植物)家族候选进行过研究,阿布扎比Masdar 科技研究院领头进行此项研究,这项研究在于验证从 salicornia bigelovii 和盐水红树林大规模制取可持续的生物燃料的潜力。Masdar 科技研究院将为可持续的生物能源研究项目在 Masdar 市内外提供实验室和验证设施。SBRP 团队将致力于开发盐水农业系统,使其成为一个高效系统,可生产固体和液体生物燃料、从大气捕集和持留碳,拓展栖植地以扩大生物多样性,并同时释放出新鲜水,提高其使用价值如用作饮用水。同时也可减小海平面升高对海岸社区的影响。开发低成本的非石油基化肥是达到任何生物燃料来源减少碳排的关键之一。这一海水种植概念已成功地在墨西哥和北非由全球海水公司(Global Seawater Inc.)予以实现,这将为支撑阿布扎比可持续的生物能源研究项目提供借鉴。

继最近成功使用亚麻荠生产航空生物燃料之后,两大亚麻荠生产公司于 2010 年 1 月 23 日表示,将实施大型航空生物燃料项目。在美国,Great Plains 公司将与 BioJet 公司合作,采用亚麻荠生产航空生物燃料,到 2012 年生产 2 亿 gal/a 的基于亚麻荠的生物燃料。这些公司也将生产 230 万 t/a 亚麻荠粗粉,用作动物饲料。另外,可持续石油公司将向大西洋航空公司提供亚麻荠燃油。可持续石油公司及其姐妹公司将在美国华盛顿州 Anacortes 为 14 家航空公司每年生产 1 亿 gal 生物柴油和可再生喷气燃料。该炼油厂预计于 2012 年开始采用亚麻荠进行生产。亚麻荠在美国的 9 个州和 4 个省的生产正在增长之中。

英国航空公司与美国 Solena 集团合作,于 2010 年 2 月 15 日宣布,将建设欧洲第一套生产可持续喷气燃料装置,并于 2014 年使其机群使用低碳的费托合成生物喷气燃料。该可持续喷气燃料装置将使废弃生物质进行气化,并采用费托工艺将得到的合成气转化成生物喷气燃料,同时作为石化工业的原料。该装置将建在伦敦东部,将通过该工艺过程,每年使 50 万 t 废弃生物质转化成 1600gal 绿色喷气燃料,该工艺过程与化石燃料生产喷气煤油相比,可使温室气体减排 95%。英国航空公司业已签署从该装置购买全部生产的生物喷气燃料协议,该装置将由 Solena 集团公司建设,Solena 集团公司是总部在美国华盛顿的生物能源和生物燃料公司。

日本石油公司及其合作伙伴于 2010 年 3 月 8 日宣布,计划在 5 年内开发从单细胞微藻大量生产可再生喷气燃料技术。日本石油公司与日立植物技术公司已在东京的 Euglena 公司中加以投资,共同开发这一技术。Euglena 公司现致力于应用于食品和营养品市场使用的微藻生长研究,合作伙伴计划建设试验装置来培植 euglena 微藻,并从中抽取油来生产燃料,也旨在试验使该种燃料应用于飞机和汽车。使用 Euglena 公司的培植技术,微藻可在池槽中高效生长,euglena 微藻的产率远远超过通常用于生产生物燃料的甘蔗、谷物和其他作物的产率。现在,日本汽车使用的生物燃料大多数从巴西进口。日本石油公司、日立植物技术公司和 Euglena 公司旨在使其基于 euglena 微藻的喷气燃料生产成本降低至 70 日元/L(约 2.9 美元/gal),以便使其供应价格不高于常规喷气燃料。

Accelergy 公司于 2010 年 3 月 24 日宣布,开始从煤和生物质生产合成燃料,其生产的 100% 合成喷气燃料已送往美国空军(USAF)评估。迄今,基于为满足燃料对芳烃和石蜡烃规范的要求,由生物质衍生的合成石脑油煤油(SPK)与石油原料已以 50% 比例调和应用于航空。利用专有的微催化液化技术和生物质直接转化技术,Accelergy 公司的一体化煤-生物质制油(CBTL)工艺部分基于由埃克森美孚研究工程公司和 EERC 开发的相关内容,在美国生产出可调范围的低净碳燃料,包括 Jet-A,以及军用 JP-5、JP-8 和 JP-9 喷气燃料。CBTL 工艺有高的总热效率,而与常规炼制方法相比,CO_2 排放减少 20%。随着 USAF 指令到 2016 年其燃料使用的 50% 要来自清洁的国内来源,Accelergy 公司第一次提供了可符合 JP-8 标准的 100% 的合成燃料。USAF 现在其飞机中全部使用 JP-8 燃料,并着眼于使用商业化适用的 100% 合成燃料以替代石油基燃料。这种燃料将在北达科他州立大学能源与环境研究中心(EERC)的中型装置内进行生产,这一装置将于 2010 年第三季度投产,生产的燃料将送往空军研究室测试。从事生物质咨询的生物燃料市场研究公司于 2010 年 3 月 29 日发布预测报告认为,到 2025 年航空和生物柴油行业将可望生产 10 亿 gal 亚麻荠生物燃料,为 25 000 人创造就业岗位,为美国和加拿大农业新增营业收入超过 55 亿美元。

美国 Accelergy 公司与从事亚麻荠生产的 Great Plains 公司于 2010 年 3 月 30 日签约,将利用亚麻荠油和煤炭,采用 CBTL 技术生产清洁的生物喷气燃料。蒙大拿州拥有成千上万英亩亚麻荠种植潜力,煤储量超过 1200 亿 t。通过将亚麻荠油和液化煤混合,采用组合的 CBTL 工艺,蒙大拿州将锁定生产高价值生物燃料。航空业正在验证商业航班使用生物燃料,预计 2012 年完成。CBTL 工艺通过气化过程使原材料转化为原料,然后使用液化工艺过程(热和催化反应)转化成燃料。Accelergy 公司 CBTL 工艺与传统的炼制方法相比,可减少 CO_2 排放,并可清洁而高效地燃烧。

美国南佛罗里达大学确定目标是从生物质生产费托合成喷气燃料,该校于 2010 年 4 月 8 日宣布,正在开发一种新的以费托工艺为基础的工艺过程,以便从生物质生产烃类运输燃料,起初是喷气燃料。在常规费托系统中一般使用传统的铁催化剂,而参与协作的 COSI 催化剂公司开发出一种新的以钴氧化硅为载体的蛋壳型催化剂。钴对长链烷烃产品比铁有高的亲和力,并表明磨损远远要小,这也意味着可更适用于生产所需的液体燃料组分,并有更长的催化剂寿命。此外,铁基催化剂会产生 CO_2 副产物,而钴基催化剂大多产生水作为副产物,因此,更环保,更可持续。COSI 催化剂公司已经使其催化剂实现工程化,可生产高选择性的产品。该催化剂采用新的生产过程生产,它提供了活性金属区重量负载的精确控制,可选择性地使合成气转化为汽油、柴油或喷气燃料,分离步骤很少。

2.7 生物燃料应用案例

生物乙醇和生物柴油除可用于汽车燃料外,在其他领域的应用也在脱颖而出。

三菱汽车 2007 年 7 月在巴西上市了可使用 100% 乙醇燃料"E100"的 FFV"帕杰罗 RT4 Flex",2009 年在已投放欧洲市场的"Colt"中设置了可使用"E85"的 FFV 款。除此之外,该公司目前正在面向普遍使用乙醇燃料的地区,开发并投放可使用乙醇的车型,包括可使用 E10 的美国款以及可使用 E20 的泰国款等。

美国运输燃料与发电用生物柴油生产商与销售商 Safe 可再生能源公司(SRC)于 2007 年 10 月中旬供应生物柴油,用于美国第一座将 100% 生物柴油用于洁净发电的装置。该装置位于美国得克萨斯州 Conroe,由生物燃料发电公司拥有和操作,可生产 10MW 电力,直接供给电网。生物柴油是可洁净燃烧、环境友好的替代燃料。可再生能源公司将为该装置每月供应 100 万 gal 的纯生物柴油(B100)。

法国 Theolia 旗下公司在比利时的可再生电力公司 Thenergo 于 2008 年 3 月底宣布,在比利时 Meer 地区采用生物燃料建设 6.5MW 联产热电站。投资为 2850 万欧元的装置于 2009 年第四季度投运。该装置将采用不可食用的油籽作物麻风树油以及当地农业废弃物产生的生物气体为燃料。

德国 Lufthansa 公司于 2008 年 6 月下旬宣布,计划 2020 年使航空飞行用喷气燃料中的 10% 采用生物燃料。使用生物燃料是德国航空业环境策略的一部分,该策略旨在到 2020 年使航线每飞行 1km 的碳排减少 25%，相当于 2006 年水平。Lufthansa 公司航线是仅次于维尔京大西洋公司航线和新西兰航空公司航线计划切换使用生物燃料的第三家商业航线。新西兰航空公司计划在今后 5 年内使生物燃料满足其燃料需求的 10%。基于 Auckland 的航线预计于 2008 年第 4 季度使波音 747-400 Rolls-Royce 发动机采用麻风树籽生产的生物柴油。2007 年维尔京大西洋公司已计划在今后 5 年内将生物燃料用于商业飞行。

图 2.9　日本铃木汽车公司推出 100%乙醇汽车

日本铃木汽车公司于 2008 年 8 月底宣布推出 100%采用生物乙醇燃料的汽车（见图 2.9），并于 2010 年在南美和日本市场上销售。该公司于 2009 年 3 月底在巴西等地推销汽油-生物乙醇（25%生物乙醇）燃料的汽车。三菱汽车公司 2009 年 8 月上旬宣布，在汽油中混合 10%生物乙醇的“E10”燃料的实验车“Mitsubishi E10 Bioethanol Vehicle”获得日本国土交通大臣的认证。作为冈山县推进的“绿色生物项目”的一环，为了验证含有纤维素类生物乙醇的 E10 燃料，该车用于 2009 年 8 月~2011 年 3 月在冈山县实施的公路行驶试验。

飞机制造商波音公司于 2008 年 10 月底表示，世界上以生物燃料为动力源的飞机将在 3 年内承载数以百万人计的乘客。美国喷气式飞机制造商的环境专家表示，这一认证速度将会比预想的快。在不久的将来，使用生物燃料将会得到认可。分析家认为，在 3~5 年内，生物燃料将会获得商业应用，并且时间可能会提前。

波音公司预计，飞机可采用 30%的生物燃料调和油，并且认为可采用 100%的调和油，但是，生物燃料尚不能充分供应每年消费 850 亿 gal 煤油的航空业。

代表马来西亚棕榈油协会的组织——美国棕榈油理事会（APOC）于 2008 年 11 月 13 日表示，赞赏美国南佛罗里达地区运输局的决定，使 Tri-Rails 公司的 8~10 辆机动车（图 2.10）改用 99%由棕榈油或大豆油生产的生物柴油调和油。Tri-Rails 公司采用生物柴油燃料是南佛罗里达地区保护环境的重要举措。

新西兰航空公司宣布于 2008 年 12 月 30 日采用 50：50 的麻风树油生物基 Jet -A1 燃料混合油，利用波音 747-400 飞机中一台 Rolls-Royce RB211 发动机完成试飞，如图 2.11 所示。合作伙伴为 Rolls-Royce 公司和 UOP 公司，喷气式飞机 4 台 Rolls-Royce RB211 发动机采用 Jet A-1 与 UOP 公司“绿色喷气燃料”（由麻风树果生产的合成石蜡基煤油 SPK）50：50 混配物推动。新西兰

图 2.10　Tri-Rails 公司机动车改用生物柴油调和油

航空公司现成为使用商业化有可持续来源的生物燃料的第一家航空公司。波音公司、新西兰航空公司和 UOP 公司与项目开发商 Terasol 能源公司通过初步试飞已确认了使用麻风树生产生物燃料的可持续性。在该生产工艺过程中,UOP 公司使麻风树油脱氧化处理,再通过选择性裂化和异物化就可生产出生物喷气燃料,这种生物喷气燃料与常规石油基喷气燃料的调和比可高达 50%。为这次飞行生产的燃料是世界上第一次为航空业大规模生产出可商业化应用的、有可持续性的生物燃料。新西兰航空公司的进一步测试表明,麻风树基生物燃料能符合所有关键的规格要求,包括冰点(-47°C)和闪点(38°C)。麻风树可在宽范围条件下生长,生产的麻风树籽含有不可食用的脂质油,脂质油被抽出来就可用于生产燃料。麻风树籽可产出 30%~40% 的油。试飞采用了 UOP 公司生产的"绿色喷气"生物基合成的石蜡基煤油。

图 2.11 新西兰航空公司利用波音 747-400 飞机
进行第二代生物燃料的验证飞行

美国大陆航空公司于 2009 年 1 月 5 日在休斯敦第一次采用以生物燃料为动力进行美国商业化飞机的验证飞行。该验证飞行在一台发动机中采用 50:50 的传统喷气燃料与从海藻和麻风树籽生产的合成石蜡基煤油的燃料混合物。大陆航空公司与波音公司、CFM 国际公司、从事炼油技术的 UOP 公司以及生物燃料油供应商 Sapphire 能源公司(海藻)和 Terrasol 公司(麻风树)合作进行该项目验证。生物燃料采用原料灵活的方法来自用于生产可再生"清洁柴油"的 EcoFining 工艺,UOP 公司将海藻和麻风树油脱氧化处理,然后采用选择性裂化和异构化用以生产合成石蜡基煤油(SPK),SPK 再与常规航空燃料以高达 50% 比例进行调和。该验证飞行是采用商业化飞机使用海藻为燃料来源的第一次生物燃料为动力的飞行,并第一次采用双发动机飞机(配备 CFM 国际公司 CFM56-7B 发动机的波音 737-800)。试飞时双 CFM 发动机中的一台将燃用 50:50 的混合油。这些生物燃料与煤油燃料(Jet-A)混合使用可减小对化石燃料的依赖。

日本航空公司(JAL)是亚洲最大的航空公司,采用从三种第二代生物燃料原料混合物生产的 UOP SPK(UOP 公司生产的"绿色喷气"生物基合成的石蜡基煤油)

进行验证飞行,三种第二代生物燃料原料为山茶油(84%)、麻风树油(小于16%)和海藻油(小于1%)。第二代生物燃料原料不与自然食品或水资源相竞争。验证飞行采用50%生物燃料和50%传统Jet-A喷气燃料(煤油),使用JAL拥有的波音747-300飞机中四台Pratt & Whitney JT9D发动机中的一台,于2009年1月30日从东京羽田机场起飞。该验证试飞时间约90分钟。这次飞行是波音公司采用生物燃料的第四个飞行项目。图2.12所示为日本航空公司在世界上完成首次山茶油生物燃料试飞。

图2.12   日本航空公司在世界上完成首次山茶油生物燃料试飞

国际航空运输协会IATA于2009年4月1日宣布,生物燃料将于2010年或2011年投入商业化航空飞行应用。大陆航空公司、日本航空公司JAL、新西兰航空公司和Virgin航空公司最近的试飞已表明,使用新一代可持续的、清洁燃烧的生物燃料是成功的。据美国飞机生产商波音公司估计,喷气燃料采用生物燃料调和物将可减少排放50%,而无需改变飞机发动机。

美国从事物流服务的FedEx公司于2009年5月初宣布,到2030年该公司使用燃料的30%将来自生物柴油、乙醇和其他第二代生物燃料。生物柴油将来自麻风树,乙醇将来自换季牧草。FedEx航空公司旨在到2020年减少其排放20%,届时将开始用波音757飞机代替波音727飞机,波音757飞机可减少燃料消费高达36%,而负载能力可高出20%。

号称有世界最绿色民用车队的美国邮电服务局加快推行替代燃料汽车,截至2009年7月21日,已使6500辆汽车使用上替代燃料,其中1000辆汽车可使用E-85乙醇,900辆为汽油/电动汽车,这些汽车的一部分购自美国通用服务管理局(GSA)。美国邮电服务局有近22万辆汽车,1900辆购自GSA。其车队的替代燃料汽车总数已超过4.3万辆,每年行驶里程数超过12亿mi。

美国Flometrics公司于2009年7月24日宣布,成功地利用可再生形式的JP-8液体燃料和液态氧助火箭升空,图2.13所示为使用生物燃料的火箭,该燃料由EERC按DARPA合同开发。该燃料由位于Wright Patterson空军基地的空军研究实验室燃料与能源分部供应。火箭重180lb、高20ft、直径1ft,采用RocketDyne LR-101火箭发动机为动力。该火箭在15min燃烧燃料升空后的性能优于类似的用RP-1炼制的煤油火箭燃料的性能。使用生物燃料运行比以前所用的标准型火箭燃料清洁。自从生物燃料设计用于喷气式飞机以来,现证实将其用于火箭发动机具有更好的性能。

波音U-787水上飞机于2009年8月2日完成以生物柴油为动力的验证飞行,如图2.14所示,这次飞行采用了100%的生物柴油调和料,生物柴油原料由85%亚麻荠油、14%麻风树油和1%海藻油组成。同样的生物燃料混合物已于2009年1月由日本航空公司波音747-300以其为动力进行了试飞。

图 2.13 使用生物燃料的火箭

图 2.14 波音 U-787 水上飞机采用 100％
生物柴油调和料

波多黎各能源公司于 2009 年 9 月 17 日宣布，Royal Caribbean 号邮轮（见图 2.15）和 Celebrity 号邮轮已参与试用不同掺和比例的船用瓦斯油和粗麻风树油混合油。试验旨在确认麻风树油可作为燃料燃烧，而不同于生物柴油，并可作为调和燃料使用。这将意味着开发麻风树油新的需求市场，麻风树油的价格为 350～400 美元/t，大大低于船用瓦斯油 600 美元/t 的水平。一艘超级邮轮平均耗每小时用 10t 油。

图 2.15 Royal Caribbean 号邮轮试用
不同掺和比例的粗麻风树油混合油

美国海军空军系统司令部（NAVAIR）的燃料补给团队具有认证美国海军军舰和飞机使用燃料的责任，该团队于 2010 年第二季度在 F/A-18 超级大黄蜂飞机发动机上试验完成生物柴油调和油的使用。同时，该团队将试验生物柴油调和油用作船用柴油的适用性。这些试验是美国海军推动提高能源安全性和减少温室气体排放行动的组成部分。NAVAIR 接受美国国防能源支持中心的指令，已于 2009 年 8 月 20 日购买了 4 万 gal 来自第二代原料如亚麻荠、麻风树和海藻的可再生柴油。商业化生产的生物柴油不适用于航海，因为在有水的情况下酯具有亲水性，因此禁止将生物柴油调入船用燃料中。购买的生物柴油燃料将与 50％石油柴油相调和，并加入芳烃，芳烃是军用飞机燃料中的基本成分，它可润滑衬垫和密封。美国海军计划于 2013 年完成有前途替代品的试验和认证，机群的实际使用将取决于工业生产能力。

高油价和环保的压力使得国际著名的飞机制造商波音和空客都在寻求替代能源的解决办法。波音公司携手美国大陆航空公司和通用电气航空在 2009 上半年进行了生物燃料示范飞行。此次生物燃料飞行使用一架波音新一代 737 飞机完成，这架飞机装备了 CFM 国际生产的 CFM56-7B 发动机。CFM 是通用电气和法国斯奈克玛（SAFRAN 集团）各持 50％股份的合资公司。据透露，该燃料不影响粮食农作物、水资源，不促成森林采伐，并且有足够产量支持试飞前的测试计划，这些测试包括实验室和地面进行的飞机发动机性能测试，以保证符合严苛的航空燃油性能和安全要求。

第3章 石油和化工公司研发与生产生物燃料进展

原油价格在高位振荡,使当今生物燃料生产颇具吸引力。包括化工和石油在内的诸多工业领先的公司纷纷抢占替代燃料尤其是生物燃料市场的优势地位,这些公司有雪佛龙公司、BP公司、壳牌公司、道达尔公司、埃克森美孚公司、霍尼韦尔公司、美国合成油公司、巴西石油公司、耐斯特石油公司、瓦莱罗能源公司、中海油、中石油等,这些公司均在开发新的工艺技术和建设生产装置,以便在快速增长的燃料市场,如生物乙醇、生物柴油、从生物质生产合成气,以及氢气等市场占据一席之地。

3.1 石油公司加快涉足生物燃料研发与生产

据 Pike 研究于 2009 年 7 月 27 日发布的报告,从生物燃料投资看,已吸引几家大型石油公司如 BP 公司的投资,据美国石油学会(API)的统计,2000～2008 年油气公司在生物燃料方面的投入已经达到 584 亿美元。

许多化学和石油公司正在加快开发新一代液体生物燃料。强大的政府支持和不稳定的石油价格继续推动新一代替代生物燃料新技术的发展与突破。

3.1.1 国外石油公司

雪佛龙公司通过其子公司雪佛龙技术企业公司与美国加利福尼亚州大学组建开发生物燃料联合体。雪佛龙公司将在 2006～2010 年 5 年内投资 2500 万美元用于联合开发。该联合体将致力于 4 个研究领域:表征在加利福尼亚州适用的生物燃料原料;开发耐干旱和占地少的高性能原料;从纤维素生产生物燃料;设计和建设用于生物化学和热力化学生产工艺的验证装置。

雪佛龙公司最近与乔治亚技术研究院组建联盟,从生物质开发运输燃料。雪佛龙将在今后 5 年内在该联盟中投资 1200 万美元,集中研发以下领域:从纤维素生产生物燃料;深入了解生物燃料原料的性质;开发用于生产高纯氢气的吸附剂。通过这一系列研发成果,开发的第二代加工技术将可使废弃产物转化成可再生运输燃料,打开替代能源新阶段的大门。除组建这一联盟外,雪佛龙公司还于 2006 年投资 4 亿美元开发替代和可再生能源技术。

雪佛龙公司将为从事可再生能源的 Ethanex 能源公司至少建设 3 套生物燃料生产装置,以低成本生产乙醇。由雪佛龙能源解决方案公司(CES)进行工程建设,并采用先进技术以最大化效率。CES 将承揽生物燃料装置的工程、设备采购和建设,装置于 2008 年建成。这些装置建在密苏里、伊利诺伊和堪萨斯州,每年约生产 1.32 亿 gal 燃料级乙醇。图 3.1 示出雪佛龙公司开发新一代生物燃料的实验装置。

图 3.1 雪佛龙公司开发新一代生物燃料的实验装置

2008 年 2 月,BP 公司与美国乙醇生产商 Verenium 公司组建了各持股 50% 的合资企业,进行纤维素乙醇的开发和商业化。该合资企业在美国佛罗里达州 Highlands 郡建设的商业化纤维素乙醇装置预计于 2010 年奠基,并于 2012 年投产。该装置以快速生长的能源牧草为原料,生产能力为 3600 万 gal/a。BP 公司 CEO Katrina Landis 表示,这类能源牧草在其细胞壁内持有的糖类中含有大量能量。虽然要抽出这些糖类是困难的,但采用新的先进技术,BP 公司现已可使这一能量转化成液体燃料。

BP 公司发展生物燃料采取以下三条路径:

第一,更好地生产第一代乙醇。BP 现重点致力于甘蔗乙醇。2008 年初,BP 公司在 Tropical BioEnergia 公司中持股 50%,Tropical BioEnergia 公司是巴西 Santelisa Vale 和 Maeda 集团组建的合资企业,在巴西 Goias 州 Edéia 建有 1.15 亿 gal/a 乙醇炼油厂。该合资企业将建设第二座乙醇炼油厂,两座乙醇炼油厂总投资约为 10 亿美元。第一座乙醇炼油厂已于近期投运。甘蔗乙醇有较好的温室气体排放平衡,并且副产的甘蔗渣可用作锅炉燃料。BP 公司也着眼于将来从甘蔗乙醇转向甘蔗丁醇的可能性。该合资企业在巴西拥有 2500~3500hm^2 贫瘠化土地,可望作为生产生物燃料用地。用这些土地种植甘蔗,可望增加生物燃料 400 亿 gal,约占当今汽油需求量的 10%。中石油与 BP 公司联合入股广西新天德能源,这是 BP 第一次在中国投资替代能源项目。3 家公司合作筹组合资公司,拓展内地再生能源业务。新天德能源现在拥有中国南方最大的乙醇厂,每年可生产由木薯制造的乙醇 10 万 t,母公司为广西天昌投资。BP 公司宣布,在替代能源和可再生能源领域增加一倍的投资,计划在未来 10 年内将其发展为年收入达 60 亿美元的业务。

第二,致力于更先进技术生产的生物燃料如生物丁醇。BP 公司与杜邦公司于 2009 年 11 月 27 日宣布,双方组建金士顿(Kingston)研究团队,主攻先进生物燃料技术的商业化。Kingston 研究团队总经理吕克范登赫默尔(Luc Van Den Hemel)表示,生物丁醇是一种像生物乙醇一样可从所有作物生产的生物燃料,并可以较高含量与汽油相调和,这意味着我们将可更迅速地推出这类生物燃料。今后,有可能将乙醇炼油厂转换用于生产生物丁醇,使这个行业为满足世界的能源需求作出更大贡献。投资为 2500 万英镑专门建设的开发和示范设施位于 BP 公司在 Hull 附近的 Saltend 生产基地。BP 公司在 Hull 的生产基地也是 Vivergo 燃料公司(BP 公司、英国糖业公司和杜邦公司的合资企业)所在地。BP 公司已宣布,2006 年以来,已投资超过 15 亿美元用于生物燃料的研究、开发和运营。这包括与其他公司合作开发生产先进生物燃料所要求的技术、原料和工艺。Kingston 研究团队正在建设从可再生原料生产生物丁醇的技术放大设施。BP 公司将在今后几年内将生物丁醇打入美国市场。

第三,致力于先进的木质纤维素生物燃料。虽然已有多种转化途径在开发之中,但 BP 公司仍致力于将生物化学发酵法作为其选用的纤维素生物燃料的生产途径。BP 公司与 Verenium 公司于 2008 年 8 月 6 日宣布建立战略性合作伙伴关系,以加速纤维素乙醇的开发和商业化。该合作关系将一种广泛的技术平台与运营能力结合起来,努力在美国乃至全球范围内推进低成本环保型纤维素乙醇生产工厂的建立。在该战略性联盟的最初阶段,Verenium 将在未来 18 个月内在合作关系范围内拥有技术的相关权力,并从 BP 获得共计 9000 万美元的资金。Verenium 公司在美国路易斯安那州建设的美国第一套纤维素乙醇验证规模装置已于 2008 年初投入运营。BP 公司表示,可以相信像甘蔗、芒草等能源作物可成为为全球提供经济、可持续及可升级的生物燃料的最好原料。

BP 公司与 Martek 生物科学公司于 2009 年 8 月 12 日宣布签署协议,合作开发从海藻制取微生物油,海藻可用于将糖类转化成生物柴油。根据合同,BP 公司将向 Martek 生物科学公司提供 1000 万美元,Martek 公司将用于微生物油生产的生物技术研究与开发。

壳牌公司与美国从事酶技术的 Codexis 公司于 2006 年 11 月签约合作开发生物基燃料。该次合作是 Codexis 公司首次涉足能源市场的重要步骤,也是壳牌公司首次在生物乙醇和生物柴油以外领域的投资。壳牌公司开发目标主要针对生物丁醇,生物丁醇因具有低的蒸气压和水溶解性,因而优于生物乙醇。这些优点可使生物丁醇以较高的掺和量调入汽油中。目前,Codexis 公司的技术主要应用于医药工业。Codexis 公司也正在组建新的业务部门,该部门被称之为生物工业部,包括生物燃料。Codexis 公司计划更多地涉足生物燃料领域。壳牌公司已是最大的生物燃料生产商,该公司将领先开发第二代生物燃料,使其产生较少的 CO_2,同时性能得到改进。

2008年9月18日,壳牌公司与包括中国科学院微生物研究所和中国科学院青岛生物能源与过程研究所在内的6家学术机构分别签署了有关生物燃料研发的研究协议,合作期为2～5年,旨在加强壳牌自身的生物燃料研发并加快成果转化。这些协议是一个不断扩大的协议研发项目的一部分,该项目主要研究新的原材料和新的生物燃料生产工艺,重点在于改善效率和降低成本。签约机构还包括美国麻省理工学院,巴西圣保罗州坎皮纳斯大学,英国曼彻斯特大学生物催化、生物转化和生物催化剂生产研究中心以及英国埃克塞特大学生物科学学院。壳牌未来燃料及CO_2业务执行副总裁表示,壳牌的生物燃料研发为时已久,不仅在业内处于领先水平,而且还具有全球性的协调能力。与世界最优秀的专家进行切实而灵活有效的合作,对壳牌在快速发展的生物燃料领域获得速度优势和成功至关重要。中国科学院微生物研究所认为,发展生物燃料是实现能源供应多元化、缓解中国未来能源压力的重要途径之一。与壳牌的合作是中国科学院微生物研究所加强国际科技合作的重要一步,也希望这是双方未来长期合作的良好开端。

道达尔公司于2009年5月初宣布投资位于美国科罗拉多州Englewood的生物燃料公司Gevo。Gevo公司正在开发一种技术,旨在将农业废弃物转化成烃类如汽油调和料、可再生喷气燃料和可再生柴油调和料。据称,这一技术也可生产聚丙烯酸酯和其他化学品。该公司已计划通过改造现有乙醇装置使该技术推向商业化。

道达尔公司于2009年10月9日宣布,将在法国开发称之为BioTfueL的第二代生物柴油中型装置计划中起带头作用。道达尔公司将提供该项目所需资金的30%以上。两套中型装置之一将建在道达尔公司现有的生产基地。BioTfueL计划预计在5年内投资超过1亿欧元,法国政府将投资约3000万欧元。该计划将试验应用于从生物质制取柴油和煤油的技术。两套中型装置之一将建在主要的农业区法国Compiegne,另一套建在道达尔公司现有的生产基地。法国石油研究院、植物油和蛋白公司Sofiproteol及伍德公司也将参与这一计划的实施。

美国埃克森美孚公司于2009年7月14日表示,将实施生物燃料行动计划。埃克森美孚研究与工程公司与SGI(Synthetic Genomics Inc)公司组建研发联盟,从光合成海藻开发先进的生物燃料,这种生物燃料可与当今的汽油和柴油燃料相媲美。如果研发成功,海藻基燃料可望满足世界对运输燃料不断增长的需求,并可减少温室气体排放。按照协议,埃克森美孚公司将投入超过6亿美元。

另外,霍尼韦尔公司的UOP子公司已启动将植物油和海藻油转化为军用喷气燃料的项目,该项目得到美国军方先进研究项目局670万美元的资助。公司期望生产的可再生燃料能符合严格的军方标准。UOP公司可再生能源与化学品业务部称,生产装置将基于标准的炼油厂概念,采用宽范围的原料,致力于生产喷气燃料。该公司将与埃尼石油公司签署协议,将在现有的意大利炼油厂内将植物油转化为柴油燃料。

美国合成油公司拥有将生物质、煤炭、天然气和其他碳基原料转化为合成气生产液体烃类的费托合成Syntroleum®工艺,Syntroleum®工艺可用于将费托合成液体烃类改质为中间馏分油产品如合成柴油和喷气燃料。其BiofiningTM技术可用于将动物脂肪和植物油原料转化为中间馏分油产品。合成油公司与 Tyson 食品公司一起,组建各持股 50% 的合资企业 Dynamic 燃料公司,以低级脂肪和油脂为原料生产清洁的可再生合成柴油和喷气燃料装置建设,在美国路易斯安那州 Geismar 建设的装置于 2010 年投产。

西班牙最大的石油公司雷普索尔-YPF 公司与从事可再生能源的 Acciona 公司签署协议,建设柴油生物装置。计划联合投资 3 亿欧元在西班牙建设生产装置,生物柴油总生产能力将超过 100 万 t/a。这项投资将使西班牙 CO_2 排放减少 300 万 t/a。这些装置将以植物油为原材料。计划在雷普索尔-YPF 公司炼油厂附近建设 5 套生物柴油装置,每套能力超过 20 万 t/a。Acciona 公司也将参与雷普索尔在 Cabreros del Río 建设的一体化生物燃料联合装置,该联合装置生产 10 万 t/a 生物柴油。Acciona 公司在 Caparroso 已拥有一套生物柴油装置,向雷普索尔车用柴油配方提供产品。西班牙第二大石油公司 Cepsa 公司也计划进入生物燃料工业,投资两个项目。该公司与生物乙醇生产商 Abengoa Bioenergy 公司合作投资 4200 万欧元在 Cepsa 公司 San Roque 炼油厂附近建设生物柴油装置,该生物柴油装置生产能力将达 20 万 t/a,使用植物油为原料。Cepsa 公司计划与燃料油生产商 Bio-Oils 能源公司合作,投资 4000 万欧元在 Cepsa 公司 Palos de La Frontera 炼油厂建设生物柴油装置,该装置生产能力为 20 万 t/a,于 2007 年下半年投产。

2007~2011 年巴西石油公司在可再生燃料方面的投资将超过 3 亿美元。巴西国家石油公司近期将投资 6000 万美元以植物油为原料建设三套生物柴油装置,定于 2007 年第四季度投产。这三套装置每年将生产 17.1 万 m^3 生物柴油,装置位于巴西 Ceara、Bahia 和 Minas Gerais 州。这些生物柴油装置仅是一系列装置中的第一批,巴西石油公司计划通过独资或合资使该公司的传统生物柴油燃料产量到 2011 年达到 85.5 万 m^3。巴西石油公司正在寻求与国内外大型农业公司合作以建设其他生物柴油装置。这些装置将使棉花籽油及向日葵、棕榈、蓖麻子、大豆或其他油转化为生物柴油,用以与石油基柴油混合使用。该公司计划将 42.6 万 m^3 的大豆油调入其 4 座炼油厂常规的加氢处理装置进料中,使生产的柴油燃料含有 10% 的豆油。常规生物柴油与 H-Bio 燃料的区别在于 H-Bio 燃料在现有炼油厂装置内直接使用植物油。巴西石油公司对在巴西再建设 9 套以上传统的生物柴油装置进行了可行性研究,据分析,这些装置年最大生产能力合计 124 万 m^3。

芬兰耐斯特(Neste)石油公司的发展战略是成为世界最大的生物柴油生产商。炼油仍将是 Neste 石油公司的主要业务,该公司将继续投资其炼油厂新增转化能力。Neste 石油公司计划从植物油和动物脂肪每年生产数百万 t 生物柴油。该公司将以单独或合资方式在各个市场建设生物柴油生产装置。Neste 石油公司和奥地利 OMV 石油公司合作在奥地利 OMV 公司产量为 1043 万 t/a 希韦夏特(Schwechat)炼油厂建设 20 万 t/a 生物柴油装置。该装置于 2008 年投产。装置采用 Neste 石油公司技术,从可再生的原材料如植物油和动物脂肪生产高质量柴油。此举是为了满足欧盟各成员国到 2010 年汽油和柴油中生物燃料用量达 5.75% 的指令目标。Neste 石油公司于2008年6月下旬宣布在荷兰鹿特丹建设生物柴油装置,以满足对生物柴油日益增长的需求,这将是其迄今为止投资建设的第4套生物柴油装置。该柴油装置投资约6.7亿欧元,生产能力为80万t/a,将于2011年建成。Neste石油公司旨在成为世界上领先的可再生柴油燃料生产商,该公司在芬兰南部Porvoo拥有17万t/a装置生产其专有的生物柴油NExBTL,正在建设的第二套相似的装置于2009年投产。2008年11月,Neste石油公司在新加坡投资5.5亿欧元建设80万t/a生物柴油装置,并考虑还将建设其他装置。

美国传统炼油巨头、美国最大的石油炼制商之一瓦莱罗能源公司2009年6月表示,公司近来开始大举进军可再生燃料业务,这是公司可再生燃料战略的一部分。公司已从破产的VeraSun公司手里收购了7套乙醇装置。这传递出一种信息,传统炼油工业已经开始转变观念,开始认识到生物燃料的现实性和重要性。瓦莱能源公司罗已经认识到乙醇将成为美国燃料调和组分的一部分,因此必须介入,以适应这个现状和未来的趋势。瓦莱罗能源公司旗下运营着15座炼油厂,合计炼油能力达到310万桶/天。美国新出台的可再生燃料标准提高了可再生燃料在汽油和柴油中的掺入比例,预计美国汽油和柴油中所需的可再生燃料量将从2008年的90亿gal(340亿L)增加至2022年的360亿gal,这将使瓦莱罗能源公司成为北美地区最大的乙醇消费者之一。瓦莱罗公司和Darling国际公司于2009年9月16日宣布联手在路易斯安那州建设生物柴油装置,该装置生产能力为1.35亿gal/a,将使Darling国际公司供应的动物脂肪和废弃烹调油转化生产可再生柴油。瓦莱罗能源公司旗下的可再生燃料公司于2010年2月5日宣布,以7200万美元完成对Renew能源公司在美国威斯康星州Jefferson的1.1亿gal/a乙醇装置的收购。完成此项收购后,瓦莱罗能源公司将拥有10套乙醇装置,总生产能力达到11亿gal/a。

在美国乔治亚州,由乙醇生产商瓦莱罗(Valero)公司和API公司组建的合资公司建设的纤维素乙醇装置于2010年3月3日正式揭幕。该纤维素乙醇装置将从木质生物质生产纤维素乙醇,并最终将其扩建成与造纸厂共建的商业化规模装置的平台。API公司将向商业化规模装置提供技术转让,每天向该装置供应500t纸浆,乙醇生产总量为2200万gal/a。该公司估算,纤维素乙醇生产成本为1美元/gal。

3.1.2　中国石油公司

中国海洋石油基地集团有限责任公司(简称中海油基地公司)于2006年9月与攀枝花市签订"攀西地区麻风树生物柴油产业发展项目"。该项目计划投资23.47亿元,到2010年,中海油基地公司将在攀枝花发展麻风树种植基地50万亩,建设年产10万t的生物柴油炼油基地。攀西地区现有麻风树15 883hm²,中海油基地公司将发展以麻风树为主的生物柴油产业链。根据远期目标,攀枝花市将培育麻风树能源林48万hm²,并利用新的麻风树生物柴油加工工艺和生物催化工艺技术,建立万吨级生物柴油生产示范工程。

印尼种植商SMART Tbk于2007年1月初宣布,与中海油、香港能源有限公司

(Hong Kong Energy Ltd)签署了一项乙醇合营项目,该项目总投资 55 亿美元。三方成立合资公司,共同开发以棕榈油为主的乙醇柴油及甘蔗或树薯为主的乙醇汽油。为了缓解环境压力,以及降低中国对国际原油的依赖,中海油正在加大对可再生能源的投资。为了更有效地保障国家能源安全,中海油未来的核心业务仍以油气为主,但不会是其唯一的业务。中海油"十一五规划"明确提出,截至 2010 年,集团将成为一个由科技创新引领发展的创新型企业,新能源、可替代能源、可再生能源领域的探索要取得实质性进展。

中石油规划到"十一五"末,建成非粮乙醇生产能力超过 200 万 t/a,达到全国的40%以上。届时中石油还将形成林业生物柴油 20 万 t/a 的商业化规模,支持建设生物质能源原料基地 600 万亩以上,努力成为国家生物质能源行业的领头羊。中石油称,林业生物质能源作为国家替代能源发展战略的重要组成部分,可有效增加农民收入,减少温室气体排放,同时对缓解能源紧缺,优化能源结构,发展可再生能源等具有重要作用。中石油与国家林业局就发展林业生物质能源已经签署合作框架协议,双方决定在林业生物质能源资源培育与开发等方面开展合作,充分发挥政府、企业各方优势,加快"林油一体化"步伐,共同推动中国林业生物质能源发展。作为国内最大的油气生产商和供应商,中石油一直高度重视发展可再生能源,将发展生物质能源作为一项战略,充分发挥中石油在液体燃料规模化加工生产、销售等方面的优势,加快林业生物质能源产业化步伐。

四川省与中石油于 2006 年 11 月初签订合作开发生物质能源框架协议。双方将改变四川"贫油"现状,以甘薯和麻风树发展生物质能源,"十一五"期间将建成年产 60万 t 燃料乙醇、10 万 t 生物柴油项目。用于生产燃料乙醇的甘薯,在四川的种植面积约为 1300 万亩/a,年产量在全国名列前茅。麻风树,又名小桐子,种仁含油量高于油菜、大豆等油料作物,可炼制生物柴油。联合国已将麻风树种植作为生态建设和扶贫项目。四川攀枝花、凉山等地适于种植,野生麻风树分布面积居全国之首。中石油油气开发及炼制技术实力雄厚,营销网络发达,在川渝地区的企业——四川油气田,天然气年产量居全国各大气区之首,而原油年产量只有 10 多万 t,主要原因是地下"富气贫油"。目前,川渝地区的燃油主要由中石油的兰成渝管道输送。目前,中国、英国、美国的著名石油公司都在四川大面积栽植麻风树,多座生物柴油炼油厂已在筹建中。中石油已于 2010 年前在四川兴建了两家生物燃料工厂,一家以甘薯为原料生产燃料乙醇,年产能 60 万 t;另一家以麻风树为原料生产生物柴油,年产能 10 万 t。中石油拥有生产燃料乙醇的经验,该公司 2001 年曾在吉林省投资一家乙醇生产厂。

中石油与山东省签署生物能源产业发展合作框架协议。根据协议,中石油与山东省将在以非粮能源作物为原料生产燃料乙醇和生物柴油等方面进行全面合作。具体包括在山东省建设 20 万 t/a 燃料乙醇和总规模 10 万 t/a 生物柴油示范生产装置,合作建设与生产装置规模相配套的原料生产基地及粗加工供应基地;开展相关基础研究工作;在全省推行乙醇汽油销售和高掺比试点等。中石油规划到"十一五"末,建成非粮乙醇生产能力超过 200 万 t/a,达到全国的 40%以上,形成林业生物柴油 20 万 t/a

商业化规模,支持建设生物质能源原料基地 600 万亩以上。

中国发展和改革委员会(以下简称"发改委")已核准建设三套麻风树基生物柴油装置,总能力为 17 万 t/a。这三套装置是中石油建在四川省南充的 6 万 t/a 装置、中石化建在贵州省的 5 万 t/a 装置和中海油建在海南岛的 6 万 t/a 装置。三家大型国家石油公司引领开发这些项目,从而将进入生物柴油生产领域。这些装置的运作将包括原料采购、生物柴油生产、贮存和销售在内的一体化管理。

在燃料乙醇业务的发展上,中石油作为国家推广乙醇汽油工作领导小组副组长单位。到 2009 年底,中石油在燃料乙醇业务上的投资已超过 10 亿元。其中控股建设的吉林燃料乙醇项目产能 50 万 t,是目前国内最大的燃料乙醇生产企业,已累计生产217 万 t,除满足东北三省需求外,还销售到华北、华中地区。

3.2　化工公司加入生物燃料开发行列

2006 年 10 月初,美国格雷斯公司下属业务部的戴维森分公司成立了生物燃料技术部门,此部门负责加强再生燃料领域的产品开发。格雷斯研发和业务发展团队共同合作开发新技术和新产品,并以"孵化器"命名,而这个生物燃料技术部门是其中的旗舰项目。此项目首先将集中研究利用催化剂和吸附剂提高生物柴油和生物乙醇的产量,并使用以色谱为基础的分析和质量控制工具。根据世界观察研究所的调查报告,生物燃料市场估计将以平均 15% 的速度增长,格雷斯在生物燃料技术部门的投入基于对市场良好的预期。该公司在可再生燃料领域的产品与技术,如用于生物柴油纯化工艺的二氧化硅吸附剂,具有无需水洗步骤、没有废水排放、减少产品损失且对催化剂要求低等特点;乙醇干燥过程使用的分子筛沸石干燥剂,在碱性、中性和酸性环境中化学性质稳定,孔径尺寸单一,能发挥最佳干燥和乙醇回收效率;工艺监控和质量控制分析仪,可检测生物柴油的酯交换反应是否完全、生物柴油浓度和所含的杂质;生物燃料催化剂可提高反应速度、纯度和产量,降低生产成本。同时,格雷斯公司目前还在开发将生产生物乙醇的副产物转化为化学品原料的相关技术。

霍尼韦尔旗下的 UOP 公司于 2006 年 11 月初建立了开发可再生能源的技术分部,以便使可再生能源技术应用于现有的和新建的炼油厂。新的分部称为可再生能源和化学品分部,采用 UOP 公司的石油加工技术转化生物原料,包括植物油、脂和某些废弃产物,使其转化为燃料和化学品。UOP 公司于 2007 年年初采用这一技术将植物油和油脂转化成比石油基柴油或生物柴油有更高能量密度和较高十六烷值的柴油燃料。典型的常规生物柴油通过将植物油和甲醇进行组合催化制得,但是用氢替代甲醇可生产更高性能的烃类燃料。UOP 公司也从事将植物油和石脑油混合物通过适宜的催化剂生成高质量烯烃的技术开发,并开始开发使生产燃料和化学品的生物炼油厂推向商业化所需的热法和生物化学法工艺。该公司与酶专业公司一起开发生物炼油厂工艺。

UOP 公司和埃尼公司已联合开发一种工艺,将植物油和动物脂肪转化成"绿色"柴油,然后将其与石油基柴油相调和。UOP/埃尼 Ecofining 工艺使用催化加氢技术,可使天然油脂和动物脂肪转化成绿色柴油燃料。该产品与传统柴油在化学上相似,与生物柴油和石油基柴油相比,可提供改进的性能,包括较高的十六烷值、良好的低温流动性能和低的排放。使用绿色柴油可使现有的柴油燃料改质和扩大柴油组分有价值的调和原料。UOP/埃尼 Ecofining 工艺已于 2009～2010 年在意大利和葡萄牙的一些炼油厂商业化应用。一套 Ecofining 生产装置每年将向柴油燃料总组成中贡献 1 亿gal。

UOP 公司于 2008 年 9 月 13 日与美国 Ensyn 技术公司组建合资企业,以便开发和使第二代生物质制油技术推向市场,这种生物质制取的油可用于发电,以及采暖和运输燃料。该合资企业将出让 Ensyn 技术公司的快速热加工(RTP)技术,该技术可使生物质转化为热解油,用于发电和采暖,双方加快研发工作,以便使油炼制成运输燃料的新一代技术推向商业化。

UOP 公司和印度石油公司(IOCL)于 2010 年 4 月 1 日签署协议,与 IOCL 合作研发宽范围的生物燃料技术与项目。两家公司将评估设置验证规模生产装置,以便在IOCL 生产基地采用非食用原料在印度生产绿色运输燃料。IOCL 和 UOP 公司还将评估热解油技术转化木质纤维材料或植物生物质,生产可再生能源和热量的可行性。IOCL 也将集中于研究和开发生产海藻油,以用于生产绿色燃料的原料。

UOP 公司还开发了工艺技术,可生产喷气绿色燃料,供军用和商用飞机应用,该公司已承揽了美国国防先进研究项目局(DARPA)合同。该工艺过程生产的燃料,可满足所有关键的飞行规范,同时减少排放和提高能源密度,可使飞机减少燃料飞得更远。

美国能源部于 2010 年 4 月宣布资助 UOP 公司 150 万美元,UOP 公司按照协议验证碳捕集和封存技术(CCS)并培育用于生产生物燃料的海藻。UOP 公司实施的验证项目是捕集霍尼韦尔公司在弗吉尼亚州 Hopewell 生产厂烟气中的 CO_2,用于培育生产生物燃料用的海藻,并评估 Envergent 技术公司开发的快速热加工技术。该技术是把由培育海藻得到的生物质转化为热解油。Envergent 公司是 UOP 与 Ensyn 公司的合资公司。

美国杜邦公司与丹麦食品集团丹尼斯克(Danisco)公司旗下的生物技术分部Genencor 公司组建了合资企业——杜邦丹尼斯克纤维素乙醇公司(DDCE),计划于2012 年开始其第一次商业化规模纤维素乙醇生产。位于美国田纳西州 Vonore 的中型装置于 2009 年底投入运行,该装置初期以谷物穗轴、秸秆和牧草等为原料。

DDCE 与美国田纳西大学于 2008 年 7 月 25 日建立合作伙伴关系,在田纳西州Vonore 合建创新的中型生物炼油厂和现代化研究开发装置,以开发纤维素乙醇。该中型规模生物炼油厂将为 DDCE 的纤维素乙醇技术开发出商业化工艺包。该项目采用田纳西大学在纤维素原料生产和联产品研究方面的经验,并与田纳西一些农场合作开发专用纤维素能源作物供应链,为生物炼油厂提供换季牧草。该中型装置和过程开发单元(PDU)位于 Niles Ferry 工业园区。过程开发单元(PDU)是研究设施,大于实验室规模。该中型规模生物炼油厂装置纤维素乙醇生产能力为 25 万 gal/a,于 2009年 12 月生产乙醇。

美国陶氏化学公司 2008 年 7 月底表示,将与美国能源部下属美国国家可再生能源实验室合作,开发和评估一种将生物质转化为乙醇和其他化学物质的新工艺。据陶氏化学公司称,这种将非粮生物质(如玉米秸秆或废弃的木屑等)转化为合成气工艺的关键在于陶氏化学的混合酒精催化剂。此外,陶氏化学公司目前拥有的技术可以帮助将这种合成气转化为酒精混合物,再从中生产车用燃料或化学品。使用来自于生物质的乙醇作为替代原料是一种选择,陶氏化学公司正在积极探索新的途径来减少化学品和塑料的生产成本。

陶氏化学公司于 2009 年 6 月 30 日宣布,将建设和运营中等规模生物炼油厂,该生物炼油厂将使用海藻从 CO_2 生产乙醇。该公司已与总部在美国佛罗里达州 Naples的 Algenol 生物燃料公司合作,借助海藻、CO_2、盐水和太阳光的混合技术在光生物反应器中生产出乙醇。这一投资为 5000 万美元的生物炼油将建在陶氏化学公司位于得克萨斯州 Freeport 的生产基地,陶氏化学公司从其生产基地为制造装置提供 CO_2气流。

英国英力士企业公司制定欧洲生物柴油发展战略。该公司的目标是:2010 年达120 万 t,到 2012 年生物柴油产量至少达 200 万 t,该公司已着手在苏格兰格兰杰默斯(Grangemouth)新建生物柴油装置,年生产能力至少为 50 万 t。DeSmet Ballestra Oleo 公司承揽加工油脂生产生物柴油装置的工程,该公司也是植物油炼制和生物柴油技术领先的供应商。该装置投资超过 9000 万欧元,2008 年年中投运。英力士公司在生物柴油领域已拥有 10 多年的经验,在法国 Baleycourt 拥有生物柴油装置,投资7000 万欧元到 2008 年使产能翻了一番,并准备在比利时安特卫普港的 Zwijndrecht地区新建生物柴油装置。

为推进第 2 代生物燃料,西班牙的 Abengoa 公司已与酶专家 Dyadic 国际公司合作,开发由霉菌 Chrysosporium lucknowense 衍生的酶,它可低成本地从生物质制取乙醇。根据这项成果,Abengoa 公司已在 Dyadic 股市投资了 1000 万欧元。

丹麦生物技术公司 Novozymes 和 Xergi 联手开发能将粪肥高效转化为电力、热能、燃料和化肥的微生物。Novozymes 公司是世界最大的酶生产商。据丹麦政府估计,在丹麦,粪肥中蕴藏的能量可供应丹麦运输能量需求的 25%。

鉴于生产生物燃料需要的过程流体,美国首诺公司开发基于烃类的 Therminol 传热流体,可专门应用于生物柴油反应器和相关的后反应器提纯,这可将生物柴油技术诀窍与其传热流体知识相结合。

德国鲁齐公司加快承揽世界生物柴油项目,最近承揽的生物柴油项目位于阿根廷、马来西亚、法国和印度尼西亚,装置年生产能力在 10 万~25 万 t,所有这些装置都于 2007 年投产,所用原料有油菜籽、大豆和棕榈油。截至 2009 年底,鲁齐公司已承揽建设 39 套生物柴油装置,总生产能力超过 510 万 t/a。

瑞士先正达(Syngenta)公司 2007 年净利润提高了 75％至 11 亿美元,销售额提高 15％至 92 亿美元,该公司销售额增长的 5％来自于用于生产生物燃料的种子和作物需求的增长。先正达公司在生物燃料方面的业务包括服务于巴西甘蔗生产商、北美谷物生产商和欧洲油菜生产商。先正达公司开发了被称之为谷物淀粉酶的谷物作物,它可为生物乙醇生产产生高产率的淀粉。公司于 2009 年推出谷物淀粉酶,用于高乙醇产率的其他谷物变异产品将于 2011 年后推出。先正达公司也开发了适于热带气候地区种植的甜菜品种。这种新的高产率甜菜源于传统甜菜杂交繁殖,现已在印度中部与 1.2 万个农场主合作进行种植。合作包括从该作物出售糖类,以及使用糖类在其拥有的生物乙醇装置生产生物乙醇。哥伦比亚政府已计划共同投资几套生物乙醇生产装置,以新品种甜菜为原料。先正达公司在生物燃料方面的其他业务包括与澳大利亚昆士兰大学进行合作,开发高产率甘蔗变异品种,以用于在巴西种植。先正达公司也在开发用于转化纤维素生物质的技术,以使纤维素生物质转化为可方便生产燃料的糖类和淀粉。

从事生物科学业务的 Metabolix 公司致力于开发清洁的可持续解决方案用于生产塑料、燃料和化学品,该公司已启动计划开发先进的工业油籽作物用于生产生物塑料和生物燃料。在美国油籽是年生产超过 2.5 亿 gal 生物柴油的主要原料,并且用于联产生物塑料以提高作物行业的经济性。作为启动计划的一部分,Metabolix 公司已与 Donald Danforth 植物科学中心组建战略研究联盟。该联盟得到 Missouri 生命科学 Trust 基金会为期 2 年的 114 万美元的资助。Donald Danforth 植物科学中心在油籽技术方面拥有丰富的经验。将其经验与 Metabolix 公司专有技术相结合将有助于多种油籽作物产品的商业化生产,这一技术预计在减少对化石燃料的依赖方面起重要作用。这一启动计划旨在创建另一条生物基路线,以直接利用非食品类作物经济地生产生物塑料和生物燃料。工业油籽代表第三作物系统,对此,Metabolix 公司正在应用其专利技术。该公司在开发改进的换季牧草方面处于领先地位,并且也正在开发甘蔗作物,以联产生物基和生物可降解塑料。该公司目标是更经济地满足全球对清洁能源和生物塑料的需求。

德国南方化学公司与林德公司于 2008 年 5 月初组建联盟开发基于不与人争粮的作物生产第二代生物燃料。双方致力于开发生物技术工艺,从含有纤维素的植物如小麦和谷物秸秆、牧草和木屑来生产燃料,如乙醇。南方化学公司将向该合资企业贡献其在生物催化和生物过程工程方面的诀窍。林德公司旗下的林德-KCA-Dresden 公司提供在生物技术和化学领域的工程经验。

荷兰帝斯曼公司与美国能源部于 2008 年 10 月底签署有关酶研发的合作协议,旨在开发纤维素生物燃料项目,将从非粮或非饲料原料生产的生物燃料推向商业化。美国能源部于 2007 年 2 月提出 3380 万美元资助计划,其中 740 万美元授予由帝斯曼公司和包括 Abengoa 生物能源新技术公司在内的财团。根据这项计划,帝斯曼公司将建设中型装置,研究工作在该公司位于新泽西州 Belvidere 的装置中进行,致力于原料的预处理,以使其易于破解。帝斯曼公司正在开发酵母基加工步骤和酶加工步骤,这两者都是生产纤维素乙醇所需要的。帝斯曼已与生物燃料生产商 Abengoa 生物能源公司合作,Abengoa 生物能源公司生产生物燃料,并在包括生物质预处理的领域拥有经验,双方努力将这一技术推向商业化。帝斯曼公司的纤维素乙醇工艺将于 2012~2013 年推向商业化应用。

欧盟于 2009 年 3 月 3 日表示,资助诺维信公司 200 万美元进行为期 2 年的合作项目,将甘蔗渣副产物开发生产纤维素生物乙醇。诺维信公司自 2001 年起从事将酶用于使农业副产物转化成生物乙醇的开发工作。该项研究为诺维信公司历史上最大的项目,约有 150 人在世界各地从事生物质转化为乙醇的不同项目研发。诺维信公司的合作伙伴为巴西的 CTC 公司(Centro de Tecnologia Canavieira),甘蔗渣生产乙醇项目将由诺维信公司在丹麦、美国和巴西的研究人员会同 CTC 公司、瑞典 Lund 大学和巴西 Paraná 大学共同开发。

哈尔德托普索公司于 2009 年 9 月 4 日宣布,将参与欧盟生物炼油厂项目,该项目涉及来自 15 个国家的合作伙伴,将接受来自欧盟第七个框架规划的 2300 万欧元的资助。欧盟生物炼油厂项目旨在为从可再生能源或生物质生产化学品和燃料的装置,以及将生物质转化成燃料和从植物生产塑料提供吸引力。哈尔德托普索公司在下游气化技术和催化工艺方面的经验将帮助实现这一目标。因为该项目有多家催化剂开发商和生产商,该公司也将在催化剂放大方面贡献经验,以便应用于验证阶段所选用的工艺过程。

第 **4** 章　世界各国（地区）生物燃料应用现状与前景

4.1　北　美

4.1.1　美　国

美国生物燃料工业快速增长，因政府的支持政策，美国现已成为引领全球生物燃料生产的国家，一些新的项目仍在建设，国内需求继续增长。2008 年 7 月底 RNCOS 发布的《美国生物燃料市场分析》指出，美国生物燃料工业，尤其是乙醇，在 2008～2017 年仍将引领世界生物燃料生产。美国已拥有世界最大的生物燃料工业，其乙醇生产量增加到 2006 年的 49 亿 gal，比 2005 年生产水平提高 10 亿 gal，占全球乙醇生产总量的 36%。从发展看，美国会继续引领全球乙醇生产，国内乙醇需求的继续增长将会使今后生产量继续扩增。

美国 2007 年能源独立与安全法（EISA）确定了可再生燃料标准（RFS），RFS 要求美国可再生燃料生产从 2008 年的 90 亿 gal/a 增加到 2022 年的 360 亿 gal/a。按照 RFS 要求，先进生物燃料的投资在 4 年内必须达到 110 亿美元，在 10 年内增加到 460 亿美元，在 15 年内增加到 1050 亿美元。在增加投资 750 亿美元的前提下，应使谷物乙醇产量达到 150 亿 gal/a。到 2012 年，先进生物燃料生产的增长将需要至少投运 35 套新的 5500 万 gal/a 生物燃料装置，到 2017 年达 164 套，到 2022 年达 382 套。预计到 2012 年，先进生物燃料将达到所生产的全部可再生燃料的 13.2%，到 2017 年增加到 37.5%，2022 年达 58.3%。到 2022 年，占全部运输燃料消费量的 3.5%。

美国 2008 年能源法案新设定的生物燃料指令要求到 2012 年增加 60 万～70 万桶/d 生物燃料，这相当于 2012 年美国运输燃料总需求量的 7%，并且 2007～2012 年汽油总需求量也将增长。到 2012 年美国汽油总组成中生物燃料所占比例将略超过 10%。由于美国经济发展放慢和衰退而进一步减少需求，预计 2010 年美国将成为汽油净出口国。

　　BP 公司于 2009 年 9 月底发布预测认为,来自生物质的燃料预计到 2030 年将占美国汽油市场的 25%,并预计美国生物燃料生产量将从 2007 年的小于 50 万桶/d 增长到 2030 年的 230 万桶/d。

　　Katrina Landis 表示,如果着眼于增长中的生物燃料消费对美国车用燃料的影响,预计将会替代更多的汽油,而不是柴油。在美国,柴油的应用正在随欧洲的发展趋势增长,预计生物柴油到 2030 年将可提供柴油发动机用燃料的 8%。

4.1.2　加拿大

　　加拿大将大力发展生物燃料,政府于 2007 年 7 月初宣布,将在 9 年内向生物燃料生产投资 15 亿美元。加拿大拥有领先的技术以及丰富的谷物、油类作物种籽和其他原料,旨在成为全球领先的生物燃料生产国。2006 年 12 月,加拿大立法要求到 2010年在汽油中加入平均量为 5% 的可再生燃料。与此同时,也要求到 2012 年在柴油和采暖用油中加入 2% 的可再生燃料,因此估计需要约 30 亿 L/a 的可再生燃料才能满足上述需求。加拿大在 2006 年生产 4 亿 L 可再生燃料。据称,运输部门约占加拿大温室气体排放量的 1/4,增加燃料中的可再生燃料数量可望减少排放。

　　加拿大政府提交的生物燃料法案于 2008 年 5 月底获得下议院通过。这项法案规定,到 2010 年加拿大所售的所有汽油必须掺混 5% 的乙醇,到 2012 年柴油必须掺混2% 的再生燃料。这项法案实施后将满足加拿大约 20 亿 L 乙醇及 6 亿 L 生物柴油的需求。数据显示,加拿大有 16 家乙醇厂投产或正在投建,年总产能约为 16 亿 L,主要原料是小麦和玉米。目前有 3 家生物柴油厂主要以动物油脂为原料,年总产量约为9700 万 L,还有一家工厂用菜籽油生产生物燃料。

　　加拿大支持生产乙醇和生物柴油,按照规划,至 2012 年预期可生产超过 25 亿 L乙醇和超过 5 亿 L 生物柴油。截至 2008 年 5 月,为提高生产能力,加拿大在可再生燃料工业已投资超过 15 亿加元,这将直接或间接为 1 万人创造就业机会,并将为每年的经济增收 6 亿加元。

　　在政府补贴生物燃料生产装置和可再生燃料使用的政策刺激下,加拿大于 2009年 10 月 15 日宣布,生物燃料生产量在两年内预计将增长 76%。加拿大可再生燃料协会负责人 Gordon Quaiattini 表示,加拿大总的生物燃料生产量将达到 2011 年的 25亿 L,其中将包括 20 亿 L 乙醇和 5 亿 L 生物柴油。

　　据称,加拿大到 2010 年在汽油中将需使用 5% 的可再生燃料,到 2011 年在柴油和取暖用油中将需使用 2% 的可再生燃料。马尼托巴省、阿尔伯塔省、不列颠哥伦比亚省等已发布生物燃料指令,于 2009 年 11 月和 2010 年初分别执行,这些政策都将大大提高加拿大对生物燃料的需求。

　　加拿大现生产 13 亿 L 乙醇和 1.2 亿 L 生物柴油。在 2009 年 9 月下旬,加拿大政府决定对赫斯基(Husky)能源公司在萨斯喀彻温省 Lloydminster 的乙醇装置每年给予 7000 万加元的补贴,并对 Methes 能源公司位于安大略省 Mississauga 的生物柴油装置每年给予 540 万加元的补贴,这些资助基金执行期为 7 年。

　　加拿大政府于 2009 年 11 月 14 日宣布,将在 9 年内投资 15 亿加元,以实施 eco-ENERGY 生物燃料计划,该计划始于 2007 年 7 月。政府的经济行动计划亦向清洁能源基金注入 10 亿加元,向绿色基础设施基金注资 10 亿加元,以提供更多的经济刺激,同时促进更清洁、更可持续的能源的发展。

　　加拿大魁北克省于 2010 年 3 月 3 日宣布扩建生物炼油厂,将位于魁北克省的生物燃料装置扩建成加拿大以谷物基生物燃料作为汽油替代方案的组成部分。使用谷物生产的燃料,其碳排可减少 40%,而生物柴油可减排温室气体 60%。由加拿大最大乙醇生产商 GreenField 公司拥有的该 Verennes 装置在今后几年内将接受 7975 万加元用于扩能。这一扩能开发将使其乙醇产能从 1.2 亿 L/a 增加到 1.45 亿 L/a。

 4.2　欧　洲

　　据欧盟(EU)发布的数据,2006 年欧盟 25 个成员国的生物燃料消费量达到 538 万 t 油当量,而 2005 年为 300 万 t 油当量。表 4.1 列出 2006 年欧盟成员国生物燃料消费量。2006 年,欧盟用于运输行业的生物柴油占生物燃料能量的 71.6%,远高于生物乙醇(占 16.3%)和其他生物燃料(占 12.1%)。这一比例反映了德国生物燃料消费的快速增长,生物燃料在德国是快速发展的燃料。2006 年,德国是欧洲生物燃料最大的消费国,消费约 280 万 t 生物柴油(相当于 240.8 万 t 油当量)、71 万 t 植物油(62.8492 万 t 油当量)和 48 万 t 生物乙醇(30.72 万 t 油当量)。法国是 2006 年欧盟 25 个成员国中第二大生物燃料消费国。据欧盟工业部分析,法国生物燃料消费量比上年增长 62.7%,达到 68.2 万 t 油当量(占法国燃料消费量 1.6%),生物柴油占最大份额(78%),远高于生物乙醇(22%)。

　　根据欧盟 2009 年 1 月发布的可再生能源法,欧盟委员会于 2008 年 9 月中旬设定绿色运输目标,将使欧盟道路运输用能源到 2015 年有 5% 来自可再生能源,到 2020 年这一比例达到 10%。2015 年目标值的 20% 必须由非第一代生物燃料来满足,包括来自可再生资源的电力或氢气,亦即不与食品争粮的、称之为"第二代"的生物燃料。需使非第一代生物燃料所占份额提高到 2020 年目标值的至少 40%。

　　2009 年 6 月欧盟可再生能源指令发布,要求全部 27 个成员国到 2020 年使用可再生能源满足全部运输能源需求供应量的 10%。有关燃料质量指令也有类似目标,该指令要求来自道路运输燃料的温室气体排放到 2020 年比 2010 年至少减少 6%。这一需求的大部分将主要由生物燃料如乙醇和生物柴油来满足。

　　按照预测,欧洲到 2020 年将进口其总能源需求的 64%,而现在进口已超过一半。然而,运输行业这一数字为 98%,这一行业预计在 2005~2020 年将占欧盟 CO_2 排放增加量的 60%。运输行业在 2005 年占欧盟温室气体排放量的 20%。虽然在前 15 年许多行业减少 GHG 排放已取得进展,但欧洲运输业的排放仍在继续增大。

　　英国将通过加大进口以满足车用燃料中使用生物燃料 2.5% 的目标。英国可再

生运输燃料承诺书(Renewable Transport Fuel Obligation ,RTFO)于 2008 年 4 月 15
日宣布执行,要求车用燃料供应中的 2.5% 来自可再生燃料。英国生产生物燃料
10%,而美国生产 27%,巴西生产 15%,其余国家占 48%。英国环境工业委员会表
示,加大进口生物燃料不可避免。生物柴油占英国可再生燃料的 78%,其中乙醇
占 22%。

表 4.1　2006 年欧盟生物燃料消费量(t 油当量)

国　家	生物乙醇	生物柴油	其　他	总消费量
德国	307 200	2 408 000	628 492	3 344 692
法国	150 200	531 800	0	682 000
奥地利	0	275 200	0	275 200
瑞典	162 924	51 309	19 340	233 573
西班牙	114 522	62 909	0	177 431
意大利	0	177 000	0	177 000
英国	48 214	128 481	0	176 695
波兰	52 548	42 218	0	94 766
希腊	0	69 590	0	69 590
葡萄牙	0	58 300	0	58 300
立陶宛	8 486	18 100	0	26 586
荷兰	20 480	—	—	20 480
捷克	1 200	17 900	0	19 100
匈牙利	10 742	0	0	10 742
丹麦	0	3530	0	3530
斯洛文尼亚	0	2862	0	2862
爱尔兰	652	686	1317	2656
马耳他	0	788	0	788
芬兰	768	—	0	768
卢森堡	0	538	0	538
比利时				
塞浦路斯				
爱沙尼亚				
拉脱维亚				
斯洛伐克				
欧盟合计	877 936	3 949 210	649 149	5 376 296

英国生物燃料市场将增长,据英国可再生燃料协会(REA)于 2009 年 10 月底的
预计,到 2020 年,英国生物乙醇生产潜力将比现在增长 20 倍,生物柴油生产将增长 3
倍。英国生物燃料生产面临大的发展机遇,其主要原因为满足欧盟可再生能源指令的
目标要求。英国于 2009 年 6 月表示,将执行欧盟可再生能源指令和燃料质量指令。
生物燃料生产将采用欧盟不断增长的原料,而不增加用于耕作物土地面积的使用。然
而,在欧盟可再生能源指令下,英国将需进口大量原料和成品生物燃料。为满足这一
目标,至少有 20% 的生物燃料需从欧盟以外进口,到 2020 年,所有道路运输用能源需
求的 10% 必须来自于可再生资源。

在欧盟可再生能源指令发布之前,英国就已经建立了可再生燃料局来实施可再生

运输燃料条款(RTFO),这一条款于 2008 年 4 月 15 日生效。可再生运输燃料条款要求化石燃料供应商:炼油厂、进口商和其他企业等限量供应化石基道路运输燃料给英国市场,以保证提高生物燃料在英国燃料供应中的比例。

条款要求第一年的目标,即 2008~2009 年目标为 2.5%。为实现可持续的生物燃料工业,欧盟曾提出英国生物燃料目标是每年增幅为 0.5%,如果生物燃料被验证是可持续的,则目标是到 2013~2014 年比例超过 5%,这些较高水准的目标将包括一些公司采用先进技术。

2009 年 4 月 1 日,英国可再生运输燃料条款作出修订,减少生物燃料供应的增速,使 2008~2009 年目标减半,并增加了两种新的不可食用的燃料:生物丁醇和可再生柴油。修改后的目标为:2009~2010 年 3.25%、2010~2011 年 3.5%、2011~2012 年 4%,并稳步增加到 2013 年的 5%。

4.3　拉丁美洲

美国和欧盟已看准拉丁美洲,拟使其作为生物燃料的供应地,以力图减少其对化石燃料的使用。按照《京都议定书》,一些已承诺的签约国家将在 2008~2012 年减少温室气体排放 5.2%,欧盟已提出到 2010 年减少使用化石燃料 5.75%,到 2020 年减少使用 10%,减少部分用生物燃料替代。

经合组织已确定,将替代欧盟现在化石燃料需求量的 10%,该地区农田的 70% 将专门用于替代化石燃料用途。德国是欧洲最大的生物燃料生产国(采用油菜籽和向日葵籽油),每年生产 20 亿 L。但是这一数量仅为德国燃料消费量的 2%。现在,德国土地的 10% 专门用于生物燃料作物的生产。为此,该地区已转向从南部一些国家,如巴西、哥伦比亚和尼加拉瓜进口生物燃料。

随着国际油价上涨超过 100 美元/桶,美国将乙醇(基于谷物的醇类燃料)作为美国减少对原油依赖,同时不减少其能源消费的替代物。美国也是世界最大的乙醇生产国,其乙醇生产量占其燃料消费量的 4%,前总统布什曾要求使这一比例到 2017 年提高到 20%。但是与欧洲一样,美国没有充分的农业土地来生产足够的谷物和大豆,以用于满足其生物燃料目标。这意味着,如果美国谷物收获量的全部用于生产乙醇,也只能替代其使用天然气的 12%;使用所生产的所有大豆也只能替代其使用天然气的 6%。对此,美国已转向巴西,巴西拥有 30 多年从甘蔗生产乙醇的经验。美国和巴西的乙醇生产量占世界乙醇产量的 70%。2007 年 3 月,美国和巴西签署双边合作协议,建立乙醇基燃料的国际市场。

一些拉美和加勒比海国家也热衷于建立开放的乙醇市场,并视其为新能源出口的机遇,借此创造就业岗位,在农村地区吸引投资,并借助美国和欧洲振兴经济。阿根廷、玻利维亚、巴西、智利、哥伦比亚、厄瓜多尔和巴拉圭都将政策定位于与这一趋势相关。同时,为与《京都议定书》保持一致,这一地区的国家都确立了在市场中使用一定数量生物燃料的方针。在秘鲁，自 2009 年 1 月 1 日起，柴油燃料必须掺混 2％生物燃料，这一掺混量到 2011 年将提高到 5％，以此来拉动国内对生物燃料的需求。

巴西的甘蔗乙醇年生产量截至 2009 年 5 月为 150 亿 L，预计到 2016 年将翻两番，主要为国外需求的拉动。但是，据拉美和加勒比海经济委员会及美国食品和农业组织于 2007 年发布的"生物能源机遇与风险"研究报告，巴西拥有很大优势：其生物燃料生产成本不到美国的 1/3，是欧盟的一半。

在秘鲁，以美国得克萨斯州达拉斯为基地的 Maple 能源公司成为继巴西之后最为雄心勃勃建设乙醇项目的公司之一。该公司计划在秘鲁北部重要的农业区 Piura 发展甘蔗种植以生产乙醇，计划种植 8000hm²，生产的乙醇将出口到美国和欧洲。

据美国农业部海外农业服务中心 2009 年 6 月 23 日发布的报告显示，2009 年阿根廷生物柴油产量可能达到 8.8 亿 L。阿根廷 2006 年制定的生物燃料法规为生物燃料投资、生产以及销售提供了框架。政府规定从 2010 年 1 月开始，阿根廷将实施 5％的生物燃料掺混政策。生物燃料生产将相应享受税收优惠以及相关的政策支持。自 2006 年以来，阿根廷生物燃料行业投资非常庞大。

截至 2009 年底，阿根廷生物燃料年产能已达到 24 亿 L。但受市场条件限制，生物燃料产量只有 8.8 亿 L，大部分产量出口海外。在阿根廷，生物燃料主要用豆油生产。报告称，为了实现 2010 年的掺混目标，阿根廷需要生产近 2.7 亿 L 乙醇与汽油掺混，生产 7 亿 L 生物柴油与柴油掺混。

另外，巴西于 2009 年 11 月 23 日宣布，与莫桑比克签署了一项价值 60 亿美元的投资协议，以开发生物燃料。据称，由甘蔗生产的生物燃料将出口到巴西，期望新的燃料来源将减少巴西对矿物燃料的依赖。约 2.56 亿美元已在莫桑比克投资生产生物燃料，覆盖 8.3 万 hm² 的土地。

4.4　亚太地区

4.4.1　日　本

按照《京都议定书》，日本先前已同意在 2008～2012 年使其温室气体排放比 1990 年降低 6％，在 2005 年的内阁会议上，日本也承诺从 2010 年 4 月到 2011 年 3 月要消费 5 亿 L 原油当量的生物燃料，从而满足其对京都议定书的承诺。日本新的目标已转变为 2008～2012 年间使其温室气体排放比 1990 年水平下降 8％。

2009 年 6 月，日本出台新计划，到 2020 年将消费 6 亿 L/a 原油当量的生物燃料，作为执行后《京都议定书》承诺的新目标。日本新的乙醇消费计划于 2009 年 6 月确定的《京都议定书》目标的一部分，以使其温室气体排放到 2020 年比 2005 年减少 5％。

4.4.2　韩　国

发布于 2009 年 11 月下旬的信息表明，韩国驾驶者将会在短短几年内使他们的汽车采用更环保的燃料。一个可再生燃料标准(RFS)体系的引入,将会使汽车使用生物燃料和汽油的混合物列入指令性计划,这一体系已在审议中。政府将审视该计划,RFS体系可望在2013年执行。可再生燃料标准体系将确定柴油中加入生物柴油的最低比例,目前在韩国的柴油中仅含有1.5%的植物油或动物脂肪基柴油燃料。如果上述计划得以实施,此举将是在韩国使用可再生能源的突破。中规模计划已于2002年推出,以确保柴油中含有20%的生物柴油,这曾受到来自炼油厂和汽车制造商的强烈反对。

4.4.3　新西兰

新西兰议会于2008年9月3日通过生物燃料法案,要求石油公司在其总销售量中以一定的比例供应生物燃料。法案要求石油公司必须于2008年10月开始在燃料中供应0.5%的生物燃料,到2012年这一比例达到2.5%。新西兰能源部在解读这一生物燃料法案时表示,替代燃料将必须是可持续性的。新燃料的研究在新西兰也正在进行之中,2008年第三季度,新西兰研究、科学和技术基金会(FRST)承诺在替代燃料和生物燃料研究方面资助4560万新元,作为2008年该基金会提供25项研发项目资金7.85亿新元的一部分。

4.4.4　印度尼西亚

印度尼西亚具有生产生物燃料用可再生、非食用能源理想的生长气候条件,为推进可再生、低碳能源如Giant King牧草的发展,印度尼西亚已制定了支持替代能源的发展计划,包括使用生物燃料满足其能源消费10%的目标。

基于印度尼西亚能源消费的趋势,要达到这一目标到2020年将需要生产4600万t生物燃料。而棕榈油(食品来源)和麻风树适用于生产生物柴油,Giant King牧草是非食用植物,适用于生产生物柴油和汽油发动机用"牧草汽油(grassoline)"。分析表明,快速生长的Giant King牧草可作为生产纤维素低碳生物燃料(即"牧草汽油")的非食用原料,并且可成为使用煤作为发电厂热源的生物质替代。高产率、专用能源作物如Giant King牧草,用于生产生物燃料的需求正在增长之中,它们可替代石油作为重要的能源。据称,柴油发动机可利用生物柴油,但大多数汽车仍要使用汽油。因为Giant King牧草可用于生产"牧草汽油"和柴油燃料,为此它们在印度尼西亚生物燃料市场上拥有发展潜力。另外,Giant King牧草可用作替代煤炭的生物质,作为电厂发电的热源。

4.4.5　印　度

印度于2008年9月发布国家生物燃料政策,确定到2017年运输燃料使用目标中20%为生物燃料(乙醇和生物柴油)。这项政策力图禁止进口某些生物燃料,使本国生物柴油无税化,鼓励生物燃料在全国范围内流通,使得生物燃料厂商之间的价格差更小。印度现在出售调和5%乙醇的汽油(E5),一些中型生物柴油项目也在进行之中。

2008年10月起使乙醇用量翻番,达10%(E10)。印度汽油消费量在前8年内增长56%,从2000~2001年的661.3万t提高到2007~2008年的1032.7万t(约38亿gal)。高速公路用柴油稍下降至4284.7万t(约131亿gal)。

业界研究表明,不断增长的能源安全性问题以及不断发展的汽车工业将推动印度对生物燃料的需求。预计印度乙醇消费量将在2018年达到7亿gal。印度一次能源消费在世界上位居第五位,石油在印度能源构成中占有很大比例,但其石油储藏有限,主要依赖于进口。2008~2009年印度原油进口量达到超过1.28亿t,比2003~2004年进口量增长了42%。为此,预计今后印度的生物燃料部门将会强劲增长。印度采用汽油的轿车数将在2012~2013年增加到150万辆,这表明印度生物燃料工业面临发展机遇。

印度于2009年12月30日发布国家生物燃料政策,将对绿色燃料部门增大资助力度,建立国家生物燃料基金。印度期望减少对烃类和煤炭的依赖,这些能源的70%依赖于进口。印度未来将发展不可食用的灌木麻风树。印度已与美国签约,进行纤维素乙醇和海藻生物柴油的研发。按照印度发布生物燃料政策,要求到2017年调和20%的生物燃料。

4.4.6 越 南

越南计划到2010年生产10万t 5%乙醇调和汽油和5万t 5%生物柴油调和油,以满足0.4%的燃料需求。

4.4.7 菲律宾

菲律宾能源部于2009年1月4日宣布将于年内建设5套生物燃料装置。菲律宾于2006年发布生物燃料法,要求自2月起采用2%椰子甲酯-柴油调和油和5%乙醇/汽油调和油。菲律宾2008年生物柴油需求量为0.81亿L,2009年将翻一番多,达到1.68亿L。菲律宾能源部预计该国2009年乙醇需求量将增加到2.69亿L,其中大部分将进口。

4.4.8 斯里兰卡

斯里兰卡政府于2010年4月12日宣布,如果国家增加生物燃料的消费,尤其在运输部门,则可望每年节省1.7亿美元,并改善空气质量使其趋好,当地农民和产业收入也将大幅提高。

斯里兰卡科学和技术部强调,化石燃料的衰竭和天然气价格的上扬,环境污染和全球变暖加剧,这些迫在眉睫的问题需要斯里兰卡开始生产自己的可持续燃料。斯里兰卡科学和技术部讨论了可能性,该生产燃料需求的1%,并将逐步增加到2015年10%。这需要使制糖业的副产物加以利用和转化成可再生燃料。政府的目标是糖类达到国家规定的自给自足要求。然而,斯里兰卡目前只能生产10%,其余要靠进口。

4.4.9 中 国

国家发改委于 2007 年制定的中长期可再生能源开发计划,将使中国旨在到 2020 年采用生物燃料替代 1000 万 t 石油产品。按照计划,到 2020 年底,中国将消费 1000 万 t 燃料级乙醇和 200 万 t 生物柴油。在中期,中国政府已设定使用 20 万 t 生物柴油和 200 万 t 来自非粮路线的燃料级乙醇的目标。

2008～2010 年,中国将开发几个项目,致力于使用以甜高粱和甘薯为燃料级乙醇生产的原材料,并使用中国东北省份和西南省份的膏桐和麻风树以生产生物柴油。

虽然发展生物质能源利于环保,但目前的生产成本还比较高,对此将以补贴和税收优惠的形式支持相关企业,加快我国生物质能源的发展。生物质能源产业将实行"行业准入、定点生产、定向流通"制度,国家财政对定点企业给予支持。定点企业将通过公开招标的方式确定。当生物质能源产品销售价格低于盈亏平衡点时,中央财政将给予补贴。

中央财政还将对开发利用荒草地等未利用土地,用于建立生物质能源原料基地的企业给予一次性补助。对于不是定点企业,但获得生物质能源示范资格的企业,也将给予奖励。

国家发改委就我国生物燃料产业发展做出未来三个"五年规划"的统筹安排:"十一五"期间实现技术产业化,"十二五"实现产业规模化,2015 年以后大发展。到 2020 年,我国生物燃料消费量将占到全部交通燃料的 15% 左右,建立起具有国际竞争力的生物燃料产业。

据测算,我国石油稳定供给不会超过 20 年,很可能在我们实现"全面小康"的 2020 年,就是石油供给丧失平衡的"拐点年"。国家发改委此番统筹安排即在"石油枯竭拐点"前,为我国的石油短缺寻找到足够的替代能源。我国完全有条件进行生物能源和生物材料规模工业化和产业化,在 2020 年形成产值规模达万亿元,为实现"三步走"目标,国家发改委建议近期抓紧开展四项工作:一是开展可利用土地资源调查评估和能源作物种植规划;二是建设规模化非粮食生物燃料试点示范项目;三是建立健全生物燃料收购流通体系和相关政策;四是加强生物燃料技术研发和产业体系建设。

第**5**章 生物质生产生物燃料新技术

5.1 发展机遇

统计数据显示,在所有可再生能源中,生物燃料技术是美国 2007 年专利申请的重点领域。2007 年美国专利商标局(USPTO)共授权生物燃料专利 1045 件,超过了太阳能专利(555 件)和风能专利(282 件)的总和。在 2006 年和 2007 年所授权的美国生物燃料专利中,生物柴油技术 299 件,农业生物技术 110 件,乙醇和其他酒精技术 42 件,生物质技术 41 件,生化酶技术 35 件。在上述各技术领域的专利权所有人中,57% 为企业,11% 为大学或其他学术机构,另有 32% 未加指定(即专利申请中未注明所有人名称)。按专利权所有人所在地划分,美国排名第一,共 184 件;其后的排名依次是德国(34 件)、日本(14 件)、意大利(10 件)和法国(10 件)。如果将生物燃料、太阳能和风能视为可再生能源技术的龙头领域,那么从数量上讲,生物燃料专利无疑就成为了 2007 年的主角。此外,在过去的 6 年中,美国共授权 2796 件同生物燃料有关的专利;在过去的两年中,生物燃料专利的年增幅均超过 50%。2007 年,美国企业在生物燃料领域的研发投资超过了 29 亿美元。专家认为,随着企业和政府投资的增加,生物燃料专利的数量还将继续稳步增长。根据颁布的《2007 年能源独立和安全法案》,美国政府将在 2008~2015 年共拨款 5 亿美元,专门用于开发先进的生物燃料技术。该法案还规定,2022 年之前,在美国消耗的所有运输燃料中,纤维质生物燃料的总量要达到 160 亿 gal,传统乙醇生物燃料之外的运输燃料要达到 210 亿 gal。因此,在未来几年中,纤维质生物燃料专利的数量必将有所增长,而传统乙醇生物燃料专利依旧逊于生物柴油专利。

现代化学工业在很大程度上依赖于石油、煤炭与天然气等化石资源。由于这些资源均为一次性,可以预料在不久的将来这些资源将被消耗殆尽。因此,人类社会正面临重要的关口:要么尽快寻找出新的可再生替代资源,要么减少目前对各种化工产品的需求。在这一背景下,生物质作为化石资源的替代原料,被赋予了极大的期望。这种期望是有根据的:一方面,生物质具有极强的可再生性,不存在来源的贫乏问题;另一方面,从根本上讲,现有化石资源的源头就是生物质经过漫长的转化而形成的新物质。但从化学的角度看,生物质与化石资源存在巨大的不同,关键一点是生物质中的氧含量很高,而且通常以大分子复合物的形式存在,因此发展以生物质为原料的新型化学工业将面临巨大挑战。

目前,以生物质为原料合成燃料和大宗化学品的研究已在全球范围内形成热潮。主要的技术路线有两条:一是将生物质进行降解,得到小分子化合物,而后再对其进行品质提升;二是将生物质进行分离,把复杂的生物质结构中的主要成分——纤维素、半纤维素及木质素进行分离,而后以这些成分为原材料制备新型化合物及其他材料。不难看出,第二种研究方向有一个明显优点:生物质组分在分离后基本保留了其大分子特性,因此有可能容易得到各种高分子材料,同时也可进行单一的降解,以得到较高纯的小分子化合物,因此第二条技术路线更值得关注。

纤维素作为一种古老的大分子化合物,已有悠久的利用历史,但其潜在的制备多种新材料的应用研究依然很薄弱。可以说,人们对纤维素的利用仍处在非常原始的初级阶段。

2008年12月,国际能源局援引了德国研究人员的研究成果,研究成果认为,将退化土地用于造林可为全球能源供应提供充足的生物质,到2030年,理论上可主要从木质纤维素生物质的生长提供可持续的和经济的能源需求。

从运输燃料的制取途径来看,有两种制取方法:一是木质纤维素生物质通过热解转化为生物油(biooil或称"bioslurry"),生物油再改质为运输燃料;二是将木质纤维素生物质气化来制取合成气,再通过费托合成制取燃料,这种过程称为生物质制油(bio-mass-to-liquids, BTL)。另外,从合成气也可生产甲醇,并将甲醇用作燃料,不过将甲醇用作燃料,必须改造使用特定燃烧甲醇的发动机。

5.2 生物质直接制备油(生物油)

5.2.1 生物油发展前景

前几年,美国与日本合作,进行"燃油树"的研究,发现桉树是一种很好的"石油树"。1hm² 桉树一年能产"石油"90.92L。世界现有的600多种桉树中,含油率高的有50多种。日本曾做过研究,用7份桉叶油和3份汽油合成新燃料,这种新燃料用于普通小汽车,车速达40km/h,而且排出的废气少。试验证明,桉油不仅是石油的代用燃料,而且是一种优质绿色石油。如今在美国,越来越多的汽车开始使用生物柴油或使用普通柴油与生物柴油的混合燃料。盛产在热带地区的椰子树,其椰油是一种很好的燃料,但由于椰油较其他燃油黏稠,含有的杂质及水分较高,所以要在发动机上装一个小巧的预热器和过滤器,使椰油进入发动机前降低油的黏性,去除杂质。南太平洋岛国瓦努阿图的机械师将汽车的柴油发动机稍加改装,利用椰油代替柴油驾车,能非常顺畅地行驶在郊外崎岖的山路上。

近年来,BTL技术和生产设施正在脱颖而出。

德国能源局发布研究报告,认为第二代生物燃料如费托合成 BTL 在技术上可行,是未来燃料最有前途的方案之一。德国有充足的生物质可供大规模生产 BTL,它可望满足当今其燃料需要的 20%,随着技术的不断改进,到 2030 年这一比例可望提高到 35%。据称,BTL 的生产成本可望低于 3.98 美元/gal。研究指出,建设 BTL 装置每年消耗约 100 万 t 生物质,将使商业化规模生产试验 BTL 技术进入新的开发阶段。

生物质热转化为运输燃料的两个主要途径,在化学上类似于目前的由石油生产汽油或柴油,不同的是生产乙醇或生物柴油(脂肪酸甲酯)产品。一个路径是气化,产生合成气,然后将合成气作为费托合成转化过程进料,生产燃料和化学品,或者将其转化成甲醇,再进行后序加工。另一个途径是快速热解,在缺氧情况下用热量使生物质分解为液体产品:生物油或生物原油。快速热解在常压和适宜温度(450℃)下进行。热解液体(生物油,BioOil)为低黏度、黑褐色液体,含水量高达 15%～20%,其产率可超过 70w%。热解液体进一步被直接炼制成常规的汽油或柴油燃料(容易运送的生物油也可用作气化的原料)。热解法直接炼制途径的效率高于生物质气化和费托合成加工,成本较低,并且可放大成大的系统。在多个生产地生产的液体生物油运送至炼油厂,比运送大量用于气化的生物质成本要低。

美国炼油工业正在执行 2007 年能源独立和安全法的有关规定,法令规定 2008 年在运输燃料中调入 90 亿 gal 可再生燃料(主要是乙醇),到 2022 年增加到 360 亿 gal。炼油厂的目标是将生物加工组合到常规炼油厂中。

在之后的两年内,UOP 公司预计将使一种新工艺推向商业化,该工艺将使纤维素废物转化为汽油、柴油和喷气燃料。参与开发的合作伙伴有美国国家可再生能源实验室(NREL)和太平洋西北国家实验室。合作伙伴已将该工艺进行中试,在该工艺中,纤维素废物进行快速热解,以取得热解油,热解油再通过 UOP 加氢技术改质为运输燃料。

生物油的缺点是含氧 10%～40%,而石油基油基本不含氧,并且生物油高含水分。据称,UOP 公司已开发了不含氧和水分的方法,含氧可通过加氢去除,然后经二次加氢以获取燃料。

5.2.2 世界开发进展

德国鲁齐公司与 Karlsruhe 研究中心签署合作协议,建设一套中型装置,从生物质生产液体燃料。作为三步计划的第一个步骤,鲁齐公司投资 376 万欧元建设热解装置,生产生物原油,作为从生物质制取生物燃料的中间体。在双方合作的后两个步骤中,从热解装置得到的产物用于气化,并转化成合成气。合成气用于制取所需的燃料,该燃料可以任何比例与矿物油基燃料混合,而且完全不含硫。在中型装置中,各种生物质(秸秆、木屑、全部植物和植物废料)含水小于 15w%,被粉碎并送入双螺杆混合反应器,反应器内含有热砂作为热解的热载体。采用瞬间热解加热,在约 500℃ 下发生热解转化,然后在几秒钟内使热解蒸气冷凝,生成热解油和焦炭。将焦炭粉碎并再以高达 40w% 的比例将其悬浮在油中,形成易于输送的生物原油,生物原油的能量密度比干的生物质高出 15~20 倍。生物原油易于泵送、贮存和处理,最终再转化成所需的燃料。

康菲公司与 ADM(Archer Daniels Midland)公司 2007 年 9 月底宣布,联手开发从生物质生产可再生运输燃料。组建的联盟将使新一代生物燃料生产过程的两个组成部分推向商业化:一是从谷物、木屑或换季牧草转化为生物原油,即将非化石物质加工成燃料;二是将生物原油进行炼制以生产运输燃料。组建的联盟将提供创新的技术以推进生物燃料的大规模生产技术,达到高效和利用现有基础设施的要求。2007 年年初,康菲公司在爱荷华州立大学启动了为期 8 年、投资为 2250 万美元的研究计划,旨在开发生产生物可再生燃料技术。该公司对通过快速热解使生物质转化为燃料的工序尤为关注。虽然常规的生物油与烃类燃料不宜相混,但 2007 年初,美国乔治亚大学的研究团队开发了从木屑生产生物燃料的新工艺,这种燃料可与生物柴油和石油柴油相混合,用于常规的发动机发电。该工艺将直径约 1/4in 和长 6/10in 的木屑在缺氧的高温条件下加热,称之为热解。木屑干重的 1/3 变成木炭,其余物质变成气体。大多数气体被冷凝为液体的生物油,并经化学处理。该过程完成后,约 34% 的生物油(占木屑干重的 15%~17%)可用于发动机发电。康菲公司致力于开发从生物质制取可再生烃类燃料的工艺过程,同时开发使脂肪或油类在炼油厂进行加氢处理以生产可再生柴油工艺。一般情况下,柴油加氢处理可使原油蒸馏出直馏柴油、催化循环油等,采用 H_2 在高压、高温条件下经催化过程使氢替代燃料中的硫,而可再生柴油加工过程也可使可再生油类或脂肪直接转化为经加氢处理的物流。康菲公司工艺以及使油类和脂肪加氢处理的其他工艺,如耐斯特石油公司开发的工艺,可使油类和脂肪转化为传统的、全烃类柴油燃料,它含有较多可清洁燃烧的石蜡烃,并使芳烃含量减少。典型的生物油性质见表 5.1。典型的可再生柴油高含石蜡烃(C_{13}~C_{18}),不含氧,无双键。可再生柴油在柴油燃料范围内(C_{10}~C_{22}),十六烷值高,符合 D975 规格。油类或脂肪中的甘油则被直接转化为丙烷,而氧气被转化成 H_2O 或 CO_2,无甘油副产物产生。可再生柴油化学如图 5.1 所示。

表 5.1 典型的生物油性质

含水量	25%
pH	2.5
比重	1.20
含碳 (C)量	56.4%
含氢 (H)量	6.2%
含氧 (O)量	37.3%
含氮 (N)量	0.1%
灰分	0.1%
高热值	17 MJ/kg
固体 (炭)	0.25%

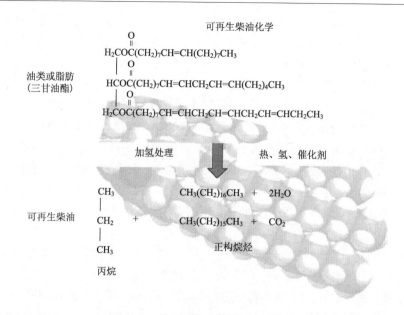

图 5.1 可再生柴油化学

美国 Dynamotive 公司旗下的 Dynamotive 能源系统公司于 2007 年 12 月初宣布,在美国密苏里州 Willow Springs 建设第一套第二代生物燃料商业化装置,这个由生物质制取第二代生物燃料的装置设计采用 Dynamotive 公司快速热解工艺,将 200t/d 木材副产物和来自邻近锯木厂的废料转化成 3.4 万 gal/d 生物油。

挪威 Norske Skog 公司是世界最大的新闻纸和杂志纸生产商之一,该公司与挪威森林业主公司合作,于 2007 年 12 月底组建合资企业,将从 BTL 工艺开发和生产合成燃料。原型工厂将与 Norske Skog Follum 公司合作建立挪威 Hønefoss。项目重点是从木质生物质生产费托合成柴油,同时也考虑生产其他的木质纤维素生物燃料。高温气化需要使木质生物质原料进行预处理。呈自然状态的木质生物质有一个最佳的气化温度,它取决于燃料的氧-碳比和水分含量。在气化器中,木质生物质通常被过度氧化,而导致热动力学损失。这就可以采用预处理方法,预处理可解决下游气化器的焦油脱除问题,热解和焙烧是较适用的预处理方案。由 Norske Skog 公司和森林业主公司各持股 60% 和 40% 组建的新公司,将投资 550 万美元建设原型工厂以生产 BTL。Norske Skog 公司将进行全范围的生物燃料生产。该工厂需要将 100 万~150 万 m³/a 木质生物质,生产出 6.5 万~10 万 t 合成柴油燃料,这将占挪威运输部门总的柴油消费量的 4%~6%。该公司的长远目标是在合成柴油生产与销售方面组建全球性企业。Norske Skog 公司与 StatoilHydro 公司已就从木质生物质通过气化和费托加工生产合成柴油联合进行了可行性研究。

芬兰也建设生物质气化制柴油中型装置。福斯特惠勒(Foster Wheeler)公司于 2008 年 5 月中旬宣布,其全球发电集团旗下在芬兰的福斯特惠勒能源公司与芬兰 NSE 生物燃料公司签约,为在芬兰 Varkaus 建设 BTL 中型装置提供循环流化床

(CFB)生物质气化器。福斯特惠勒公司的服务范围包括提供氧气/蒸汽气化器以及气体处理设备。该装置将采用福斯特惠勒公司燃料灵活型 CFB 气化技术,以便将宽范围的生物质转化成清洁的合成气,合成气再通过费托合成以制油,该工艺生产的原料可用于从基于生物质/木屑残渣基合成气制取可再生的柴油。气化和合成气清洗系统是 NSE 生物燃料公司在芬兰 Stora Enso Oyj 公司 Varkaus 碾磨(面粉)厂中新一代可再生柴油验证装置的组成部分。该可再生柴油验证装置于 2009 年初投入生产,它与 Stora Enso Oyj 公司 Varkaus 碾磨(面粉)厂的能源基础设施组合成一体。福斯特惠勒公司与其合作伙伴也将会进一步合作,将在 Stora Enso Oyj 公司碾磨(面粉)厂之一,建设生物质制可再生柴油商业化规模的生产装置。该项目将是开发减少 CO_2 排放技术的重要一步,使用木质基生物质来生产生物燃料,从而可减少运输业使用化石燃料。

霍尼韦尔旗下的 UOP 公司于 2008 年 10 月底宣布,得到美国能源部 150 万美元的资助,开发用于使第二代生物质原料制取的热解油加以稳定的经济可行的技术,以便用作可再生燃料来源。生物质热解油由第二代原料如农业和林业的残余物或木质基建筑和毁坏的材料制取,这种油可在工业燃烧器和炉窑中燃用,用于发电和采暖,或进一步精制成运输燃料如汽油、柴油和喷气燃料。但这种油有腐蚀性,并且不稳定,将其贮存和运输颇为困难。UOP 公司及其合作伙伴将利用来自美国能源部国家生物燃料启动计划的资金,从事生物质热解油组成的改质以解决这些问题。UOP 可再生能源和化学品业务部总监 Jennifer Holmgren 表示,第二代生物原料转化技术的开发是生物燃料支撑不断增长的能源需求的关键。寻求低成本的解决方案可确保热解油成为发电和运输燃料可靠的可再生来源。UOP 公司将与 Ensyn 公司、美国国家可再生能源实验室(NREL)、西北太平洋实验室(PNNL)、Pall 公司以及美国农业部从事农业研究服务的谷物转化科学和工程研究部进行合作,共同开展这一项目,预计可于 2010 年底完成研发任务。生物质热解油是无温室气体排放的可再生资源,在缺氧条件下快速加热就可生成。这种油呈酸性,且其黏度随时间增长而增大,由于它的不稳定,使贮存和运输方案受到限制,同时,它与某些工业设备也不兼容。

UOP 公司与 Ensyn 公司于 2009 年 3 月 24 日宣布组建生物质制热解油合资企业 Envergent 技术公司,将采用 Ensyn 公司已商业化验证的快速热加工(RTP)技术转化第二代生物质如森林和农业残余物生产热解油,用于发电和采暖,同时也将加快研究与开发步伐,将热解油炼制成为运输燃料,如绿色汽油、绿色柴油和绿色喷气燃料的新一代技术推向商业化。Ensyn 公司使其 RTO 技术生产的热解油应用于各种天然化学品和燃料产品方面已有 20 多年商业化经验,该技术现已在美国和加拿大应用于 7 套商业化生物质加工装置。

德国 Choren 工业公司于 2009 年 7 月初宣布,新一代生物质生物燃料装置于 2010 年投入商业化生产。该装置建在德国 Freiberg,将大多采用木质废弃物生产 1.5 万 t/a 生物质制油燃料。德国是从宽范围生物质材料,包括从木屑和其他林业产物,直至秸秆、牧草、植物废弃物和低级植物,建设生产商业化规模第二代生物燃料试验装

置的第一个欧洲国家。德国 Choren 工业公司也计划在德国 Schwedt 建设 20 万 t/a
第二代生物质制油生物燃料装置。

意大利电力公司 Industria e Innovazione 于 2009 年 11 月 10 日宣布,选用 Ener-
gent 技术公司的 RTP 快速热处理技术,用于建设将生物质转化制热解油装置,以产
生可再生电力。Industria eInnovazione 公司与 Envergent 技术公司已签约,将建设
RTP 装置,以便将松林残余物和清洁的废弃木料混合物转化成液体生物燃料热解油。
该装置将设计加工 150t 干基/d 生物质,使其转化成热解油,以用于产生可再生电力。
Envergent 技术公司将为该装置提供工程技术,该装置预计于 2012 年投入使用。据称,
该项目将是欧洲可再生发电的一个重要里程碑,成为 Industria e Innovazione 公司在该地
区利用大量可再生资源应用的生物质残余物,并减少碳足迹的新的能源方案。与传统的
生物质燃烧技术相比,RTP 快速热处理技术有几个优点,其中包括改进发电效率、较低
成本和产生较低的环境影响。RTP 快速热处理技术将生物质和木屑或秸秆在常压下快
速加热,产生高产率的可流动的液体热解油。热解油可供工业炉作为能量用于燃烧,
以产生热量或用于发电。Envergent 技术公司也致力于使该技术进一步开发和推向
商业化,将精制的热解油再加工成可再生的运输燃料,如绿色汽油、绿色柴油和绿色喷
气燃料,该公司已计划于 2012 年使该技术向外技术转让。

西门子能源与自动化公司以及美国农业部农业研究服务公司(USDA/ ARS)于
2008 年 11 月 24 日宣布签署合作研究热解油合同,将改进用于转化第二代、非粮的生
物燃料原料,包括多年生牧草、动物废弃物和农业残余物(如谷物秸秆),使其成为液体
生物燃料中间体,如生物油(热解油)的工艺过程。作为合作的组成部分,的后勤创新
公司也将参与 USDA/ARS 东区研究中心(ERRC)的研究,通过创新的控制技术以改
进热解油生产。将在 USDA/ARS 东区研究中心(ERRC)小规模、流化床热解系统中
设置基于西门子 SIMATIC PCS 7 Box 技术的集散控制系统(DCS),该流化床热解系
统在反应器中加热生物质,将其转化为液态生物油、生物焦炭和合成气体,该项目于
2008 年年底投入运营。

加拿大 Dynamotive 能源系统公司于 2008 年 12 月 1 日宣布与中国签署合同,支
持开发建设基于其先进的快速热解技术的生物质热解装置,这将是 Dynamotive 能源
系统公司在加拿大以外建设的第一套装置。该装置将由湖北信达生物油技术公司与
大中华新能源技术服务公司(GCNETS)合作共同开发。按照这项合同,Dynamotive
能源系统公司将为这项开发提供技术支持,技术支持费为 230 万美元。据称,该公司
与 GCNETS 和湖北信达生物油技术公司的合同是中国将建设装置的一批潜在合同
中的第一个。在 2006 年由加拿大大使馆介绍后,GCNETS 也与中海油密切接触,达
成意向。GCNETS 将在 5 年内在中国至少开发 15 套装置,开发每套装置的最低技术
转让费为 100 万美元。另外,GCNETS 与 Dynamotive 之间的合同将使 Dynamotive
在该风险企业中持股高达 20%。据称,中国每年产生 9 亿 t 农业残余物,在这些残余
物中,仅采用 1/3 用于生产燃料,就可为 2000 套 200t/d 生物油装置提供进料,这一产
量将有助于中国满足其减少工业燃料油进口 50% 的目标。Dynamotive 能源系统公司

快速热解技术采用中温和较低用氧的条件,可使干的、废弃纤维素生物质转化为生物油,用于发电和产热。生物油可进一步转化成汽车燃料和化学品。

Dynamotive 能源系统公司于 2009 年 6 月 29 日公布改质的生物油试样蒸馏分析结果,确认其为汽油、喷气燃料、柴油和减压瓦斯油馏分,拥有开发合成烃类车用燃料的潜力。由 Desmond Radlein 及其研究团队开发的 Dynamotive 工艺,涉及木质纤维素生物质热解来生产液体燃料生物油,生物油可再加氢重整使其第一步相当于瓦斯油的液体燃料,可直接用于与烃类燃料调和,用于工业发电和采暖,或进而在第二步加氢处理过程中改质为运输级液体烃类燃料。分析试样为第二步改质的生物油(Upgraded BioOil B,即 UBB)。Dynamotive 能源系统公司进一步表示,将进一步优化改质工艺,并继续进行内部和外部的独立测试。该公司也设计并使中型装置实现了工程化,以生产足够数量的生物油用于车用测试。内部独立测试分析表明改质的生物油(UBB)有以下性质:UBB 为类似于原油馏分的组分混合物,总的含氧量约小于 0.1%,热值约为 45 MJ/kg。其主要成分为 $C_4 \sim C_{30}$ 的烷烃、烯烃和芳烃。蒸馏馏分为汽油 20w%,喷气燃料 30w%,柴油 30w%,减压瓦斯油 20w%。基于初步试验和分析,Dynamotive 能源系统公司估算,从生物质生产先进的(第二代)燃料的成本低于 2 美元/gal 乙醇当量燃料,装置加工量约为 7 万 t/a 生物质(规模为 200t/d 装置)。

位于渥太华的先进生物炼厂公司(Advanced Biorefinery)也在发展快速热解业务,其小规模生物炼油厂可热解森林和农业废弃物,生产生物油、化肥和炭黑。发展这种小型热解机旨在为加拿大最大的挑战之一提供解决方案,这一挑战是避免花过高的费用长距离地运送大量原材料,并解决较大的碳足迹问题。该公司另外还有两个项目处于研究开发阶段:一种系统是将家禽的厩肥转化液体燃料;另一种是开发可运送的设施,将 50t/d 的森林废弃物转化为生物油。

Envergent 技术公司于 2010 年 2 月 20 日宣布,将在美国夏威夷州 Kapolei 建设从纤维素生物质制取运输燃料汽油装置,该装置将于 2014 年投入运营,可使生物质转化成约 2.2 万 gal/a 燃料,主要是汽油,并含有少量柴油燃料。该项目得到美国能源部 2500 万美元的资助。该装置将组合采用 Ensyn 技术公司的快速热加工技术与 UOP 公司的加氢专项技术来加工宽范围的纤维素原料,包括农业残余废弃物、废纸、木质生物质、海藻和专用能源作物,如换季木草和甜高粱秸秆。在快速热加工步骤中,在缺氧情况下,在循环运送的流化床反应器中,生物质被热砂快速加热至约 500℃,这时生物质被气化,然后经过快速急冷,产生出 65%~75%(w)的热解油,另外还有炭和不凝气体,不凝气体用作燃料。过程停留时间约为 2s。生物油(包括热解油)的缺点是含有 10%~40% 的氧(而石油基本不含氧)及高含水。UOP 改质工艺为二段加氢策略步骤。第一步,使 H_2 与 O_2 结合生成 H_2O,然后将所有水作为蒸汽去除。在第二步中,部分被加工的油经改质成为汽油和柴油燃料。图 5.2 示出生物质热解制运输燃料的过程。

英国 Carbon Trust 公司于 2010 年 3 月 16 日宣布,与 Axion 能源公司在英国组建集团,开发先进的商业上适用的热解工艺过程,用于将城市生活废弃物和木质废弃

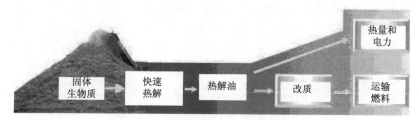

图 5.2　生物质热解制运输燃料的过程

物转化成运输生物燃料。该目的旨在使废弃生物质大规模加工成替代现有生物燃料的绿色和廉价的产品,用于与化石燃料进行调和。Carbon Trust 公司将在 3~4 年内投资 700 万英镑,此项目得到英国运输部及能源和气候变化部的资助。热解是在缺氧和大于 500 ℃下,通过加热使大分子进行热分解。该过程的产品之一是热解油。不过,现在的快速热解过程生产的油不能直接使用。Carbon Trust 公司将开发生产更好质量热解油的新方法,并在送入炼油厂前或在炼油厂中使热解油改质。新的热解生物燃料与化石燃料相比,有潜力可使碳排减少 95%。该财团将于 2014 年首次从中型装置生产生物燃料,并且有潜力采用英国的生物质以放大规模生产超过 200 万 t/a,这将可减少碳排 700 万 t,相当于每年 300 万辆汽车的减排量。废弃物可在相对小规模内进行低成本的热解,将来,英国将在一些地点如填埋地建设小型热解油炼油厂网络。英国可再生运输燃料指令(RTFO)已提出汽油和柴油必须调入 3.25% 的生物燃料,欧盟指令要求到 2020 年将这一数字提高到 10%。热解不仅可潜在地成为任何生物燃料技术的最低成本生产途径(柴油物燃料在 0.30~0.48 英镑/L,即 1.72~2.76 美元/gal),而且也可望满足 2020 RTFO 目标的一半以上。

5.2.3　中国开发进展

我国在生物质直接制油方面也取得了一些进展。由中科院理化技术研究所承担的国家"863"计划课题"生物质直接制备汽、柴油馏分联产含氢燃料的研究",通过有关方面的验收。利用生物质直接制备汽、柴油馏分,为生物质能利用开辟了一条新途径。该课题成功实现了在不外加氢条件下的脱氧液化,直接利用生物质内的氢、碳元素,一步法制备出含烷烃、环烷烃、芳香烃等汽、柴油化学成分的生物质脱氧液化产物。粗品热值>40MJ/kg,分馏产品达到 43~47MJ/kg,产品组分与汽柴油的组分基本一致,并研制出 kg 级连续反应工艺装置。课题研究结果形成了生物质制备液体燃油的新技术。生物质和石油的主要元素组成都是碳、氢、氧,最大的区别在于含氧量的不同。生物质内的含氧量可达到 40% 以上,而石油的含氧量低于 6%。该项技术的科学性和主要目的是实现不加氢条件下的脱氧液化、脱氧路线的选择和氢/碳比的提高。

华东理工大学承担的上海市科委重点攻关项目——生物质快速裂解制燃料油技术及应用研究,该成果通过了上海市科委主持的专家鉴定。该技术在小型流化床快速裂解装置上以木屑为原料,得到的液体产率达70%,对生物质裂解液体产品的水相和油相组分不仅进行了分析,还进行了尾气净化,并实现了尾气循环。课题组对燃料油燃烧特性进行了分析,建立了 50kg/h 的冷模裂解装置,为进一步放大奠定了基础,该成果申请了两项专利。一项能将农业秸秆变废为宝的生物合成柴油项目于 2006 年 11 月中旬落户淄博高新区德国工业园。该项目在技术上的最大亮点在于首次成功地解决了秸秆单位体积大、能量密度低、不宜长途运输等问题,为秸秆的批量、专业化深层次加工和大规模工业化利用提供了可靠的保障。项目一期总投资约 3 亿元,年生产能力为约 5 万 t 生物原油及 1 万 t 优质生物合成柴油,2007 年投产生物原油,2008 年生产生物合成柴油并小规模投放市场。淄博特西尔公司与德国亥姆霍兹国家研究中心联合会(卡尔斯鲁厄科研中心)及中德合作厂家共同投资建设该生物质清洁燃料项目。据介绍,秸秆通过特定工艺完全可以转化为燃料油,这种工艺已经在德国通过中试装置验证,具备工业化条件。秸秆变油是通过快速热解,高温高压气化,净化、提纯和费托(F-T)合成几个过程,据测算,每 6t 秸秆可产出 1t 燃料油。该项目由一个中心炼油厂和若干个分散于各地的预处理厂组成。预处理厂首先对不宜远距离运输的各种农作物秸秆进行预加工,使之转变为生物原油,然后将生物原油送往中心炼油厂进行集中加工,生成生物合成燃料。每个预处理厂可以加工处理周围 35km 左右范围内的农作物秸秆。至 2007 年 8 月,特西尔公司在淄博高新区建设一个中心炼油厂和一个生物原油厂。计划两年后该公司将在山东省范围内建设 30 余个预处理厂,届时全省的农作物秸秆将有望全部转变成清洁燃料。

中科院理化技术研究所采用自主设计研制的工艺路线和装置,成功利用稻草等生物质合成高品位内燃机燃油。这标志着我国在生物质直接合成高品位内燃机燃油技术上实现了新突破。据介绍,这一技术实现了生物质的直接脱氧,固体残渣小于 10%,残渣内没有有害物质,可回田作为肥料,也可作为建材原料。这一技术工艺流程简单,易于操作且适应性强,现在已对稻草、麦秸、棉花秧、大豆秧、落叶、玉米秆、红薯秧、花生秧、油料作物秸秆、木屑和果壳等 15 种生物质原料进行了中试,均获得了理想的试验结果。在年规模 50t 的生物质直接脱氧合成高品位内燃机燃油中试中,合成燃油化学成分与矿产标准柴油相近,热值与标准柴油相当。根据试验数据初步分析,利用生物质直接合成高品位内燃机燃油在经济上是可行的。我国每年产生农林废弃物约 15 亿 t,其中秸秆 7.2 亿 t,为生物质直接合成高品位内燃机燃油提供了资源保障。利用生物质直接合成高品位内燃机燃油不仅为我国的燃油来源提供一条新途径,而且还有助于缓解"三农"问题和环境污染问题,促进我国能源、经济以及社会的可持续发展。

广州首家海外上市公司迪森能源集团 2008 年 1 月初宣布,"生物油"技术在穗研制成功。迪森集团正在运行的生物油工业示范装置根据不同原料能使最高生物油转化率高达 70%(即 1t 农林废弃物可制备成 700kg 生物油)。按照发热量折算,4t 农林废弃物可替代 1t 燃料油或柴油。中国的耕地保有量达到 18 亿亩,也就是说中国每年至少产生 7 亿~8 亿 t 的各种农林废弃物。从理论上推算,如果中国 18 亿亩耕地的全部农林废弃物都用来制备生物油,中国将不再需要进口石油。据迪森集团介绍,按资源分布,广东全省可建 500 个以上万吨级的生物油工厂,这就相当于把中大型油田搬到了广东。如果每个工厂年产 2 万 t 生物油,一个工厂就相当于 10 口油井,但其建设成本仅相当于中大型油田的 1/5 左右,建设周期仅相当于中大型油田的 1/2~1/3,而且它是永不枯竭的"绿色油田"。

由安徽易能生物能源有限公司开发并投产的生物炼油装置,于 2008 年 3 月 6 日通过安徽省科技局组织的鉴定,这是国内第一台大规模产业化的生物炼制装置。它的成功运行为我国寻找绿色能源开辟了新途径,具有显著的经济和社会效益。鉴定认为,安徽易能研发的"YNP-1000A 生物质热解液化装置"的成功运行标志着我国第一台秸秆制油产业化装置的问世。它作为生物质热解生产生物油的产业化设备,在技术上运用了多项自主开发的新工艺、新技术,达到国际先进水平。安徽易能生物能源有限公司这套装置目前已有一台投向市场,其产业化生产基地落户在合肥蜀山经济开发区。这项技术是在 2006 年买断中国科技大学科研成果的基础上,经过中试达到 550kg/h(即3000t/a)的产能之后,于 2007 年 7 月制造出万吨级装置设备,最终通过多次调试达到了理想效果,并通过专家组鉴定。从目前的运行情况看,万吨级产能的实现是有把握的。安徽省产品质量监督检验所的检测结果也表明,这套装置可年产生物油约 1 万 t,产油率高达 51.9% 以上,生产的生物油热值为 16MJ/kg。这套装置除可产油约 50% 外,另副产约 20% 的混合可燃气体,这些气体可供装置自身发电,实现能源自给且有大量富余。该公司正在探讨有关技术,准备使多余电力上网。此外,装置还副产 20% 左右的草木灰,可作为优质肥料返田。据介绍,在生物质制取液体燃料研究领域,国际竞争非常激烈,目前世界上只有美国、荷兰和加拿大在该技术上达到产业化水平。安徽易能研发成功的这套装置产能达到万吨级,使中国跻身世界生物炼制领域的前列。该公司正在整合各方面资源,加快产业化进程,生物油的开发也取得了进展。目前生物油仅作为初级液体燃料使用,通过精炼加工后可作为车用燃料油应用到内燃机中。

由山东科技大学自行开发的"秸秆快速热解制生物燃料"技术转化基地,落户在邹城农用工业示范园,2008 年 8 月底建成投产国内首台年产万吨级秸秆快速热解制生物燃料工业化示范装置。装置建成后,年可消耗近 10 万亩玉米秸秆。每 2.5t~3t 玉米秸秆可炼出 1t 生物燃料。该"秸秆快速热解制生物燃料"技术采用自混合下行式循环流化床为热解反应器,无机械运动部件,固体热载体无需载气即可通过与高温固体热载体直接混合,除实现生物质的快速升温、热解,具有可缩短反应时间、提高热效率和液体油收率等特点外,还能从根本上解决生物质快速热解制生物燃料技术工业化放大难的问题。生物质快速热解生产液体燃料油技术可将秸秆等生物质直接转化为生物燃料。产品可以直接用于燃油锅炉和工业窑炉,精制提炼后可作为车用燃料使用,还可以通过分离提取,生产高附加值的化学产品,如叶面肥、环保消雪剂、醋酸、四氢呋喃、可降解聚合物等,经济和社会效益突出。

淮北中润生物能源技术开发公司表示,石油的芳香化合物含量只有 10% 左右,而直接液化得到的生物原油中的芳香化合物含量可以达到 30% 左右,品质并不逊于石油。目前生产一桶生物原油的成本只需要 100 美元左右,所以即使在没有国家补贴的情况下,也能实现产业化生产。据了解,目前中润公司已经完成 100 多次试验,麦秸、豆秸、芦苇、竹子、油菜秆等都可以作为生产生物原油的原料。试验结果证明了生产工艺及参数的可靠性,工艺流程也已确定,2008 年年底前解决连续化生产中的细节问题。2009 年年底,建成第一座年消耗 50 万 t 原料、生产 20 万 t 生物原油的工厂。

武汉凯迪公司研究院具有完全自主知识产权的生物质气化合成液体燃料技术,在不与人争粮油的前提下,可将任意生物质中的碳氢组分转化为纯净柴油、汽油以及各种化工产品。现在凯迪公司正在进行工程示范试验厂建设,计划 2010 年投入商业运行并实施产业推广。由山东泉兴矿业集团有限公司等完成的分子并合生物液体燃料产业化工程项目,通过山东省科技厅组织的成果鉴定。专家认为,该技术借助特种添加剂,将生物燃料生产中传统的物理调配过程改为化学反应过程,增加了产品中的醇类配比,提高了燃料的热值和动力性。据介绍,由山东泉兴矿业集团有限公司、天津市海文工业工程研究所和天津市世歆科技开发有限公司等共同开发成功的分子并合生物液体燃料,包括汽油、柴油及其他燃料油。不以粮食为原料、在理论、工艺及设备等方面均有所创新的生物液体燃料产业化工程技术具有自主知识产权,在国内外处于领先地位。鉴定认为,该项目充分利用分子并合(在发动机内进行化学反应)的新理念,控制生物液体燃料组分的转化、燃烧及高分子添加物的相分离,达到了提高生物液体燃料使用性能的目的;研究出特种添加剂,使油脂能够直接在内燃机内燃烧,节省投资,减少“三废”排放;成功开发出用于生物汽油和柴油的过氧化物引发剂、高分子润滑剂、橡胶保护剂、有机防腐剂和冷起动剂等添加剂,显著提高了生物汽油和生物柴油的性能。试验证明,新型生物汽油和生物柴油的使用性能与国标汽油和柴油相当,符合国家有关排放标准。据介绍,以分子并合生物汽油为例,主要以桐籽油、棕榈油等植物油和甲醇为原料生产的这种新型燃料,醇类含量可以达到 90%。它解决了含醇燃料存在的腐蚀、润滑、冷车起动、防老剂浸出及燃值过低等技术难题。在万吨级装置上,泉兴矿业集团成功制造出主要指标优于国标和欧美标准的生物燃油。泉兴矿业集团目前已经建设了万吨级和 15 万 t 级的产业化装置,并决定在枣庄市薛城工业开发区建设 100 万 t 级分子并合生物液体燃料工业生产装置。其中年产 1.5 万 t 的生物柴油装置已经投产,年产 15 万 t 的生物柴油装置 2007 年底投产,年产 100 万 t 的生物燃料项目已经立项。

国家非粮生物质能源工程中心热化学实验室于 2009 年 9 月底落户于广西大学化学化工学院,研发工作同期展开。据介绍,该实验室主要围绕国家非粮生物质能源工程中心生物质能源等项目,研究生物质加工过程中的理论和应用技术。目前的研究重点是针对广西特有的富含纤维素的农林废料,如木薯秆、蔗渣和农作物秸秆废弃物等,开发快速催化热解液化制备生物油以及高纯度生物乙醇精制技术,化学催化以及热解等新技术制备生物油新工艺,以及高效、节能生物乙醇精馏技术。实验室拟在新型催化剂/吸附剂制备、生物质加工合成油反应炉、生物质制油动力学研究方面取得突破,最终形成生物质油气化工艺过程及技术系统和高效乙醇分离精馏技术,为生物质制备合成油和生物乙醇精制产业化提供工程设计依据。

5.3 气化与费托合成组合生产生物燃料路线

利用生物质发展生物燃料既要重视糖平台转化技术开发,更要重视热化学转化技术平台开发。作为热化学转化技术平台,气化与费托合成组合生产生物燃料技术正在脱颖而出。应注重借用气化产生的合成气净化与变换及费托合成等已有工艺。

5.3.1 MPM 技术公司等离子体弧气化技术

美国 MPM 技术公司与 Losonoco 公司组建新的合资企业 Losonoco Skygas 公司,开发称为 Skygas 的废物气化工艺(见图 5.3)生产生物燃料和化学品工厂。MPM 技术公司为环境工程公司,擅长于开发 Skygas 等离子体弧气化工艺,并在世界上推广这一技术。Losonoco 公司建设、拥有和运作乙醇和生物柴油工厂,并致力于使废物作为生物燃料原料的技术推向商业化。Losonoco 公司收购了位于美国佛罗里达州的谷物原料乙醇装置,并将采用 Skygas 气化工艺建设一体化生物质制乙醇装置。Losonoco Skygas 公司将建设 125t/d 生物质气化器,与佛罗里达州的谷物原料乙醇装置组合成一体化。在第一阶段,将使用气化生成的合成气替代乙醇生产过程中所用的天然气;在第二阶段,合成气将用于催化转化以生产乙醇。该工艺过程的核心是 Skygas 气化器,该气化器采用与众不同的催化工艺,将水分含量高达 55% 的原料转化成高含 CO 和 H_2 的合成气,合成气可转化成乙醇、甲醇、二甲醚和柴油,或者可用于生产合成氨或发电。Skygas 反应器要在比其他等离子体弧气化器温度低的情况下操作,而且耗用电力极少。

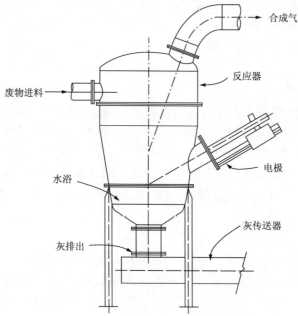

图 5.3 Skygas 等离子体弧气化器

5.3.2 美国爱德华国家实验室高温蒸汽电解与生物质气化组合技术

美国爱德华国家实验室(INL)的研究人员于 2009 年 1 月 10 日宣布,正在开发称之为 Bio-Syntrolysis 的高效碳转化的生物质制油(BTL)工艺,该工艺将高温蒸汽电解(HTSE)与生物质气化组合在一起,生产的合成气用于下一步转化生成合成燃料和化学品。该工艺可高效地使生物质碳转化为合成气(>90%)。对于后续采用给定的典型费托合成工艺,Bio-Syntrolysis 工艺可将生物质中的碳约 90% 转化为液体合成燃料。相对比较,常规的生物质或煤炭气化生产液体燃料仅能将 35% 的碳转化为液体燃料。同样,常规的生物法乙醇生产路线仅能将约 35% 的生物质碳转化为液体燃料。在 Bio-Syntrolysis 工艺中,来自生物质气化过程热量产生的蒸汽用于提高 HTSE 过程的产氢效率,而生物质本身又是碳的来源。来自 HTSE 的 H_2 可使用于生产合成气的生物质碳有较高的利用率,而从水爆裂得到的氧气用于控制气化过程。该新工艺是 INL 有关联合电解(Syntrolysis)技术的一项创新。Syntrolysis 技术采用高温电解,利用固体氧化物电解电池,其设计优点是电力可来自核能或可再生能源,同时,工业的过程热量可一起将 H_2O 和 CO_2 转化为合成气。

研究人员发现,采用 Bio-Syntrolysis 工艺,其单位电力产生的合成气量与 Syntrolysis 工艺相比要高出许多(约 20%)。Bio-Syntrolysis 工艺中,在生物质气化器中产生极少量的 CO_2,大多为 CO。生成 CO 产生的热量正好可完全满足加热水成为蒸汽所需的热量,以用于 HTSE。

在模拟研究中,INL 的研究团队得出的结论是,Bio-Syntrolysis 工艺中的碳利用率受气化器温度的影响很小,主要影响取决于原料和气化器温度,其碳利用率范围为 94%~95%。合成气生产效率接近于动力循环效率。假定发电的动力循环热效率为 50%(为 GEN IV 型核反应堆的效率),而合成气生产效率范围为 70%~73%。

所需的电力可来自非化石资源,如核能、水力能、风能或太阳能,以保持该过程的碳中性。

1. 高温电解

INL 研究人员于 2008 年 9 月通过高温电解来大规模生产 H_2 是一个里程碑,从此前的较小规模发展到大规模,生产出 $5.6m^3/h$ 的 H_2。HTE 在需用一些能量的情况下,可将水分离成 H_2 和 O_2,热量来自高温蒸汽,从而替代了电力。与直接使用热量相比,因为热量转化为电力的效率较低,所以 THE 减少了所需的整个用能。电解电池由固体氧化物电解质与放置在电解质两端的导电电极组成。蒸汽和 H_2 的高温混合物供入电解质的阳极。

2. Bio-Syntrolysis

全部处理生物质成为液体燃料的 2.5 万桶/d 装置投资费用约为 20 亿美元。该装置的生产成本为 2.80 美元/gal,使用电力 1000MW。该工艺如果普及需要采用非化石电力。INL 已于 2008 年 5 月对 Bio-Syntrolysis 工艺进行模拟和经济分析,并申请了美国专利。

5.3.3 德国 Karlsruhe 公司生物质合成原油气化工艺

德国 Karlsruhe 公司研究人员与鲁齐公司于 2009 年 1 月 31 日宣布联合开发了 Bioliq 生物质合成原油气化工艺,该工艺应用于年产 100 万 t 以上的大型装置,生产的生物质合成原油成本约为 3.08 美元/gal。

按±30%的误差估算,则成本在 2.72~5.02 美元/gal 之间。这一成果已发表在《Biofuels, Bioproducts & Biorefinin》杂志上。在原油价格为 100 美元/桶时,则常规汽车燃料不纳税时的成本为 2.72 美元/gal。

Bioliq 生物合成原油气化工艺为三段工艺过程,采用分布式快速热解(FP)装置与大型集中式气化和燃料生产装置相组合。生物质被热解生成热解油后,热解油与来自过程的热解焦炭混合,构成生物原油淤浆,以用于运送并再经气化生成合成气,以及再经催化转化生成化学品和(或)燃料。该工艺过程的关键技术是集中式吹氧、造渣携带流气化器,该气化器在高于下游合成压力的高压条件下工作,可避免采用昂贵的费用对中间体合成气进行压缩。反应室由膜壁包绕,膜壁用加压水加以冷却,并可根据灰分的多少来调节进料。因采用高的气化温度(高于 1200 ℃),故粗合成气实际上不含焦油,并且 CH_4 含量较低,这样就简化了下游的合成气清洗。原则上,对任何可泵送的流体进料都可适用,流体进料可采用氧气喷雾雾化,并具有高于 10 MJ/kg 的热值,这些进料可用作携带流气化器进料。

生物质通过 FP 装置进行预转化,成为生物合成原油淤浆,这大大提高了原料的灵活性。生物合成原油方便能量密集储存和运送,从而可降低储运成本。因为采用组合技术,用于生产生物合成原油的 BTL 装置对大型装置而言不仅是经济的,而且解决了生物质转化为生物合成原油的限制问题。研究团队指出,可望将煤和天然气衍生的合成燃料与 BTL 在很大的、集成的 XTL 联合装置中加以组合。

通过用合成气作为中间体,将生物质转化为生物合成燃料的能量效率仅约为 40%。若要替代 2008 年全球耗用的车用燃料 2Gt 油当量(Gtoe)/a,则需收获生物质 4 Gtoe/a,这是现在全球生物能源消费量的 4 倍,这也许会受到可持续发展数量的限制。从仍在不断增长中的汽车燃料消费和生物质的许多其他竞争使用方案来看,要通过生物合成燃料来完全替代化石汽车燃料几乎是不可行的。要实现液体烃类燃料充分且可持续的长期供应只可能仅在一些特定用途上,这些特定用途是难于替代的一些液体燃料,如航空燃料。而这些可持续的数量可能小于未来运输能源消耗的 1/4。因此,在开发和转向新的运输技术的同时,仍然丰富的煤炭及天然气储藏将会在未来几十年内起到重要的过渡作用。应用于石油替代的煤制油(CTL)和天然气合成油(GTL)技术当今已成适用的方案,它们可与 BTL 技术组合在更庞大、经济的混合 XTL(意指混合原料制油)联合装置中应用。

用于石油替代相应的 CTL 和 GTL 技术需用的辅加 H_2 可由其他来源来供应,如煤气化,生成的化石 CO_2 完全可采用辅加技术来处理。采用这种方法生产生物合成燃料至少可翻一番,而庞大的 XTL 联合装置可通过规模经济来实现。德国 Forschungszentrum Karlsruhe 公司表示,其 Bioliq 生物合成原油概念就可采用混合原料应用于大型 XTL 概念之中。图 5.4 所示为大型 XTL 概念。

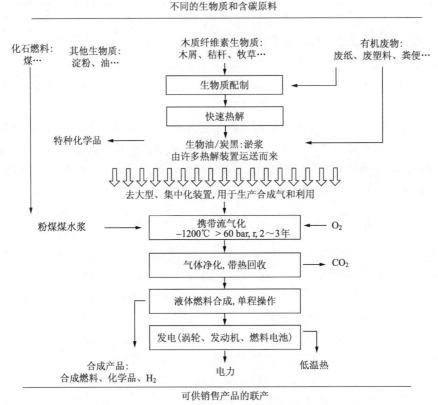

图 5.4 大型 XTL 概念

✐ 5.3.4 广州能源所内循环生物质流化床气化炉技术

中科院广州能源所发明的"一种非对称结构的内循环生物质流化床气化炉"技术于 2008 年 7 月获中国专利优秀奖,该专利技术曾荣获多项省级和国家级大奖。据介绍,"一种非对称结构的内循环生物质流化床气化炉"技术开发的主要目的是为了改善中国亿万农民生活,振兴和发展农村经济,这些措施有助于推进社会主义新农村建设的步伐。发明的原料来源在农村较普遍,主要以秸秆、稻壳等农作物废弃物为原料,将其转化为高品位的电能,既充分利用了废弃物资源,又可作为我国能源短缺的补充,同时也改善了能源结构,实现国家能源多元化战略。其应用有助于减少污染,控制温室气体排放,保护生态环境。发明以气化为核心技术,配套自主开发的低热值气体燃料内燃发电机组,技术指标及设备规模两方面均取得了突破,形成了适合于我国国情的农业废弃物气化发电系统,设备已全部实现国产化,技术处于国际先进水平,投资不到国外同类技术的 2/3,运行成本降低 50% 左右。

5.3.5　InEnTec 公司等离子强化熔融器技术

据美国环保局统计,2007 年美国产生的生活固体废弃物达 2.54 亿 t。2007 年,美国拥有 87 套废弃物生产能量设施。但焚烧产生的能量会使排气中的有毒物质增加。一些从废弃物生产清洁能源的新技术已在开发中。InEnTec 公司开发了利用废弃物的替代解决方案,该方案不是将废弃物进行焚烧,而是采用其等离子强化的熔融器(Plasma Enhanced Melter ,PEM)系统,利用等离子矩使废弃物加热至极高温度,使有机物破解并生成各种产品。

采用 PEM 与焚烧有很大的不同,焚烧会产生有毒物质,如二噁英,InEnTec 系统不是通过燃烧,所以来自系统排气的二噁英含量甚至低于周围空气中的含量。PEM 系统可产生几种产品,其中一种有价值的产品是清洁能源,它是从有机物生成的富氢合成气形式。通过将其用于生产燃料或将合成气燃用,PEM 系统就可产生比进入该系统更多的能量,或者产生的 H_2 也可用于燃料电池或其他用途。据称,该工艺过程适用于宽范围的废弃物料。

InEnTec 公司已与 Lakeside 能源公司组建了合资企业,建设大规模的 PEM 设施,以用于处理化学品废弃物、医疗废弃物、工业废弃物。该系统的效益之一在于可免除有危害性废物的处理费用。一批 PEM 装置已经建成,InEnTec 公司与 Lakeside 能源公司投资 1.5 亿美元正在建设新装置,这项投资将有助于在美国密歇根州 Midland 为道康宁公司建设 PEM 装置,该 PEM 装置将处理含氯的化学品,使之成为可供道康宁公司再利用的化学品和能源。

5.3.6　挪威 Norske Skog 公司木质生物质生产费托合成柴油方案

世界较大的新闻纸和杂志纸生产商之一挪威 Norske Skog 公司与挪威森林业主公司合作,于 2007 年 12 月底组建合资企业,将从 BTL 工艺开发和生产合成燃料。原型工厂将与 Norske Skog Follum 公司合作建于挪威 Hønefoss。项目重点是从木质生物质生产费托合成柴油,同时也考虑生产其他的木质纤维素生物燃料。高温气化需要使木质生物质原料进行预处理,呈自然状态的木质生物质有一个最佳的气化温度,这个气化温度取决于燃料的氧碳比和水分含量。在气化器中,木质生物质通常会被过度氧化,而导致热动力学损失。这就可以采用预处理方法,预处理可解决下游气化器的焦油脱除问题,热解和焙烧是适用的预处理方案。

由 Norske Skog 公司和挪威森林业主公司各持股 60% 和 40% 组建的新公司,将投资 550 万美元建设原型工厂以生产 BTL。Norske Skog 公司将进行全范围的生物燃料生产。该工厂将需要 100 万~150 万 m^3/a 木质生物质,可生产 6.5 万~10 万 t 合成柴油燃料,这将占挪威运输部门总的柴油消费量的 4%~6%。该公司长期目标是在合成柴油生产与销售方面组建全球性企业。Norske Skog 公司与 StatoilHydro 公司已就从木质生物质通过气化和费托加工工艺生产合成柴油联合进行了可行性研究。

5.3.7   Choren 工业公司生物质制油技术

德国 Choren 工业公司与挪威 Norske Skog 公司于 2008 年 9 月底签约合作,在挪威开发第二代生物燃料。Choren 工业公司是世界固体进料气化技术领先者,该技术可用于生产 BTL。2008 年初,该公司投资在德国建设了世界上第一套商业化生产装置,该装置已投入运行,生产约 1800 万 L/a BTL。Norske Skog 公司是世界较大的新闻纸和杂志纸生产商之一,拥有处理大量木质生物质用于工业生产的系统。基于木质生物质生产第二代生物燃料已成为其潜在的业务新领域。新组建的生物燃料子公司 Xynergo 已完成评价,将在挪威建立 1～2 套工业规模 BTL 生产装置。Choren 工业公司与 Norske Skog 公司的合作意味着双方在整个价值链(从森林原料供入到合成生物燃料产出)建立强有力的联盟。Choren 工业公司已计划于 2009 年底在德国 Schwedt 建设世界第一套大型商业化规模 BTL 生产装置,目标是生产 2.7 亿 L/aBTL。挪威将建设类似的装置,其生产量将约占挪威道路运输用柴油消费量的 14%,这将使挪威可减少 CO_2 排放高达 70 万 t/a,相当于挪威现存道路交通 CO_2 排放量的 7%。与化石柴油相比,第二代生物燃料可使整个生命循环中的 CO_2 排放减少 90%。该过程采用木质生物质为原材料不会与人争粮。

5.3.8   芬兰 NSE 生物燃料公司生物质制油装置

福斯特惠勒公司于 2008 年 5 月底宣布,承揽芬兰 NSE 生物燃料公司的生物质制油合同,在芬兰 Varkaus 建设循环流化床(CFB)生物质气化器设施。福斯特惠勒公司将为 NSE 生物燃料公司的生物质制油项目提供氧气-蒸汽气化器和气体处理设备。该生物质制油装置可使宽范围的生物质转化成通过费托合成气转油工艺生产可再生柴油用的原料。芬兰炼油商耐斯特石油公司于 2009 年 6 月 11 日宣布,其在芬兰 Varkaus 的生物质制油验证装置投产,从木质残余物生产出可再生柴油。该装置始建于 2007 年,是耐斯特石油公司与从事一体化造纸、包装和森林产品的 Stora Enso 公司各持股 50% 的合资企业。2007 年,两家公司组建了 NSE 生物燃料(NSE Biofuels)公司,联合开发新技术,并生产出商业化规模可用于制取可再生柴油的"生物原油"。位于 Stora Enso 地区 Varkaus 的验证装置包括生物质干燥、气化、气体清洗和费托催化剂测试,该装置也包括 12MW 气化器。

耐斯特石油公司 CEO Matti Lievonen 表示,该装置的投运是公司致力于寻求新的可再生原材料应用于运输燃料重要的开发步骤,并且成为公司奉献于社会、实现欧盟运输行业与气候相关目标的组成部分。该装置将用于为建设商业化规模装置,开发技术和工程解决方案。该验证装置投资为 1400 万欧元,生产的热能和电力用于当地在其 Porvoo 炼油厂,将粗生物柴油炼制成商业化燃料。第二代生物燃料技术,如以森林废弃物为原料的费托合成生物质制油工艺,也已被认为是生产可再生燃料最清洁的工艺之一,因为它们具有很大的 CO_2 减排和提高效率的潜力。

5.3.9 美国 Flambeau River BioFuels 公司生物炼油厂

位于美国威斯康辛州的 Flambeau River BioFuels 公司于 2008 年 7 月中旬获得美国能源部 3000 万美元的资助,将在位于威斯康辛州 Park Falls 地区原有的造纸厂建设和运作生物炼油厂。当全部投运后,该生物炼油厂将从非食用原料如来自森林和农业的副产物或残余物,以可再生柴油形式生产至少 600 万 gal/a 的液体燃料。该生物炼油厂也产生至少 1 万亿 BTU/a 的过程热量,热量将出售给 Flambeau River 造纸厂,该造纸厂将成为北美不使用化石燃料的第一座集成化造纸厂。该生物炼油厂于 2010 年投运。

Flambeau River BioFuels 公司生物炼油厂将采用两种技术来生产可再生能源和生物燃料。它将使生物质资源(森林残余物和农业废物)进行气化,生成合成气,合成气再通过费托合成过程被催化生成可再生运输燃料(无硫的生物柴油)。这将是先进生物能源技术和纤维素生物燃料开发的又一重要标志。

5.3.10 鲁奇公司建设以纤维素为原料制取生物燃料中试装置

德国鲁奇公司与卡尔斯鲁厄研究中心合作,建设以纤维素为原料制取生物燃料的中试装置。技术路线是:先将秸秆、木屑等薄壁植物研磨后送反应器,快速加热到 500℃,使其快速热裂解冷凝成浆液,再将浆液送入炼油厂使其转化为合成气,合成气通过费托工艺转化为所需燃料。此燃料能以任何比例与化石燃料调和使用,该装置每年可转化约 20 万 t 干燥木质纤维素原料,产能约 13.4 万 t/a。此路线比合成甲醇效率更高。2011 年两家将共建气化装置。

5.3.11 Rentech 建设生物质生产合成燃料和发电装置

从事费托合成工艺开发的 Rentech 公司于 2009 年 5 月 11 日宣布在美国加利福尼亚州 Rialto 建设从可再生废弃生物质生产合成燃料和发电装置。在 Rialto 可再生能源中心设计生产 600 桶/d 可再生合成燃料,并外供约 35MW 可再生电力,该装置的碳足迹接近于零。该装置生产的可再生合成柴油 RenDiesel 可供现有发动机使用和清洁燃烧,符合低碳燃料标准。发出的电力可供约 3 万户家庭使用。Rentech 公司将采用 SilvaGas 公司的生物质气化技术。在 1998~2001 年,采用 SilvaGas 公司生物质气化技术的 400t/a 装置采用木质生物质已在维特蒙州 Burlington 成功投运。气化器生成的合成气将采用 Rentech 公司与 UOP 公司合作改进的费托合成工艺,在商业化规模反应器中转化成超清洁产品,如合成柴油和石脑油。

5.3.12 美国 Chemrec 公司气化生产合成气用于从再生原料生产合成燃料

从事生物质制取能源业务的 Chemrec 公司于 2009 年 7 月 13 日宣布,在美国乔治亚州造纸厂开发木材造纸黑液气化生产燃料的一体化生物炼油厂。Chemrec 生物炼油厂将使造纸厂生产生物燃料或生物化学品,甚至还可产生绿色电力。乔治亚州拥有

2 400 万 acre 森林土地,仅次于俄勒冈州,该厂现有的造纸工业是开发这一技术的理想选择。采用 Chemrec 工艺可改变造纸厂的竞争地位,它可使营业收入提高30%~50%,典型的内部偿还率可高达 25%~40%。生产量为 500t/d 的黑液固体的造纸厂就可采用该公司的方法从生物炼油厂生产燃料中获益。按照最小能力规模,以汽油当量计算,这样的生物炼油厂可生产 800 万 gal/a 绿色汽车燃料。

Chemrec 公司第二代生物炼油厂技术基于黑液气化,这一技术也已开发多年。该公司在瑞典拥有开发装置,该气化装置可生产高质量合成气,用作 100% 可再生、非食用作物原料,截至 2009 年 7 月中旬已累计运转了 1 万小时。气化生产的合成气可用于生产第二代绿色汽车燃料,Chemrec 生产装置取得的技术成果现已放大应用于全商业化规模气化器装置,可用来处理 500t/d 的黑液固体。称为 DP-1 的开发装置处理能力为 20t/d 固体,为吹氧方式,操作压力为 3.0MPa。将 kraft 过程中的副产物黑液进行气化,采用 Chemrec 携带流、高温技术。该技术可达到完全的碳转化,产生的气体含 CH_4 很少,合成气可用于生产合成车用燃料或化学品。将 DP-1 开发装置得到的结果已用于技术放大成完全商业化规模的气化器,为 500t/d 固体。大规模技术表明,可大大减少温室气体排放和提高能效,为下一步第二代生物燃料生产提供了机遇。另外,Chemrec 公司与合作伙伴一起实施的 BioDME 项目,通过技术验证装置使二甲醚(DME)生产加入到 DP-1 装置中,DME 将由 VOLVO 公司用于重负荷卡车进行行车试验。

Chemrec 公司开发出与造纸厂相集成的黑液气化技术可为大量生产可再生车用燃料或从生物质发电提供发展机遇。据称,这一技术的应用潜力是可生产相当于超过450 亿 L/a 汽油(119 亿 gal/a)的车用燃料。

5.3.13   南非 AFC 公司推行费托法燃料和化学品生产工艺

南非 AFC 公司与 Witwatersrand 大学于 2009 年 6 月 27 日宣布,正式推行费托法燃料和化学品生产工艺,将使位于南非 Johannesburg 的 Witwatersrand 大学材料和过程合成中心(COMPS)开发的费托合成法燃料和化学品生产工艺推向商业化。

COMPS 的费托合成法技术联合采用固定床催化系统和一次通过过程的单元组合,为模块化设计并可放大,与第一代费托装置相比,投资成本要低 20%~30%,用水量也减少且产生的 CO_2 减少约 30%。该材料和过程合成中心(COMPS)已在中国和澳大利亚转让实施两套商业化规模中型装置。2009 年 5 月 23 日,还与 Turtle 岛循环回收公司签约,将采用废弃物质为原料,在加拿大安大略省 Sarnia 生产燃料和化学品原料。

5.3.14   美国合资企业将使新一代生物炼油厂推向商业化

由加利福尼亚州太平洋可再生燃料公司(Pacific Renewable Fuels)与俄亥俄州Red Lion 生物能源公司于 2009 年 12 月 2 日新组建的合资企业 Synterra 燃料公司宣布,将使新一代一体化生物炼油厂推向商业化,从废弃生物质生产合成柴油燃料和可再生电力。该公司将在几年内开发新一代热化学和催化转化技术。据称,Synterra 合成柴油为高质量燃料,可直接代替传统柴油,将大大减少柴油机尾气排放和温室气体排放。Synterra 燃料公司将在 Toledo 大学投运完全一体化的中型生物炼油厂。

几套商业化装置已在规划阶段,其中包括建在加利福尼亚州 Gridley 的一套。Synterra 燃料公司称,建设这些装置将有助于从美国每年产生近 120 亿 t 废弃生物质生产清洁、可再生燃料长期目标的实现。

5.3.15　美国能源环境研究中心将使纤维素生物燃料技术推向商业化

美国能源环境研究中心(EERC)基金会和 Whole 能源燃料公司于 2009 年 12 月 11 日宣布,将在北达科他大学能源环境研究中心(EERC)使纤维素生物燃料技术推向商业化,使生物质和其他可回收材料转化为液体生物燃料。纤维素材料可以是木质材料、牧草或不可食用的作物部分,包括小麦秸秆等。使用这些纤维素材料与石油基燃料相比,可大大减少温室气体的排放。EERC 的生物炼油厂技术优于其他技术,因为它不需要酶、发酵或更苛刻的操作条件,该技术可与石油炼制模型相链接,并且效率更高。

5.3.16　福斯特惠勒公司与 PetroAlgae 公司开发生物质制燃料技术

福斯特惠勒公司与位于美国佛罗里达州 Melbourne 的 PetroAlgae 公司于 2009 年 12 月 15 日签署谅解备忘录,双方将合作开发生物质制燃料技术。福斯特惠勒公司将为 PetroAlgae 公司 micro-crop 生物质技术开发提供工程服务。双方将开发商业化解决方案,使现有炼油厂将生物质转化为燃料,使其在功能上可与现在市场上的石油基燃料相比拟。对于炼油厂而言,该解决方案预计 PetroAlgae 公司的 Micro-crop 技术可将生物质大规模加工成绿色燃料,并具有很好的经济性。两家公司将创建端到端的市场解决方案,以大规模生产绿色汽油、柴油、喷气燃料和特种化学品。

5.3.17　法国开发第二代生物燃料项目

作为减少温室气体排放政策的组成部分,欧盟要求到 2020 年使可再生能源提高到总燃料数量的 10%。与第一代生物燃料不同的是,第二代生物燃料仅使用植物的不可食用部分。

法国原子能委员会(CEA)于 2009 年 12 月 23 日推出建设生物质转化中型装置第一阶段项目计划,使农业和林业残余物转化成第二代生物燃料,该装置将建在法国东北部距离 Nancy 约 80km 的 Bure Saudron。CNIM 集团为该项目的承包商,法液空公司为该项目的合作伙伴,提供使合成气转化为燃料所需的关键技术。法液空公司工程建设团队(鲁齐公司)将进行从气化到生物燃料改质的技术工程业务和下游工艺步骤的相关服务。法液空公司也将提供 O_2 和 H_2,O_2 用于气化工艺过程,H_2 用于提高生产的合成燃料产量并改进其质量。该验证装置使生产第二代生物燃料的所有过程组合在一套装置内。

5.3.18　BNP Paribas 与 ClearFuels 技术公司合建生物炼油厂

BNP Paribas 公司与 ClearFuels 技术公司于 2010 年 1 月 19 日签约,将合建商业化生物炼油厂。ClearFuels 技术公司已获得美国能源部 2300 万美元的资助,在 Rentech 公司科罗拉多州能源技术中心(RETC)建设生物质气化器,并将其与 Rentech 公司现有的产品验证装置集成在一起。ClearFuels 技术公司将于 2011 年完成该验证项目,并于 2011 年下半年直接建设商业化项目。在未来的前 15 年内,ClearFuels 技术公司的气化与 Rentech 公司的费托合成转化技术均已开发、试验和得以改进,这些技术的独特集成表明了通用生物燃料生产装置设计已获得突破,标志着热化学生物燃料生产装置转化效率和灵活性的进步。ClearFuels 技术公司已开始在美国夏威夷开发多个商业化规模生物质制能源项目,这些项目将采用集成的 ClearFuels-Rentech 设计,预计采用 ClearFuels-Rentech 技术生产的可再生燃料的生命循环碳足迹可接近于零。ClearFuels 技术公司及其合作伙伴正在开发先进的可持续生物炼油厂,该生物炼油厂可将多种混合的纤维素生物质原料转化成可持续的、高价值的能源产品,包括可再生的费托合成柴油和喷气燃料、乙醇、H_2 和电力。ClearFuels 技术公司专有的热化学转化过程基于其先进的高效水热重整(HEHTR)技术,可用于使生物质转化为 BTG。这一模块式灵活的 BTG 技术平台在制糖厂、木材加工和其他生物质加工装置中可与各种 GTL 技术相组合,构成生物炼油厂。

5.3.19　Rentech 公司将建一体化生物炼油厂项目

美国 Rentech 公司与 ClearFuels 技术公司将建一体化生物炼油厂项目,两家公司于 2010 年 1 月 25 日宣布,将在 Rentech 公司位于 Denv 的能源技术中心(RETC)建设生物质气化器,这项投资得到美国能源部 2260 万美元的资助。该气化器将与 Rentech 公司产品验证装置构成一体化,以便从生物质生产可再生合成燃料。美国能源部正在加快推进先进生物燃料工业在美国实现商业化规模开发的步伐。这项资助将用于在 Denv 的 RETC 设置 20t/d ClearFuels 生物质气化器,以便从各种木质废弃物和甘蔗渣原料中生产合成气,并使用 Rentech 工艺和 UOP 公司改质技术来验证规模化生产可再生的合成喷气燃料与柴油燃料。该一体化生物炼油厂的联合验证将于 2011 年下半年完成,参与验证项目的团队包括 ClearFuels、Rentech、URS、Linde/Hydro-Chem、夏威夷电力公司、美国可再生能源实验室及夏威夷自然能源研究院。

5.3.20　英国航空公司将使用费托合成生物喷气燃料

英国航空公司与美国 Solena 集团合作,于 2010 年 2 月 15 日宣布,将建设欧洲第一套生产可持续喷气燃料装置,并于 2014 年使其机群使用低碳的费托合成生物喷气燃料。该可持续喷气燃料装置将使废弃生物质进行气化,并采用费托工艺将得到的合成气转化成生物喷气燃料,同时也作为石化工业的原料。该装置将建在伦敦东部,通过该工艺过程使 50 万 t/a 废弃生物质转化成 1600gal 绿色喷气燃料,该工艺过程与化石燃料生产喷气煤油相比,可使温室气体减排高达 95%。

英国航空公司也已签署从该装置购买全部生产的生物喷气燃料协议,该装置将由 Solena 集团公司建设。Solena 集团解决方案的核心是其专利的 Solena 等离子气化(SPG)技术,该技术可从生物基烃类热转化来生产合成燃料气体(BioSynGas)。由 Arcadis 英国公司引领该项目的咨询。Solena 等离子矩气化玻璃化(PGV)反应器工作在 5000 ℃温度下,可有效地使所有烃类和有机物料完全分裂成它们的基础化合物,这些基础化合物再被转化成合成气。Solena 气化器在气化器底部设有等离子矩,可使进料中的无机物玻璃化,生成玻璃状聚集料,即等离子熔渣,这些熔渣可用作建筑材料,并使用碳基催化剂提高等离子矩以上床层中的气化程度。在高的等离子温度下,PGV 反应器不会产生任何空气污染物,如 SVOCs(二噁英/呋喃)或者 NO_x、焦油、飞灰或烟气,也不产生灰渣,所有固定碳在等离子温度下被解聚。该装置将释放出氧及少量氮、氩、蒸汽和 CO_2。该装置本身为 CO_2 中性。费托合成尾气可用于生产 20MW 过剩电力,用于外输给国家电网或用于产生蒸汽、地区采暖等。该装置生产可再生能源和燃料,整个 CO_2 减少量约为 55 万 t/a,其中包括减少来自用于埋地的混合废弃物可减排 25 万 t。与化石燃料相比,该生物燃料生命循环减排 14.5 万 t,产生 20MW 可再生电力减排 8.6 万 t,得到的石脑油可减排 7.2 万 t。这一独特的合作将到 2050 年实现碳净减排 50%的目标。双方相信,将可生产实际的可持续的喷气煤油的替代品。图 5.5 所示为 Solena 等离子矩气化玻璃化(PGV)反应器。

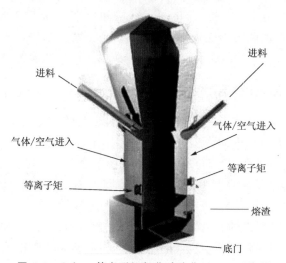

图 5.5 Solena 等离子矩气化玻璃化(PGV)反应器

5.3.21 ClearFuels 公司在美国开发商业化规模生物炼油厂

从事生物质制油的 ClearFuels 技术公司与 Hughes Hardwood 国际公司于 2010 年 2 月 27 日签署谅解备忘录,将在美国开发商业化规模生物炼油厂,以生产可再生喷气燃料或柴油燃料。该可再生能源装置将与 Hughes Hardwood 国际公司的木质成分产品制造装置共建于田纳西州 Collinwood。按照协议,Hughes Hardwood 国际公司将供应100万t/d木质产物,以转化成约1600万gal/a合成喷气燃料或柴油燃料及400万gal/a石脑油,并提供约8MW过剩的可再生电力,该项目预计于2014年初投运。

据称,这是采用一体化ClearFuels-Rentech热化学技术用于使生物质转化生产可再生喷气燃料或柴油燃料诸多商业化项目开发计划的第一个立项。

2009年,Rentech公司通过战略投资收购了ClearFuels技术公司25％的股权,Rentech公司是费托工艺应用于从生物质和化石资源衍生的合成气转化成合成燃料,尤其是特种蜡和化学品的开发商。ClearFuels技术公司组建于1998年,其特长是生物质制合成气转换(BTG)用专有的高效水热重整器(HEHTR)和工艺过程。ClearFuels技术公司可将多种纤维素生物质原料如甘蔗渣和木质废弃物转化为清洁的合成气,便于与合成气制油技术构成一体化。ClearFuels公司和Rentech公司正在使ClearFuels公司的BTG技术平台与Rentech公司的费托合成工艺进行一体化集成,用于在商业化规模装置中生产可再生合成喷气燃料或柴油燃料。从Rentech工艺生产的合成柴油燃料可满足ASTM D-975规范。采用该公司技术生产的合成喷气燃料已得到美国空军和商业化航空使用所确认。据ClearFuels公司称,这一商业化装置的目标是,在其与于Rentech的合作验证项目完成后,于2011年底奠基,验证项目采用两家公司的一体化技术,在科罗拉多州Commerce市Rentech公司的能源技术中心用于生产可再生燃料。这一合作验证预计于2011年下半年完成。这一验证项目获得美国能源部2260万美元的支持。ClearFuels公司已在美国东南部、夏威夷和国际上的多套商业化规模生物质制能源装置开始项目开发。这些项目预计采用集成的ClearFuels-Rentech设计,并共置于制糖厂、木质加工厂和其他生物质加工装置内。

5.3.22　伍德公司推进生物质制油BioTfueL工艺

伍德公司的气化工艺将应用于法国生物质制油项目,伍德公司于2010年3月27日宣布,其专有的PRENFLO气化工艺将应用于法国BioTfueL项目。BioTfueL将使生物质制油工艺的各个技术阶段与商业化意图结合在一起,这一完全一体化的工艺过程链将可使各种生物质和矿物资源,以液体和固体形式,用于生产高品质的生物燃料。

由此而形生的过程链的灵活性可使工业化装置达到优化的持续燃料供应,实现高的效率。这一工艺过程将包括生物质的干燥和破碎、烘焙、气化,合成气的净化,以及最终使用费托合成将其转化成第二代生物燃料。

该BioTfuel项目的合作伙伴有道达尔公司、IFP(法国石油研究院)、法国原子能委员会和Sofiproteol公司,选用PRENFLO气化工艺作为灵活处理宽范围生物质和其他各种资源的基础,可产生高能源效率和非常纯净的合成气。烘焙预处理设施有助于生物质在PRENFLO-PDQ携带流气化炉中应用,并确保尽可能最低的能耗,可允许使用宽范围的生物质。

PRENFLO直接急冷(PDQ)工艺是伍德公司PRENFLO PSG气化工艺(产生蒸

汽)的优化设计,可应用于生产化学品(如氨、甲醇、氢气、合成燃料),并采用带有碳捕获和封存(CCS)的 IGCC 装置,IGCC 装置需要富氢合成气。它在技术上将先进的干进料系统、多喷嘴和 PRENFLO PSG 过程的膜壁结合在一起,PRENFLO PSG 过程设有专有的水急冷系统,它用水使粗合成气饱和,再送去气体处理,因此可不再需要一些投资密集的系统,如余热锅炉系统、干粉灰除尘系统和急冷气体压缩机。

PRENFLO PSG 气化器操作在 4MPa 压力(或更高)和 2000℃ 的高温下,气化器/急冷的出口温度为 200～250 ℃。碳转化率大于 99%,粗合成气典型的组成为:大于 85 vol. % CO + H_2,6～8 vol. % CO_2 和小于 0.1 vol. % CH_4。

PRENFLO PDQ 工艺的选用适合于加工各种原料,并产生富氢合成气,可供费托合成应用,从而可生产油和煤油。图 5.6 所示为伍德公司 PRENFLO PSG 气化器流程。

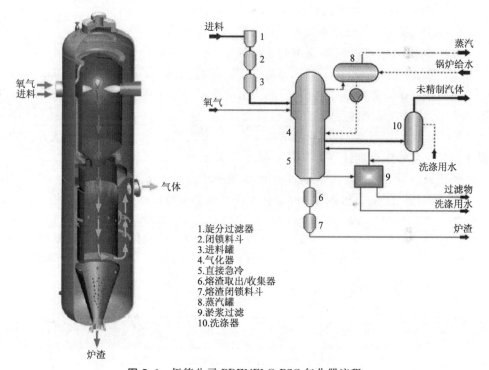

1.旋分过滤器
2.闭锁料斗
3.进料罐
4.气化器
5.直接急冷
6.熔渣取出/收集器
7.熔渣闭锁料斗
8.蒸汽罐
9.滁浆过滤
10.洗涤器

图 5.6　伍德公司 PRENFLO PSG 气化器流程

PRENFLO PDQ 工艺现已在西班牙 Puertollano 成功应用,这是带有一体化煤气化的世界最大联合循环发电站,其操作使用石油焦、煤和生物质为进料。伍德公司 PRENFLO PDQ 工艺基于 Koppers-Totzek 煤气化工艺,开发于约 70 年前。

该 BioTfueL 项目总预算为 1.51 亿美元。该项目包括在法国建造和操作两套中型装置,以生产生物柴油和生物煤油,基于采用伍德的 PRENFLO PDQ 工艺,这两套中型装置将于 2012 年投运。

5.3.23 使用膜可提高费托合成 BTL 的烃类产量

德国卡尔斯鲁厄(Karlsruher)科技研究院(KIT)的研究人员于 2010 年 4 月 5 日宣布,通过使用亲水性膜就地从催化剂床层中去除水,可使费托合成 BTL 过程的烃类产率和能效提高,这一成果已发布在美国化学学会《Journal Energy & Fuels》中。该技术为这类膜应用于 BTL 过程实现进一步优化提供了平台。

费托合成用合成气(主要是 H_2 和 CO)来自煤炭、天然气或生物质。对于生物质,合成气生产通过氧气/水蒸气气化或部分氧化反应产生。得到的合成气然后进行净化和调制,以达合成要求。

低温费托合成可生产长链含蜡烃类分子(C_{21}^+),具有类似聚合用单一烃类化合物的分布特征。主要的费托合成产品使用加氢进行改质可生产最大产率的高品质燃料。

为了提高 BTL 过程的碳转化效率,研究人员提出三大策略:

(1)最大限度减少气化中氧的消耗和整体反应放热。

(2)在合成和加氢裂化时提高烃类选择性。

(3)添加氢(如 CH_4 送去气化或将 H_2 用于费托合成),并使 CO_2 加氢。

在模拟案例研究的基础上,KIT 团队在实验室固定床膜反应器中进行了实验,表明 H_2O 脱除具有最大的影响。

KIT 团队开发了新型的膜,理论和实验研究的综合结果表明,在实验室规模的固定床费托反应器中组合使用膜去除水,具有很好效果。

使用膜可最大限度地提高碳效率,从而有利于提高经济性。

图 5.7 所示为采用和不采用膜的固定床反应器对转化率和产率的影响。

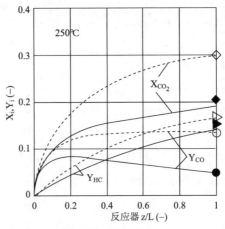

图 5.7 采用和不采用膜的固定床反应器对转化率和产率的影响

5.3.24 制造生物燃料的新气化方法

据美国物理学家组织网 2010 年 4 月 21 日报道,美国研究人员研发出新的气化方法并制造了新的气化反应器,在大幅提高将生物质原料转化为生物燃料的效率时,也大大减少了温室气体排放,相关研究发表在最新一期的美国《技术评论》杂志上。

该研究的负责人、美国马萨诸塞大学安默斯特校区化学工程系的保罗·道恩豪斯表示,使用新方法,他们将数量被精确控制的 CO_2 和 CH_4 放在自己研发的特制的催化反应器中,将生物质原料气化,结果生物质原料和 CH_4 中的碳全部被转化为制造生物燃料必需的 CO。新方法有望在两年内趋于完善,这将是将生物质原料转化为生物燃料领域重大的突破。

目前,通过气化过程,生物质原料在高温下被分解为 CO 和 H_2,H_2 可以被制成各种生物燃料,包括各种碳氢化合物等。但是,这个过程有个"硬伤":生物质原料中约有一半的碳被转化成 CO_2 而不是 CO。

道恩豪斯团队对传统的技术进行了改进。为了让气化后得到的生物燃料更多,研究人员在反应中添加了 CO_2,让 CO_2 和氢反应生成 CO 和 H_2O。增加 CO_2 并不足以将生物质中所有的碳变成 CO,仍然有些碳会变成 CO_2。因此,研究人员也在反应中增加了 H_2,以提供所需的能量来促进反应的发生。研究团队将价格便宜而且常见的 CH_4 置于反应器中让其"释放"出 H_2。

另外,在传统方法中,各个独立的步骤在不同的化学反应器中完成,而道恩豪斯团队将所有的反应集中在一个反应器中进行,大幅削减了气化过程的成本。

研究团队打算在一个天然气发电站附近进行商业化的尝试,发电站可以提供足够的 CH_4 和 CO_2。

但是,《技术评论》杂志指出,该过程可能还不适合商业化。首先,研究人员需要证明,这项技术同样适用于生物质而不仅仅是从生物质中提取出来的纤维素,生物质中包含多种多样的杂质,而纯的纤维素中则没有,这些杂质可能对催化剂产生负面影响,因此,研究人员必须对反应器进行改造。另外,让这个过程大规模地进行也面临挑战,包括确保热量能够通过反应器等,尽管小规模的实验做到了这一点。

道恩豪斯称,这些挑战与其研究所取得的突破相比都不值一提,如果有企业想要发展这个过程,几年之内它就将走俏市场。

5.4 非发酵法和发酵法生产生物燃料的其他替代路线

从长远看,氢能和太阳能技术可望为全球能源问题提供有力的解决方案。就生物能而言,生物质可用于生产基于碳的替代液体燃料,可使用现有的汽车燃烧发动机技术及现有的基础设施。同时,化学工业可继续获得含碳化合物的供应,使其成为生产塑料、纺织品等的原材料。许多科学家预测未来的燃料将从植物材料(生物质)中的碳水化合物中产生,但是对燃料的选择和生产途径仍存在分歧。

那么,将生物质纤维素转化为燃料除通过发酵路径外,还有哪些其他方案呢?国外研究人员正在开发以下几种途径。

5.4.1 将生物质糖类催化转化成可再生燃料路线

西北太平洋国家实验室(PNNL)和威斯康辛大学这两个研究机构提出了另一种有潜力的生产方案,即各自采用两种催化方法将生物质衍生的糖类转化成可再生燃料和原料。

新的催化方法不依赖于生产生物乙醇现采用的发酵方法。

两个研究机构将葡萄糖转化成5-羟基甲基糠醛(HMF),HMF本身因其沸点太高,并不是很好的生产运输燃料的选择物,但是HMF及其衍生物是多用途的中间体,可作为燃料前身物或替代基于石油的结构成分,这类成分可用于生产某些塑料、医药和精细化学品,只是以前因成本较高而在工业上很少使用而已。

PNNL的研究人员在离子液体溶剂1-乙基-3-甲基咪唑啉氯化物中使用氯化铬为催化剂,取得了理想的HMF产率(70%)。如果使用果糖代替葡萄糖,可得到高产率(90%)的HMF。两个研究机构报道了可使果糖选择性地转化成HMF,然后再转化为2,5-二甲基糠醛(DMF)的方法。果糖可由葡萄糖制取或直接从生物质中生产。DMF潜在的用途是用作运输燃料,其性能可望优于乙醇,因为它的能量密度比乙醇要高40%,并且挥发性很小。两个研究机构均采用了二相反应器用于果糖的酸催化脱水。HMF采用丁醇从反应器中抽提出来,采用铜钌催化剂将HMF氢解。在此,氢用于去除两个氧原子以产生中等产率的DMF。不过,法国国家科学研究中心(CNRS)的首席研究人员指出,该方法尚存在某些经济和环境上的缺陷,这些过程采用离子液体成本也较高,使用某些酸和铬基催化剂有悖于绿色化学。另外,美国两个研究团队于2008年9月下旬宣布,成功地由糖类(潜在地可从农业废弃物和非食用植物)转化制取了汽油、柴油、喷气燃料和其他宽范围有价值的化学品,如图5.8和图5.9所示。

美国科学基金会(NSF)对此作出了肯定,研究人员来自于Virent能源系统公司和威斯康辛大学。他们可将糖类和碳水化合物加工成类似于石油的产品,这些产品可用于燃料、医药和化学工业。这一过程突破的关键是开发了称之为水相重整的工艺过程。在将含水的植物基糖类和碳水化合物的浆液通过一系列催化剂后,物料加速反应,过程中自身无损失,富碳的有机分子分裂为单一元素成分,然后再重组生成各种化学品,它们与石油制取的成分相同。据介绍,这一路径的关键特征存在于糖类或淀粉起始材料与烃类终端产品之间的过程,这些化学品通过中间阶段而成为由功能化合物组成的有机液体。中间化合物含有生物质能量的95%,但质量仅约占40%,它们可改质成不同类型的运输燃料,如汽油、喷气燃料和柴油。重要的是这种功能中间体油类的生成不需要外部氢源,因为氢来自浆液自身。作为第二代生物燃料的替代方案,这类通过水相重整的绿色汽油途径引起了人们极大的兴趣,因为它们产生的产品可与现有的基础设施相匹配,并可望从换季牧草或农业废弃物来生产。预计再通过进一步开发后,称之为BioForming的工艺过程就可放大应用于生产,可望从可再生植物中生产汽油和其他石化产品。

图 5.8 美国研究团队研究从糖类制取汽油

图 5.9 美国研究团队研究从糖类制取的汽油

5.4.2 将生物质转化为燃料中间体,再改质为工业化学品和可再生汽油

从美国得克萨斯 A&M 大学获得羧酸发酵平台技术转让的开发商 Terrabon 公司,在得克萨斯 Bryan 的先进生物燃料研究验证装置于 2008 年 11 月初投入运转,该技术是将生物质转化为燃料中间体,然后再将燃料中间体改质为工业化学品和可再生汽油。该装置对得克萨斯 A&M 大学的 MixAlco 技术进行商业化放大的可行性试验,利用生物质的能力为 40 万 t,相当于 5000t/d。该公司将采用甜高粱为主要原料生产有机盐类,并将其转化为酮类,酮类再转化为可再生汽油。该技术可采用宽范围的原料,包括生活固体废物(MSW)、污水、污泥、森林废弃物和非食用能源作物。据

称,一套以 MSW 为原料的装置可采用 200t/d 的 MSW,在投资费用为 2250 万美元的条件下可望产生 450 万 gal/a 可再生汽油,操作成本小于 1.50 美元/gal。

Terrabon 公司已在 College Station 对该工艺过程进行了为期 3 年的中试,试验表明,MixAlco 技术可以商业化制取纤维素乙醇和可再生汽油。该中型装置每天可加工高达 200lb 的生物质,采用的原料为纸张废弃物和鸡粪等。MixAlco 工艺采用多段厌氧过程将生物质转化为有机化学品和醇类,该过程包括石灰预处理、无菌消化、产物浓缩、热转化成为酮类,并进一步氢化生成混合醇类最终产品。MixAlco 工艺有两种不同的形式可供应用:形式一是原始工艺,产生混合醇类燃料;形式二是产生羧酸和一元醇类(乙醇)。Terrabon 公司生产可再生汽油的路径是通过酮(丙酮)氢化生产异丙醇,然后再使异丙醇氢化为汽油。

5.4.3　从农业废弃物生产生物燃料和生物塑料的化学中间体工艺

从事高产能研发的荷兰 Avantium 公司在催化和结晶方面拥有核心业务经验,而国际化集团 Royal Cosun 公司主要从事开发、生产和销售天然食品和组分,这两家公司于 2009 年 1 月 22 日宣布联合开发特定的工艺,其应用是从有选择性的有机废弃物料中生产新一代的生物塑料和生物燃料。Avantium 公司正在以呋喃基生物燃料(furanics)开发生物塑料和生物燃料,"furanics"是从化学中间体 HMF(羟基甲基糠醛,$C_6H_6O_3$)衍生的杂环芳烃化合物。表 5.2 列出了呋喃特性的比较。在这项合作中,Cosun 公司将致力于从农业废物料选择、隔离和提纯合适的组分。Avantium 公司将继续致力于开发高效化学催化的生产工艺。合作的第一阶段为期 2 年,两家公司将使生产技术放大并推向商业化规模。

使农业产物价值的进一步优化是未来至关重要的实事。农业产物和废弃物料将会越来越多地用作生产化学品的原始材料。在前几年的时间内,Cosun 公司活跃于这些应用的开发和销售,重点是生产高级产品,如羧基甲基旋复花粉,它可用作水处理的添加剂。与 Avantium 公司合作开发呋喃可与 Cosun 公司形成完美的搭档。作为许多有价值化学品构筑模块的前身物,HMF 已被研究了几十年,其中重要的是低成本地从生物质开发 HMF 及其燃料和化学品衍生物,这将是一个重要的研究课题,由此得到的燃料比第一代生物燃料会更具优点。

Avantium 公司已利用其催化过程开发平台发现了生成特种呋喃新的及改进的催化途径,用以使碳水化合物(糖类)转化为呋喃衍生物。Avantium 公司拥有宽范围的专有高处理能力经验,包括多相催化剂制备、平行的批量反应器、平行的固定床反应器和结晶研究。Avantium 公司呋喃生物燃料计划旨在开发具有极好性质(如高能量密度和与常规燃料有良好相溶性)的新一代生物燃料,并使其具有竞争优势的生产成本。该公司已于 2007 年开始进行柴油-呋喃混合物的发动机试验。Avantium 公司指出,呋喃作为喷气燃料很有潜力。

表 5.2 呋喃特性的比较

性 质	柴 油	喷气燃料,Jet A-1	二甲基呋喃(2007)	呋 喃
芳烃(%)	11(PAC)	25	100	0~100
闪点(℃)	55~60	38	−1.7	−11~±60
熔融点(℃)	不同	−47	−62	−120~−30
沸点(℃)	150~360	范围	92~94	80~>200
密度(kg/m³)(在 15℃时)	850	775~840	900	850~1100
净燃烧热(MJ/L)	36	33	33	28~34

5.4.4 将纤维素转化为"呋喃"类物质用作燃料的简易过程

美国加利福尼亚大学的研究人员 Mark Mascal 和 Edward B. Nikitin 于 2008 年 8 月中旬宣布,发现了一种新的方法,直接将纤维素转化为基于呋喃的生物燃料。这一简易而廉价的过程可先产生呋喃化合物。这样,大气中的 CO_2 可最终作为未来的碳源。植物通过光合作用可有效地将其吸收。现在,生物燃料生产主要采用淀粉,淀粉破解生成糖类,糖类再发酵生成乙醇。然而纤维素大部分为光合作用形成的固定碳形式,遇到的一个问题是纤维素降解为其单一的糖类组分,糖类组分再去发酵,是缓慢而耗费的过程。另一问题是葡萄糖发酵的碳经济性差,每生产 10g 乙醇,释放 9.6g CO_2。可否回避纤维素和发酵障碍? Mark Mascal 和 Edward B. Nikitin 的实验证实了这一点,他们开发了一种简单的过程,用于将纤维素直接转化为"呋喃"类物质,这些物质是基于呋喃的有机液体。呋喃的分子基本是由一个氧原子和 4 个碳原子构成的芳环。研究人员将获得的主要产品开发成 5-氯甲基糠醛(CMF)。CMF 和乙醇可组合得到乙氧基甲基糠醛(EMF),同时 CMF 与 H_2 反应可得到 5-甲基糠醛,这两种化合物均适合作燃料。此前,EMF 曾被 Avantium 技术公司研究过,发现可与柴油混用。上述方法表明,这是迄今开发的将纤维素最高效率地转化为简单的、憎水性有机化合物的唯一方法,它也优于葡萄糖和蔗糖发酵的碳产率。这一开发成果显示,"呋喃"类物质可望在未来作为汽车能源和作为化工起始原料。

5.4.5 从生物质催化制取燃料和化学品用呋喃的二步法化学工艺

美国威斯康辛大学的研究人员于 2009 年 2 月 12 日宣布,开发出了二步法、低温、非酶催化路线,也就是可从木质纤维素生物质制取呋喃,尤其是 2,5-二甲基呋喃(DMF),DMF 是很有前途的替代生物燃料。DMF 的能量密度(31.5 MJ/L)类似于汽油(35 MJ/L),比乙醇(23 MJ/L)高 40%。其沸点为 92~94 ℃,挥发度也大大低于乙醇(78 ℃),它与水不相溶。

图 5.10 所示为从生物质制取燃料和化学品用呋喃的二步法化学工艺。

新工艺的关键是第一步,在这一步中,新型溶剂系统将纤维素转化为可再生的平台化学品 5-羟基甲基糠醛(HMF),从 HMF 可制取各种有价值的通用化学品。该成果已发布在《美国化学学会杂志》2009年2月11日的一期上。以Ronald Raines教授带领的研究团队开发了独特的溶剂系统,该溶剂系统为含有氯化锂(LiCl)的N,N-二甲基乙酰胺(DMA),它能从未经处理的木质纤维素生物质及从提纯的纤维素、葡萄糖和果糖中,通过一步就可以前所未有的产率合成HMF。生产HMF和后序燃料衍生物的其他工作主要与果糖或葡萄糖一起进行。研究团队开发的工艺首次使未经处理的木质纤维素生物质生产出HMF,并再生产出DMF。该专利的溶剂系统具有溶解纤维素的能力。通过该溶剂可使纤维素转化为HMF,在其他生物质成分如木质素和蛋白质存在下其效果也不降低。该溶剂可在木质素分子间滑移,使之溶解纤维素,将它劈解为相应的组成片段,然后将这些片段转化成HMF。研究团队的测试发现,DMA-LiCl溶剂系统中松弛的离子配对卤化物离子是该低温(≤140℃)工艺达到反应快速(1～5 h)和高产率(高达92%)的关键。

在第二步中,研究人员将HMF转化为DMF。通过在谷物秸秆中采用溶剂开始,然后通过在水中的离子排斥色层分离法,从所得的粗HMF中去除氯化物离子。这一分离步骤可防止氯化物使铜氢解催化剂中毒。然后将来自谷物秸秆的粗HMF在1-丁醇中用碳为载体的铜钌催化剂氢解,得到0.49mol产率的DMF,这与Dumesic等采用含有微量氯化物的HMF获得的结果相似。基于秸秆的纤维素含量,DMF的总克分子产率为9%。Raines和Binder等预计,优化该工艺过程还有望提高产率。除谷物秸秆外,还采用松木木屑试验了这些方法。还在最好的条件下,研究人员可使纤维素干重的42%转化为HMF,并可使谷物秸秆干重的19%通过一步转化为HMF和糠醛。相对比较而言,采用经充分优化的纤维素乙醇技术,在涉及多个化学、生物化学和微生物步骤的复杂过程中,可使谷物秸秆干重的24%完成转化。

本工艺过程按能量产率基准评测也具有竞争性,HMF和糠醛产品含有谷物秸秆起始材料中纤维素和树胶质可用燃烧能量的43%,而从谷物秸秆生产乙醇保存有糖类可燃烧能量的62%。不能转化为HMF的生物质组分如木质素,可用于生产H_2以供HMF氢解,或用于燃烧以提供过程用热量。

5.4.6   将纤维素转化为葡萄糖和HMF一步法新工艺

美国能源部西北太平洋国家实验室(PNNL)的研究人员于2009年6月10日宣布,成功开发一种催化途径,可快速地将纤维素转化为葡萄糖并进一步转化成化学品和燃料多功能中间体HMF。2007年,PNNL团队报道开发的催化系统可有效地将葡萄糖转化为HMF。然而,这一工艺过程要大批量实现商业化的可持续性,必须使用纤维素生物质作为原料。其瓶颈是纤维素的去晶体化,然后再使其水解破裂。新的开发工作则解决了这一问题。这一成果已在2009年6月8日北美催化学会会议上发布。图5.11示明将纤维素转化为葡萄糖和HMF一步法新工艺的产品产率。该研究成果表明,在80～120℃温度下,溶解在离子液体(1-乙基-3-甲基咪唑啉氯化物([EMIM]Cl))中的两种金属氯化物($CuCl_2 / CrCl_2$)可协同催化,实现使纤维素转化为HMF的一步法过程,该过程可使可回收产品中未经精制的HMF纯度达96%,HMF

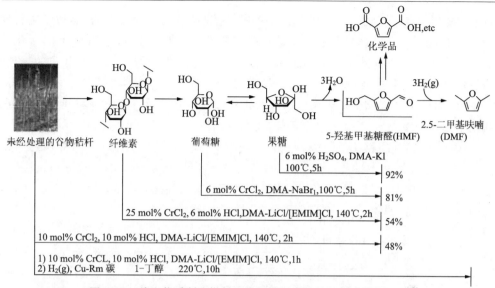

图 5.10 从生物质制取燃料和化学品用呋喃的二步法化学工艺

产率为 $55.4 \pm 4.0\%$。离子液体溶剂中的一对金属氯化物（$CuCl_2/CrCl_2$）催化剂对水解的纤维素解聚具有高的活性。产品选择性可通过简单改变 $CuCl_2/CrCl_2$ 比来调节。纤维素解聚的速率比常规的酸催化水解约快一个数量级。相对比较而言，在相同的总负荷下，单金属氯化物的活性在相同条件下要小得多。在从溶剂中抽提分出 HMF 后，被回收的[EMIM]Cl 的催化性能在重复使用时仍可保持。

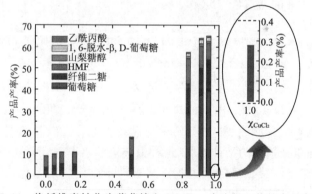

图 5.11 将纤维素转化为葡萄糖和 HMF 一步法新工艺的产品产率

5.4.7 生产生物喷气燃料的热催化裂化和分离工艺

美国北达科他大学能源和环境研究中心（EERC）于 2008 年 9 月底宣布，其生产的 100% 可再生生物喷气燃料符合 4 项关键的 JP-8 标准参数，包括冰点、密度、闪点和能量含量。EERC 从多种可再生原料生产的燃料试样已通过美国空军研究实验室（AFRL）的测试。EERC 已与美国安全部安全先进研究项目局（DARPA）就生物燃料发展计划签署了 470 万美元的合同。DARPA 也与 GE 公司和 UOP 公司签署相关合同。EERC 从植物油生产 JP-8 采用热催化裂化和分离工艺。UOP 公司从事游离脂肪酸的加氢/脱氧化工艺开发,GE 公司采用将生物质气化生产生物油,然后使生物油加氢的工艺。第一批 DARPA 生物燃料的主要技术目标已达到 60% 以上的转化效率。已验证从生物油制取 JP-8 的能量含量转化率可达到 90%。按照 EERC 的工艺,从裂化反应器产生 4 类物料:

(1) 轻馏分。轻馏分由未反应的气相物料加上小分子量有机化学品和烃类组成,其化学和物理性质与 JP-8 燃料不符合,将其分离掉。

(2) 生物喷气燃料化学组分。表 5.3 列出 EERC 的可再生生物喷气燃料与石油基 JP-8 的性质比较。

(3) 未反应原材料。从生物喷气燃料中分除,返回裂化反应器。

(4) 残余物(如焦油)。较高分子量、较低挥发度,较低热值。

表 5.3　EERC 的可再生生物喷气燃料与石油基 JP-8 的性质比较

规格试验	EERC JP-8	JP-8 平均	JP-8 规格
芳烃(v%)	19.8	17.9	≤25.0
烯烃(v%)	1.9	0.8	≤5.0
密度	0.805	0.803	0.775~0.840
闪点(℃)	49	49	≥38
冰点(℃)	−52	−51.5	≤−47
燃烧热值(MJ/kg)	42.9	43.2	≥42.8

2008 年 9 月初,Solazyme 生产出由海藻衍生的航空煤油,已通过符合航空涡轮燃料 ASTM D1655 (Jet A)标准要求最严格规格中的 11 项。Jet A 为煤油型燃料,与 JP-8 相同,但有较高的冰点(−40℃)。

5.4.8　从生物质生产可再生汽油和柴油的三步法工艺

Dynamotive 能源系统公司于 2009 年 4 月 25 日宣布成功开发从生物质生产可再生汽油和柴油的三步法工艺,该公司在美国 Waterloo Ontario 的研究装置内,通过将其热解油即生物油(BioOil)采用新的二步改质工艺生产出可再生汽油和柴油。该工艺涉及木质纤维素生物质热解以生产以液体燃料为主的生物油,生物油再经第一段加氢重整成为相当于瓦斯油的液体燃料,这种液体燃料可直接与烃类燃料调和,用于工业发电和采暖,或者经第二段加氢处理过程进一步改质成运输级液体燃料(汽油/柴油)。

第一段加氢重整在 330 ℃和~1800lb/in^2(12.4 MPa)的条件下进行,使生物油成为稳定的液体,使其能与烃类液体相溶,使水可在生物油中进行相分离,降低其黏度和腐蚀性,并且使氧含量从粗生物油的约 50% 减小到约 10%。将重整后的生物油产品称之为 UBA,其高热值(HHV)为 39.5 MJ/kg。原来的生物油 HHV 约为 16 MJ/kg,而 H_2 HHV 约为 121 MJ/kg。

因 UBA 仍含氧约 10%,故其不是纯的烃类,并且需要进一步处理才能使其转化为车用燃料级产品。在一些技术中,商业上适用的是 FCC(催化裂化)和加氢处理/加氢裂化。UBA 可自由地与大多数烃类燃料相调和,调和浓度至少可高达 50%。按照认证概念,Dynamotive 能源系统公司采用商业化催化剂在 350℃ 和约 11.7 MPa 条件下可得到经加氢处理过的 UBA,这一液体产品被称之为 UBB,其 HHV 约为 45 MJ/kg,可与柴油相比拟,其氧含量约为 1%。只需采用商业化加氢处理催化剂就可在较苛刻条件下得到柴油/汽油/喷气燃料等。从生物油得到 UBB 的总产率为 38%。从木质纤维素生物质热解得到的主要副产物为生物炭,生物炭可使土壤增产。Dynamotive 能源系统公司以 CQuest 商业品牌向市场推销其生物炭。

基于初步的试验和分析,据该公司估算,从生物质制取先进(第二代)燃料的成本,对于年加工约 7 万 t 生物质的装置,小于 2 美元/gal 乙醇当量燃料(其目前规模为 200t/d 装置)。Dynamotive 能源系统公司的热解工艺可使总生物质进料约 85% 转化成有用的固体(生物炭)和液体(生物油)燃料。另外 15% 为工艺过程提供能量。据 Dynamotive 能源系统公司估算,从小麦秸秆得到烃类液体总的净产率将为 29% UBA 或 24% UBB。

5.4.9 发酵法生产可再生柴油燃料

1. Amyris 生物技术公司成果

Amyris 生物技术公司于 2008 年 11 月 12 日宣布,其生产可再生柴油燃料的第一套中型装置投产。Amyris 公司使工业微生物(细菌或酵母)通过新的新陈代谢途径,采用从植物基原料得到的糖类进行发酵,从而生产出大范围的分子(异戊间二烯化合物),它可用于能源、医药和化学品等应用领域,最终产品可为烃类燃料。这一可再生柴油项目采用了改性酵母。该装置将在巴西和其他生产地实现技术路线的商业化。这将在工艺设备中验证 Amyris 公司的技术,并表征全商业化操作规模,为设计全商业化规模装置提供了工程数据,同时为性能试验生产出产品试样。这种 Amyris 柴油的优点除了可再生柴油外,其性能还等于或超过石油基柴油和现有的生物柴油,包括:

(1) 初步分析表明,与石油基柴油相比,Amyris 柴油燃料无硫,并可大大减少 NO_x、颗粒物质、CO 和烃类的排放。

(2) 因为 Amyris 可再生柴油拥有石油基柴油的许多性质,可以高比例调和,调和比例可高达 50%,而常规生物柴油和乙醇调和比为 10%~20%。

(3) 与许多商业化应用的生物燃料不同,Amyris 柴油可通过现有的燃料分配和储存基础设施进行分配,可以最低的成本快速进入市场。

(4) Amyris 柴油可从宽范围原料生产,包括甘蔗和纤维素生物质。

Amyris 公司于 2009 年春季投运位于巴西 Campinas 的较大型的中型装置,并将该技术转让到巴西的一些基地,还将为巴西生产的优化提供支持。Amyris 公司正在开发和商业化生产宽范围的可再生产品,包括柴油燃料、喷气燃料和特种化学品。通过开发酵母菌株已成功验证了这一平台可用于生产制取苦艾内酯(抗疟疾药物的关键组分)的前身物,其成本大大低于常规技术成本。

2. Joint 生物能源研究院成果

美国能源部下属的 Joint 生物能源研究院(JBEI)于 2010 年 1 月 28 日宣布,开发出的微生物可从生物质直接生产出先进的生物燃料。

图 5.12　微生物从脂肪酸
生产生物柴油燃料的
电子显微镜图

JBEI 研究人员部署合成生物学工具,使大肠杆菌(Escherichia coli)菌株工程化,从而使其可从脂肪酸生产生物柴油燃料和其他重要的化学品。

研究表明,所开发的微生物可从生物质直接生产柴油燃料,无需进一步化学改质,这是令人极其振奋的。图 5.12 所示为微生物从脂肪酸生产生物柴油燃料的电子显微镜图。

从该技术回收柴油燃料的成本接近于蒸馏乙醇所需的成本。研究人员相信,将可为最终生产规模化和低成本的先进生物燃料和可再生化学品作出重要贡献。

5.4.10　微生物新陈代谢路径生产可再生燃料和化学品获验证

巴西 Amyris 生物技术公司旗下的 ABPD(Amyris Brasil Pesquisa e Desenvolvimento)公司于 2009 年 6 月 25 日宣布,在巴西 Campinas 的可再生产品验证装置投运,该装置位于甘蔗加工工业中心,下一步将实施可再生燃料和化学品的大规模商业化生产。Amyris 公司初期生产的产品包括可再生柴油燃料,其性能等于或优于石油基燃料和现用的生物燃料。该燃料的关键在于是可再生烃类,可用于替代石油燃料,可用于任何类型的柴油机,无需改造发动机就能在极低的温度下使用,也易于在现有的燃料基础设施中进行分销。Amyris 公司也采用 Amyris 可再生柴油成功完成了首次验证驱动,这种可再生柴油燃料应用于 30 辆混合动力柴油客车,为国际奥林匹克委员会成员提供了运载工具。Amyris 可再生柴油不含硫,也基本没有有害的芳烃,当与石油柴油调和使用时,与石油基燃料相比,可大大降低颗粒物质、NO_x、烃类和 CO 的排放。

除了柴油外,Amyris 公司预期将生产应用于各种消费产品和工业应用的可再生化学品,而现在它们依赖于石化成分生产。

Amyris 公司应用合成生物学改变微生物的新陈代谢路径,使其工程化,可将糖类转化成 5 万种不同分子中的任何一种,它们为宽范围能源、医学和化学品所使用。Amyris 公司已借此首次采用商业化规模技术生产出低成本的抗疟疾药物。该验证装置是巴西此类装置的第一套,其设计可实施放大、验证和优化所有 Amyris 燃料和化学品制造过程。通过采用其专有的合成生物学技术可生产这些可再生产品,从而将巴西甘蔗转化成宽范围的高价值产品。该 Amyris 可再生产品验证装置包括中型装置和验证规模操作,是 Amyris 公司于 2008 年在美国加利福尼亚州 Emeryville 投产的中型装置和 2009 年初在 Campinas 投产的中型装置的补充。Amyris 公司现拥有完全一体化集成的能力,可使其技术从实验室走向中型验证,并最终走向商业化规模。新的验证设备将用于商业化设备设计和制造过程,并生产超过 1 万 gal 的产品。

此外,为实现 Amyris 公司计划于 2011 年实现商业化目标,公司已着手设计和建设商业化生产装置。图 5.13 所示为 Amyris 公司可再生燃料和化学品验证装置。

图 5.13 Amyris 公司可再生燃料和化学品验证装置

5.4.11 生物质酶法制甲基卤化物作为生物烃类燃料前身物

美国加利福尼亚州旧金山大学研究人员于 2009 年 4 月 22 日宣布,成功开发使用生物质制甲基卤化物作为生物烃类燃料前身物。研究人员使用工业酵母 S. cerevisiae 进行工程化处理,可使生物质制取甲基卤化物,并有很好的产率。作为最终产品的甲基卤化物(CH₃X, X 为 Cl、Br 或 I)可以有各种应用。甲基卤化物也可用作为更复杂的碳化合物,如烃类燃料的化学合成。

沸石催化剂(如 ZSM-5 和 SAPO -34)可用于将甲基卤化物转化成包括汽油、烯烃、芳烃、醇类和醚类等物质。将生物质转化成甲基卤化物的方法,因而可在二步法工艺中使生物质转化成化学品和液体燃料,如生物汽油。这一研究成果已发布在 4 月 20 日在线版《美国化学学会杂志》上。甲基卤化物可由多种微生物自然产生,应用于这一生产所用的酶——甲基卤化物移转酶(MHT)已研究成功,甲基卤化物是消耗臭氧层的物质(ODS)。然而,靠自然生产的 CH₃X 产率低,所以使用 MHT 成为工业微生物走向商业化的基本要求。

由 Christopher Voigt 带领的加利福尼亚州旧金山大学研究团队使用了称之为"合成检定"的途径,从植物、真菌、细菌和在 NCBI 数据库中未辨别的有机体,鉴别和合成了全部 89 种认定的 MHT 基因。然后在 Escherichia coli 中筛选出这一组,计算出了生产 CH₃Cl, CH₃Br 和 CH₃I 的产率,氯化物的活性为 56%、溴化物的活性为 85%、碘化物的活性为 69%。图 5.14 所示为生物质制甲基卤化物转化路径和产率。

来自 B. maritima 的 MHT 在所有基因中呈现出最高的活性。将 B. maritima

MHT 转换为工业酵母 S. cerevisiae。用葡萄糖和蔗糖作为原料进行试验,试验表明改进后的酵母产率为 190 mg/L。为使酵母能采用生物质为原料,研究团队采用叶肉可加水分解纤维素细菌 Actinotalea fermentans,设计出 MHT-表征酵母新的共培植法,Actinotalea fermentans 已从法国埋地土壤中分离出来,Actinotalea fermentans 可产生醋酸酯和乙醇。醋酸酯和乙醇会抑制 Actinotalea fermentans 的生长。因此,研究人员指出,他们已在群落中创建了新陈代谢的相互依赖方法,用 S. cerevisiae 依赖于 A. fermentans,以供碳和能量;用 A. fermentans 依赖于 S. cerevisiae,以用于使毒性废弃产物进行新陈代谢。研究人员使用工程化酵母和 A. fermentans 的共栖共培植,能从未加工过的换季牧草(Panicum virgatum)、谷物秸秆、甘蔗渣和白杨(Populus sp)生产出甲基卤化物。

其中,合成的微生物共培植建设,可加水分解纤维素细菌提供将醋酸酯转化为甲基碘化物产能酵母,这使各种木质纤维素原料转化成甲基卤化物。这一途径与其他纤维素消化的工程化实例不同,在纤维素消化中,是单一的菌种被工程化后实施纤维素分解,继而再利用得到的 C_5 和 C_6 糖类。

共培植方法系在两种菌种之间分成可加水分解纤维素功能和甲基卤化物生成功能。

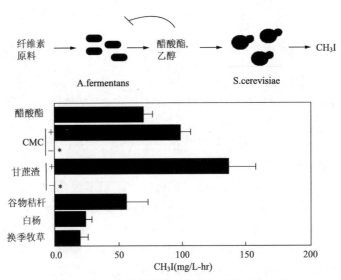

图 5.14 生物质制甲基卤化物转化路径和产率

5.4.12　LS9 公司商业规模验证生产可再生柴油

通过发酵生产可再生燃料和化学品的合成生物学公司 LS9 于 2010 年 2 月 4 日宣布,收购位于美国佛罗里达州 Okeechobee 现有的生产装置,改造后用于采用该公司专有的一步法发酵工艺以商业规模验证生产可再生柴油。新的"可再生石油工厂"(RPF)预计于 2010 年生产 5 万~10 万 gal 超清洁柴油(UltraClean Diesel),这一生产规模将确认该公司超清洁柴油(UltraClean Diesel)技术的可行性。一旦验证规模的试验完成,LS9 公司将快速将该工厂转成商业化生产。

LS9 公司使一步法工艺工程化通过可再生糖类发酵,采用将脂肪酸中间体转化成石油替代产品。LS9 公司也发现并使新一类酶及它们的相关基因进行工程化,将脂肪酸高效地转化成烃类。这类 LS9 微生物可精确地生产所需性质的燃料,这些性质如十六烷值、挥发度、氧化稳定性及冷流动性。生产的 LS9 超清洁柴油(UltraClean Diesel)符合或超过美国道路用柴油的 ASTM 标准。此外,LS9 超清洁柴油不含致癌物质,如苯,仅含有微量硫。

LS9 公司将采用甘蔗糖汁来生产柴油替代产品,与常规石油柴油生产相比,可减少碳排 85%。除了验证规模设备外,新工厂也将拥有实验和中型规模操作,LS9 公司将对纤维素材料如木屑和农业废弃物应用于其生产过程进行试验并使之实现一体化。使用纤维素生物质能更大程度降低温室气体的排放。图 5.15 所示为 LS9 公司一步法发酵工艺生产可再生柴油流程图。LS9 公司的超清洁柴油现仅采用单一的步骤,通过可再生原材料的发酵就可直接生产出成品柴油。该公司专有的一步法工艺有较高的产率,无需其他可再生柴油技术所需要的多步法工艺相关的附加生产成本。使技术从实验室走向大规模商业化生产总是存在挑战,但 LS9 公司的进展已使其技术从实验室走向中型装置,并已准备在商业化规模方面进行验证。图 5.16 所示为 LS9 公司一步法发酵工艺生产可再生柴油工厂。

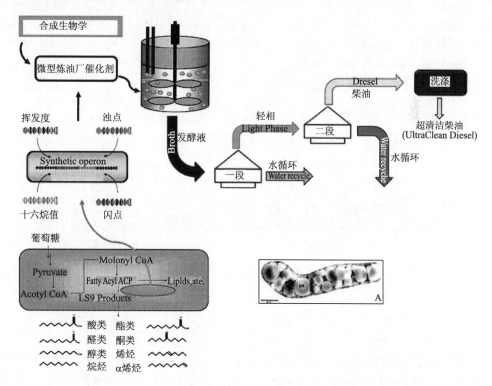

图 5.15　LS9 公司一步法发酵工艺生产可再生柴油流程图

图 5.16　LS9 公司一步法发酵工艺生产可再生柴油工厂

5.4.13　太阳能驱动生物质气化途径生产合成生物燃料

　　挪威科技大学(NTNU)研究人员于 2009 年 5 月初提出利用聚热太阳能作为主要能源通过生物质气化途径生产合成燃料的新工艺。用于生物质气化的高温热量可从太阳能聚热塔中的熔融盐系统得到。这一途径的关键特征是采用来自太阳能聚热塔的高温热量来驱动使生物质转化成生物燃料的化学过程,可使生物质中的碳原子几乎完全利用。与第一代和第二代生物燃料相比,这一途径的目的是得到的燃料近零 CO_2 排放,并且可减少所需使用的土地。这一研究成果已在美国化学学会《Journal Environmental Science & Technology》2009 年 4 月 30 日一期上发表。图 5.17 所示为太阳能驱动生物质气化途径生产合成燃料流程。

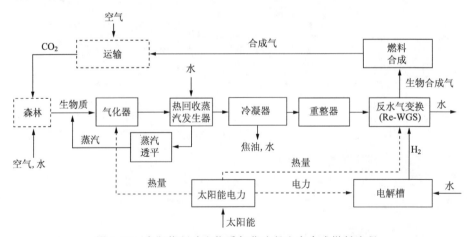

图 5.17　太阳能驱动生物质气化途径生产合成燃料流程

　　将来自气化器热的合成气经冷却和净化后,压缩送至重整器(CH_4 重整)和反水气变换(Re-WGS)反应器。来自太阳能电力驱动而使水电解产生的附加 H_2 进入变换反应器,将 CO_2 转化为 CO,并调节 H_2/CO 的比值以满足合成燃料生产需求。

　　由热回收蒸汽发生器产生的蒸汽可用于气化。表 5.4 列出 CO_2 捕集和压缩三种情景的特征。

表 5.4　CO₂ 捕集和压缩三种情景的特征

	太阳能驱动 生物质气化	生物质燃烧、生物质 气化与 CO₂ 捕集	煤炭气化与 CO₂ 捕集
能量转化效率（%）	60.9	42.0	36.5
燃料生产能力[燃料（kg）/100 kg 资源]	121.0	39.9	62.2
生物质生长用土地面积（m³/t 燃料/a）	331	1003	0
太阳能收集用土地面积（m²/t 燃料/a）	51.5	0	0
燃料循环大气 CO₂ 平衡（gc/MJ 燃料）	0	−32	25
总成本估算（2001 美元/GJ），包括 CO₂ 进料 （100 美元/tc）	7.5	8.9	10.8

5.4.14　生产生物烃类燃料的 BioForming 工艺

2009 美国总统绿色化学挑战奖一共 5 项，Virent 能源系统公司生产生物烃类燃料的 BioForming 工艺获得其中一项殊荣。该公司的 BioForming 工艺为水基、催化方法，可从植物的糖类、淀粉或纤维素中制取汽油、柴油或喷气燃料，该工艺需要少量的外部能源。

Virent 能源公司的 BioForming 工艺组合了专有的水相重整（APR）技术与石油炼制中常规的催化加工技术，如催化加氢处理和催化缩合工艺，包括 ZSM-5 酸缩合、碱催化缩合、酸催化脱水和烷基化，可产生与现在石油炼制相同范围的烃类分子。图 5.18 所示为 Virent 能源公司的 BioForming 工艺流程。

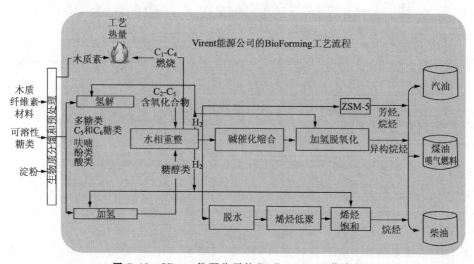

图 5.18　Virent 能源公司的 BioForming 工艺流程

首先，水溶性碳水化合物被催化加氢处理。其次，在水相重整（APR）过程中，得到的糖醇类与水借助于专有的多相金属催化剂，生成 H₂ 和化学品中间体。最后，用多种催化途径之一进行加工,将这些化学品转化为汽油、柴油或喷气燃料组分。这一技术也产出烷烃燃料气体和其他化学品。与常规的石油炼油厂相同,BioForming 工艺平台中这些过程中的每一个步骤都可被优化和改进,构成生产所需烃类产品的特定模式。例如,汽油产品可采用沸石(ZSM-5)基工艺来生产,喷气燃料和柴油可采用碱催化的缩合途径来生产,高辛烷值燃料可采用脱水/低聚途径来生产。与发酵法不同,Virent 能源公司的工艺可采用混合糖类物流、多糖类和从纤维素生物质衍生的 C_5 和 C_6 糖类。通过使每英亩土地可利用更多的植物质,该工艺过程就可更好地利用土地,并且可使农场产生较高的价值。该技术需要的能量供入很少,并且可以是完全可再生材料。

Virent 能源公司生产能量密集的生物燃料可从水中自然地分离出来,为此,该工艺不需要像其他技术那样需用高能量密集的蒸馏去分离和收集生物燃料。从 Virent 能源公司的工艺得到的烃类生物燃料与石油产品可以互换使用,在组成、性能和功能方面均能与之匹配。它们可在现用的发动机、燃料泵和管道中操作。初步分析表明,Virent 能源公司的 BioForming 工艺在原油价格 60 美元/桶时,在经济上完全可与石油基燃料竞争。

BioForming 工艺可加快使用非食品植物糖类来替代石油作为能源的步伐,因此可降低对化石烃类的依赖,也可最大限度地减少对全球水和食品供应的影响。由该工艺衍生的燃料与乙醇相比,单位热值的生产成本要低 20%～30%。BioForming 工艺平台已接近商业化。2008 年起,Virent 能源公司已生产出超过 40L 的生物汽油,用于发动机试验,并开始建设第一个 1 万 gal/a 中型装置来生产生物汽油。2008 年,壳牌公司也与 Virent 能源公司建立了联盟。

5.4.15　生物质预处理加发酵法生产绿色汽油

美国 Terrabon 公司于 2009 年 7 月 30 日宣布,在该公司得克萨斯州 Bryan 的先进生物燃料研究设施,从非食用生物质生产出高辛烷值"绿色汽油"。这种汽油采用 Terrabon 公司专利的 MixAlco 技术进行生物质预处理和发酵。这一工艺过程产生有机盐类,有机盐类可转化成酮类,并进一步转化为高辛烷值汽油。Terrabon 公司表示,这一绿色汽油的生产积累了该公司团队 15 年之久的研究和试验经验。成功生产出绿色汽油,这对 Terrabon 公司和对可再生能源的开发是一重要的里程碑,可望使美国降低对化石燃料的依赖。此前,MixAlco 技术已经通过实验室和中型装置的验证,该技术可用于使生物质转化成化学品,化学品可加工成汽油。现已确认,MixAlco 技术可用于商业化规模生产汽油。这种汽油燃料的蒸馏流程分布与炼油厂从催化裂化(FCC)装置生产的汽油流程分布很相似,FCC 汽油约占美国汽油供应量的 40%。这种绿色汽油重要的优点是其含硫量比加氢处理的 FCC 汽油要低得多,而且辛烷值要高得多。Terrabon 公司表示,该装置生产的汽油辛烷值高于优质汽油,适用于直接与炼油厂石油基燃料产品进行调和,无需进一步加工。

Terrabon 公司已与美国能源部签约,获得 2500 万美元资助,在得克萨斯州阿瑟港(Port Arthur)建设和运作 55t/d 的生物炼油厂,将在瓦莱罗(Valero)能源公司炼油厂内年生产 130 万 gal 绿色汽油。

该生物炼油厂建设预计于 2010 年第一季度开始,于 2011 年下半年投入商业化运行。该公司也取得了得克萨斯州新兴技术基金资助,以支持将城市固体废弃物(MSW)转化成绿色汽油。业已证实,MixAlco 技术是先进的生物炼制工艺,它可将低成本、适用的非食用、不结果的生物质转化成运输燃料。该工艺过程中可用作原料的生物质包括城市固体废弃物(MSW)、污水处理场污泥、森林产品残余物如木屑、木浆和其他木质废弃物,以及非食用能源作物如甜高粱。因为该转化过程采用的原料为不结果的生物质,Terrabon 公司预计采用 MixAlco 技术建设的装置投资费用将低于其他技术。以装置能力 220 000t/d 有机原料,并采用运送价格为 10.00 美元/t 分拣后的 MSW 原料测算,采用 Terrabon 公司的 MixAlco 技术生产 550 万 gal/a 可再生汽油的成本为 1.75～2.00 美元/gal,这一价格范围尚未包括生物燃料税收优惠减免 1.01 美元/gal 的经济补贴在内。

5.4.16 木质材料转化为燃料的 TIGAS 技术

哈尔德托普索(Haldor Topsoe)公司于 2009 年 12 月 8 日宣布,将在美国验证把木质材料转化为燃料的技术。美国能源部已按照美国复苏法案为支持该技术向哈尔德托普索提供 2500 万美元的资助。哈尔德托普索公司表示,将对 25t/d 的木质材料有效地转化成运输燃料进行验证,这是将该技术推向商业化应用的重要步骤。在工业化装置中将处理超过 1000t/d 的木质材料,这类工业化装置预计可在该技术被验证后达到竞争性。托普索公司研发部项目经理 Poul-Erik Hojlund Nielsen 表示,木质材料中约 60% 的能量最终将进入燃料中,这对生物燃料的生产而言可谓之是很高的效率。该技术借助于托普索公司现有的托普索一体化汽油合成(TIGAS)技术可将木质材料转化为燃料,TIGAS 技术由该公司开发已达 20 余年之久,可用于将天然气转化为燃料。

5.4.17 基于烯烃易位转化工艺处理可再生油的生物炼油厂

ERS 公司(Elevance Renewable Sciences)于 2009 年 12 月底得到美国能源部 250 万美元的资助,规划建设基于烯烃易位转化工艺技术验证规模的一体化生物炼油厂,以便从可再生油类生产高价值特种化学品及生物燃料,包括先进的生物烃类可再生喷气燃料和柴油燃料及常规生物柴油(脂肪酸甲酯)。

ERS 公司的制造平台将组合其专有技术,实现与工业过程(易位转化、反酯化、氢化)新的组合。ERS 生物炼油厂预计效益为原油 45 美元/桶,与传统的生物柴油装置相比,改进效益为 300～900 美元/t。该项目将在爱荷华州 Newton 实施。

烯烃易位转化是一种催化剂技术,可使碳-碳双键实现分子互换,成为石油炼制和其他工业广泛应用的高效化学工艺过程。ERS 公司的生物炼油厂可处理多种不同的原料油,它们可具有高度不饱和度,尤其是单一的不饱和度。图 5.19 所示为 ERS 公司生物炼油厂流程。

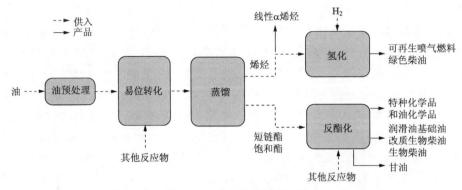

图 5.19   ERS 公司生物炼油厂流程

5.4.18   新的纳米混合催化剂可使生物燃料增产

美国俄克拉荷马大学研究人员于 2010 年 1 月 5 日宣布,开发出新的固体催化剂家族,该催化剂可使水-油乳化液稳定,并可催化液/液界面上的反应。这种可回收的催化剂能同时使乳液稳定,具有可强化工艺过程如生物质炼制的很大优点。在这类工艺过程中,因粗产品的不混溶性和热不稳定性会使净化程序变得很复杂。这一研究成果已发布在《Science》杂志上。

研究人员将钯沉积在碳纳米管——无机氧化物混合纳米颗粒上。氧化物为亲水性,并能吸引水;碳纳米管为憎水性,用作有机层。图 5.20 所示为新的纳米混合催化剂可使生物燃料增产。

5.4.19   催化水蒸气热解工艺将植物油转化成生物燃料

美国应用研究联合公司(Applied Research Associates,ARA)佛罗里达研究实验室于 2010 年 1 月 14 日宣布,开发出催化水蒸气热解(CH)工艺,可将甘油三酯(如植物油和动物油脂)转化成非酯类生物燃料,这种可再生燃料为纯的烃类,与石油烃类几乎相同。图 5.21 所示为催化水蒸气热解(CH)工艺过程。这一工作成果已发布在美国化学学会(ACS)杂志《Energy & Fuels》中,该报告指出,使用 CH 工艺可利用各种植物油,包括大豆油、麻风树籽油和桐树油,得到的某些生物燃料馏分可达到 JP-8 规格和海军馏分油规格的要求。

由甘油三酯衍生生产的非酯类生物燃料与通过反酯化生产的脂肪酸甲酯(FAME,即生物柴油)完全不同,它可以替代石油燃料。非酯类生物燃料的优点包括与醇基或酯基燃料相比,含量较高的能量;极好的燃烧质量,类似于费托合成燃料(低烟炱和高十六烷值);好的低温性质(黏度、冰点、倾点和浊点);优异的热稳定性、储存稳定性和材料配伍性。将植物油转化为烃类燃料的一种途径为 UOP/埃尼加氢处理工艺,可达到脱氧化和脱羧化的目的。然而,应用研究联合公司认为,UOP/埃尼 Eco-fining 工艺与单一的石蜡基产品和高的氢耗相维系,导致喷气燃料质量降低,并增大

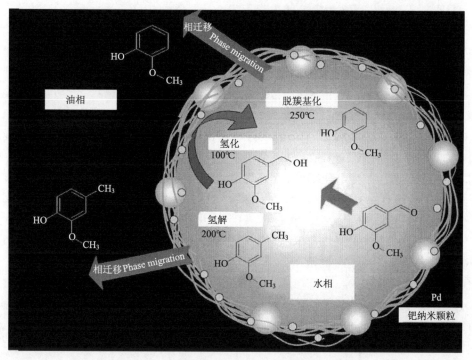

图 5.20 新的纳米混合催化剂可使生物燃料增产

了产品成本。此外,常规石油加氢处理工艺所用的 H_2 由不可再生能源如天然气蒸汽重整来生产。为克服这些缺点,基于高温水化学的技术新路径,称之为 CH 工艺脱颖而出。在有作为反应剂的水、催化剂和溶剂存在下进行典型的酸或碱催化反应。H_2 部分由水供应,用于烃类裂解,随后通过脱羧化使甘油三酯水解。高温和高压水减少了气态产品的生成,并最大限度减少了焦炭的生成。水作为有效的传热和催化反应介质。对来自作物油(全含有超过 30% 聚不饱和脂肪酸)的甘油三酯的研究指出,其脂肪酸组成变化很大。

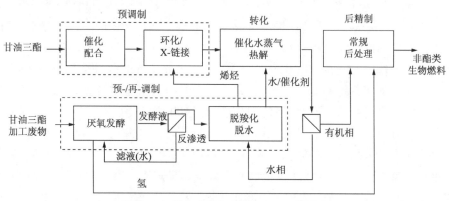

图 5.21 催化水蒸气热解(CH)工艺过程

CH工艺涉及以下3个主要的生产步骤：

(1) CH工艺将甘油三酯转化成生物原油。CH反应是甘油三酯转化为生物燃料过程的关键转化步骤。

(2) 对来自步骤(1)的生物原油进行脱羧化和加氢处理。

(3) 将得到的非酯类生物燃料分馏成JP-8、海军馏分油和汽油馏分。

在水热条件下进行的反应涉及裂化、水解、脱羧化、异构化和环化，可将甘油三酯和(或)改性的甘油三酯转化成直链、支链和环状烃类混合物。高温水催化并加速这些反应，最小化地生成气态产品或焦炭。高温水广泛应用于绿色化学和生物燃料过程，主要使生物质发生水解、液化和气化。高温水应用于绿色化学，CH工艺的温度要低得多(240～470℃)。较低的操作温度和有水的存在最大限度地减小了油降解为低价值气态副产物和焦炭。

研究中，CH转化在温度范围450～475℃、压力21MPa及水存在下和无催化剂时进行。来自CH过程的有机相(生物原油)经过涉及脱羧化和加氢处理的后处理。由此可见：

(1) 通过炼制CH生物原油可生产高级非酯类生物燃料，JP-8、海军馏分油和汽油馏分总产率为40%～52%。

(2) 温度、水/油比、油的加热速率、压力和催化剂是CH过程生产烃类及其异构体所需分子结构和分布的关键控制参数。

(3) 由大豆、油桐和麻风树籽油生产的生物燃料表明，CH过程可用于将宽范围甘油三酯(从含高聚不饱和脂肪酸到高饱和型脂肪酸)进行转化。

(4) CH工艺过程得到的生物燃料组分含有环状和芳香族化合物。

(5) 油桐油是生产芳香烃含量大于60%的生物燃料的独特原料。因此，油桐油生产的生物燃料是现有费托合成喷气燃料和一些新的生物燃料如UOP/ENI Ecofining工艺生产的生物燃料的良好调和原料，通过增加密度和芳烃含量可满足燃料规格要求。

5.4.20 生物质中间体γ-戊内酯转化为运输燃料新技术

由James Dumesic带领的Wisconsin大学研究团队于2010年2月27日宣布，开发出生物质中间体转化为运输燃料新技术，该工艺过程可将由生物质衍生的碳水化合物产生的中间体γ-戊内酯(GVL)的水溶液，转化成分子范围内适当的液体烯烃，可替代采用一体化催化系统的运输燃料，而无需外部氢源或贵金属催化剂，这与某些其他的可再生烃类燃料技术相比，可降低工艺过程商业化规模的成本。该系统也可在高压下捕集CO_2，以供未来有效利用，如用于封存；与可再生氢源反应转化成甲醇；与环氧物共聚生成聚碳酸酯。该一体化系统GVL解决方案由两个反应器、两个相分离器和一个单一的泵送系统组成，因此可最大限度减少二次加工步骤和设备(如进料净化、压缩和气体泵送)。该成果已发布在《Journal Science》上。该催化系统可为GVL解决方案提供高效而廉价的加工策略。生产丁烯或喷气燃料的成本由GVL市场价值决定。进一步的研究是优化从可再生生物质资源来生产 GVL 产品及进一步利用过程中的高压 CO₂ 副产物流。另外，从 GVL 生成高分子量烯烃的效益将取决于耐水的低聚催化剂的开发。业已证明，GVL 产品有潜力成为生产能源和精细化学品的原料，GVL 可通过乙酰丙酸加氢来生产，有望从农业废弃物通过商业化规模过程低成本地生产。通过采用蚁酸可最大限度减少在 GVL 生产中对外部 H₂ 的需求，蚁酸可用乙酰丙酸通过葡萄糖和 C₆ 糖类分解产生。GVL 含有 97% 的葡萄糖能量，当用作常规汽油调和剂(10% v/v)时，可与乙醇相比拟。然而，GVL 的限制包括高的水溶性，应用于常规燃烧式发动机的调和量限制；与石油基燃料相比，较低的能量密度。但这些限制可通过将 GVL 转化成液体烯烃(或烷烃)来克服，其分子量目标是直接用作汽油、喷气燃料和(或)柴油燃料。

　　进一步开发的目的是使 GVL 催化脱羧基化成丁烯和 CO₂，并在高压下与丁烯低聚相结合。

　　第一步使 GVL 转化生成不饱和戊烯酸的混合物，然后经脱羧基化生成丁烯异构体和化学当量 CO₂。这两步反应采用固体酸催化剂 SiO₂/Al₂O₃ 在水存在下、在固定床反应器中进行。这些反应压力范围是常压到 3.6MPa。

　　在分离步骤完成后，丁烯/CO₂ 气流在第二反应器中通过酸催化低聚改质成为较高分子量烯烃。这一低聚过程在高压下有利于进行。在第二分离步骤中，烯烃冷凝成为液体产品物流，而 CO₂ 仍保留在高压气体中。

　　已证实，研究人员也正在开发从生物质来源、木质、谷物秸秆和换草牧草等制取 GVL 的更高效方法。图 5.22 所示为 Wisconsin 大学开发的生物质中间体转化为运输燃料新技术

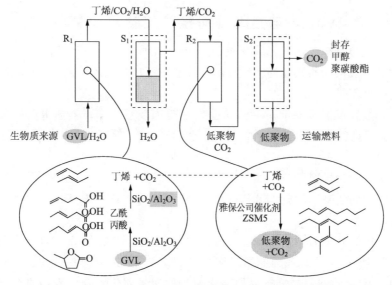

图 5.22 Wisconsin 大学开发的生物质中间体转化为运输燃料新技术

5.4.21 高产率化学水解过程生产纤维素燃料和化学品

美国 Wisconsin-Madison 大学研究团队于 2010 年 3 月 12 日宣布,开发出高产率化学水解过程生产纤维素燃料和化学品,该化学过程用于使生物质水解为糖类,再用于加工成燃料和化学品,其糖的产率可达到酶法水解的产率。该成果已发表在美国科学院汇刊(Proceedings of the National Academy of Sciences)上。该过程从纤维素可得到葡萄糖近 90% 产率,从未经处理的谷物秸秆可得到糖类 70%~80% 产率。

Wisconsin-Madison 大学生物化学和化学教授 Ronald Raines 等表示,新的工艺很容易得到可回收的糖类。

开发的化学途径采用含有氯化物离子液体的催化酸,溶解生物质中的长链糖类,并将它们破解成单一的葡萄糖和戊糖。反应中,在混合物中加入水以防止不需要的副产物产生。在经两轮这样处理后,从谷物秸秆可得到约 70% 葡萄糖和 79% 戊糖,糖的总产率为 75%。

Ronald Raines 等进一步采用乙醇性微生物使这些糖类发酵而生产乙醇。使用这种一体化的集成工艺,可使植物生物质中可用的一半的糖类转化成液体燃料。

然而,为使该工艺推向工业化规模,有一系列的障碍需要克服,包括:

(1) 高度黏稠的生物质-离子液体混合物可能需要特殊处理,水解糖类大规模的发酵可能会存在一些抑制剂。

(2) 从秸秆水解得到的糖类浓度(约 1%)对于实际发酵而言还太低,会导致水蒸发成本加大。

(3) 分离和离子液体循环可能会对商业化带来一些挑战。

5.4.22 Virent 与壳牌公司投产生物汽油装置

Virent 能源系统公司和壳牌公司于 2010 年 3 月 23 日宣布,其在世界上第一套将植物糖类转化成汽油和汽油调和组分的验证装置已成功投入生产,生产的是汽油和汽油调和组分而不是乙醇。

该验证装置位于 Virent 能源系统公司在美国威斯康辛州麦迪逊(Madison)市的工厂所在地,这是双方致力于生物汽油研究和开发努力的新步骤。该验证装置拥有生产能力 38 000L/a(10 000gal/a),产品将用于发动机和车队进行测试。

这种新的生物燃料可与汽油进行高比例调和,可在标准汽油发动机中应用。这种新产品无需专门的基础设施、无需改动发动机和所需的调和设备,就可使用含有超过 10% 乙醇的汽油。

Virent 能源系统公司的 BioForming 平台技术基于水相重整(APR)工艺,这是从含氧化合物生产 H_2 或烷烃的低温(180~260℃)催化方法。BioForming 平台技术将 APR 技术与常规的催化加工技术如催化加氢处理和催化缩合过程相组合,包括采用 ZSM-5 酸的缩合、碱催化缩合、酸催化脱水及烷基化。图 5.23 所示为 Virent 公司的 BioForming 平台技术。

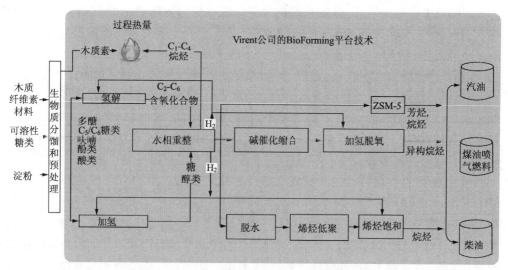

图 5.23 Virent 公司的 BioForming 平台技术

因为在常规石油炼油厂中,BioForming 平台内这些工艺过程步骤中的每一个都可进行优化和改进,可用以生产特定模式的所需烃类产品。例如,汽油产品可采用基于沸石(ZSM-5)的工艺过程来生产,喷气燃料和柴油可采用碱催化缩合途径来生产,高辛烷值燃料可采用脱水/低聚途径来生产。与壳牌公司组建的合作联盟重点是优化该工艺用于生产类似汽油的烃类分子。

Virent 公司专利的 BioForming 平台技术使用催化剂使植物糖类转化成烃类分子,这些烃类分子与炼油厂生产的相似。传统上,糖类被发酵成乙醇和蒸馏物。而 Virent 公司的"生物汽油"燃料分子具有比乙醇更高的能量,并且可提供更好的燃油经济性。它们可天衣无缝地进行调和,可与传统的汽油或与含有乙醇的汽油进行混合使用。

该糖类可来源于非食品原料,如玉米秸秆、麦秸和甘蔗纸浆,除了传统的生物燃料原料,如小麦、玉米和甘蔗也可使用之外。该验证装置目前使用甜菜糖为原料。

壳牌替代能源公司表示,从实验室规模走向验证生产装置是生产生物汽油的一个重要的里程碑,下一步将与 Virent 合作,使该工艺进一步推向商业化。

Virent 公司的 BioForming 工艺是生产可替代的先进生物燃料的领先技术,这些先进生物燃料包括可再生的生物汽油、柴油和航空燃料。

5.4.23 离子液体可用于使生物质转化为糖或羟甲基糠醛

美国科罗拉多州立大学研究团队于 2010 年 4 月 5 日宣布,研究表明,在相对温和的条件下(≤140℃,1 大气压)和不加入典型的生物质转化所使用的酸催化剂情况下,使纤维素溶解在某些离子液体(ILs)中,可使纤维素转化为水溶性还原的糖类,具有高的还原糖类总产率(高达 97%),或者直接生成生物质平台化学品 5-羟甲基糠醛,当加入 $CrCl_2$ 时,具有高转化率(高达 89%)。

研究结果表明,其有关反应涉及使用离子液体(ILs)-H_2O 混合物(作为溶剂,反应剂或催化剂),包括(但不限于此)有机催化、电化学和生物质加工或转化。这一成果已在美国化学学会《Journal Energy & Fuels》上发布。

植物生物质的大部分(60 w%~90w%)是以纤维素和半纤维素形式存储的生物高分子碳水化合物。随着纤维素物质成为地球上最丰富的可再生生物质资源,如果可以有效地使其转化成糖类分子(如葡萄糖),糖类分子能量密度高于母系生物质,就有潜力可满足我们未来的能源需求。由生物质衍生的糖类可以通过液相催化加工转换成为燃料和增值化学品。

另外,木质纤维材料可被直接转化成生物质平台化学品 HMF,这是一种多功能的中间产品,可用以生产高附加价值化学品和燃料(如 2,4-二甲基呋喃,这是一种生物燃料,其能量密度比乙醇高 40%)。

在离子液体中使纤维素生物质转化的方法,是典型的多样化条件下酶和化学水解的替代方案,或者是水热(高温高压)条件下在热压水中进行水解的替代方案。

离子液体-水混合物目前被看作公认的、唯一的溶剂来作为溶剂(IL 用于溶解纤维素)与反应物(H_2O 用于水解)。因此,研究人指出,目前的纤维素转化过程中仍然采用额外的矿物酸或有机酸作为催化剂。而由科罗拉多州立大学的团队所验证的过程中避免了额外需使用酸催化剂。

他们的研究中,将实验方法与实验计算组合所作的验证表明,通过在 IL-水混合物中利用离子液体(ILs),可显著提高 K_w 常数[水的溶解常数]。发现在温和条件下离子液体(ILs)中的水具有高的 K_w 值(比室温环境条件下的纯水要高出 3 个数量级),这是很重要的,因为这样高的 K_w 值典型情况只有在极高温或亚临界水条件下利用水才能达到。

5.4.24   生物质制汽油的另一潜在途径:水相加氢脱氧化

以乔治胡贝尔(George Huber)博士率领的美国马萨诸塞州阿姆赫斯特(Amherst)大学的研究人员,于 2010 年 4 月 20 日宣布,有选择地调整了其水相加氢脱氧化(APHDO)过程的化学性,使生物质用于制取生物汽油(biogasoline),碳产率约达70%。这一成果已在美国化学协会(American Chemical Society)第 239 次年会上发布。图 5.24 所示为从碳水化合物加氢脱氧化可生成高辛烷值汽油。

被调整的过程可使含水碳水化合物以分子形式释放出某些氧,这样,汽油主要为 C_2-C_6 醇类和 C_5-C_6 烷烃的混合物,汽油辛烷值范围为 70~85。

研究人员可以非常有效地利用生物质中的碳,可从这一加氢脱氧化过程来制取高辛烷值汽油,也可得到 C_5 和 C_6 糖类以及生物油的水相。

当前这种汽油产品符合目前汽油的某些规格,虽然辛烷值有点低,但蒸汽压符合要求。较大的顾虑之一是水溶性问题,由 APHDO 过程生成的许多产品是水溶性的,这是汽油产品的潜在问题。

该 APHDO 过程是一个有前途的化学途径,可用于生产宽范围的可再生产品,包

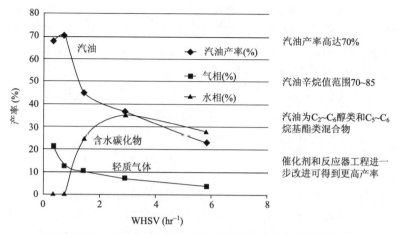

图 5.24 从碳水化合物加氢脱氧化可生成高辛烷值汽油

括醇类、多元醇、液体烷烃和烯烃。催化剂和反应器工程未来的改进将有助于实现更高的产量,以及进一步提高产品选择性。

该 APHDO 过程基于采用不同的催化剂而进行的三种关键反应:

(1) 在金属活性中心发生碳-碳键断裂反应。

(2) 在布朗斯特(Bronsted)酸活性中心发生碳-氧键断裂。

(3) 在金属活性中心发生氢化。

研究团队发现,除了催化剂的选择外,反应条件也可以调节化学性,例如增加 H_2 压力,增加对 C_6 产品的选择性。增加原料中山梨醇浓度可抑制气相产品。

5.4.25 生物基 γ-内酯在汽油和柴油中的共混特征

鉴于生物衍生的含氧化合物 γ-内酯(GVL)用于调和汽油和柴油得到越来越多的考虑,美国国家标准与技术研究所(National Institute of Standards and Technology)的研究人员于 2010 年 4 月 21 日对汽油和柴油燃料中掺混 GVL,分别为 10%、20% 和 30%(V)汽油混合物及 1% 和 2.5% 柴油混合物进行了性能表征,表征采用先进的蒸馏曲线衡量方法进行。其初步研究结果已在美国化学学会《Journal Energy & Fuels》上发布。

γ-内酯在许多水果中有发现,并且在香水和食品中有应用,它也在染料工业中用作固定增强剂。它具有的物理和化学性质,还使得其作为发动机燃料添加剂和扩展剂具有吸引力。

(1) 与乙醇不一样,GVL 不会与水形成共沸物,从而在最后的净化步骤中无需采用共沸蒸馏或分子筛吸附方法。

(2) 它具有较高的沸点和闪点,长期贮存稳定,具有低的风险评级。

(3) 在小五元环上它有两个氧原子,提供相对较高的补氧潜力和高密度。

(4) 与乙醇相比,这种液体的蒸气压相对较低,因此该液体与汽油混合时,在存储中将产生较低的挥发性有机化合物(VOC)排放。

GVL 也正在被研究作为运输燃料生产的中间体。由詹姆斯 Dumesic（James Dumesic）博士领导的威斯康辛大学的研究人员，已开发了一种工艺过程，通过使用集成的催化系统，不需使用外部氢源或贵重金属催化剂，在分子量适当的范围内，就可将 GVL 水溶液转化成液态烯烃，用作替代运输燃料。

 # 5.5 从生物质垃圾生产生物燃料

生物燃料备受争议，原因在于它的生产需要消耗大量的粮食。那能否不用粮食生产生物燃料呢？国外某些公司纷纷宣布，他们可以直接将生活垃圾转变为生物燃料。

目前在一些国家中，生物燃料的生产以粮食为原料，这也成为目前促使全球粮价上涨的因素之一。经济合作与发展组织估计，到 2017 年，欧盟、美国和加拿大耕地的 14％将用于种植生产生物燃料的植物，这将挤占粮食作物的种植面积，势必进一步推高粮食价格。与这些生物燃料的生产相比，以垃圾为原料，如果未来占有较高市场份额的话，将有助于降低粮价。同时，垃圾变燃料为有车族带来了福音。如 2007 年英国柴油价格涨到 1.33 英镑/L，大规模采用垃圾变燃料的生产工艺后，油价有望下降。此外，这个工艺还有助于减少温室气体的排放。

新加坡和瑞士的科学家于 2009 年 9 月 30 日发布评论认为，将用于世界填埋的垃圾转化成生物燃料，可在很大程度上化解日益增长的能源危机和应对碳排放问题。新发布的研究指出，用处理过的废弃物生产生物燃料来替代汽油，可望使全球碳排放减少 80％。已证明，从作物来生产生物燃料有悖于可持续发展的要求，因为这个过程需要增加作物产量，这会造成很大的环境成本。然而，第二代生物燃料如用来自处理过的城市废弃物生产纤维素乙醇，则可大大减少碳排，无环境问题之忧。研究团队发现，可望从世界埋地废弃物生产 829.3 亿 L 纤维素乙醇，用得到的生物燃料来替代汽油，对于生产的每单位能源而言，全球碳排放可望减少 29.2％～86.1％。

近期宣布将从垃圾生产生物燃料的公司有以下几个。

1. 通用汽车公司

通用汽车公司于 2008 年 1 月中旬宣布，计划从垃圾生产生物燃料，其成本将低于 1 美元/gal。通用汽车公司与位于美国伊利诺伊州的 Coskata 公司合作，Coskata 公司已开发了从任何可再生资源，包括废旧轮胎和植物废弃物制取乙醇的方法。这一工艺与从谷物生产乙醇的工艺相比有了很大改进，因为它使用的水和能量很少，并且无需将食品转化为燃料。据称，这一突破将意味着生物燃料发展具有生命力，更重要的是，可减少对石油的依赖。通用汽车公司将会拥有第一套商业规模装置，到 2011 年生产 5000 万～1 亿 gal 乙醇。

据 Argonne 国家实验室分析，采用 Coskata 公司的工艺与汽油驱动相对比较，所使用的能量可高达 7.7 倍，减少 CO_2 排放可高达 84％。该工艺可使用少于 1gal 的水生产 1gal 的乙醇，而其他工艺需用 3gal 以上的水。

2. Fulcrum 生物能源公司

美国 Fulcrum 生物能源公司于 2009 年 9 月 7 日宣布,已采用常规的生活垃圾为原料,成功验证了具有经济生产可再生乙醇的能力。这一里程碑式的验证在 Turning Point 乙醇验证装置上实现。该公司已于 2009 年 7 月开始在内华达州建设 Sierra 生物燃料装置,该装置位于内华达州 Storey 郡 Tahoe-Reno 工业中心的 Reno 东部 10 英里处,计划于 2011 年投入生产,将使 9 万 t/a 的生活垃圾转化成 1050 万 gal/a 的乙醇。当地 16.5 万人每年平均会产生 9 万 t 生活垃圾。

Fulcrum 生物能源公司已从其采用不同原料生产其他乙醇业务中获益,生产的乙醇燃料价格可低达 0.5 美元/gal,大大低于常规生产的乙醇燃料价格。该公司采用工程化催化剂可将合成气转化成适于汽车用的乙醇,采用气化过程生产合成气不会像目前将废物转化为能源的焚烧技术那样带来较大的排放。该公司在验证装置进行的数百小时试验已证实了这一结果。该公司现正在对该工艺进行精心调整以提高效率和产率。将垃圾废物转化为清洁、可再生的车用燃料同时具有社会和环境效益。

Fulcrum 生物能源公司已完成整个工艺的技术转让,其气化技术来自 InEnTec 公司,过程的催化部分来自 Nipawin 生物质新一代联合体与 Saskatchewan 研究委员会,Fulcrum 生物能源公司将两种技术组合在一起,使这一技术推向市场。

Fulcrum 生物能源公司表示,其生活垃圾生产生物燃料工艺也可应用于制取合成柴油、丁醇或用于发电,但从最高效益考虑目前更适于生产乙醇。

3. 怀俄明州过程设计集团

美国着眼于从垃圾生产汽油,现已有一些美国公司将木屑、垃圾、作物废弃物和其他废弃材料生产的汽油推向市场。美国政府为实现 2022 年使生物燃料达到 360 亿 gal 的指令要求,对生物燃料装置实施补贴政策。建设约 28 套不同的垃圾生产汽油装置的计划已处于不同的开发阶段。

美国怀俄明州过程设计集团已第一次进入商业化市场,该公司一套小型装置已投入试生产,采用松木废物制造车用燃料。该公司于 2008 年年底开始商业化销售乙醇。Fulcrum 生物能源公司于 2008 年 7 月下旬宣布,计划在内华达州 Reno 附近投资 1.2 亿美元建设从垃圾制取乙醇的装置,该装置将利用 9 万 t/a 垃圾制取 1050 万 gal/a 乙醇,于 2010 年投入生产。

4. 美国得克萨斯州 A&M 大学

美国得克萨斯州 A&M 大学于 2008 年 8 月 21 日宣布开发了将废物制取汽油的工艺,该工艺已向 Byogy 可再生能源公司进行技术转让,在两年内可望投入实际应用。得克萨斯工程实验站(TEES)和得克萨斯州工程研究局的研究人员开发的这一工艺过程可使生物质转化以制取高辛烷汽油,它可构成一个集成的系统,同大多数其他发展中工艺将生物质转化为乙醇一样,可将其与汽油进行调和应用。该系统相对价廉,采用生物质废弃物料和非食用能源作物为原料,而不是谷物等食品。研究人员表示,在无政府补贴和税收优惠减免情况下,根据原料的类型和成本及生物炼油厂的规模,其生产成本在 1.70～2.00 美元/gal 之间。适用生物质可包括垃圾、废水处理装置的生物固体、绿色废物如修剪的草、食品废物及各种家禽的粪便。

5. 英力士公司

英国英力士公司于 2008 年 7 月 22 日宣布,计划在约两年时间内从生活废物垃圾生产商业化数量的乙醇。该公司表示,已拥有从可降解的固体废物、农业废物和有机商业废物生产燃料的专利方法。英力士公司已与位于美国阿肯色州 Fayetteville、从事生物技术的生物工程资源公司(Bioengineering Resources Inc,BRI)签署将该技术推向商业化的合约,生物工程资源公司(BRI)已开发这一工艺过程。BRI 公司是美国众多开发纤维素生物质技术的公司之一,该公司已运转小型验证装置,在 Fayetteville 生产约 15 万 L/a 乙醇。英力士公司相信 BRI 公司的专利工艺过程现已可放大为商业规模装置。在该工艺过程中,1t 干的废物可转化约 400L 乙醇,乙醇可与传统燃料调和或将其完全替代。据称,这第二代生物燃料工艺与常规汽油相比,可减少温室气体排放高达 90%。该技术采用三步工艺,首先,废物被加热以产生气体;其次,气体再进入细菌中,细菌使之产生乙醇;最后,乙醇被提纯,制取能在汽车中被调和使用的燃料。

英力士公司旗下的英力士生物(Ineos Bio)公司于 2009 年 11 月 5 日宣布,对在英国 Seal Sands 建设第二代生物乙醇项目进行可行性研究。该装置采用英力士生物公司于 2008 年开发的技术将使当地产生的可降解生活和商业废弃物转化成乙醇。根据这项研究,在初期建设生物乙醇装置,到 2015 年将进一步扩大为世界规模级、一体化生物炼油厂,该生物炼油厂将组合生物乙醇装置和生物能源装置。英力士生物公司表示,将在 2010 年对该项目作出决定,该生物乙醇装置预计拥有约 2.4 万 t/a 的生产能力。

6. 芬兰 St1 公司

芬兰从事能源的 St1 公司与独立石油公司 Marquard & Bahls 于 2008 年 8 月中旬宣布成立合资企业,将在欧洲从废弃物生产生物乙醇。合作协议于 2009 年实施,合作伙伴计划采用 St1 公司的 Etanolix 技术,在德国、奥地利和瑞士从废弃物生产生物乙醇。St1 公司的 Etanolix 技术采用废物为原料,从而不会影响食品供应和价格。用废物基生物乙醇替代化石燃料可大大减少 CO_2 排放同时也符合废物管理规定。

St1 与 Marquard & Bahls 合作的第一步是在中欧生产废物基生物燃料。St1 公司已签署协议建立合资企业,在日本具有 Etanolix 生物乙醇生产能力。

Marquard & Bahls 公司从事国际能源和石油业务已有 60 余年的历史。

另外,芬兰 VTT 技术研究中心及其合作伙伴于 2008 年 11 月 26 日宣布开发从鱼类加工厂的鱼类废弃物中生产生物柴油的 3 年研发项目 ENERFISH。为确保该技术的生命力并能快速推向商业化,合作伙伴正在越南 Hiep Thanh Seafood JSC 鱼类加工厂建设生物柴油生产装置。该项目团队也在开发基于使用 CO_2 的冷却系统及适用于鱼类加工作业的冷藏系统。采用新型冷藏系统可以节能 20%,资助该项目的大部分来自欧盟。芬兰外交部将提供资金在越南建设验证设备。Hiep Thanh Seafood JSC 鱼类加工厂产生 12 万 t/d 鱼类加工废弃物。采用将鱼类加工工业废弃物作为可再生能源来源是一项具有高效益的业务。

7. Coskata 公司

总部在美国伊利诺伊州 Warrenville 的 Coskata 公司也开发了有机废弃物的等离子气化过程,目标是用于生产乙醇。可供入的物料包括埋地有机废弃物和生物质,它们经等离子气化产生合成气,再用微生物使之转化成乙醇。Coskata 公司等离子气化生产乙醇的途径为许多竞争者开发酶和微生物生产纤维素乙醇的方法提供了又一种替代方案。

Coskata 等离子气化途径具有许多潜在的优点,避免了直接使用酶和再加工生物质,从而可节约成本。Coskata 方法基本上将全部供入物料都用于气化,所以产生极少的废弃物,它可使用宽范围的供入物料,同时用水极少。采用微生物而不是化学催化方法将合成气转化为乙醇,也有助于降低成本。验证生产乙醇的中型装置成本为 1 美元/gal,商业化规模装置建设于 2009 年投运。

8. AlphaKat 公司和全球能源公司

由 Christian Koch 总裁领导的德国 AlphaKat 公司和全球能源公司(Global Energy)于 2009 年 1 月 15 日宣布,首次采用生活固体废弃物(MSW,生活垃圾)为原料,应用 AlphaKat 公司第一代商业化规模 KDW-500 废物制柴油工艺成功试生产出柴油。该 KDW-500 废物制柴油工艺设计以平均 1.5t/h MSW 为原料,生产出 145gal(550L) 高质量的柴油燃料。

此次试产成功是 KDW-500 工艺推向商业化的重要里程碑。

全球能源公司开发了用于分拣 MSW 的全自动化工艺,该工艺可产生完全一致的由 MSW 衍生的原料,其组成为 80% 的生物质(包括纸张和木屑)与 20% 的塑料,使原料成为碎屑并进行干燥以符合规格要求。

全球能源公司 CEO Asi Shalgi 表示,初步试验结果证明 KDW 技术拥有巨大潜力,可充分利用丰富而不断增多的废弃原料如 MSW,并将进一步支持全球能源公司在欧洲、美国和中国的项目开发和战略合作。

9. 芬兰 ENERFISH 工程

芬兰一家研究中心与欧盟委员会合作,开发一项新的工程,就是将水产加工厂的废料转化成生物燃料。这项为期三年的工程被命名为 ENERFISH,旨在促进绿色和可持续能源的发展,同时促进发展中国家的经济发展。由于 ENERFISH 工程符合关于促进与发展中国家新技术分享,以及就地取材生产的政策,欧盟为这项工程提供了超过 250 万欧元的资助。

全球石化燃料的减少使可持续能源成为必需品,而利用水产废料生产生物燃料是前景光明的产业。ENERFISH 工程是在芬兰科学院技术研究中心的协调下,同越南一家鲶鱼加工厂共同努力,寻找利用该工厂水产废料生产生物燃料的最佳方式,开发时间为 2008~2011 年。为使该技术尽快投入商业化运行,还将在水产加工厂附近建立生物燃料生产基地。ENERFISH 工程计划建立一个 CO_2 冷却系统及一个特别冷冻系统,用这两个系统将废弃物转化成生物燃料。芬兰、法国、德国、英国及越南的中小型企业都将被纳入系统工程中。芬兰技术研究中心(VTT)表示,利用渔业加工废料作为可持续能源的来源,将成为一种高效益的商业行为。ENERFISH 的项目伙伴寄希望于该工程能够具有重要的商业价值,而工程的完成则需要依靠建立在基础研究程序上的技术测试。

东南亚和中国是世界上最大的养殖鱼生产地区,利用包括最新式的冷冻技术在内的先进技术为这两个地区带来更多的利益。冷却和冷冻系统将建在越南南部的一家水产加工厂,新设备一旦运行,将为该工厂节约 20％的能源。工程初期将建立示范设备,以检验其安全性和功能,资助来自芬兰外事部。越南的这家水产加工厂的负责人说,之所以对该工程感兴趣,是因为利用最新技术可以减少生产环节给环境造成的破坏。

10. Enerkem 公司

热化学(气化和催化合成)开发商 Enerkem 公司于 2009 年 3 月 21 日宣布,将在美国密西西比州 Pontotoc 从生物质和废弃物生产合成燃料,建设和运作第二代生物燃料生产装置。密西西比 Three Rivers 固体废弃物管理局将为该装置供应约 18.9 万 t/a 未分拣的生活固体废弃物(MSW)用作原料。预计采用由该地区林业和农业作业的木质残余物及城市生物质如生活固体废弃物、建筑垃圾与废弃木料组成的混合原料,生产 2000 万 gal/a 新一代乙醇。除了投资生物燃料装置外,还包括上游生活固体废弃物回收和预处理中心。总的项目投资为 2.5 亿美元。Enerkem 工艺将回收利用和转化送往 Three Rivers(三河)埋地场的生活固体废弃物(MSW)约 60％。MSW 的大多数将转化为生物燃料,其余将分销给回收利用加工商。

加拿大 Enerkem 公司在美国的全资子公司 Enerkem Corporation 于 2009 年 12 月 11 日宣布,获美国能源部 5000 万美元的资助,将在美国密西西比州 Pontotoc 建设和运营废弃物制生物燃料装置。Enerkem 公司的废弃物制生物燃料装置是美国复苏法一体化生物炼油厂运营验证计划中 4 个较大型规模验证项目之一。Enerkem 公司将在密西西比州建设和运营 300t/d 生物炼油厂,将从分选的城市固体生活废弃物和木质残余物中每年生产 1000 万 gal 乙醇及绿色化学品,并可减轻填埋的压力。自从其密西西比州废弃物制生物燃料装置于 2008 年 3 月决定建设以来,已加快推进对该环境许可的工艺过程进度,并与当地合作伙伴三河规划开发区及三河固体废弃物管理局对该项目进一步加快开发。该项目将为 130 人创造就业机会。该公司也计划通过增加第二模块生产线使其密西西比生物炼油厂规模翻一番,使总生产能力扩大到 2000 万 gal/a。

11. 美国废弃物管理公司

美国废弃物管理公司(WM)与 Terrabon 公司于 2009 年 9 月 1 日联合宣布,将由废弃物管理公司投资 Terrabon 公司独特的废弃物制燃料转化技术。废弃物管理公司是北美地区领先的废弃物综合管理和环境服务提供商。废弃物管理公司也将与北美最大的炼油商瓦莱罗(Valero)能源公司进行合作,瓦莱罗能源公司也于 2009 年 4 月投资 Terrabon 公司。来自美国废弃物管理公司和瓦莱罗能源公司的投资将用于 Terrabon 公司推进其废弃物制燃料转化技术的应用发展。

废弃物管理公司将支持 Terrabon 公司向其提供有机废弃物,Terrabon 公司将采用其 MixAlco 技术,利用有机废弃物生产高辛烷值汽油。MixAlco 技术为酸发酵工艺,可将生物质转化成有机盐类。得到的无害有机盐类或称生物原油(bio-crude)可用卡车、铁路槽车或管道运送至瓦莱罗公司炼油厂,再转化成高辛烷值汽油,这种高辛烷值汽油可直接与炼制商的大批量燃料相调和,避免了生产乙醇带来的调和和后勤设施所造成的诸多麻烦。

Terrabon 公司利用已在美国得克萨斯州 Bryan 公司先进的生物燃料研究设施从甜高粱生物质成功地生产出了汽油。

12. 垃圾高温催化解聚变燃料

据《科学美国人》报道,为了降低美军士兵在伊拉克及阿富汗战场执行护送任务时的危险系数,同时削减能源开销,使垃圾变废为宝,美国军方目前正在投资一个"垃圾变燃料"的项目,将战争中产生的固体垃圾转变为一种与柴油属性极为相似的混合燃料,为发电机及悍马等载具提供动力。这一项目的执行企业是美国卡万塔能源集团,美国陆军工程兵部队(USACE)已经向该集团提供了 150 万美元的研究经费。据统计,美国军队在海外的能源需求非常巨大,以 2008 年为例,据美国审计总署公布的数据,美国国防部每个月平均要为部署在伊拉克及阿富汗的作战部队提供 6800 万 gal(约合 1500 万 L)的燃料。随着奥巴马于 2009 年底宣布增兵阿富汗,考虑到阿富汗崎岖的地形条件,美军的燃料需求很可能会继续攀升。此外,在公路四围"神出鬼没"的敌军也在威胁着美军的能源运输安全。2008 年 6 月,美军向阿富汗巴格拉姆空军基地运送汽油的车队屡受伏击,最终导致 44 辆运油车和近 5 万 L 汽油被毁。

目前,美军在阿富汗和伊拉克的临时营地的垃圾处理问题很棘手。如果建造可长期使用的垃圾处理厂,成本高是一方面,同时垃圾随时可能遭废弃;如果直接焚烧,又会对士兵的健康带来威胁。为了在避免危害健康的前提下解决垃圾问题,同时保证能源供应,"垃圾变燃料"项目便应运而生。美军工程师史蒂芬·考斯伯表示:"能在生产能源的同时消灭垃圾,这个技术非常迷人。"考斯伯还进一步透露,一旦该项目成功,这种技术将在美国军队中广泛使用,特别是海外战区。

卡万塔能源集团旗下的子公司——卡万塔可再生燃料公司目前正在积极研究这一技术。研究人员采用的方法是将固体垃圾同重油、催化剂混合,然后在一个特制的反应装置中将这些混合物加热至 500℃,之后这些垃圾将会转变成液态柴油。卡万塔能源集团负责研发的副总裁史蒂夫·高夫表示,这一技术的关键是催化剂的解聚作用,这种催化剂由德国公司 AlphaKat 发明,其成分包括硅、铝和钠,以及一个每分钟转动次数达到 3000 转的涡轮,卡万塔购买了其专利使用权。其中的涡轮也有特别之处,它能够承受高温,同时可处理任何物理形态的物质,无论是液态、气态还是固体,而普通的涡轮仅能对液体或者液体和固体的混合物发挥作用。史蒂夫·高夫称,公司的这一技术是"唯一"的,目前还没有人尝试过用该技术将垃圾变为燃料。与此同时,卡万塔项目的操作温度仅为 500℃,同传统的气化和焚烧技术相比,这种技术并不需要超高的温度和大量能源,这意味着该技术能够节省更多的成本。相对的低温操作还有一个好处,就是避免了高温下化学反应带来的有毒化学物质。

卡万塔能源集团计划 2010 年在马萨诸塞州建立一座示范工厂,尝试用这一技术将各种垃圾,包括纸片、食物、塑料,甚至是轮胎转变为能源,并在年底前完成这一项目的经济可行性报告,为在军队中全面推广做好准备。

13. AFE 公司

Alliance Federated 能源(AFE) 公司于 2010 年 2 月 7 日宣布,在美国威斯康辛州 Milwaukee 投资 2.25 亿美元,开发"Apollo"项目,采用 Westinghouse 等离子公司(WPC)的等离子气化技术,建设 25MW 废弃物等离子气化发电项目,将城市生活和工业废弃物转化成合成气,用于发电。采用 WPC 公司的等离子气化技术在世界上已有几套装置投入商业化运行,另有几套还处于设计和建设阶段。

废弃物原料的 30% 来自该地区领先的工业废弃物管理服务公司之一威斯康辛处理公司。该项目定于 2013 年投运,可再生能源装置的第一阶段将处理 1200t/d 生活和工业废弃物,产生的能量在 Milwaukee 地区发电可供 2 万户家庭使用。

WPC 公司等离子气化器使用专有的等离子矩,在工作高于 5 538 ℃ 的条件下,建立温度高达 1 649 ℃ 的气化区,用于将固体和液体废弃物转化成合成气。图 5.25 所示为 WPC 公司等离子气化器。

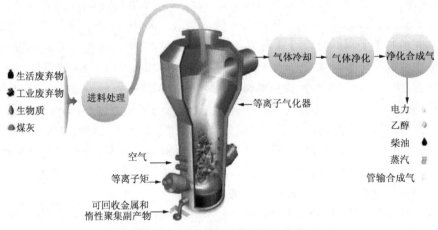

图 5.25   WPC 公司等离子气化器

14. 加拿大废物管理公司

加拿大废物管理公司(Waste Management)于 2010 年 2 月 24 日宣布,对开发商 Enerkem 公司进行战略投资,Enerkem 公司是从生物质和废弃物经热化学(气化和催化合成)工艺生产合成燃料和化学品的开发商。Enerkem 公司已取得 5 380 万加元(5100万美元)的资助,该公司现有的工业投资商有 Rho 风险投资公司、Braemar 能源投资公司、BDR 投资公司、新投资商废物管理公司和 Cycle 投资公司。新的资助将用于支撑 Enerkem 公司的发展计划,包括启动建设其第二套废物制生物燃料装置。

Enerkem 公司采用热化学气化工艺生产均一的合成气,合成气再转化为液体燃料,如乙醇及生物化学品。该技术可加工各种碳基原料,包括分选城市生活固体废弃物、建筑和毁坏的木材,以及农业和林业残余物。Enerkem 公司的技术可使 1t 粗原料(干基)转化成 360L(95gal)纤维素乙醇。

Enerkem 公司的气化技术基于鼓泡流化床反应器,采用前端加料系统,可处理松软物料而无需将其造粒。浆液或液体也可通过设计的喷射器加入气化器。气化过程采用空气作为部分氧化剂或使用富氧空气来进行,富氧空气富氧量可为需要的合成气组成来设定。该过程也在特定分压下存在蒸汽。

气化器操作在低苛刻条件下(温度约 700℃ 和压力低于 1.0MPa),可采用廉价的建造材料和耐火材料。生产的合成气经清洗和调制,采用现有的催化剂和调制系统,包括旋分去除惰性物、二次碳/焦油转化、热回收单元及焦油/细粉向反应器的再喷射。合成气采用催化转化工艺再转化成产品。图 5.26 所示为 Enerkem 公司废物制生物燃料步骤。

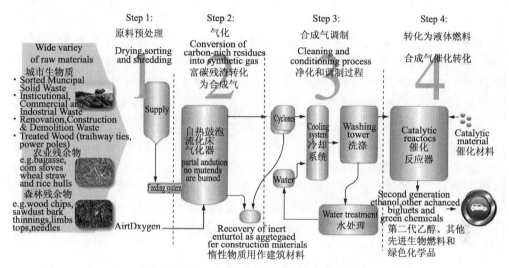

图 5.26 Enerkem 公司废物制生物燃料步骤

15. 美国 SNC-Lavalin 公司

由美国废物管理公司和 InEnTec 公司组建的合资企业 S4 能源解决方案公司(S4 Energy Solutions LLC)于 2010 年 3 月 5 日宣布,计划在废物管理公司位于俄勒冈州阿灵顿(Arlington)的哥伦比亚岭吉(Columbia Ridge)垃圾填埋场开发等离子气化设施,计划中设施将是一个完全和集成的 S4 设计解决方案,这一方案将使城市生活固体废弃物转化为清洁燃料和可再生能源。

建设工程于 2010 年 6 月开始,于年底建成投产。该项目建设阶段将为 28 人创造工作机会,该装置运转也将为 16 名员工创造永久的绿色就业岗位。

采用 S4 系统,废弃物料准备好后即可进入第一阶段气化室,在约 843℃ 温度下运转。第一阶段结束后,废弃物料流入第二封闭室,在此,使用电力传导气体(称之为等离子),使它们被加热至 538~1093℃。第二段等离子气化的高热使废弃物的分子结构重新排列,将有机物(碳基)转化成为超清洁的合成气。洁净的合成气然后再被转化成为运输燃料如乙醇和柴油,或像 H_2 和甲醇那样的工业产品。合成气也可以用来作为供热或发电用的天然气替代物。在该 PEM(TM) 过程的第二阶段,无机(非碳基)物料被转化成环保的惰性产物。

新的等离子气化设施将与该垃圾填埋场的其他可再生能源生产实现互补。废物管理公司将于 2010 年 1 月在该垃圾填埋场使填埋气产生能源(LFGTE)新设施投产之时,开始产生可再生能源电力。LFGTE 过程在填埋场可捕集废弃物分解产生的 CH_4 气体,然后使用该 CH_4 气体产生 6MW 的电力,通过与西雅图市照明公司签订的协议,该电力可供西雅图市 5000 户家庭用电。该填埋场也设有风能发电,67 台风力发电机可为 PacifiCorp. 公司产生超过 100MW 可再生电力。

16. 上海生活垃圾无害化处理厂

2009 年 12 月底,一座全新的生活垃圾无害化处理厂在上海金山工业区内建成投产。这座工厂"吃"掉的是城市生活垃圾,产出的是油、气、碳 3 种形态的再生能源,整个过程不释放污染物质。该厂采用生活垃圾无害化处理新技术,该技术处于国内领先地位,已取得国家技术发明专利。这个垃圾处理厂采用的是上海弘和环保科技有限公司自主开发的生活垃圾低温无氧裂解转化综合技术。主装置反应釜高 24m,日处理生活垃圾 100t。生活垃圾事先无需分类,可通过传输带直接送入反应釜中,在一定的温度、压力条件下,进行持续化的化学反应。数小时后,即在不同出口产出油、气、碳产品。垃圾处理厂没有烟囱,看不见污染物质排放。据了解,采用该工艺,每吨生活垃圾可产出低热值可燃气体 80～100kg、高热值可燃气体 10～20kg、有机碳混合物 150～300kg、燃料油 30～50kg。产生的可燃气体直接引回反应釜作为处理垃圾的能源,而燃料油和热值约 3000kcal 的碳粒可供应市场,用做锅炉等的能源。

低温无氧裂解转化新技术具有四大亮点:一是模仿人体肠胃的"蠕动"方式,传送并消化生活垃圾;二是装置内采用非均向加热来完成裂解转化过程;三是解决工业用水问题,将垃圾本身携带的水分在处理过程中消毒、蒸馏,供处理厂循环使用;四是运用隔氧技术,解决了装置自身的安全问题。

5.6 用 CO_2 制取清洁燃料

随着全球工业经济的不断发展,大气污染和温室效应已严重威胁人类赖以生存的地球环境。在 6 种温室气体中,CO_2 以 55% 的"贡献率"高居榜首。据统计,工业革命前大气层中的 CO_2 浓度只有 2.9×10^{-4},而目前达到了 3.79×10^{-4}。现在,全世界每年向大气中排放的 CO_2 总量接近 300 亿 t,而 CO_2 的利用量仅为 1 亿 t 左右。随着《京都议定书》的正式生效,如何封存、回收及利用 CO_2 已成为国际社会应对气候变化的重要策略。

据介绍,全球每年排放的 CO_2 约达 200 亿 t,我国约占 10%。但目前全球 CO_2 利用量不足 1 亿 t。当今研发催化剂的一大趋势是使排放的 CO_2 气体转化成燃料和化学品。开发中的一些工艺过程是从 CO_2 衍生的甲醇来制取二甲醚(DME)或烯烃。最近,封存 CO_2 仍被认为是减少 CO_2 排放的主要路径,同时也正在寻求将 CO_2 催化转化成燃料和化学品的更高效途径。例如,从事材料科技的 Novomer 公司正在开发一种工艺,就是将 CO_2 组合到聚合物和精细化学品中。帝斯曼风险投资公司于 2008 年 1 月已在 Novomer 公司中参与了投资。许多 CO_2 催化转化工艺过程仍存在用能过大的问题,开发催化剂所面临的挑战是要使 CO_2 中稳固的 C-O 键的活化能能够降低。

新加坡生物工程和纳米技术研究院(IBN)的研究人员于 2009 年 4 月已成功地利用有机催化剂使 CO_2 转化成甲醇,这一发现已在《Angewandte Chemie》中发布。研究人员采用 N-杂环碳烯(NHC)就可使其在活化和固定 CO_2 方面拥有巨大的潜力。新加坡生物工程和纳米技术研究院(IBN)正在开发 H_2 分子作为较廉价氢源以降低将此技术推向商业化的成本。最近,美国碳科学公司(Carbon Sciences)开发了一种放大的、低耗能工艺,可将废弃 CO_2 和水转化成乙烷、CH_4、丙烷或甲醇。该公司的路径是基于低能耗生物催化水解工艺,在该过程中,水分子被分解为氢原子和氢氧根离子。氢原子直接用于生产烃类,氢氧根离子中的游离电子用于驱动不同的生物催化过程。这些催化过程的突破依赖于该公司专有的生物催化剂,生物催化剂具有使 CO_2 转化为燃料的功能,生物催化剂可以使用数百万次后再被废弃,该公司最近已完成原型装置试验。在能源紧缺的今天,除将 CO_2 转化为化学品外,将 CO_2 转化为清洁烃类燃料也是开发中比较有前途的重要途径。如在当前常规化学品需求不景气和环境保护呼声日益高涨的情况下,日本三菱化学公司仍立足长远,于 2009 年 3 月 4 日宣布组建新的全球研究院,主攻能源、环境和健康护理课题,以应对挑战。第一步行动计划就是研究将 CO_2 用作碳源,以减少大气中 CO_2 和开发碳基小分子,然后将碳基小分子用作燃料,组合在消费产品中或转化为塑料材料。

一家名为 Pond Biofuels 的加拿大公司于 2010 年 4 月 6 日宣布,尝试从水泥厂的海藻中捕获 CO_2 排放,并用于生产生物燃料。众所周知水泥的生产过程耗能高,且污染重。每年仅全球的水泥生产造成的温室气体排放就占总排放量的 20%。同时由于发展中国家像中国和印度对水泥混凝土建造的基础设施的需求剧增,水泥厂以及其他工业来源带来的温室气体排放将持续上升。这家名为 Pond Biofuels 的加拿大公司在这些工业温室气体减排中看到了一些真正的机会。公司已经在安大略西南部的 St. Marys 水泥厂第一次成功实现了捕获工业排放 CO_2,并将其转化成高价值的生物质能。其他的一些公司也正在加入到这场开发生物质能转化先进科技的竞赛中来,以成功实现对大型工业设施排放的温室气体进行捕获,转化和再利用。然而对这个新生行业的投资市场却发展缓慢。如果 Pond Biofuels 这次能成功地建造微生物海藻田并将其转化成可再次使用的能量,这家起步只有 3 年的公司将会得到大量风投资本家的青睐。

5.6.1　借助太阳能使 CO_2 转化生成烃类燃料

1. 实例 1

位于美国新墨西哥州 Albuquerque 的桑地亚(Sandia)国家实验室正在开发利用

CO₂生产清洁燃料技术。该技术将CO_2转化为CO,再用CO制取燃料,包括H_2、甲醇和汽油。转化过程是在集聚的太阳能热量存在下,将CO_2通过载以铁酸钴的陶瓷材料。抛物面太阳能集热器可使称之为反向旋转环状接受反应蓄热器(CR5)的新型反应器温度提升至1500℃。这一反应可将CO_2分解为CO和O_2。CR5反应器的另一腔室用于由H_2O产生H_2,然后,将H_2与CO化合生成烃类燃料。研究人员已计划建造反应器规模像油桶大小的CR5装置。该反应器将使22kg CO_2和15kg水转化为约9.5升/d液体燃料。据称,CR5技术的商业化可望在至少15年内实现。其实用潜力在于可从工业来源捕集排放的CO_2,并将CO_2重新用作燃料。正在开发中使用CO_2作为原料的其他过程包括E. coli系统,该系统可产生类似汽油的燃料及产生可用于燃料电池的甲酸。

2. 实例2

美国马萨诸塞州的Joule生物技术公司于2009年7月30日宣布,已开发了创新的新工艺,可使CO_2和阳光转化以运输燃料,而无需使用生物质,见图5.27。该公司专利的Helioculture工艺使用基因工程化光合成有机体,它不需要农业耕地或新鲜水,据称,每年每英亩占地可生产超过2万gal的可再生乙醇或烃类,Joule生物技术公司相信其生产的产品可与50美元/桶油价相竞争。

Joule生物技术公司现已生产出验证数量的乙醇,于2010年实现商业化生产。该公司也在实验室生产出烃类燃料,将于2011年投运验证装置。

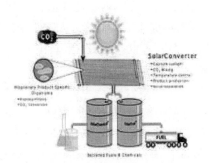

图5.27　Joule生物技术公司使用基因工程
化光合成有机体,使CO_2和阳光转化生产运输燃料

美国Joule生物技术公司于2009年11月10日宣布,已开发出太阳能制生物柴油工艺。该公司开发可再生燃料,通过工程化微生物,以太阳能为推动力,达到CO_2直接微生物转化成烃类。Joule生物技术公司正在开发新的光合成驱动途径,以生产可再生燃料,这可避免多步法纤维素或海藻生物质生产方法的经济性和环境问题。该公司采用了SolarConverterT系统,并组合了专有的、定向产品微生物和现代化工艺设计,利用太阳光为动力,消耗废弃的CO_2。该公司表示,其技术平台已确认,可以高生产率地将CO_2转化为乙醇,该工艺过程于2010年初进入中试开发阶段。该公司也表示,现已能直接生产烃类:性能可与柴油燃料相比拟,而无需采用原材料或复杂的炼制工艺。

Joule生物技术公司总裁和CEO Bill Sims表示,上述研发水平标志着生产可再生燃料在高产量和竞争成本方面已达到关键的一步。公司将加快开发石油基柴油的直接替代品,利用目前的贮存和分配方法,实现很高的净能量平衡,而不消耗天然资源,包括通过生物质制油途径。公司并不期望立即就能成功,但最近取得的进展已打开了改变工业技术的大门。

3. 实例 3

我国同济大学的碳资源循环技术研究所于 2008 年 6 月初宣布已拥有十余项水热反应的研究成果。其中,最富有创意的成果莫过于　项“CO₂ 资源化”的研究。简单地说,这项研究是以一种模拟自然的方式将 CO₂“还原”成类似汽油的车用燃料和有机资源。打个比喻,如果把人类大肆消耗化石燃料、大量排放 CO₂ 的过程看作一部正在放映的纪录片,水热反应就好比让胶片飞速倒转的“快退”按钮。碳资源循环技术研究所里的每一项研究都遵循“让地球上的碳资源和谐循环”的理念,CO₂ 资源化研究、高浓度难降解有机废水资源化研究相继被国家自然科学基金委员会和上海市浦江人才计划列为资助课题。在该研究所实验室的加热箱中,在不锈钢或铸铁制成的水热反应罐里,各种废弃物与亚临界、甚至超临界水之间发生着意想不到的交融与组合。根据反应内容和反应条件的不同,几秒到几小时内,水热反应即可完成。在最近的几次实验中,当反应环境达到 200～300℃、5～8MPa 时,CO₂ 在 30min～2h 内可转变成甲醇、CH₄ 或甲酸,转化率高达 70%～80%。目前,该所人员正在寻找合适的催化剂,尝试 CO₂ 降低水热转化的温度,加快反应,这意味着将来这一技术成本将更低。今后,钢厂、电厂等 CO₂ 排放大户的烟囱,一旦与水热反应装置连接,不但可大幅减排,还能生产车用燃料、化工原料等高附加值产品。该研究所表示,他们还有更大的设想,就是把最终产品从短链有机物变成长链,直接由 CO₂ 生产石油。

5.6.2　太阳能光催化可使 CO₂ 和水蒸气转化为烃类燃料

美国宾夕法尼亚州的研究人员于 2009 年 1 月 28 日宣布,开发了一种方法,采用含氮的二氧化钛纳米管阵列可更有效地利用太阳光使 CO₂ 和水蒸气转化为 CH₄ 和其他烃类。这些纳米管阵列的特征是壁薄,能有效地将载体转移为可吸附的形式,并且具有由共催化剂 Pt 和(或)Cu 的纳米尺寸岛负载的表面。这一成果已发布在 2009 年 1 月 27 日美国化学学会杂志《Nano Letters》中。使用户外 1.5 光强度阳光(100 mW/cm²),当纳米管阵列试样用 Cu 和 Pt 纳米颗粒负载时,就可得到产生烃类的速率 111 ppm/(cm²·h)。在户外太阳光下 CO₂ 转化为烃类的速率比以前所公布报告中的数据要高出至少 20 倍,这一结果是在实验室条件下采用紫外光照射所取得的。图 5.28 所示为利用含氮的二氧化钛纳米管阵列、负载 Cu 和(或)Pt 催化剂的膜表面通过光催化生成烃类产品的产率。光催化生成 CH₄ 反应需要 8 个光子,生成其他烃类还需要一些光子。要达到高的烃类产率需要最大限度地利用太阳能的高效光催化剂。

对反应产物的气体试样分析表明,产物中主要是 CH₄,另外,乙烷、丙烷、丁烷、戊烷和己烷及烯烃及支链烷烃也有低浓度的存在。

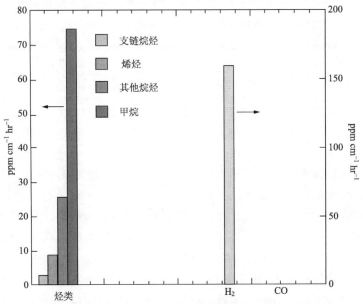

图 5.28   利用含氮的二氧化钛纳米管阵列、负载 Cu 和(或)Pt 催化剂的膜
表面通过光催化生成烃类产品的产率

研究人员发现,共催化剂对于高的 CO_2 转化率是基本要素,均匀含氮的二氧化钛对该过程不起重要贡献作用。

5.6.3   生物催化过程使 CO_2 转化为低碳烃类

美国碳科学公司(Carbon Sciences)是 CO_2 转化碳酸盐技术的开发商,该公司将气体转化为沉积碳酸钙(PCC)用于生产纸张、医药和塑料,该公司于 2008 年 9 月底宣布,现正在开发将 CO_2 转化为低碳烃类($C_1 \sim C_3$)的工艺过程,以便将低碳烃类进一步改质成较高碳的燃料,如汽油和喷气燃料。将 CO_2 转化为燃料的常规工艺过程包括直接光分解,光分解采用光能使 CO_2 中的氧原子脱落出来,从而使 CO_2 与 H_2 反应生成 CH_4 或甲醇。这些工艺过程是高压和高温的化学反应过程,故需使用大量能量。采用这些工艺过程来大规模的生产运输燃料在经济上不甚合理。相对而言,美国碳科学公司开发了多步骤的生物催化工艺,该工艺在低温和低压下进行,因而需用能量比其他途径少得多。图 5.29 所示为 CO_2 转化为低碳烃的生物催化过程。该过程中的每一步都采用生物催化剂以生成中间的含碳化合物,中间的含碳化合物再进入下一步反应,耗能极少。在反应结束时,各种含碳化合物可被结合成一些基础烃类,如 CH_4、乙烷和丙烷。

将 CO_2 转化为燃料的完整装置将包括以下组成部分。

(1) CO_2 烟气处理器:将 CO_2 气流进行粗提纯以去除重质颗粒。碳科学公司的工艺过程无需高纯 CO_2,因此可采用较低成本的 CO_2 捕集与处理措施。

(2) 生物催化剂单元:用于 CO_2 转化过程的生物催化剂的再生。

（3）生物催化反应器模块：是该装置主要且最大的组成部分，在此，有大量的生物催化剂在液相反应室的模块内工作，实施 CO_2 的多段破解，并将其转化为基础的气体和液体烃类。这些反应器为低温和低压容器，因而造价不昂贵。反应器数量取决于装置的规模和产量能力。

（4）过滤：液体通过膜法单元进行过滤，以提取液体燃料。气体燃料通过冷凝器提取。

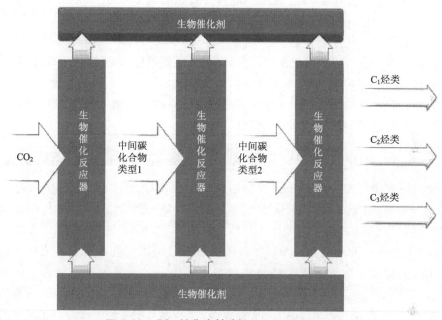

图 5.29 CO_2 转化为低碳烃的生物催化过程

（5）转化与精制：过滤段的产出含有一些低级烃类燃料，这些烃类可通过适用的商业化催化转化器被加工成较高级的烃类燃料，如汽油和喷气燃料。

碳科学公司表示，可为用户配置不同的转化和精制段及生物催化器，采用 CO_2 转化为燃料的工艺过程来生产各种烃类燃料。CO_2 生物催化制烃类燃料工艺的开发商碳科学公司（Carbon Sciences Inc.）于 2008 年 10 月底宣布，CO_2 生物催化制燃料工艺于 2009 年一季度完成验证。该公司不是采用需较高能量的常规工艺来生产燃料，而是采用只需较低能量的一步法生物催化工艺，该工艺在低温和低压下进行。工艺的每一步采用的生物催化剂可用于生成注入碳的中间化合物，注入碳的中间化合物又通过下一步采用很少的能量进行反应，各种注入碳的化合物可组合成一些基础烃类，如 CH_4、乙烷和丙烷。然后这些低碳烃类被转化为较高碳的燃料。开发中的原型设施为可调节的实验室规模，由 3 个主要部分组成：

（1）气体处理部分。

（2）生物催化反应室。

（3）燃料分离和收集室。

设有在线采样和分析设备以提供过程物流的实时信息。该公司预计CO_2物流可以转化成能燃烧的液体燃料。将排放的CO_2回收转化成汽油和其他燃料的技术开发商碳科学公司(Carbon Sciences)于2009年6月22日宣布,使用CO_2制燃料工艺用酶的功能寿命在该公司系统中得以延长。该技术使用多步生物催化工艺,可将CO_2转化为低碳烃类($C_1 \sim C_3$),然后再改质成较高碳的燃料,如汽油和喷气燃料。新型生物催化剂的开发不仅可加速实现商业化,而且得到较低成本的燃料。

在大多数生物催化过程中,关键问题是要有能催化特定反应的活性有机酶。这类酶较为昂贵,并且,任何生物催化过程商业化的可行性取决于酶的循环利用次数,在工业上称之为生物催化过程的总转移利用次数(TTN)。较高的过程TTN意味着采用相同固定成本的酶可生产出更多的产品,因而可降低单位产品的生产成本。对于碳科学公司而言,在其生物催化CO_2制燃料工艺中,较高的TTN可直接使生产每gal汽油和其他燃料的成本降低。碳科学公司通过其专有技术将继续提高CO_2制燃料过程的TNN,提高这类酶的活性和功能寿命。

5.6.4　采用传统的费托合成催化剂提高CO_2制取高碳烃类的产率

美国海军研究实验室(NRL)与肯塔基大学的应用能源研究中心的研究人员于2009年6月27日宣布,正在加快研究采用传统的费托合成钴催化剂,由CO_2制取较高碳的烃类,用于生产有价值的烃类材料。其他的研究也已表明,可将CO_2主要转化为CH_4,同时含有其他烃类。本次工作的重点在于采用传统的费托合成催化剂(Co-Pt/Al_2O_3),提高产生较长碳链烃类的产率和转化率。据美国安全能源支持中心估测,美国安全部将是这种燃料最大的购买者和消费者,将达1260万桶/d。分析人士指出,世界石油生产峰值将在2010~2025年间达到,燃料不依赖于石油将是未来的发展方向。

在美国,高能量密度石油衍生的燃料制约了军用航空的需求,因此美国安全部支持开发从大的天然资源,如煤炭、油页岩、天然气水合物和CO_2来生产合成烃类燃料。在合成烃类生产中,将CO_2作为碳源的研究还很少,这是因为CO_2表现出很强的化学稳定性,甚至在有催化剂存在下,用于聚合的能量障碍也太高。

传统的费托合成工艺过程在CO_2生产合成燃料时存在的问题是其碳强度,现仅在陆地上进行实践。NRL着眼于海洋中浓度较高的CO_2(海水的相对浓度约为100mg/L)作为潜在来源。如果可以经济地从海洋中抽取,则海洋工程过程可望使用这一碳源作为潜在的化学原料。从环境观点出发,这一过程可望取得巨大效益,可减少大气中CO_2对气候变化的影响,并避免石油衍生的燃料燃烧而产生硫和氮化合物的排放。

研究人员在1L三相淤浆床连续搅拌罐式反应器中进行CO_2加氢反应。测得了直接得到的产品分布情况,采用了不同的H_2和CO_2进料气比例(3:1、2:1和1:1)以及450~150lb/in^{2}操作压力。在所研究的全部条件下,CH_4仍是主要产品,浓度范围从97.6%~93.1%;$C_2 \sim C_4$烃类较高的浓度为1:1的比例。研究人员也发现较长碳链烃类(如高于 CH_4 的烃类)的比例随物流停留时间(TOS)延长而增大,与 H_2/CO_2 比无关。

研究人员提出,催化剂上形成 CH_4 的活性中心的减活随物流停留时间(TOS)延长起作用,在延长 TOS 时产品分布转向 $C_2\sim C_4$ 烃类,与进气比例无关。也可推断出,进气比例变化可导致催化剂的 $CO_2 CH_4$ 化能力降低,有利于链的增长,在催化剂表面上存在 CH_4 和 $C_2\sim C_4$ 产品两种不同的活性中心。进一步研究将致力于探讨反应机理。

5.6.5　CO_2 通过蓝藻可直接转化为液体燃料

美国加利福尼亚州大学洛杉矶分校的科学家于 2009 年 12 月中旬宣布,他们成功开发出一种能将 CO_2 转化为液体燃料的转基因蓝藻。这种蓝藻能通过光合作用消耗 CO_2 并产生异丁醇。该研究被认为具有较大的应用价值,相关论文发表在《自然·生物技术》杂志上。

研究人员称,这种新方法有两个优势:第一,它能回收 CO_2,有助于减少由燃烧化石燃料所产生的温室气体;第二,它能将太阳能和 CO_2 转化为燃料,并应用于现有的能源设施和大多数汽车上。此外,与其他汽油替代方案相比,这种转基因海藻在转化过程中不需要中间步骤,可直接将 CO_2 转化为燃料。

据介绍,研究人员通过基因技术首先增加了聚球蓝藻菌中具有吸收 CO_2 作用的核酮糖二磷酸羧化酶(RuBisCO)的数量。而后又插入了其他微生物的基因以增强其对 CO_2 的吸收能力。通过光合作用,转基因蓝藻就可以产生异丁醇气体。这种气体具有沸点低,承压能力强的特点,容易从系统中分离。

负责该研究的加利福尼亚州大学洛杉矶分校化学与生物分子工程系副主任詹姆斯·廖教授说,这种新方法避免了生物质解构的问题,无论在纤维素类生物质还是在藻类生物质中都可生产。它突破了生物燃料生产最大的经济障碍。因此,该技术将比现有生产方法具有更大应用价值。研究人员表示,虽然该工程菌也可以直接产生异丁醇,但出于成本考虑,利用现有设备和相对便宜的化学催化过程更利于大规模生产和推广。该系统的理想安置地点应是排放 CO_2 的火力发电厂附近,这样由发电厂排出的废气就可被直接捕获而转化为燃料。

5.6.6　塔式生物固碳使烟气中 CO_2 可制取生物油

"只要安装一个塔式反应器,就可以固定烟道气中的 CO_2,并将生成的微藻全株化利用,制取生物油。"2009 年 12 月,一项可大规模减排 CO_2 的研究成果在山东科技大学问世,这项名为《工业排放 CO_2 源塔式生物固碳与能源化关键技术中试研究》的成果通过了山东省科技厅组织的专家鉴定,鉴定委员会一致认为,该成果达到同类研究的国际先进水平。据介绍,该成果可应用于 CO_2 减排、水体富营养化治理及生物能源领域,采用塔式微藻法固定 CO_2,并将生成的微藻通过高压水相无相变反应过程制取生物油,为 CO_2 减排、水体富营养化治理和石油资源替代提供了技术支撑。据介绍,这是国际上首次提出并开发塔式生物反应器,可以立体布置,占地面积很小,有助于溶碳脱氧,并且对藻体的剪切作用较小,微藻连续生产,动力消耗也不大,解决了溶氧积累问题。

鉴定委员会认为,课题组首次提出了生物质在能源领域"全株化利用"理念,实现了微藻全生物质液化制油,开发了带有预处理的微藻高压塔式液化制生物油工艺和配套设备,实现了水无相变的高含水微藻低能耗连续湿法液化和产品分离,解决了传统产油工程微藻的高含油和长生长周期的矛盾及微藻快速热解液化干燥能耗高的难题。塔式立体微藻法生物固碳和能源化技术的问世,解决了微藻的立体化、高密度、连续化养殖国际性难题,实现了大规模工业 CO_2 的生物固定,并通过微藻超临界连续湿式液化技术进一步将微藻"全株化利用",转化为具有广泛用途和高附加值的生物油,生产的生物油可在一定程度上弥补我国石油资源的短缺。

5.6.7　CO_2 生产甲醇

美国南加利福尼亚州大学已开发了将 CO_2 转化为甲醇或二甲醚的基础化学,甲醇和二甲醚都是石油基传统运输燃料的可清洁燃烧的潜在替代物。UOP 公司与美国南加利福尼亚州大学将合作开发这一有商业化前景的工艺。

日本三井化学公司在 CO_2 绿色化应用方面拥有的先进技术和经验在业界引起关注。三井化学公司于 2008 年 8 月 25 日宣布,投资 1360 万美元建设一个 CO_2 转化为甲醇的示范装置。该装置将实现从甲醇制备石化产品,同时减少 CO_2 的排放。这项技术通过使用一种高活性催化剂,利用 CO_2 生产甲醇。这项技术是由新能源产业技术综合开发机构(NEDO)开发成功的。在建的中试装置建在大阪工厂内。装置采用的 CO_2 是从乙烯厂的燃烧气中分离出来的,CO_2 经浓缩后再与 H_2 反应生成甲醇。生成的甲醇可用来生产烯烃和芳烃等石油化工产品,因此该工艺具有诱人的发展前景。这将是全球首个将 CO_2 转化为甲醇的装置,意味着诺贝尔化学奖得主乔治·奥拉教授预言的"甲醇经济"从理论到实践的重要突破。

每年有 150~160 t CO_2 从三井公司位于大阪的工厂排放,CO_2 和 H_2 共同反应后,大约能转化成 100 t 的甲醇。随后,甲醇再通过化学转换,制成乙烯、丙烯和芳烃等基础化学品。三井公司开发了 CO_2 制甲醇工艺用催化剂,并通过太阳光照射使水光分解来制取 H_2。三井公司自 20 世纪 90 年代起与日本新能源与工业技术组织合作开发这一技术。业内专家认为,如果能大规模由 CO_2 制备甲醇,将减少 CO_2 的排放,从根本上解决温室效应问题。

2008 年 10 月,三井公司启动位于大阪工厂内部的这一示范装置,并于 2009 年完成。三井公司整套技术开发在 2010 年 3 月份完成。另外,新加坡生物工程和纳米技术研究院(IBN)的研究人员于 2009 年 4 月 16 日宣布,开发成功在缓和条件(室温)下将 CO_2 转化为甲醇的催化工艺。这一成果已发布在《Angewandte Chemie》杂志国际版上。IBN 的研究人员采用稳定的 N-杂环碳烯(NHC)有机催化剂,利用硅烷使 CO_2 还原。这种有机催化剂与过渡金属催化剂相比,甚至在氧气存在下,用于这一反应也颇为有效且稳定。为此,CO_2 被还原可在干燥空气中的缓和条件下进行(见图 5.30)。

IBN 的研究人员指出,仅需少量 NHC 就可在反应中激活 CO_2 的活性。将由 SiO_2 与 H_2 组合的氢硅烷加入 NHC 激活的 CO_2 中,通过添加水(水解),就可将这一反应的产品转化成甲醇。氢硅烷提供氢,氢在反应中与 CO_2 进行键结合。甚至在室温下,CO_2 也可靠 NHC 的有效催化被还原。从 CO_2 还原的产品中很容易得到甲醇。研究人员以前的研究也已验证了它有多种应用,作为强力抗氧化剂可治疗一些疾病,并可有效地催化使糖类转化为替代能源来源。现在的成果进一步表明,N-杂环碳烯(NHC)可成功地应用于使 CO_2 转化为甲醇这一反应中,这将有助于打开这种大量存在的气体潜在利用的大门。以前要将 CO_2 还原成较有用的产品需要供入较多能量,并需很长的反应时间,同时要使用过渡金属催化剂,而过渡金属催化剂在氧气中又不稳定,价格也昂贵。IBN 进行的下一步研究旨在为制取氢硅烷反应剂寻求较廉价的替代方案,从而使甲醇生产在大规模工业应用时成本更低。

2008 年 12 月,IBN 的研究团队采用 NHC 催化剂已使糖类转化为 8-羟基甲基糠醛(HMF),HMF 是一种关键的中间体化合物,可用于生产从生物衍生的烃类燃料。

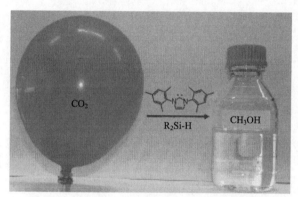

图 5.30 新加坡 IBN 研究院开发成功缓和条件下
将 CO_2 转化为甲醇的催化工艺

第 **6** 章　生物炼制和生物质 化工技术与产业

近年来,化石资源日趋紧张、生态环境日益恶化的现实制约着现代工业化经济进程。通过新的化学、生物方法,以可再生生物资源为基础原料生产化学品、材料与能源的新型工业模式——生物炼制产业,成为可持续的化学工业和能源经济转变的重要手段。生物质功能化、高值化的大规模应用领域是转化合成生物质材料,发展现代生物质材料工业体系是建立未来低碳经济模式的重要方面。高效、节能与环境友好的转化技术是必须解决的问题。

我国生物质资源品种及产量位居世界前列。我国生物质资源年生产量21亿t,其中,仅农业秸秆年产量就达7亿t,而目前只有5000万t得到初级利用,发展潜力很大。此外,林产资源、畜牧业资源、中药资源等仍有待深入开发。以植物生物质资源为例,组分分离过程、组合转化合成过程是植物生物质功能化、高值化利用的两个关键。

生物技术与产业发展迅速。过去10年,生物技术与医药领域的论文占全球自然科学论文的49%,一些国家把政府基础研究经费近一半用于生物与医药领域。近年来全球生物产业销售额几乎每5年翻一番,增长速度是世界经济平均增长率的近10倍。事实表明,生物技术引领的新科技革命正在加速形成,生物经济正在成为新的经济增长点,发展生物经济已成为应对金融危机的重要措施之一。

目前生物质化工在全球刚刚起步,世界各国都很重视该产业的发展。化学工业是21世纪全球最大的制造行业之一。目前包括石化、能源、冶金和水泥在内的重化工工业是美国、日本和欧洲等发达国家最主要的盈利或创汇的工业,预计化学工业仍将高速发展20年左右。重化工工业的发展使全球化学工业面临越来越大的资源和环境压力,化解这些压力,生物质化工无疑成为未来发展方向。后化石经济时代的物质生产必须依赖生物质来替代化石资源。美国已提出2020年50%的有机化学品和材料将产自生物质原料。开发生物质化工平台技术,促进生物质的有效利用,成为资源综合利用领域的研发热点。据介绍,生物质化工平台技术一般包含生物质酸/酶水解生成可发酵糖技术;将可发酵糖转化为 $C_1 \sim C_6$ 平台化合物的生物转化技术;再把 $C_1 \sim C_6$ 平台化合物转化成现代化工技术和产品工程的工业成熟技术。

目前生物质化工原料主要有淀粉质原料、糖蜜类原料和木质纤维素原料等。我国政府将把生物科技作为未来的高技术产业迎头赶上的重点,作为培育新的经济增长点和应对金融危机的重点措施。《国家中长期科学和技术发展规划纲要(2006～2020)》把生物技术作为科技发展的5个战略重点之一。国家确定的16个重大科技专项中,重大新药创制、转基因植物、重大传染病防治等3个专项与生物技术相关。国家还出台了《生物产业发展"十一五"规划纲要》。

6.1   生物炼油厂纷至沓来

世界石油等化石燃料供应的短缺,天然气和其他原料价格的上扬及对温室气体减排的要求,已驱使人们转向可再生资源的发展前景。

在2006年5月于德国召开的生物可再生资源会议上,德固赛(现赢创)公司发言人表示,从化石原材料转向可再生的原材料是今后50年内人们面临的最大挑战和发展机遇。一些公司和经济团体开发替代途径以挑战基于化石燃料的经济性已加快启动,使用可再生原材料的技术正在迅速发展之中,其中"生物炼油厂"将迎面而至。现代化、高度一体化的石油炼油厂是50多年来发展的结果,据预测,发展生物炼油厂则不需要50年。

在我们面前,生物质油厂将脱颖而出。作物中纤维素和半纤维素可被专门设计的酶类破解;葡萄糖、木糖和其他糖类可被捕集并发酵成乙醇和有价值的化学原料;同时,植物中难以利用的物质木质素可用于燃烧,为工厂运转提供能量。

6.1.1   生物炼油厂脱颖而出

生物炼油厂的概念已超越了生产单一燃料的概念,即从大豆油生产生物柴油(欧洲正在快速增长)或从谷物生产生物乙醇(美国正在快速增长)。实际的生物炼油厂像石油炼油厂一样,是一体化的联合工厂,它可从各种原料生产大量产品。这意味着,可从所有生物质生产许多有用的化学品,而不只是从谷物(谷物也用于生产食品)来生产。生物炼油厂的诸多进展已使从生物质可生产许多现有的产品和有竞争性的新产品。其典型实例是陶氏-嘉吉公司于2003年起就采用这一过程生产了可生物降解的塑料聚乳酸(PLA)。此后,陶氏化学将其所有股份转让给了嘉吉公司,嘉吉公司于2005年2月将其PLA业务重命名为NatureWorks公司。

杜邦公司、嘉吉-陶氏公司、Deere公司、Diversa公司、密歇根国立大学和美国可再生能源实验室组成的集团接受美国能源部资助,正在开发生物炼油厂,将采用由农业产品衍生的糖类生产化学品。其优势是谷物价格相对保持稳定,而烃类原材料价格在上涨,所生产的产品如嘉吉公司的聚乳酸可与化石燃料生产的聚合物相竞争。然而,经济性的实质性改变有赖于新品种酶的成功开发,这类酶可利用低成本的生物质,如谷物禾茎和其他食品作物的非食用部件,生产燃料和化学品。如果这一路径具有竞争性,美国可望很快开发具有重大意义的、以农业为基础的石化工业。图6.1示出一体化的生物炼油厂模型。

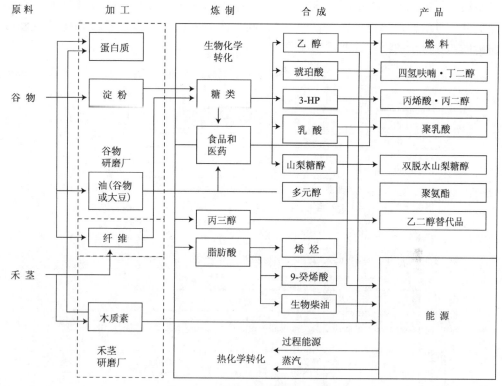

图 6.1 一体化的生物炼油厂模型

美国嘉吉公司正在开发基于大豆油的生物加工产品,如用于聚氨酯生产的多元醇和 9-癸烯酸。该公司将建设基于大豆的 4.5 万 t/a 装置,投资可比基于石化的装置减少一半。

嘉吉公司也接受能源部资助开发种子炼油厂,可望作为基于谷物产品的一体化的生物炼油厂的一部分运作。种子油部分将包括使用 Materia 公司的易位转化技术,将不饱和油转化为烯烃和其他化学品。嘉吉公司正与匹兹堡国立大学的 Kansas 聚合物研究中心合作,研究开发基于大豆生产多元醇。

陶氏化学公司也开展从大豆油生产多元醇的项目研究,并且正在开发从向日葵、蓖麻子和其他种子油中生产环氧原材料,用环氧原材料制取的涂料具有良好的抗紫外光性能,使用工业硫化剂可得到快的硫化速率。该公司也通过嘉吉-陶氏公司从蓖麻油生产化学品。

美国能源部(DOE)已制定了 2010 年之后以农作物为原料的大规模一体化生物炼油厂发展计划。DOE 规划到 2030 年,以生物质为原料生产的产品将占美国发电量的 5%、运输燃料的 20% 和化学品生产量的 25%。目标实现后,将相当于现有石油消费量的 30%。

图 6.2 所示为 1995~2005 年乙醇、谷物和汽油生产成本的变化。在生产 1,3-丙

二醇的生物炼油厂内,谷粒经干磨后,再在生物炼油厂的下一工序中糖化,所得水解的谷物淀粉经厌氧发酵生成 1,3-丙二醇(PDO),PDO 由发酵液中回收并通过加氢用蒸馏提纯。可溶性馏出物干谷粒(DDGS)回收可作为副产品出售。美国 SRI 咨询公司作出图 6.3 所示的生物炼油厂的经济性比较。

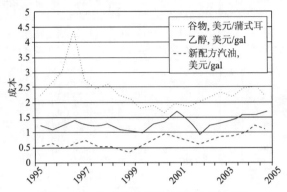

图 6.2　乙醇、谷物和汽油生产成本的变化

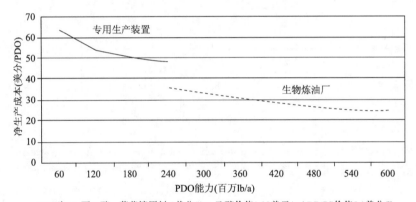

PDO 为 1,3-丙二醇。葡萄糖原料,9 美分/lb。乙醇价值 1.08 美元/gal,DDGS 价值 5.1 美分/lb。

图 6.3　生物炼油厂的经济性比较

　　生物炼油厂不只能依赖于单一的原料,因为会遭遇到不可预见的价格上涨的风险。例如巴西可利用廉价的糖类发酵生产乙醇,但在欧美,糖类价格基本上随油、气价格而波动。

　　人们现已作出很大努力,以便从农业残余物生产化学品,尤其是乙醇。一个重要进展是,2004 年 4 月,加拿大 Iogen 公司成为大规模从纤维素生产乙醇的第一家公司。在该公司的验证工厂中,使用酶使小麦秸秆转化为糖类,糖类继而再通过发酵转化成乙醇。2005 年 8 月,美国 Abengoa 生物能源公司开始建设第一套工业化装置以验证其专有的生物质制乙醇工艺技术。当该装置于 2006 年年底投产时,可加工 70t/d 农业残余物,如小麦秸秆,可生产 500 万 L/a 以上的燃料级乙醇。该装置位于西班牙 Babilafuente 的 BcyL Cereal 乙醇装置附近,当地每年已可以从谷物生产 1.98 亿 L 乙醇。将生物质乙醇生产与谷物乙醇装置组合成一体化,可大大节约该生物质装置的投资和操作成本。

意大利生物塑料生产商 Novamont 公司于 2006 年 10 月初在意大利 Terni 的该公司的主要生物塑料生产基地建设了欧洲第一座生物炼油厂。该项目为 Novamont公司和 Coldiretti 公司的合资项目,涉及 600 个当地的合作伙伴,他们将栽培供应其新的中央生物炼油厂所需的作物。该生物炼油厂于 2007 年中期投入运转,年有效生产能力为 4 万 t,2008 年生产 6 万 t。该生物炼油厂是构建工业、农业、环境和当地经济一体化系统新模式的第一批实例之一,这种模式可复制到其他地区。该生物炼油厂将采用植物油和谷物淀粉生产宽范围的生物基化学品衍生物,包括制造 Novamont 公司的 Origi-Bi 品牌生物降解聚酯和 Mater-Bi 品牌热塑性淀粉。欧洲最大的生物塑料生产商 Novamont 公司估计,在欧洲既定的法规框架内,仅意大利就拥有超过 80 万 hm^2农业土地因故未用于种植,将这些土地用于生产谷物和含油植物可望每年产生200 万 t 生物塑料。

美国能源部在 2007～2010 年期间投资 1.14 亿美元用于资助 4 座小规模生物炼油厂项目,这些生物炼油厂项目位于科罗拉多州 Commerce City、密苏里州St. Joseph、俄勒冈州 Boardman 和威斯康星州 Wisconsin Rapids。根据前美国总统布什到 2012 年生产有成本竞争性的纤维素乙醇的提议,这些商业化规模生物炼油厂原料的 10% 将采用宽范围的原料,并试验新的转化技术,以便为投运扩大的商业化规模生物炼油厂提供必要的数据。按平均规模计,扩大的商业化规模生物炼油厂进料为700t/d,产量为 2000 万～3000 万 gal/a。这些小规模生物炼油厂进料为 70t/d,产量约为 250 万 gal/a。这些小规模生物炼油厂项目预计在 4 年内投运,将生产液体运输燃料如纤维素乙醇,以及生物基化学品和应用于工业领域的生物基产品。这 4 个项目总投资将超过 3.31 亿美元。能源部也与一些公司和其他研究团体合作,开发减少与生产这些燃料相关的用水量技术。能源部于 2007 年 2 月提出投资 3.85 亿美元将在4 年内开发 6 座商业化规模的生物炼油厂。全规模的生物炼油厂重点是发展近期商业化工艺。小规模和商业化规模生物炼油厂的长期战略均是使清洁能源实现多样化,以减少对进口石油的依赖,推进美国的能源、经济和国家安全。同时,根据 2007 年能源独立和安全法,要求到 2022 年可再生能源供应在美国汽车燃料中至少达 360 亿gal,并实现特定的先进燃料供应目标。

美国能源部(DOE)于 2008 年 12 月 23 日宣布资助 2 亿美元在 6 年(2009～2014年)内支持建设和验证中型规模先进生物炼油厂,包括使用如海藻在内的原料,和生产先进生物燃料如生物丁醇、绿色汽油和其他创新的生物燃料。这项资金应用于生物炼油厂开发包括两个方面:中型规模,最低处理原料量 1000t/d;验证规模,最低处理原料量 50 000 t/d。

环境集团 WWF 于 2009 年 9 月下旬发布报告认为,工业生物技术部门具有发展潜力,若广泛采用工业生物技术工艺过程,则到 2030 年可减少温室气体(GHG)排放10 亿～25 亿 t/a,这一数据系根据酶生产商诺维信(Novozymes)公司的研究数据得出的。WWF 认为,如果加快开发速度,则工业生物技术在发展新的绿色经济中将会起到重大的作用。在生物基经济中,通过将废弃产物和其他生物质转化为可发酵的糖类,用以制取能源和现在从石油来生产的产品,则生物炼油厂可望与石油化学品相竞争,这包括生产塑料。诺维信公司 CEO Steen Riisgaard 表示,在几年时间内,糖类将会成为新的油类。现在美国已拥有近 200 座生物炼油厂在运转,这还仅仅是开始。工业生物技术的验证表明,在技术上是可行的。然而,为使生物基经济切实可行,还需要进一步取得政府的支持,以有助于大规模替代使用,从而减少对石油的依赖。

2010 年 3 月 10 日,由欧盟资助的新的生物炼油厂项目将可大大提高欧盟生物炼油厂功能。称之为 EUROBIOREF(应用于可持续生物质加工的欧洲多边一体化生物炼油厂设计,European multilevel integrated biorefinery design for sustainable biomass processing)的项目旨在使成本下降 30%、能量使用降低 30% 和原料消耗减少 10%。为期 4 年的项目总投资为 3700 万欧元,其中 2300 万欧元来自欧盟第 7 次框架计划(FP7)。如果欧盟达到这一创建生物基经济的目标,则生物炼油厂工艺过程必须提高。EUROBIOREF 目标旨在通过促进协调和合作来克服生物燃料领域存在的障碍。合作伙伴将开发一体化的生物炼油厂概念,涵盖宽范围的原料和不同的工艺(化学、生物化学和热化学)。这一体化的系统将可生产各种产品,范围从化学品、聚合物和材料到高能量的航空燃料。该项目合作伙伴来自于 14 个国家:比利时、保加利亚、丹麦、法国、德国、希腊、意大利、马达加斯加、挪威、波兰、葡萄牙、瑞典、瑞士和英国。

6.1.2　生物炼制发展动向

传统由石油衍生的原料生产各种产品正面临经济和环境双重压力,化学加工工业也在热衷于寻求替代途径,以便从廉价、丰富的可再生原料来生产通用和特种化学品和聚合物。最有前途的途径是基于由农业生产的淀粉、糖类、脂肪、油类、木质纤维素及蛋白质,和来自果类及蔬菜加工厂、造纸厂及其他生物质来源的废弃物。衍生的化学品和聚合物可从丰富的可再生农业和林业原料来生产,如图 6.4 所示。

据英国 Frost & Sullivan 公司 2009 年 6 月进行的市场分析表明,来自可再生资源生产的通用化学品营业额 2008 年达到 16.3 亿美元,预计 2015 年将达到 50.1 亿美元。迄今许多成熟工艺中的重点是将单一的可再生原料转化为单一的生物基化学品或聚合物("一对一"概念)。然而,为了实现使用可再生原料完整的技术-经济性理念,未来一体化生物炼油厂将需要推进"一对几"概念,即从一种可再生原料应被转化为多种基础构筑模块化学品(称之为"平台化学品"),这些化学品再用作生产无数下游的、有附加价值的化学品、单体和聚合物。

2004 年,美国能源部认定 12 种平台化学品,它们可通过生物或化学途径从糖类生产,这些化学品为:1,4-二元酸(琥珀酸、富马酸和羟基丁二酸);2,5-呋喃二羧酸;3-羟基丙酸;氨基丁二酸;葡糖二酸;谷氨酸;衣康酸;乙酰丙酸;3-羟基丁内酯;甘油;山梨糖醇和木糖醇/阿糖醇。据 Frost & Sullivan 公司分析,生产平台化学品乳酸、琥珀酸、甘油 1,3-丙二醇(PDO)、乙酰丙酸及各种纤维素和淀粉衍生物是当今开发的重点。

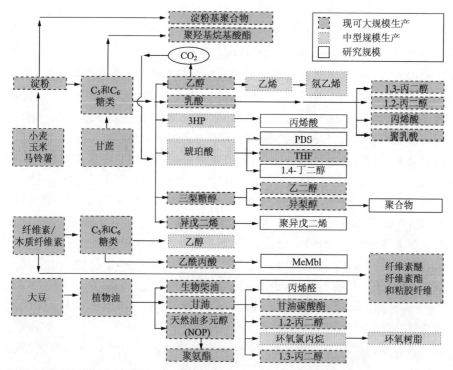

图 6.4 衍生的化学品和聚合物可从丰富的可再生农业和林业原料来生产(2009 年 6 月)

乙酰丙酸(LA)是具有多种用途的化学品,它是 5 个碳的化合物,传统的是从马来酸酐和其他石化原料来生产。LA 可用于制取胶粘剂、橡胶、塑料和合成纤维产品。目前,它可通过纤维素(例如使用硫酸)进行酸催化水解来生产。乙酰丙酸应用已得到很大关注,因为它是一种多功能的活性分子,从乙酰丙酸可合成许多衍生物。可从乙酰丙酸制取许多化学品,包括乙酰丙酸酯、N-甲基吡咯烷酮、1,4-丁二醇、琥珀酸、吡啶、内酯、丙烯酸和呋喃。并且可从废弃材料如甘蔗渣和其他木质纤维素原料生产其纤维素衍生的平台化学品,为工艺开发商提供了有竞争力的方案。

两种不同的可再生途径(基于谷物糖和甘油)已商业化生产另一种有广泛用途的丙二醇(1,3-丙二醇,PDO),它是可用于生产聚合物、化妆品、液体清洗剂、防冰剂和传热流体等高价值产品的中间体。杜邦 Tate & Lyle 生物产品公司开发出了谷物-糖基生产途径,法国 Metabolic Explorer 公司和法国石油研究院(IFP)开发出了甘油基生产途径。

美国国家可再生能源实验室下属的国家生物能源中心高级科学家 Luc Moens 指出,在近 200 年后,石油炼油厂可望使用经验证的、优化的技术来生产宽范围的平台化学品,以此用作下游化学工业的化学品原料。来自石化炼油厂许多传统的单元操作,例如蒸馏、裂化和常规的热加工如气化和热解,将不能很好地用于可再生原料,与采用复杂基质相关的高度氧化过程将会有碍于许多常规的化学催化系统。

陶氏化学公司烃类与能源开发总监 Bob Maughon 指出,要实现生物质还原需花费能源(如氢气和天然气),或通过脱碳生成 CO_2 和固体废物,与石油基途径相比,所有这些都将增加投资和原材料成本。现已开发了许多替代常规办法的催化剂,当今采用的生物基化学品生产途径,如发酵就依赖于微生物或酶驱动的生物化学转化器。酶基催化过程应用于可再生原料具有优势,但它们也存在一些缺点。与化学过程相比,速度较慢,几乎都需要水,并经常会对产品产生抑制效应。很费力生产的产品如醇类和酸类也需要脱水,这常常需要大量能量,并且需要采取一些步骤来克服一些困难,如产生的共沸物。为此,过程开发者不仅要利用先进酶来改善微生物发酵过程,而且应使传统的化学过程和炼油技术(如热裂化的使用及采用均相和多相催化剂的酸性或碱性催化)能适用于可再生原抖。一旦验证成功,这些技术的优点就会超过生物质的纯生物学加工方法。尽管技术已有许多进展,但在生物炼油厂取得重大突破之前,仍有大量的研究工作要做。美国加利福尼亚州酶生产商 Genencor 国际公司和 Diversa 公司最近在努力开发新一代酶,以便使纤维素转化为糖,糖再通过发酵制成乙醇。2005年,Diversa 公司开发了一组酶,将应用于杜邦公司一体化、基于谷物的生物炼油厂中型装置项目中,该项目有 Diversa 公司、美国密歇根州州立大学、美国可再生能源实验室和 Deere 公司共同参与。该项目于 2007 年建成,旨在从谷物和谷物秸秆生产乙醇和其他化学品。

美国从事生物技术的多种天然产品公司与法国 Agro 工业 Recherche 开发公司的合资企业 BioAmber 公司于 2007 年 3 月中旬宣布,在法国 Bazancourt-Pomacle 建设生物炼油厂,以生产基于生物的燃料和化学品。该生物炼油厂于 2008 年夏季投入生产,将生产 5 000t/a 琥珀酸(丁二酸),琥珀酸可转化成宽范围的衍生物,包括丁二醇和四氢呋喃(其通过蔗糖或葡萄糖发酵生产)。新建的生物炼油厂也将生产生物乙醇和生物柴油。

美国 XL 牛奶集团公司在亚利桑那州 Vicksburg 建设的生物炼油厂将投入生产,该生物炼油厂设计生产高级乙醇、生物柴油、牛奶制品和动物饲料,并提供该工厂运转所需的 100％能源。投资为 2.6 亿美元的 Vicksburg 生物炼油厂采用专有技术生产能效比为 10∶1 的乙醇,该比例意味着只需 1 英热单位(Btu)化石燃料能源就可生产 10 Btu 的乙醇和生物柴油,其效率是接近传统干磨法乙醇工厂的 10 倍。为达到这一效率,并使乙醇生产成本节减 0.30～0.35 美元/gal 和使 55.36kg 牛奶成本节约 0.50 美分,该公司将 7500 头奶牛排出的废弃物及从分馏、生物柴油和乙醇生产过程中排出的废料转化为能量,用于发电,使用循环的可再生能量供给整个工厂。分馏将生产乙醇和生物柴油的主要原料谷物分成 3 部分:微生物、谷物淀粉和谷物麸糠。从环保角度来讲,该工厂有很大优势,因为通过将废弃物转化为能源,并有高的能效比,排放温室气体少。Vicksburg 生物炼油厂牛奶场第一阶段位于 La Paz 郡的 Phoenix 西部 100mi,已经建成。第二阶段牛奶场已于 2007 年起建设,现已建设生物燃料工厂,包括分馏厂。该厂每年将使 57.6 万 t 谷物加工成 5400 万 gal 乙醇、500 万 gal 生物柴油和 11 万 t 动物饲料。生产过程产生的 CO_2 将被捕集,并在当地贮存,最后在各种用途中销售利用,包括啤酒碳酸化、冷却和生产干冰。CO_2 是主要的温室气体之一,会造成全球变暖,为此,也在当地将其加以"洗涤"处理,转化为氧气再释放到大气中。XL 牛奶集团公司也在开发专有的低成本海藻生产系统,该系统被组合到该公司的生物炼油厂,以降低生产成本,并拓展车用燃料和动物饲料的生产。因为海藻的含油量高于谷物,且需要很少的土地就可大量生产,为此,该公司将在今后 5 年内,扩产 1 亿 gal 乙醇和 2500 万~3000 万 gal 生物柴油。

近期,生物炼制工艺技术取得了一些进展,如生物工程与纳米技术研究院(IBN)采用咪唑啉盐使糖类转化为生物烃类燃料中间体。

IBN 研究人员于 2008 年 12 月 13 日宣布采用咪唑啉盐(IMSs)开发出新的高效催化剂系统(见图 6.5),可使糖类转化为用于生产生物基烃类燃料中间体的关键化合物 5-羟基甲基呋喃(HMF)。咪唑啉盐(IMSs)通常用作各种有机反应用的溶剂,其为室温下的离子液体,呈化学稳定性且具有低的蒸气压。在另一项研究中,IBN 研究人员揭示了咪唑啉盐(IMSs)新的氧化、还原性质。基于 IMSs 的催化系统的论文已在《Angewandte Chemie》杂志国际版上发表,IMSs 的氧化、还原性质研究报告也已刊发在《美国化学学会杂志》上。HMF 及其 2,5-取代的呋喃衍生物可替代关键的基于石油的筑构基块,有几种已知的催化剂对糖类脱水生成 HMF 具有活性。然而,它们中的大多数也会产生一些副反应而生成不必要的副产品,并且 HMF 会再水合生成酸。使用这些催化剂常常受限于采用简单的糖类原料如果糖,它们不能有效地转化更为丰富且稳定的糖源葡萄糖。

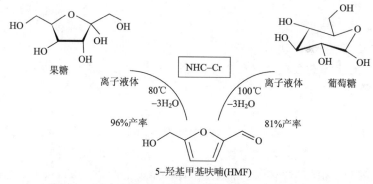

图 6.5 用咪唑啉盐(IMSs)开发出的新高效催化剂系统

采用 IMSs 作为起始点,IBN 研究人员还开发了 NHC-金属(N-杂环碳烯)络合物作为催化剂,可将糖类转化为 HMF,这就具有很大的灵活性,因为该催化剂活性可通过改变 NHC 的特定性质而加以改进。IBN 的新催化剂对果糖和葡萄糖原料均能达到最高的 HMF 产率。结果显示,HMF 的产率对于果糖可高达 96%,对于葡萄糖可高达 81%。因为对于两者,催化剂和离子液体可被循环使用,故该技术更为环境友好,并有潜力在生物燃料制造过程中节约成本。

美国 Wisconsin 大学的 James Dumesic 教授及其同事们的研究表明,对于 HMF-丙酮系统,果糖转化为 $C_7 \sim C_{15}$ 烷烃的整个碳产率为 58%~69%;对于各种呋喃为 79%~94%。

美国能源部、能源基金会和国家能源政策委员会的研究人员于 2009 年 3 月 9 日在《Biofuels，Bioproducts and Biorefining》杂志上发布的论文指出，生物质炼制技术组合生物学和热化学加工生产生物燃料和/或发电的一体化生物炼油厂过程，与石油生产燃料相比，具有高效率、低成本和温室气体(GHG)减排优势。生物质炼制方案包括生物学和热化学加工，以生产生物燃料、发电，和/或产生动物饲料蛋白。并评价了以下方案：

(1) 乙醇＋发电。

(2) 乙醇＋一体化联合循环发电的燃气轮机(GTCC)。

(3) 乙醇＋F-T 合成燃料 ＋ GTCC 发电。

(4) 乙醇＋F-T 合成燃料 (w/一次通过合成气) ＋ CH_4。

(5) 乙醇＋F-T 合成燃料 (w/循环合成气) ＋ CH_4。

(6) 乙醇＋H_2。

(7) 乙醇＋动物饲料蛋白＋ 发电 。

(8) 乙醇＋动物饲料蛋白＋ GTCC 发电。

(9) 乙醇＋动物饲料蛋白＋ F-T 合成燃料 。

(10) F-T 合成燃料＋ GTCC 发电。

(11) 二甲醚(DME)＋ GTCC 发电。

(12) H_2＋ GTCC 发电。

(13) 发电。

(14) GTCC 发电。

研究结果(见图 6.6)认为：

(1) 热化学方案仅发电可以达到过程效率 49％(能量输出作为电力，占原料能量的百分比)；单位(Mg)原料相当于减少 GHG 排放 1359 kg CO_2。在 4535 Mg/d 干基原料规模下，成本为 16 美元/GJ。内部偿还率为 12％。

(2) 热化学方案生产燃料和电力，效率为 55％～64％，可避免 GHG 排放 1000～1179 kg/Mg 干基，同规模时，成本相当于 0.36～0.57 美元/L 汽油。

(3) 方案涉及生物学生产乙醇、用热化学方法生产燃料和(或)发电，则效率为 61％～80％，可避免 GHG 排放 965～1258 kg/Mg 干基。成本相当于 0.25～0.33 美元/L 汽油。

美国还揭示了木质素的应用前景。木质素在其生物质配对物中独特存在，它是仅有的芳烃可再生来源，是生物质中重要的、占据很大数量的成分。将木质素直接、有效地转化为低分子量芳烃(包括 BTX 化学品纯苯、甲苯和二甲苯)是有吸引力的目标，但是，从木质纤维素原料分离木质素有很大困难，存在着较大的挑战。

美国能源部表示，一些与木质素相关的过程开发商采用气化方法将木质素转化为合成气(一氧化碳和氢气)，并最终得到混合醇类，以及通过热解使木质素转化成瓦斯油和其他热解油类已取得初步成功。使用木质素的一个关键问题是将生物质分离成它的 3 个主要成分(木质素、纤维素和半木质素)。目前，对于每个生物炼油厂而言，对

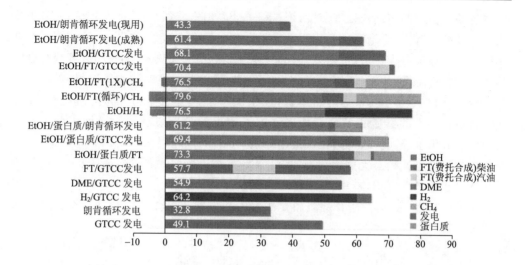

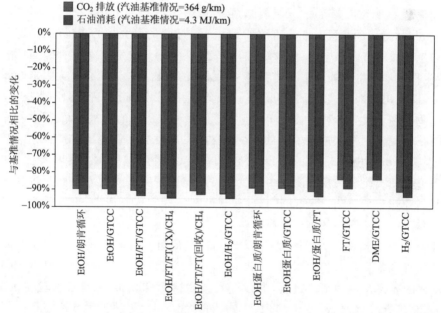

图 6.6 生物质炼制技术组合生物学和热化学加工生产生物燃料和（或）发电的
一体化生物炼油厂过程不同组合

木质素进行有效地分离尚存在很大的挑战。一个常用途径，即稀酸预处理，可去除大
部分半木质素，但留下两种成分（纤维素和木质素）的混合物，仍不能以有用的形式去
利用。使用酸或碱预处理、蒸汽处理和溶剂分馏方法分离生物质成分有了较好进展，
有助于减少不同成分组成的起始原材料分离的复杂性，可产生较简单的分子、碳水化
合物、木质素和植物基烃类。

由美国国家可再生能源实验室开发的一种溶剂基工艺过程称之为 Clean Frac-
tionation（CF），可从木质纤维素材料中分离和提纯出化学级纤维素。它可设计作为

生物炼油厂使用的前端预处理步骤,该过程可分离出木质素/半纤维素物流,两者可供生产化学品。首先,纤维素原料用甲基异丁基酮(MIBK)、乙醇和水的三元混合物,在稀酸促进剂如硫酸存在下,进行处理,混合物在140℃下加热不超过1h。溶剂混合物选择性地溶解木质素和半纤维素成分,留下纤维素作为未溶解的固体材料,可进行洗涤、纤维化和进一步提纯。含有木质素和半纤维素的溶解性成分用水处理,使之相分离为含有木质素的有机相及含有由半纤维素衍生的糖类(戊糖)。起始原料中超过95%的成分可被分离。这一过程可得到纤维素的产率为47%～48%,相对来说,采用常规的造纸法工艺的最大产率约为40%。CF工艺也可回收有机溶剂达99%,并且不产生恶臭排放。美国国家可再生能源实验室在美国田纳西大学基础上花了10年时间开发了CF工艺。这为使用甘蔗渣和其他木质纤维素原料作为化学品原料提供了新的发展机遇。

6.1.3　德国加快开发工业化生物炼油厂

德国化学工业现依赖于化石燃料来生产其化学产品。于2009年6月中旬在Saxony Anhalt地区的德国工业心脏地带Leuna新建立的研究中心,将有助于德国化学工业向生物质转型。该中心将支撑德国化学工业实现其建立工业生物炼油厂的目标,工业生物炼油厂将增加使用和消费作为原材料的生物质。这不仅将大大降低该地区的排放,而且也将削减进口石油的开支。建设这些生物炼油厂可使秸秆、木屑、海藻和其他生物质转化成为各种可被化学工业大量使用和低成本的原材料,发展生物炼油厂将是这一化学生物技术过程中心(CBP)面临的发展挑战和机遇。这一研究中心于2009年建在Leuna,投入5000万欧元,于2010年建成投用。已有22家化学公司和许多大学及专业研究院签约参与研究中心工作。参与该研究工作的方方面面将寻求放大生物质转化过程的方法,生物质转化过程现已在实验室取得成功,生物质可望工业规模应用作为生产化学品的可再生原材料。

CBP的研究人员将致力于开发技术和设备,它们可将许多不同来源的生物质转化成化学工业所需要的各种原材料。InfraLeuna公司管理总监Andreas Heitermann表示,该中心将放大一些工艺过程,通过开发技术诀窍和设备,来验证实验室成果。Heitermann认为,预期在未来10年内,生物质可大大替代化学品生产所使用的化石燃料。Heitermann表示,德国化学工业使用生物质生产的产品已占总量的5%～10%,但是规模还不大。预计再用3年、5年或10年时间,采用生物质为原材料的工业规模会大大增加。

CBP将是世界上聚集工业、大学和研究院智囊,是发现和开发大规模、商业化适用的生物炼油厂工艺过程的第一个中心。它汇集了来自Fraunhofer界面工程和生物技术研究院的研究人员,这些人员擅长界面工程和膜技术及生物技术、细胞生物学和生物过程工程,同时汇聚了化学技术ICT研究院的研究人员。

Fraunhofer界面工程和生物技术研究院的研究人员最近已发现使用Clostridium diolis细菌可转化菜籽油生物柴油生产的副产物甘油,使其转变成为1,3-丙二醇的方法,1,3-丙二醇可用于生产聚酯和涂料。

研究人员也已发现了一种方法,可将酸乳浆中的植物糖或乳糖转化成乳酸,乳酸可用于生产聚丙交酯和可生物降解的聚合物。

在 CBP 中,将不作任何基础研究,更注重于工业所需要的实践,注重于炼制生物质、破解生物质、转化生物质、分离生物质和清洗生物质所需要的设备、装置和工程化诀窍,以及将其转化为化学产品用材料所需要的化学和生物技术工艺过程。将按生产基地建设的许多生物炼油厂的工业规模,在实验室内试验这些工艺过程。

在 Leuna 地区拥有的炼油厂可为生产石化产品供应原材料,但油价上涨已使炼油工业关注替代方案。Leuna 地区的化学工业拥有员工 9000 人,主要使用石油化学品生产塑料、树脂和其他材料。该工业已计划于 Saxony Anhalt 地区用大量适用的生物质作为原材料。因为 Saxony Anhalt 地区拥有大量农业和林业及大量不同类型的生物质。使用生物质也有助于保护环境。据估算,100 万 t 木质纤维素可生产 10 万 t 生物乙醇。

德国并不是每天都拥有阳光普照的天气,森林和农业部门大量的生物质并不完全与食品链直接关联。德国国土近 1/3 被森林覆盖,大约有 34 亿 m^3,德国拥有欧洲最大的木材储藏。可持续的林业意味着德国森林原料每年以 3500hm^2 的速度在递增。据计算,德国每秒就新生长木材 2m^3,将相当于每天生长 16.5 万 m^3,或每年生长 6000 万 m^3。木料形式的生物质已作为可再生能源形式在德国较普遍地应用于采暖,已占采暖总量 80% 份额,远高于植物油的 5% 份额,生物气体占 3.8%,太阳能占 4.1%,地热占 2.6%。展望未来,预计德国化学工业将成为世界生物炼油厂技术的领先者,这将缘于发展中的"Leuna"化学-生物技术集群的综合。分析人士指出,这一技术具有很大的出口潜力。可以相信,即使农业和林业废弃产物在世界上被用于制造化学品,仍然有大量生物质可供应其他的能源需求。在晴朗天气时,有 1000W 的太阳能洒落在地球表面每平方米的土地上,即使树木和植物仅吸收和贮存一小部分太阳能,树木和植物仍可每年收存 1 700 亿 t 能量,这一能量相当于每年生产石油数量的 25 倍,由此可见,生物质利用前景灿烂。

6.1.4 生物炼油厂生产乙醇、糠醛和费托合成柴油的潜力

挪威科技大学(NTNU)的研究人员于 2010 年 3 月 18 日宣布,开发出一种计算程序,可对生物炼油厂生产链的最大理论产率,以及生物质、碳和能效方面的转化效率进行估算。

基于这些计算,他们汇总出开发木质纤维素生物质原料可用于从 C_6 多糖生产乙醇、C_5 多糖生产糠醛和从木质素生产费托合成柴油的所有潜力。用最有前途的最终产品与最佳原料相结合,其结果表明:每 kg 软木可生产出高达 0.33 kg 生物乙醇、0.06 kg 糠醛和 0.17 kg 费托合成柴油,生物质、碳和能量转化效率分别达到 56%,70% 和 82%。

这一研究成果已发表在美国化学学会《journal Energy & Fuels》上。

Francesco Cherubini 和 Anders Hammer Strømman 等选择木质纤维素生物质为原材料进行了验证。他们采用数学方程式计算了木质纤维素生物质组分(纤维素、半纤维素和木质素)的碳含量和产品,然后采用矩阵代数学对用于将原料转化为产品的化学反应进行了模拟。该程序测定了从生物质生产生物燃料和/或生物化学品的最大数量,以及生物炼油厂途径的碳转化效率。

如图 6.7 所示,该团队对以下三种类型的生物炼油厂体系开展了分析工作:

(1) 生产生物燃料为导向的生物炼油厂,产品为乙醇(从 C_5 和 C_6 多糖生产)及费托合成柴油(从木质素生产)。

(2) 生产化学品为导向的生物炼油厂,产品为乙酰丙酸(从 C_6 多糖生产)、糠醛(从 C_5 多糖生产)及酚类(从木质素生产)。

(3) 基于整体原料气化的生物炼油厂,生产费托合成燃料。

研究发现:

(1) 采用这些原料和组分如软木,可达最大的生物燃料和生物化学品产率,而含氧量最低及碳和氢含量最高。从 C_5/C_6 多糖生产的乙醇产率低于从整个原料(包括木质素)来生产的数量,因为糖类有较高的氧含量。

(2) 为生产生物燃料目的而开发木质素的可能利用会大大影响生物燃料产率。事实上,从木质素生产费托合成柴油具有很大的潜力,因为其是具有最高碳含量的物质,氢作为一种约制因素。

(3) 按生物质为基准,乙醇与费托合成柴油相比,有较高的生产潜力,但如果考虑产品的能量含量,其收益会大为降低(乙醇热值为 27 MJ/kg,而费托合成柴油热值为42.7MJ/kg)。第一定律能效(定义为产品的能量含量与原料的能量含量之比)为乙醇约 90%、合成柴油约 85%。

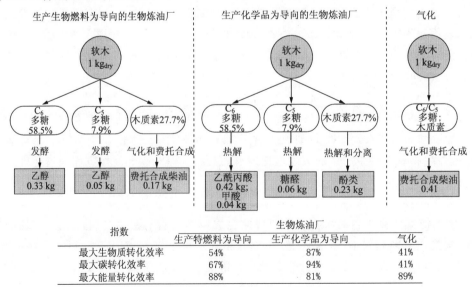

指数	生物炼油厂		
	生产特燃料为导向	生产化学品为导向	气化
最大生物质转化效率	54%	87%	41%
最大碳转化效率	67%	94%	41%
最大能量转化效率	88%	81%	89%

图 6.7 三类不同产品导向的生物炼油厂

（4）即使是最低的生物质效率（41％，对于生产生物燃料为导向的生物炼油厂为54％），气化系统也可产生富碳产品，其热值高于乙醇，因此，得到的碳和能量转换效率高于生产生物燃料为导向的生物炼油厂。

6.2 生物质化工产品开发技术和应用

6.2.1 生物质化工产品开发和应用将加快发展

以生物质生产化学品和生物基材料可减少对石油的使用，这与发展生物燃料异曲同工。

化学工业耗用烃类少于整个烃类消费量的 5％，但不远的未来仍需要这些原材料。预计 2020 年后的某一时期石油和天然气生产将达到峰值，假设化学加工仍优先需用烃类，能源公司为满足这一需求将面临新的挑战。在 21 世纪初，可再生的生物资源将为化学工业提供大多数原材料，包括林业、渔业、动物饲养业和农业副产物。从某种意义上说，增加对这类原材料的依赖将成为必然。可持续化学和绿色化学品正在受到工业和媒体界越来越大的关注。生产商正在关注减少对石化原料的依赖，并正在寻求替代使用的可再生原料。与此同时，生产商将转向采用较低能量强度和较小环境影响的工艺过程。

ICIS/Genomatica 情报服务资讯于 2009 年 6 月底对 800 多家公司作出的调查表明，超过一半（占 57％）的公司已在从事可持续的化学实践，并且在当前经济低迷期将继续拓展这一实践。与此比例大致相当的公司认为，其客户对可持续地生产化学品已表现出浓厚兴趣。此外，成本和发展战略也是两方面的推动力。近一半（46％）的公司相信，将制造工艺输入改换成可再生原料，如糖类、淀粉和生物质具有经济上的优势；另有超过一半（占 57％）的公司同意其公司将减少在石油基通用产品市场上的足迹。

美国 Genomatica 公司 CEO Christophe Schilling 指出，现在所有化学品的 90％来自烃类，有必要使原料实现多样化。这使化学公司将不断加大石油替代力度，这有助于稳定原料成本。被调查公司中的近一半（47％）已在他们的制造工艺过程中采用了可再生原料，这些公司中，有一半已采用糖类和/或其他碳水化合物，另有一半已使用某些形式的植物衍生材料。这些公司中有 1/3 已在从事可再生原料业务，在其生产过程中采用细菌和酵母用于生产。被调查公司的 1/3 已优先开发可持续化学工艺过程，有 43％的公司已着手规划未来。对大量采用可再生原料商业化生产化学品的时间表调查表明，47％的公司认为在 5～10 年内，14％的公司认为超过 10 年。仅有39％的公司认为将在 5 年内实现。从长远看，生物炼油厂可生产宽范围的下游化学品、燃料和其他产品。据催化剂集团资源公司（CGR）分析，从生物质制取的化学品现已占化学品总销售额约 5％，预计这一比例到 2010 年将提高到 10％～20％。现约有200 种产品由发酵制取，其中前 4 种产品为乙醇、柠檬酸、葡糖酸和乳酸。事实证明，发展对环境更友好的生物基产品可减少排放,它拥有生产低排放燃料的潜力,而且可削减运输行业的 CO_2 排放。除了发展生物乙醇和其他生物燃料以减少汽油消耗外,一些公司也采用生物质为原材料生产各种其他产品,包括纺织品、塑料和清洗液等,以减少碳的足迹。

从事生物技术开发的诺维信公司在开发生物基产品用酶方面颇有作为,该公司生产的酶类用作有机物化学反应的催化剂,酶类在生物质转化中起到关键作用,并且使用酶可大大降低 CO_2 排放。据称,每生产一份酶相当于减少 100～200 份的 CO_2 排放。Novozymes 公司 2007 年生产了 20 万 t 酶,从而使 CO_2 排放减少了 2000 万 t。因为酶技术的不断进步,许多公司都在从生物质中制取新的材料。这些产品包括最常用的塑料聚乙烯(PE)。约有 6000tPE 每年要从石油基产品中制取。陶氏化学公司已计划在巴西建设使用甘蔗来生产 PE 的生产装置,在该生产装置中,甘蔗将首先转化为乙醇,乙醇再用于生产 PE。该工艺过程比传统的生产 PE 过程更为环境友好。上述使用甘蔗来生产 PE 的生产装置年产能力为 38.5 万 t,将于 2011 年投运。再如,酶用于洗涤剂中也有许多优点。通过减少洗涤时间和降低对温度的需求,从而可以节约能量。酶在使任何生物质转化为乙醇方面都起到关键的作用,然而,对于纤维素来源的原料,如换季牧草或木屑,破解为糖类然后转化为燃料的难度要大得多。为了使纤维素乙醇取得商业化成功,已有不少公司正在开发更高效的酶以应用于该工艺过程中,其中包括从事生物技术的 Genencor 公司。Genencor 公司已开发出 Accellerase 1000 酶,这种生物质酶是第一次专门应用于使纤维素原料转化为乙醇的酶。由于遭遇金融危机影响,油价从 2008 年 7 月 140 美元/桶暴跌,不过,分析人士指出,廉价的、易于取得的石油时代将结束,必须开发非常规资源来填补这一空缺。

据美国农业生物技术应用(Agri-Biotech Applications)公司 2009 年 2 月底作出的预测,由于全球将作物作为食品保障和可持续发展解决方案的关键对策而加快发展,为此到 2015 年全球生物技术作物将持续增长。2008 年生物技术作物种植增长了 9%,达到 1.25 亿 hm^2,预计到 2015 年底生物技术作物种植面积将累积超过 40 亿 acre。中国在今后 12 年内将在生物技术作物研发方面投入 36 亿美元。

Avantium 公司已与糖业和食品集团 Royal Cosun 公司合作,正在开发从农业废弃物中生产塑料和燃料的工艺,当油价低达 50 美元/桶时,该工艺甚至也会有发展活力。Avantium 公司与 Royal Cosun 公司将致力于开发聚酯,Avantium 公司表示,这类聚酯有潜力在成本上与石油基聚合物竞争。据测算,截至 2009 年 2 月,制取聚对苯二甲酸乙二醇酯前身物对苯二甲酸用的原料对二甲苯的价格为 800～1200 美元/t,而葡萄糖为 150～400 美元/t。

按照合作协议,Avantium 公司将开发化学催化生产工艺,Cosun 公司将从废弃物中选择、分离和提纯适用的组分,如碳水化合物 C_5 和 C_6 糖类。合作的第一阶段预期为两年。如果取得良好结果,两家公司将使该技术扩大至商业化规模。

Danisco 公司旗下的 Genencor 公司正在为一些化学公司开发和制造酶及可再生的生物原材料。截至 2009 年 2 月,油价虽已下跌至约 40 美元/桶,但这仅是短期行为。Genencor 公司表示,如果油价为 50~60 美元/桶或更高,则该公司的工艺过程就将具有经济上的生存活力。

陶氏化学公司已与美国能源部下属的国家可再生能源实验室于 2008 年年中签约,合作开发和评价生物质制乙醇工艺的商业化生存能力,该工艺将使植物的非食用成分如谷物植物的秸秆或木质废弃物利用气化工艺转化成合成气,合成气再利用陶氏混合醇类催化剂转化成醇类包括乙醇的混合物。咨询人士指出,原料选择的另一因素是材料总的碳足迹。从煤炭生产合成气会排放大量 CO_2,其未来的成功将高度取决于 CO_2 的捕集,例如在一体化气化联合循环(IGCC)发电厂中捕集 CO_2。因为生物质基合成气的碳足迹极小,已得到全球立法机构的广泛支持。分析人士指出,从生物质制取化学品将成为重要路线和石化路线的补充。

另一项考虑是原料的适用性。陶氏化学公司已选择巴西,计划基于乙醇制乙烯转化路线,建设聚乙烯装置。35 万 t/a 聚乙烯装置将于 2012 年投运,这将是世界上第一套完全一体化、世界规模级的可再生原料制取塑料的生产装置。

全球领先的咨询公司麦凯锡(McKinsey & Co)于 2009 年 2 月 27 日发布的预测报告称,工业生物技术,亦即"白色"生物技术衍生产品的加快发展,其到 2012 年将占全球化学工业总销售额的 9%,而石油化工基产品的创新和增长将减退。

麦凯锡公司指出,"白色"生物技术大量应用于商业化规模生产将使其营业收入快速增长,到 2012 年将从 2007 年占化学工业总营业收入的 6%,即 1000 亿欧元(1430亿美元)增长到超过 1500 亿欧元,达 1530 亿欧元。

Jens Riese 指出,基于石化衍生的聚合物的创新已于 20 世纪 40 年代至 20 世纪60 年代达到顶峰,现在其创新正在走向衰退。裂解装置的创新大多也已开发,近年基本也没有推出新的聚合物。而生物技术在刺激化学工业产生新的创新方面存在巨大的发展机遇。

Jens Riese 作出预测,今后 5 年内,通过发酵生产一些新的生物聚合物和生物基大宗化学品将会引入并得到发展。

麦凯锡公司于 2009 年 6 月分析预测,现在化学品的 5% 为生物基,预计到 2012年这一比例将会翻一番,达到 10%。新的生物基筑构产品如乳酸和琥珀酸将促使聚合物进入新一轮的创新浪潮。尽管目前低的油价可能造成一些中期价格压力,但生物燃料仍将会继续强劲发展。在传统的生物基化学品如天然橡胶、植物油类方面将会快速增长,另外在水性胶体方面将会有适度增长。鉴于新技术的开发和可持续发展的推动,生物制造途径生产绿色化学品正在升温。截至 2009 年 5 月初,已开发出生物制造途径来生产广泛应用的溶剂甲乙酮(MEK),一些公司已拥有潜力可在他们生产的产品中替代石油衍生的产品。例如,美国加利福尼亚州的 Genomatica 公司已突破用微生物来生产 1,4-丁二醇(BDO)。已有两个途径可使用植物糖类作为原材料并生产化学品,这可成为石油基路线的替代。这种可持续发展的化学工业是不断发展中的领域,一些公司已迫切感到需要提高其可持续发展的水平,并加快从石油基材料氛围走到可再生的原料道路上。

美国 Genomatica 公司指出,目前许多公司关注的第一个焦点是如何提高其自身的可持续发展能力,主要关注能源的使用和公司的碳足迹;第二个焦点是检验其所生产的产品,并开始寻求如何能通过更可持续发展的方式从可再生原料来生产这些材料。

一些公司已开发了新的可持续发展的产品,并有一些技术和产品推向了市场,如美国从事农业业务的嘉吉公司和日本帝人公司的合资企业 NatureWorks 公司推出的 Ingeo 聚乳酸(PLA)聚合物,以及美国的生物科学公司 Metabolix 与组分、饲料和生物燃料公司 ADM(Archer Daniels Midland)已生产出生物基 Mirel 聚合物。这些都是一些新的生物可降解聚合物。

Genomatica 公司有志于通过生物途径生产化学品,这些化学品可直接作为石油衍生产品的替代,如其开发的 BDO 和 MEK。美国杜邦公司和英国食品集团 Tate & Lyle 公司的生物基丙二醇是生物途径的又一实例。巴西石化集团 Braskem 公司则开发了生物基聚乙烯(PE)。开发新产品及开发经化学认证的替代方案是两种不同的途径,但这两者都具有可持续发展的潜力。对后者而言,低成本是最重要的,可以相信,通过新途径生产这些产品会有 25% 的成本优势。

Genomatica 公司使用专有的集成技术平台,采用称之为 SimPheny 的先进的计算机模拟技术,来指导基因变异微生物的设计,从而可生产出特定的终端产品。一旦微生物被鉴定和工程化,该公司就可利用这一技术提高产率和生产效率,并将过程工程放大到商业化规模。Genomatica 公司已将生产 BDO 的生物基技术转让给了一些化学品生产商。

美国 Elevance 可再生科学公司表示,现在的经济衰退在一定程度上已影响到大多数消费品的销售,但该公司的生物基材料业务与基于石油产品的其他替代品相比,受影响要小得多。该公司的一些新产品正在采用其技术打入个人护理等产品之中。

美国天然油多元醇生产商 BioBased 技术公司表示,在其现有的客户群中,多元醇的消费额减少了,但天然油基多元醇的新客户和新的应用却在下行通道中脱颖而出。生物质化工新产品的应用正在不断增多。据统计分析,2008 年美国推出了总计 28 种大豆基产品,而 2007 年为 26 种。这些产品包括聚氨酯和其他树脂、溶剂、胶粘剂、印刷油墨和涂料。

该公司 2008 年成功推出了大豆多元醇基泡沫,现已应用于福特汽车公司研发的汽车中。福特汽车公司已在超过 100 万辆汽车中使用了大豆基坐垫和靠背,这些产品相当于使用了超过 7.6 万 bsh(1bsh=2678.17m³)的大豆。福特汽车公司正在拓展合作,已研究出大豆粉作为几款汽车塑料使用的填充剂。

分析表明,使用天然油多元醇的硬泡市场和软泡市场将会有很大的增长。2008 年 8 月,BioBased 技术公司推出了其第二代天然油多元醇 Agrol Diamond,已应用于硬泡市场。该公司在各种新的应用中采用了多种配方的天然油多元醇。据称,某些产品用作填充剂,仅使用较少量,但在另一些产品中的添加量之多可与石油基产品相似。BioBased 技术公司表示,在改进天然油多元醇性能用作添加剂方面仍有大量工作要做。另外,Elevance 公司将发展中的可再生产品已应用于许多行业,如个人护理和化妆品、蜡烛、瓦楞和包装、润滑油和抗微生物剂。大豆和植物基蜡烛是蜡烛工业增长最快的部门。Elevance 公司最近推出了大豆基蜡,并应用于压制蜡烛中。

Elevance 公司与 Tetramer 技术公司合作,合成了超过 100 种新的石蜡品种。该公司的大豆石蜡分部与道康宁公司合作,也开发出多款化妆品和个人护理产品,并推向了拉美和北美市场。在化妆品和个人护理领域中,最近也开发了大豆油基生物可降解防晒油中的遮光剂,称之为 Soyscreen,同时开发了大豆基水凝胶,应用于头发护理中。这种水凝胶可随温度或酸性程度的变化而扩散和接触,它适用于两个高价值的市场:头发护理和药物释放。另外,在制造木质复合材料方面使用大豆增量剂的数量也在增长,因为与甲醛基树脂相比,其低的排放,使这种生物基产品的应用在增多。

杜邦公司也在加快推销生物基聚合物,截至 2009 年 5 月底,该公司已使其高性能、源于可再生的工程聚合物的几条生产线实现了商业化,这些可再生工程聚合物包括热塑性弹性体和树脂,以及应用于汽车和运动器械的长链尼龙。这些聚合物至少含有 20% 可再生材料,并且与完全石油化工基的材料相比,性能上相同或更好。

从事新兴生物化学品开发的美国 Glycos Biotechnologies 公司拥有领先的新陈代谢工程和微生物创新技术经验,该公司于 2010 年 3 月 10 日宣布,其生物化学品生产技术已成功地在商业化规模装置上生产出乳酸和先进的乙醇,这是采用其技术实现商业化的里程碑。Glycos Biotechnologies 公司创建了一个平台,可耗用来自多种非糖原料的碳而生产化学产品。其途径不仅可避免只能使用糖基原料的方法,而且也可提供产品的灵活性,并可为生产商开拓较大的市场提供机遇。此外,该公司的技术平台证明,其成本可与石化工业相竞争,从植物为原料进行生产可保持毛利率在 45%~55%。Glycos Biotechnologies 公司表示,采用其专有的微生物和生物过程技术作为常规石化基制造工艺的替代,可通过持续而低成本的途径生产新一代生物产品。

生物技术工业组织(BIO)于 2010 年 3 月下旬发布号召,希望美国制定加快发展生物基化学品和塑料工业的政策,以便在 20 年内完成美国石化原料的转变,并加快进军中东和亚洲。在新发布的白皮书中指出,生物基化学品和产品是美国经济发展和绿色就业新的驱动力,BIO 指出,化学品和塑料原是美国出口收入的主要来源,但自 20 世纪 80 年代起美国化学品和塑料行业优势开始减弱,此期间内石油资源丰富的国家开始大力投资于自己的石油衍生物工业。

在前 20 年内,美国化学工业总人数已减少了超过 20%,从 1990 年超过 100 万人减少到 2009 年刚好超过 80 万人,预计还会进一步减少。塑料工业的员工数也有类似的趋势,从 2002 年至今减少了 12%,从事塑料业务的人数减少了 13%。

图 6.8 所示为美国历年来化学品市场的贸易余额。

在初期发展情况下,美国生物基化学品和塑料行业直接就业人数超过 5700 人。目前,只有不到 4% 的销售额是基于生物基的。据最近美国农业部的分析,提出到 2025 年,在足够的美国政策支持下,生物基化学品和塑料行业潜在的市场份额可超过 20%。

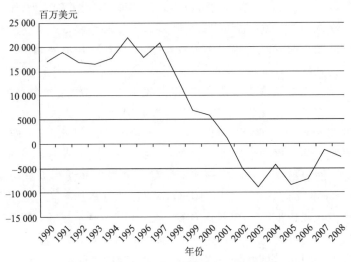

图 6.8   美国历年来化学品市场的贸易余额

6.2.2   脂肪和植物油的应用不断增长

据分析,尽管 2008 年第 4 季度起经济呈下行趋势,但脂肪和植物油的工业利用仍然火热。主要由于高的石油和天然气价格及对天然和可再生基产品不断增长的需求,近几年,脂肪和植物油类的工业应用快速增长并得到发展。据美国农业经济研究服务部门统计,美国 2008 年工业使用的脂肪和油类增长到约 119 亿 lb(540 万 t),比 2009 年增长 9%,比 2006 年增长了 24%。甲酯即生物柴油是脂肪和植物油类使用增长的最大因素,而润滑油和相似油品的应用也占重要份额。

据美国生物柴油管理局统计,2008 年美国生产生物柴油约 7 亿 gal,其原材料的 34%来自于精制的大豆油、31%来自粗大豆油、11%来自不可食用的牛油和油脂、24%来自其他脂肪和植物油类。美国生物柴油的生产现占大豆油工业应用的 75%,2000～2010 年的大多数时间内,年均增长率将为 90%。大豆油在表面活性剂、特种涂料和生物基润滑油中的应用也在增长。2007 年生物基润滑油市场为 1 500 万 gal,到 2017 年预计将达到 3000 万 gal,这对整个润滑油工业而言将是相对增长较快的市场。据美国的世界农业瞭望局的分析,2008 年 10 月到 2009 年 9 月,全球植物油的工业应用将达到约 2500 万 t,比 2007 年增长 7%。据分析,现在植物油工业应用占全球植物油消费总量的 20%,而 2001～2002 年占 10%。增长最快的是欧盟、美国、阿根廷和马来西亚。从 2001～2002 年至 2006～2007 年,欧盟工业应用植物油年均增长 25%。

6.2.3   生物质生产乙烯

乙烯作为基本的有机化工原料和石油化工业的龙头产品,被誉为“石油化工之母”,随着化工、能源、材料等乙烯衍生物产业的快速发展,乙烯的产需矛盾日益突出,这给生物乙烯,以大宗生物质为起始原料制造乙烯,提供了难得的契机。发展生物乙烯已经成为必然,作为石油替代战略的重要方向和突破口,生物乙烯将给传统的乙烯及其衍生物工业带来持续发展的动力。

生物乙醇是一种可再生资源,以其为原料生产的生物基乙烯是石油基乙烯的重要补充或替代。尤其在对乙烯需求少量而运输不便的地域,以及缺乏石油资源的地区,生物乙烯的优势就更加明显。当前,石油资源日趋枯竭,石油价格起伏不定,我国乙烯工业的可持续发展受到各种因素的挑战。在国内能源紧张的局势下,发展生物乙醇制乙烯技术,可有效发挥国内生物质资源优势,缓解石油危机,这将具有重大的战略意义。

生物乙烯是以大宗生物质为原料,通过微生物发酵得到乙醇,再在催化剂作用下脱水生成乙烯。20 世纪 60 年代,巴西、印度、中国、巴基斯坦和秘鲁等相继建立了乙醇脱水制乙烯的工业装置。虽然后来由石油烃类热裂解生产乙烯的工艺几乎成为乙烯的全部来源,但对乙醇脱水制乙烯的研究一直没有放弃。2004 年,我国迄今规模最大的 1.7 万 t/a 生物乙烯装置在安徽丰原股份有限公司成功投产,中石化下属的四川维尼纶厂也有了年产 9000t 生物乙烯的工业化装置。同由石油生产乙烯路线相比,生物乙烯的纯度高、分离精制费用低、投资小、建设周期短、收益快,且不受资源分布的限制。因此,在石油资源急剧匮乏的时代,生物乙烯必将作为一条可持续发展的绿色化工路线与石油乙烯路线相抗衡。目前发展生物乙烯在技术上是可行的,在经济上亦具有竞争力,但是尚需解决一些规模化生产的关键技术问题,主要是低成本乙醇生产技术、乙醇脱水生成乙烯的催化技术、过程耦合一体化工艺技术等,以此进一步降低生产成本。

巴西 Braskem 公司正在其在巴西 Triunfo 的技术中心基于甘蔗原料以乙醇生产乙烯和丙烯。该公司于 2007 年底作出决定,建设基于乙醇生产烯烃的工业规模生产装置,并配套下游 PE 和 PP 生产。目前世界上 80% 左右的乙醇以淀粉质粮食为原料,约 20% 的乙醇以木质纤维素为原料。粮食类淀粉质原料的价格较高,因而抬高了乙醇的生产成本。因此,选择低成本的原料路线是降低乙醇生产成本和提高市场竞争力的关键。利用秸秆类木质纤维素原料生产乙醇是国际公认的技术难题,但也是最有前途的技术之一。因此我国急需建立高水准的、以木质纤维素为原料的乙醇生产中试验基地,并重点开展原料预处理、生物降解、可发酵糖的利用、秸秆类木质纤维素综合利用等方面的研究。据介绍,氧化铝型催化剂是目前工业应用中相对成熟的催化剂,但对反应条件要求苛刻,反应温度高,乙醇原料浓度要求也高,导致整体能耗高。因此,开发能够在较低温度下,将较低浓度的乙醇高选择性、高转化率地转化为乙烯的长寿命催化剂,已成为生物质由乙醇中间体制乙烯的关键。杂多酸催化剂虽然活性高,但是寿命和热稳定性问题没能得到解决,限制了其在工业上的应用。沸石分子筛催化剂的水热稳定性和寿命还需进一步提高,对发酵乙醇杂质的耐受性也值得深入研究。

目前我国现有的乙醇脱水制乙烯装置是建立在燃料乙醇后继生产线上的,工艺路线比较陈旧,耗能过高。想要提高生物乙烯的市场竞争力,就必须充分考虑生物乙烯的自身特点,将生物质发酵生产乙醇和乙醇脱水制乙烯两个过程有机融合。应该对生物质路线制乙烯的生产过程进行系统考虑,在能耗、催化效率及催化剂使用寿命等因素之间寻找一个最佳的平衡点。通过对整个工艺进行一体化设计,将各工序中的热能进行综合利用以减少能耗。

我国对生物乙烯的生物炼制技术非常重视,科技部在国家"863"计划中已启动"生物基化学品的生物炼制技术"项目。国内的众多高等院校、科研院所和重点企业已开展联合攻关,为了解决生物乙烯产业化中存在的关键性技术问题。经过长期的研究,我国在燃料乙醇的中试及产业化项目上已具备较好的基础,并在生物乙醇脱水制乙烯专用催化剂方面取得成果,同时还在乙醇发酵、乙烯工业、化工工艺设计、过程优化等领域积累了丰富的实践经验。目标是建成具有我国特色的,以低成本可再生资源为原料的节能型、清洁型 2 万 t/a 生物乙烯工业化生产示范装置。一项总投资为 12.8 亿元的"玉米—乙醇—乙烯"项目于 2006 年 11 月在吉林市博大玉米生化有限公司落成。该项目的 DDGS(酒糟蛋白饲料)、蒸馏、发酵、粉碎等 6 个主要生产车间已经建成。项目一期的 20 万 t/a 乙酸生产线于 2007 年 6 月投产,届时将为乙烯生产开辟全新路径。相关测算表明,只要石油价格不低于 40 美元/桶,玉米价格不超过 1400 元/t,用玉米制乙烯就有利可图。该项目建成后,除每年消耗 60 万 t 玉米外,还将凭借乙烯超长的产业链条,把玉米渗透到化工、塑料、纺织、汽车、电子、建材等行业,从而最大限度地延伸玉米深加工链条,推动产业升级。据介绍,将玉米发酵制成乙醇的技术已成熟,但从乙醇转化为乙烯这一环节,国内除安徽丰原开发出可大规模工业化的自有技术外,其他技术大都处于实验阶段。现已获得"玉米—乙醇—乙烯—环氧乙烷"整个生产过程所需的技术。而素有"化工之母"之称的乙烯过去只能从石油裂解中获取。据统计,2005 年中国生产乙烯 755 万 t,自给率不足 50%。而过去的 15 年。中国的乙烯消费一直以年均 16.1% 高速增长。玉米制乙烯项目的突出特点是,利用可再生资源玉米替代石油原料生产乙烯。在大力倡导节能和循环经济的今天,"玉米变乙烯"符合国家的能源和产业政策。吉林市地处中国松辽平原上的"黄金玉米带",玉米年产量高达 1800 万 t。自从 2002 年国家的燃料乙醇试点项目落户吉林市后,玉米就从农业饲料变身为工业原料,也成为吉林市从"石油化工城"向"生物能源谷"转变的支点。乙烯企业水电消耗量巨大,而吉林市是全国少有的丰水城市,还建有 3 个梯级水电站和几个大型热电厂,年发电量达 136 亿 kW·h,在吉林建乙烯装置,水电都有保证。此外,吉林市化工产业发展完善,也是该项目落户吉林市的重要原因之一。

6.2.4　生物质生产丙二醇

1,3-丙二醇的主要市场是用于合成高性能聚酯如聚对苯二甲酸丙二醇酯(PTT)的原料。PTT 纤维既有聚酯的耐化学性又有聚酰胺纤维的良好回弹性、抗污性,且易染、耐磨。用它取代氨纶生产弹性织物,使用方便,性能更好;用来生产装饰布或地毯,不仅手感好,而且具有永久的抗污能力。专家预测 PTT 是 21 世纪最主要的新纤维品种之一,而发展 PTT,1,3-丙二醇是基础。PTT 工业化生产的难点是 1,3-丙二醇成本高。20 世纪 90 年代,壳牌公司用成本经济的石化法生产 1,3-丙二醇,并进一步推出商品名为 Corterra 的 PTT,而杜邦公司开发了生化工艺,制备名叫 Sorona 的 PTT。当今世界上 1,3-丙二醇大多采用化学合成法生产,随着石油价格的步步攀升及石油资源短缺,生物合成法生产 1,3-丙二醇备受全球关注。与传统化学合成法相比,发酵法生产 1,3-丙二醇技术具有原料来源可再生、反应条件温和、选择性好,副产物少,环境污染少等优点。杜邦公司与 Tate & Lyle 公司(英国)、Genencer 国际公司(美国)合作,投产了从谷物(而不是从石油)生产 1,3-丙二醇的中型装置。1,3 丙二醇是杜邦公司新的 Sorona 3GT 聚合物(PTT)的关键成分。从谷物用生物法制造这种聚合物的总费用比从石油化工产品制造要便宜 25%。杜邦和 Genencor 公司开发的新微生物也基于 Escherichia Coli 微生物,它有高的 1,3-丙二醇产率,生产的 1,3-丙二醇可望达到世界级规模(大于 10 万 t/a)。在新的发酵工艺中,由磨碎的潮湿谷物得到的葡萄糖经两步法转化成 1,3-丙二醇。第一步由细菌发酵转化成丙三醇,第二步将丙三醇发酵转化成 1,3-丙二醇。产品从细胞质中分离出来,并用蒸馏提纯。

杜邦推出了其第一种使用农作物作为原料生产的塑料和弹性体,这些产品于 2007 年销售,包括 Sorona PTT 工程热塑性塑料和 HYTREL 热塑性聚酯弹性体的新品级。两种材料都使用该公司的生物基 1,3-丙二醇中间体,该中间体由玉米糖通过发酵工艺制得。这种 Sorona 材料于 2007 年中期面市,其性能和加工特性与 PBT 相似。除了具有良好的强度和刚度外,还改进了表面外观、光泽度,并具有良好的尺寸稳定性。基于可再生资源的 Sorona 注射品级的目标应用包括汽车和电子部件及工业和消费产品。使用可再生资源的 HYTREL 热塑性弹性体将在 2007 年第 4 季度面市。它们采用一种聚酯硬段和由生物基丙二醇生产的聚醚软段制得。该材料的可再生资源成分占总质量的 40%～60%。

杜邦公司于 2008 年推出了用生物基 1,3-丙二醇制造的热塑性树脂和弹性体产品。生物基 1,3-丙二醇由杜邦和英国 Tate & Lyle 公司的合资企业杜邦 Tate & Lyle 生物产品公司生产。这类可再生的聚合物包括杜邦公司 Sorona EP 品牌,为含 30%～37%可再生材料的热塑性树脂;Hytrel RS 品牌,为含 35%～65%可再生材料的热塑性弹性体。这类聚合物是杜邦公司到 2015 年从可再生材料生产的产品占营业收入 25%的目标的组成部分。杜邦公司计划从这些产品中使年营业收入增长至少 20 亿美元,从这些产品实现提高能效与温室气体排放大大降低的要求。公司生物基材料的净现值为 30 亿美元。

由清华大学化工系承担的国家"十五"科技攻关项目——发酵法生产 1,3-丙二醇中试技术开发成功,并在此基础上与黑龙江辰能生物工程有限公司规划年产 2 万 t 1,3-丙二醇的项目,一期工程 2 500t/a 1,3-丙二醇装置在设计中。清华大学以葡萄糖或粗淀粉,如木薯粉为原料,采用双菌种两步发酵法生产 1,3-丙二醇。该技术路线已在 5000L 发酵罐上通过中试。在 1,3-丙二醇后提取的过程中,研究人员针对 1,3-丙二醇发酵过程副产较大量的有机酸(盐)的特点,在国际上率先将电渗析脱盐技术引入 1,3-丙二醇提取工艺,并通过絮凝、浓缩和精馏等工序,制得的 1,3-丙二醇产品纯度达到 99.92%,收率达 80% 以上,填补了我国生物法生产 1,3-丙二醇的空白。该中试产品送到仪征化纤、辽阳石化等单位与国外进口的 1,3-丙二醇进行聚合生产 PTT 的对比试验结果表明,清华大学生物法 1,3-丙二醇中试产品聚合得到的 PTT 在特性黏度、色相等关键技术指标中超过了进口产品,可以满足聚酯合成及纺丝等用途的需要。

中国科学院兰州化学物理研究所羰基合成与选择氧化国家重点实验室近年来开展了以生物基多元醇为原料,催化合成大宗基础化石产品的技术研发。目前,通过新催化剂和工艺开发,他们已分别掌握了生物甘油定向转化为 1,3-丙二醇和甲乙醇技术。其中,甘油转化为 1,3-丙二醇的选择性超过 98%,转化率达到 80% 以上;甘油转化为甲乙醇的选择性达到了 97% 以上。现已完成 500 小时催化剂寿命评价,准备进行工业放大。据介绍,通过研究不同工艺对甘油转化技术的影响并进行相应的经济评估,课题组开发的生物基 1,3-丙二醇的价格较目前化石路线价格低一半。采用这项技术可生产廉价的 1,3-丙二醇产品,可以作为无害高值化工产品进入市场应用,这将直接提高生物柴油的经济性。同时,课题组通过开发甘油深加工产品技术,还可逐渐形成我国生物基化学品研究开发技术平台,初步建立我国生物质能技术开发经济模式。

6.2.5　生物质生产丁二醇

1. 生物质生产 1,4-丁二醇

生产 1,4-丁二醇的创新技术是生物转化技术,美国一些研究机构已联合开发了酶法工艺,将葡萄糖转化为丁二酸(琥珀酸),丁二酸可在适用催化剂作用下转化成 1,4-丁二醇。该工艺的特点是易于操作,可达世界规模级(10 万 t/a),同时生产成本低。

在北美,美国 Argonne 国家实验室、Oak Ridge 国家实验室、西北太平洋国家实验室和国家可再生能源实验室组成的集团已得到美国能源部替代原料计划的支持,他们分别与应用碳化学公司(Applied Carbochemicals)和 Arkenol 公司合作,旨在将该工艺推向工业化。

三菱公司则与 Ajinomoto 公司合作在东亚使生物质转化生产丁二酸装置推向工业化,生产可生物降解聚合物 Bionelle。应用碳化学公司的短到中期计划,在北美建设了 4.5 万 t/a 葡萄糖生产丁二酸装置,生产的部分丁二酸可用于生产丁二酸甲基、乙基和丁基酯,用作溶剂和生产特种产品如衣康酸。应用碳化学公司已在 15 万 L 中型发酵试验中开发出第二代新的微生物,采用 Escherichia Coli 微生物有助于使葡萄糖转化为丁二酸(US5723322、US5504004),例如,130Z(ATTC55618)细菌和 Anaerobiospirillum Succiniproducens 细菌均有很好的活性。得到丁二酸只是解决了该生物转化工艺的一部分,下一步将使丁二酸转化成 BDO,类似于生产 1,4-丁二醇的 BP/鲁齐 Geminox 工艺的马来酸氢解。

总部在美国加利福尼亚州的 Genomatica 公司从可再生原料生产可持续的化学

品,该公司推出新的生物制造工艺从植物糖类生产出几种工业上的石化产品,如开发出生物基 1,4-丁二醇。该工业采用计算机化的模拟和实验室过程开发出每一个工艺过程,基于最有效的生物化学路径,从糖类可生产出所需产品。然后使用经基因工程化的特定微生物来生产化学品。这些过程只需用很少能量,投资费用也较少,并且可采用可再生原料,使更多样化的途径应用于生产。从发展前途看,1,4-丁二醇生物转化工艺的生产费用可望与已工业化的工艺相竞争。常规工艺与生物转化工艺的生产费用比较见表 6.1。

表 6.1 常规工艺与生物转化工艺的生产费用比较(单位:美元/t)

	生物转化	雷珀法	戴维工艺	BP/鲁齐工艺
生产费用(美元/t)	1280	1400	1180	1150
生产能力(万 t/a)	5	20(雷珀法与部分氧化制乙炔相组合)	11(MKⅡ工艺)	6

2. 生物质生产 2,3-丁二醇

2,3-丁二醇在化工、食品、航空航天燃料等领域应用广泛。其脱水产物甲乙酮可作树脂、油漆等的溶剂;酯化后的脱水产物 1,3-丁二烯可用于合成橡胶、聚酯和聚氨酯;热值较高(27 200kJ/kg)可作为燃料添加剂;与甲乙酮脱氢形成辛烷异构体可生产高级航空用油;另外还可制备油墨、香水、熏蒸剂、增湿剂、软化剂、增塑剂、炸药及药物手性载体等。

华东理工大学相关课题组在国家"863"计划的资助下,经过 2 年多的研究实践,在生物法制备 2,3-丁二醇(化学合成困难),实现由传统的石油炼制向可再生资源为原料的绿色环保型生物炼制转型方面取得了预期进展。在成果产业化推广方面,编制完成了产能 100t/a 的投资建设规划书和产能 1000t/a 的扩大建设规划书编制。产业化实施后预计将有力推动下游产品的新产业链的形成和发展,推动相关技术的升级和进步。

项目目标:探明粘质沙雷氏菌合成 2,3-丁二醇的关键调控因子;挖掘一批功能基因;定向改造粘质沙雷氏菌,并确立大规模发酵生产 2,3-丁二醇的新工艺;建立高效、节能和环保的分离纯化工艺,为最终实现 2,3-丁二醇的工业化生产打下基础。

目标任务还包括建立可有效提高粘质沙雷氏菌 2,3-丁二醇发酵水平和高效分离纯化的平台技术,为利用代谢工程技术有效调控并设计生物炼制过程中微生物"细胞工厂"提供可靠的范例,并期望这些平台技术在生物基产品生产中具有实际指导意义。

完成情况:

(1) 克隆对粘质沙雷氏菌中对合成 2,3-丁二醇有重要功能或调控作用的新基因 10 个以上,完成对 6 个基因功能的解析并申请了新基因发明专利。

(2) 利用新型发酵调控策略,在 5000L 发酵罐中成功实现放大,在 5000L 罐上获得的 2,3-丁二醇最终产量为 130.5g/L,得率为 0.601g/g 蔗糖,生产能力为 3.215g/(L·h)。在全面完成合同指标的基础上,针对实际产业化过程可能面临的具体问题,对菌种和培养基成分作了进一步优化改造探索,并在 3.7L 发酵罐上进行验证,经过

40 小时 2,3-丁二醇发酵终浓度达到 146g/L,得率达到 0.645g/g 蔗糖,生产能力为 3.65 g/(L·h),相关技术在 30L 规模实现放大。

(3) 在产物分离纯化技术方面确立了集成化的 2,3-丁二醇分离技术,总收率达到 75% 以上,符合用户产品质量要求。

课题组首先采用了宏观的发酵优化策略,对发酵条件和发酵培养基组分进行优化,结合本发酵产品 2,3-丁二醇的生物合成特征(微生物生长最适合的 pH 值和产物合成最适合的 pH 值不一致,微生物生长需要充足的溶氧和产物合成需要微氧或无氧),最终建立了分阶段的 pH-RQ 发酵调控策略,同时考虑到微氧状态带来的各类副产物的增加会影响底物的转化率和生产能力,基于代谢流分布的计算,通过寻找廉价的电子受体和目的代谢途径相关基因转录诱导剂的添加,获得了 2,3-丁二醇的高产、高转化率和高生产能力。该技术路线既融合了传统的发酵技术路线,又发展了特定产物采用特定调控策略的特色,其科学性、先进性和创新性主要体现在两个方面:第一,在微氧发酵过程中具有代表性和直观性的调控参数的合理选择,RQ 的大小反映了发酵液中氧气的含量以及微生物内部的氧化还原势,RQ 作为微氧发酵过程的一个调控参数具有重要指导意义;第二,代谢流分布的计算反映了底物在整个发酵过程中的动态流向,目前更多的技术是通过基因敲除方法切断副代谢途径,但通常这样做对于整个代谢网络而言并不能得到理想的效果。课题组通过选择廉价的无机盐作为电子受体来平衡微生物内部的氧化还原微环境,同时添加诱导剂增加目的代谢途径相关酶的表达量来弱化副产物的形成,获得了明显的效果。

粘质沙雷氏菌作为研究群体感应与各类初级代谢产物之间调控关系的模式菌株,其群体感应系统对各类初级代谢产微生物发酵过程中,发酵末期的菌体往往不是目的产物。目前对回收利用废菌体经济有效的方法研究较少,废菌体常在污水处理厂中被分解或被燃烧处理,不仅污染了环境,还浪费了大量的资源和能源。本课题组对回收发酵末期粘质沙雷氏菌活菌体的重复发酵利用进行了研究,成功建立了多次循环回收活菌体和菌体细胞制备成替代氮源技术,初步实现了发酵过程中多次循环利用微生物生物质。

在产物分离提取方面,根据生物分离技术的特点(发酵液中含有多种表面活性物质,必须对其进行预处理)及 2,3-丁二醇本身的性质(高沸点、高亲水性、高黏度),课题组采用了包括膜分离、萃取与精馏耦合过程、精制过程的工艺路线。采用该工艺技术,以萃取-共沸精馏所得的粗品为原料,通过真空精馏精制,得到无色透明的 2,3-丁二醇产品,产品纯度可达 95% 以上,收率 75% 以上。该项目设计的一条萃取与精馏耦合、兼顾萃取净化和精馏脱水的分离工艺路线,所选的萃取溶剂同时也是后续共沸精馏的脱水溶剂,使其兼具过程简洁和分离效率高的特点。该技术的特征是萃取和共沸精馏使用同一种溶剂,对发酵液萃取后直接进行共沸精馏脱水。与常规的精馏分离相比,克服了 2,3-丁二醇亲水性强,直接脱水困难的问题,且能耗较低;与通常的萃取后精馏的方法相比,分离过程大为简化,且使用溶剂数量少,回收的溶剂损耗和能耗均可节省。

该项目设计的 2,3-丁二醇分离纯化工艺过程中充分考虑到了环保因素:无机膜预处理发酵液不加入化学助剂,无需加热处理,为后续的菌体生物质的循环利用实现节能减排提供了技术支撑;所得的萃余液用于无机膜顶水过程,使 2,3-丁二醇不致流失并降低排放;利用萃取-共沸精馏相耦合过程,既达到循环萃取的目的,又实现了正丁醇的回收。

该课题组将基因组、代谢组以及细胞间信号分子(quorum sensing 机制)整合进生化网络的研究对象,建立多水平生化网络调控模式研究,整体思路上特别注重充分利用生物信息学和比较基因组学的理论与方法来阐明一批改变微生物代谢途径的关键因素,并理性地结合发酵工程调控策略来提高 2,3-丁二醇的工业规模发酵水平。本项目建立的具有我国自主知识产权特征的从发酵液中分离纯化 2,3-丁二醇的下游技术,对于我国工业微生物菌株改造具有借鉴意义,本项目多处提出和实践的创新性前沿研究内容在国内外未见相关报道。

该课题组的后续研究发展方向将更加聚焦资源节约和节能减排,如提高菌体生物质的利用率、廉价原料(如木质纤维素水解物等)的替代利用等,最终对国民经济和社会发展中迫切需要解决的关键技术和能源问题作出一定的创新性示范效应。

6.2.6 生物质生产丁醇和丙醇

Syntec 生物燃料公司于 2008 年 11 月 21 日宣布了从生物质生产生物丁醇和生物丙醇的催化剂及工艺开发的研究计划。这项为期 3 年的研发计划将与该公司现有的催化剂开发工作同步进行,该项目战略投资约为 250 万美元。

Syntec 生物燃料公司采用的 B2A(生物质制取醇类)热法-化学法技术,原由英国Columbia 大学开发,系将废弃生物质如硬木或软木、木屑、有机废弃物、农业废弃物(包括甘蔗渣和谷物秸秆)或换季牧草气化来生产合成气。合成气再经洗涤并通过含有 Syntec 催化剂的固定床反应器,以生产乙醇、甲醇、正丁醇和正丙醇。Syntec 公司可使产品产率达到 110gal/t 生物质,该公司目标是使产率达 113gal/t 生物质。

丁醇是有发展前途的含醇生物燃料,现用作溶剂和化学品中间体,截至 2008 年11 月的销售价超过 5 美元/gal。丙醇用作塑料和聚合物、医药、涂料及化妆品工业用的溶剂有重要作用,销售价超过 5 美元/gal。现在,世界上几乎所有丁醇和丙醇都是由化石燃料来生产的。生物丁醇和生物丙醇的商业化将会有效地减少许多重要工业的碳足迹。

我国首条百万吨生物基化工醇生产线于 2011 年将在亚洲最大的玉米深加工企业长春大成集团建成投产。据介绍,该项目具有完全的自主知识产权,在生物基化工醇的制备、合成工艺、产品分离等关键环节均实现了新的技术突破,单位体积生产能力增加 5%,生产成本降低 10%,能够保证连续生产时数达到 330d/a。2011 年生产线建成后,将实现产值 65 亿元,利税 15 亿元。该项目完工后不仅是我国首条百万吨生物基化工醇生产线,在世界上也处于领先地位。目前大成集团正在研究利用秸秆、藻类作为原料的生物基化工醇生产新工艺。据了解,百万吨生物基化工醇生产线经国家发改委和国家环保总局批准，由长春大成集团投资建设，地点位于吉林省长春市东北部的兴隆山镇。

6.2.7　生物质生产乙二醇

乙二醇是生产聚酯、汽车防冻液等的重要化工原料，现在全球需求量接近2000万t。传统乙二醇的生产主要采用石油化工路线，随着石油资源的日益短缺，利用可再生资源生产乙二醇将是未来的发展方向。

1. 谷物制取乙二醇

总部位于香港的全球生物化学技术公司（Global BioChem Technology，GBT）是中国领先的谷物加工商，该公司于2009年8月19日表示，计划使其在中国制造的谷物基乙二醇推向西方的北美和欧洲市场。该公司在吉林省长春市拥有生产21万t/a谷物基乙二醇的能力，该公司的商业化装置现仅有约一半的能力在运转，2008年其产品大多在中国销售，但是，该公司正在使其产品越来越多地销往西方国家，到2009年底生产装置将会满负荷运转，该公司预计自2010年起在北美和欧洲市场的销售额将会大大增长。据称，采用该公司技术建设的规模化装置很具竞争性，如果原油价格高于40美元/桶，则可与石化路线相竞争。该公司正在努力使装置能力提高到约35万t/a，扩能会于2010年完成。

采用GBT公司专有的技术可生产50%～60%的丙二醇、25%的乙二醇、10%的丁二醇，均可达聚合级纯度。该工艺的第一个步骤是使用雷内镍催化剂，使葡萄糖转化成山梨糖醇；第二步是加氢裂化以产生最终产品，过程在加压和相对较高温度下进行。采用该公司技术生产的1,2-丙二醇产品与石化路线相同，可与杜邦Tate & Lyle生物产品公司采用可再生乙二醇工艺生产的1,3-丙二醇相媲美，1,3-丙二醇主要用于生产PTT。ADM（Archer Daniels Midland）公司位于美国伊利诺伊州Decatur从甘油生产乙二醇的10万t/a装置于2009年底投产。嘉吉和陶氏化学公司也都将建设从甘油生产乙二醇的装置。

GBT公司的1万t/a可再生乙二醇中型装置于2004年投入运转，商业化装置投产于2007年第四季度。乙二醇的主要用途之一是作为PET的组分，西方对使用可再生资源来生产乙二醇很感兴趣，许多公司都期望在其PET聚酯饮料瓶中使用可再生材料。

吉林省位于中国东北部，GBT公司在此建设的装置处于中国"谷物带"。GBT公司正在吉林省建设谷物加工装置，加工谷物的能力为200万t/a。该公司2008年生产被加工的谷物240万t，因而有丰富的原材料。据称，与谷物被加工成生物丁醇相比，从谷物生产乙二醇的价值是谷物被加工成生物丁醇的3～5倍。从谷物生产乙二醇对环境影响的生命循环评价正在进行之中。GBT公司乙二醇业务2008年的毛利为2060万美元，销售额为1.29亿美元。GBT公司旨在成为世界领先的乙二醇生产商，该公司在该部门已投入了2亿美元。

2. 纤维素转化生产乙二醇

中美正在联手开发生物质制取乙二醇的新催化剂。因为人类要寻求替代化石燃料和天然气的碳源和燃料,生物质可望在未来起很重要的作用。美国和中国的研究人员现已在合作开发可直接转化纤维素的新型催化剂,将从最常见的生物质形态来制取化学工业中重要的中间产物乙二醇。据报道,该催化剂将用碳化钨和镍负载在碳载体上制备。现在,生物质主要以淀粉形式被应用,淀粉被降解制取糖类,然后再发酵制取乙醇。而使用纤维素则较廉价,纤维素是植物细胞壁的主要成分,是地球上最丰富的有机化合物,是自然界中最丰富的生物质资源,其大量使用不会对粮食供应产生负面影响。因此,纤维素的转化和利用被认为是发展可持续能源的一条有效途径。与从谷物中制取淀粉不同,纤维素不是食品,因此不会与人争粮或与制取原材料和燃料相竞争。然而,由于纤维素是最难水解的生物质,传统工艺是采用液体酸、碱或酶的方法首先将纤维素转化为葡萄糖,然后再将葡萄糖进一步转化为其他的能源或有机化学品,工艺路线较长,且对环境有一定污染。因此,将纤维素直接转化为有用的有机化合物是有吸引力的替代方案。近年来,国际学术界开始尝试一条在贵金属的催化作用下将纤维素一步转化为六元醇的绿色转化路线,但该反应路线选择性低,使用的贵金属催化剂价格昂贵,更是大大限制了该路线的工业化应用,为此需要开发低成本和更高效的催化剂。

由大连物理化学研究所与美国 Delaware 大学组建的研究团队现已开发了这样一种系统。该催化剂由碳化钨沉积在碳载体上制备。另外,加入少量镍可提高催化剂体系的转化效率和选择性,镍和碳化钨之间的协同效应不仅可以 100% 地转化纤维素,使纤维素在 245℃ 和 6.0MPa 条件下能被降解,而且可使生成的多醇类混合物中的乙二醇比例提高到惊人的 61%,这是从纤维素转化制取乙二醇所报道的最高产率。

一条极具工业应用前景的纤维素转化多元醇的绿色工艺路线有望诞生。中科院大连化学物理研究所研究人员首次尝试将廉价的碳化钨催化剂应用于纤维素的催化转化,乙二醇生成率高达 61%,这意味着重要化工原料乙二醇生产有望摆脱对石油的过度依赖,而采用可再生的生物质资源生产路线。大连物理化学研究所研究人员利用碳化钨在涉氢反应中的类贵金属性质,尝试将廉价的碳化钨催化剂应用于纤维素的催化转化,发现活性炭担载的碳化钨催化剂不仅能像贵金属催化剂一样,将纤维素全部转化为多元醇,而且对乙二醇的生成表现出独特的选择性,尤其是在少量镍的促进下,乙二醇生成率可高达 61%。由该所研究组与美国特拉华大学教授合作完成的这一研究成果论文在《德国应用化学》杂志上一经发表,立即引起学术界广泛关注,国际上多家生产乙二醇和聚酯的大公司也对此项成果表现出浓厚兴趣。

6.2.8 生物质生产多元醇

嘉吉公司已向用于汽车、家具和垫褥领域的聚氨酯软泡生产商大规模销售生物基多元醇,这一变化使嘉吉成为软泡市场领先的生物基多元醇生产商。生物基多元醇可替代依赖于高成本原油和天然气原料生产的合成多元醇。该产品已在美国芝加哥附近的生产地生产,因需求不断增长,嘉吉公司将建立新的生产地。开发初期是将这些生物基多元醇产品工业化先用于硬泡和涂料,现已用于软泡。该公司新的多元醇由专有工艺制造,采用不同的天然油类,包括亚麻子、油菜籽、大豆和葵花子。这些生物基多元醇可用于宽范围的聚氨酯产品中。美国工业用多元醇市场目前约为 136 万 t/a。

嘉吉公司生产的生物基多元醇减排又节能。嘉吉公司投资 2200 万美元在美国芝加哥建设的可再生生物基多元醇装置于 2008 年 7 月 10 日奠基。该装置将生产嘉吉公司专有的大豆基多元醇,用于替代石油基化学品,以生产聚氨酯产品,包括家用软垫、床垫泡沫、汽车坐垫和建筑保温。嘉吉公司现已向客户供应其可再生多元醇的产品,新的世界规模级装置的投产将可满足欧洲和美国不断增长的需求。该公司在巴西 Sao Paulo 附近也拥有生产装置。嘉吉公司用于生产生物基多元醇的专有工艺,系通过使不饱和植物油中 C—C 可溶性键转化为环氧衍生物,这类环氧衍生物再在缓和温度和常压下转化为多元醇。

杜邦公司推出由可再生资源生产的新一代生物聚合物家族:Cerenol。这种专利的新产品连同杜邦 Sorona 产品,构成了用谷物替代石油的最新聚合物家族。Cerenol 是来自可再生的、高性能多元醇(聚醚二醇)的产品家族。这种液体多元醇由杜邦公司在美国田纳西州 Loudon 的 Tate & Lyle 生物产品合资企业生产的生物基丙二醇制取。Cerenol 是生物基丙二醇自聚的产物。与现有的替代物如聚四亚甲基醚乙二醇(PTMEG)相比,用 ISO14000 要求的生命循环分析,杜邦 Cerenol 产品对环境的影响大大降低,因为它可节约 40% 的非再生能源,并可减少 42% 的温室气体排放。Cerenol 产品已在美国和加拿大生产。杜邦采用 Cerenol 产品制造的热塑性弹性体已于 2007 年底前推向市场。

我国以精炼植物油为原料生产的聚醚多元醇技术已成功实现工业化规模生产,装置产能达到万吨级水平,产品已逐渐形成体系。北京化工大学在国内率先成功开发出植物油基聚醚多元醇工业化生产技术,并与山东莱州金田化工有限公司合作,在山东建成了万吨级生产装置。成功开发并生产出的 BH4110 和 BH2000 两个牌号植物油基聚醚多元醇工业化产品,可用于替代现在市场上用量较大、用途较广的石油基聚醚多元醇。其中,BH4110 主要用于替代石油基聚醚多元醇 4110 牌号,可广泛用于聚氨酯保温材料;BH2000 完全用于替代石油基聚醚多元醇 2000 牌号,可广泛用于黏结剂、弹性体、塑料跑道和填缝剂等产品。从实际应用效果看,新产品各项技术指标表现良好,可以部分甚至完全替代石油基聚醚多元醇同类产品。植物油基聚醚多元醇技术最早由美国的一些大型跨国公司完成开发,并得到全方位的知识产权保护。为突破国外技术垄断,从 20 世纪 90 年代起,国内一些科研机构开始研发采用天然油为原料来合成聚醚多元醇技术,经过近 10 年攻关,目前国内相关技术已处国际领先水平。同时,国内相关技术还在聚醚产品的下游应用方面进行了进一步研究,不仅解决了聚醚产品本身的生产技术问题,还解决了利用植物油基聚醚作原料生产下游产品的工业化技术问题,从而在这方面走在了国际前列,为植物油基聚醚多元醇生产技术在国内实现工业化打下了坚实基础。目前,国内市场已经可以批量供应植物油基聚醚多元醇。

上海高维实业公司及上海中科合臣公司共同投资的国内首家万吨级植物油聚醚多元醇装置,正在进入规模化生产阶段,产品已经被广大聚氨酯用户接受。该产品已应用于冰箱保温、板材浇注、太阳能热水器及管道浇注,客户反映良好;用于外墙喷涂、仿木及黏合剂等应用领域的短期内试验也已成功。

福建新达保温材料有限公司通过研究攻关,于 2008 年 9 月中旬宣布成功将植物多元醇由原来以松香油、向日葵和大豆等提取的可再生多元醇为原料,转变为采用废弃杂木、毛竹纤维等废弃植物为原料,从而有效替代了常规聚醚多元醇,填补了国内在这方面研究的空白。专家认为,该技术处于国际先进水平。聚氨酯材料是目前国际上性能最好的保温材料,但生产聚氨酯消耗了大量宝贵的石油资源,而且制品在废弃后难以降解和回收处理。福建新达保温材料有限公司研发的技术是利用杂木、毛竹粉生产出植物多元醇,作为生产可降解植物多元醇聚氨酯硬泡材料的原料,既节约了能源,又起到了保护环境的作用。该技术先将杂木、毛竹等植物干燥、粉碎后经 80 目筛选出一定品质的混合粉,然后置入反应釜进行酯化,从而生产出植物多元醇,以植物多元醇替代 2/3 的聚醚参与组成聚氨酯发泡基料,再与催化剂、水、异氰酸酯混合反应形成聚氨酯硬泡,实现了石油化工原料的转换替代。该项目生产的聚氨酯,导热系数低,黏度高,闭孔率高,具有良好的保温隔热性能,产品阻燃性能达到国家相关标准 B2 级要求,可应用于太阳能热水器、冰箱、建筑防水材料、涂料、胶黏剂及密封剂等。其制品经检测符合国家《硬泡聚氨酯保温防水工程技术规范》和《外墙外保温技术规范》等标准的规定。目前,福建新达保温材料有限公司已建成 5000t/a 植物多元醇生产线。并且已经对植物多元醇聚氨酯硬泡材料、聚氨酯硬泡作为内贴层的粮仓结构和 B1 级喷涂型聚氨酯改性聚异氰脲酸酯泡沫塑料 3 项技术向国家知识产权局申请了专利,并已获得受理发明专利。

6.2.9 微藻生产异丁醇

杜邦公司于 2010 年 3 月 4 日宣布,已取得美国能源部 880 万美元的资助,按照能源部先进研究项目局能源基金的资助要求,杜邦公司和从事合成生物学研究的生物体系结构实验室(SAL)公司将继续合作开发改进的驯养微藻水产养殖技术,使微藻转化成生物适用糖类,再使这些糖类转化成异丁醇及使生产过程实现经济和环境优化。

异丁醇的能量含量高于许多第一代生物燃料,并且,它与乙醇不同,可通过现有的石油和汽油分配基础设施输送。异丁醇也可以较多地应用于汽油发动机汽车中,它不同于第一代生物燃料,使用它无需改造发动机。

6.2.10 生物质生产丁二酸

丁二酸通常是由原油制成,但随着化学工业向绿色和可持续方向发展,一些生产商正在寻求一些新的生产工艺,以减少对原油的依赖。丁二酸可以应用于很多工业领域,包括制药、食品、表面活性剂和清洁剂、香料和香精等,同时也可作为很多化学品的初始原料。

2009 年 7 月下旬在加拿大蒙特利尔召开的第六届工业生物技术和生物加工世界大会上,DNP 绿色技术公司表示,Bio-Amber 公司在法国 Pomacle 的 2000t/a 示范装置将在 2009 年 10 月开始批量生产生物基丁二酸。由于看好发展前景,业界认为可再生化学品将广泛替代石油基专用和日用化学品,一两年后,生物基丁二酸的工业化技术也将趋于成熟。大型生物基丁二酸生产装置建设将在 2011 年前后开始启动。Bio-Amber 公司是美国 DNP 绿色技术公司和法国 ARD 公司的合资公司,该公司表示将成为全球首个销售生物基丁二酸的生产商,希望在 2011 年前开始建设大型商业化装置。另外,美国的 Myriant 技术公司也表示,该公司将在 2010 年下半年开始商业化生产生物基丁二酸,2009 年第四季度向客户出售了数以吨计的生物基丁二酸以检验产品的规格和质量。

荷兰生命科学和材料公司帝斯曼与罗盖特公司在法国 Lestrem 合作新建的产能为 500t/a 的生物基丁二酸示范装置已在 2009 年底开始运营。帝斯曼当前正在研究使用葡萄糖为原料来生产丁二酸,同时期望在 2011 年前达到商业化生产规模。帝斯曼白色生物技术公司的生物基化学品和燃料部表示,在进一步优化生物基丁二酸的生产工艺后,计划 2011～2012 年将这套示范装置升级为大型商业化装置。帝斯曼正在与合作伙伴 Roquette 公司合作。帝斯曼当前已拥有一套试验装置,该装置的工艺是由帝斯曼公司和法国淀粉生产商 Roquette 公司共同开发的。

6.2.11 生物质生产醋酸

美国生物加工公司 ZeaChem 于 2010 年 2 月 4 日宣布,已成功试验了从可再生生物质制取醋酸的发酵工艺过程,并使其从实验室的 0.5L 扩大到 5000L 的规模。醋酸生产是 ZeaChem 公司计划从纤维素生物质制取燃料和化学品的第一个工艺步骤。试验结果在小于 100h 内,可得到大于 50g/L 的醋酸,超越了 ZeaChem 公司该工艺开发阶段的目标浓度水平。这些结果也已被重复验证。该发酵过程基于使用废水处理过程中常用的细菌类型醋酸菌。与酵母不同,这类醋酸菌在发酵过程中不产生 CO_2。按照 Burns & McDonnell 工程公司的经验,放大 10 000 倍的结果证实了可放大到商业化发酵规模的能力。

ZeaChem 公司已与从事工业研发的 Hazen 研究公司合作,开发这一醋酸生产工艺。Hazen 研究公司在 Golden 建设前期工艺装置,并为 ZeaChem 公司提供基础设施和操作支持。ZeaChem 公司表示,现已有足够证据表明,基于混合糖类可使公司取得的成果放大到工业生产水平。ZeaChem 公司的工艺使用自然产生的醋酸菌细菌和现有的工艺过程,超越了商业上用于发酵的切实可行的阈值。ZeaChem 公司正在从这一里程碑出发,继续加快研究部署纤维素生物炼油厂技术的步伐。该醋酸生产步骤是 ZeaChem 公司用于生产纤维素乙醇和生物基化学品的混合型生物化学和热化学工艺的第一步。ZeaChem 公司表示,下一步将采用能效的非蒸馏法工艺,浓缩和提纯 ZeaChem 生产的醋酸,使之成为商业化产品。

美国 ZeaChem 公司宣布,该公司开发的工艺与常规工艺相比,从生物质生产乙醇的产率要高出约 50%。ZeaChem 公司已在 3500gal 发酵罐中试验了该工艺,并将 2010 年下半年在美国俄勒冈州 Boardman 启动验证装置用以加工树木残余物,该装置将生产 25 万 gal/a 乙醇或醋酸乙烯。ZeaChem 公司计划于 2013 年在该生产基地投产 2500 万 gal/a 商业化装置，并预计使最终生产乙醇的成本将小于 1 美元/gal。

纤维素生物质用酸水解处理，得到葡萄糖和木糖含水溶液，该葡萄糖和木糖含水溶液采用自然界存在的细菌：产乙酸菌使其进行发酵，使糖类转化成醋酸。醋酸被酯化生成醋酸乙烯，其全部或部分被加氢以生产乙醇。氢气从来自酸水解过程的木质残渣进行气化而得到。与常规的生物质工艺过程完全不同，常规的生物质工艺过程中，乙醇由酵母在发酵步骤中生成。酵母发酵每生成一分子乙醇会产生　分子 CO_2，而使用乙酸菌发酵的方法不产生 CO_2。将醋酸与 H_2 生产组合在一起产生的净能量价值（NEV）为常规途径近 10 倍。

在相关的开发中，ZeaChem 公司已生产出冰醋酸（＞99％纯度），可应用于宽范围产品。酸采用工业溶剂提浓，从发酵液中抽取出来，然后使溶剂分出和循环使用。溶剂抽提使用的能量仅为常规蒸馏方法的 25％。

6.2.12　生物基醋酸乙酯生产

ZeaChem 公司于 2010 年 4 月 23 日宣布，实现了新的生物精炼里程碑，该公司已生产出商业化等级醋酸乙酯。醋酸乙酯是一种可广泛使用的化学中间体，可直接销售给化学品制造商或转化成乙醇。

这一成就标志着该公司在生产燃料和化学品的核心技术生物精炼平台方面达到了一个新的里程碑。2010 年 2 月，ZeaChem 公司宣布在发酵制取醋酸方面使其规模扩大了 10 000 倍，并且其纯度达到了冰醋酸等级，为可供销售的产品。通过得到过程专家苏尔寿化学技术（Sulzer Chemtech）公司外部认证的酯化反应过程，该公司已可将冰醋酸转化为醋酸乙酯，无论是浓度和酯化过程都可在商业上适用。

ZeaChem 公司表示，该公司已成功验证了其核心的生物精炼技术，从发酵放大至冰醋酸浓度，并且现在可生产醋酸乙酯。这些结果表明了 ZeaChem 公司能够在迈向纤维素乙醇生产的道路上生产另一种有价值的生物基中间化学品。

ZeaChem 公司表示，通过运用自有的广泛的过程解决方案经验，在其试验中心已成功地生产出商业化等级醋酸乙酯，该试验中心可使用工业设备将 ZeaChem 公司的醋酸乙酯过程进行放大。

醋酸乙酯主要在生产涂料、油墨、医药和包装产品中作为溶剂，并且可通过加氢，提炼成乙醇。醋酸乙酯全球每年的市场约为 22 亿美元，美国为 1.15 亿美元。与目前使用 4 美元/百万 Btu 价格天然气为原料的生产过程相比，ZeaChem 公司的生物途径为生产醋酸乙酯提供了低成本的路线。

6.2.13　生物基己二酸生产

从事合成生物学研究的美国 Verdezyne 公司于 2010 年 2 月 27 日宣布，成功实现了通过其原料灵活的发酵过程实现生物基己二酸的生产和回收。该公司表示，利用酵母微生物专有的新陈代谢路径，可从糖类、植物基油类或烷烃生产己二酸。Verdezyne

公司表示,根据所选择的原料,生物基己二酸制取的成本最多相差 20%。消费者对生物基己二酸兴趣的不断增长及可持续的成本优势,使 Verdezyne 公司的己二酸生产工艺在未来生产中颇具竞争力。Verdezyne 公司正在使新陈代谢路径加快进行工程化,以便提高微生物性能,并将于 2011 年进行放大验证。

基于商业化规模产率的模拟,当采用烷烃为原料时,Verdezyne 公司的发酵过程与传统的环己烷氧化生产路径相比,生产己二酸的成本要低 20%。同时,使用糖类为原料,Verdezyne 公司的工艺在油价高于 50 美元/桶时具有成本优势。该公司将进一步推进采用烷烃和植物基油为原料的工艺开发。

Verdezyne 公司将于 2010 年内建设中型规模项目,以加速实现工艺过程的商业化。潜在的合作伙伴包括己二酸生产商和原料生产商。己二酸的两个主要应用为生产聚酰胺和聚氨酯。除了己二酸以外,Verdezyne 公司也采用其微生物和新陈代谢路径开发生产其他长链的二元酸。

6.2.14　生物质生产甲基丙烯酸酯单体

从事能源作物生产的 Ceres 公司与罗门哈斯公司于 2007 年 4 月底宣布,联手启动为期 3 年的项目开发计划,联合开发从作物生产纤维素乙醇的同时,生产甲基丙烯酸酯单体,甲基丙烯酸酯单体是生产包括涂料、建筑材料和丙烯酸酯板材和树脂等许多产品的关键原材料。美国年生产甲基丙烯酸酯单体超过 68 万 t,市场价值为 7.8 亿美元。

6.2.15　生物质生产乳酸及其衍生物

嘉吉公司用帕拉尔的生物加工装置将谷物转化为乳酸,并与其他公司联合开发乳酸衍生物市场,嘉吉-陶氏合资企业在美国布莱尔(Blair)拥有世界最大的聚乳酸生产装置,产品被命名为 NatureWorks。乳酸和聚乳酸的潜在市场超过 1 亿美元。由乳酸衍生的溶剂——乳酸乙酯对电子工业尤为有用。乳酸也是生产氨基酸和医药中间体的起始原料,还是生产包括丙二醇和丙烯酸在内的现有化学品的潜在原材料,开发更好的生物催化剂可使其生产费用低于现有的石化路线。

美国 Cereplast 公司在 Hawthorne 建设的 PLA 生产线已于 2006 年年底建成,并使其聚乳酸能力从 1.23 万 t/a 提高到 1.81 万 t/a,这使得该公司成为仅次于嘉吉公司之后的美国第二大 PLA 生产商。

德国一家以可再生原料黑麦生产乳酸的生物提炼厂于 2006 年 10 月投入运行。据悉,该厂计划年产 10t 乳酸。这座建在波茨坦-博尼姆莱布尼茨农业技术研究所附近的生物提炼厂共耗资 320 万欧元,其中 240 万欧元来自欧盟,其余费用由联邦政府和州政府承担。据称,用黑麦生产乳酸的技术已经成熟,可用于大规模生产。目前用 1t 黑麦可生产出 100L 乳酸。乳酸可用来生产有利于环保的溶剂和可分解的合成材料,也用作原味、酸化剂和防腐剂的基础化学剂。由于价格上涨和资源短缺,经济不发达的农村地区用黑麦生产乳酸,是发展经济的好机会。

新加坡凯发集团和宁夏电力开发投资有限责任公司共同建设的年产3万t L-乳酸项目于2005年4月在银川签约。项目选定宁夏石嘴山河滨工业园区建设。新加坡凯发集团掌握有L-乳酸生产和提取专利技术，该专利技术可以改变L-乳酸提取的繁杂工艺，提高产品的回收率和品质，大幅度降低生产成本。用L-乳酸聚合物制成的塑料薄膜可100%被生物降解，是替代聚乙烯塑料，治理"白色污染"的有效途径。目前我国L-乳酸年需求量在3万t左右，产能约为2万t，高纯度的L-乳酸大部分靠进口，因此项目前景看好。

6.2.16 生物质生产琥珀酸

美国多种天然产品公司(DNP)与Agro工业开发公司的合资企业BioAmber公司在法国Pomacle建设了验证装置，可从生物质年产5000t琥珀酸(丁二酸)。琥珀酸可用于各种产品，包括化妆品和食品，它现在主要由顺酐生产。该装置于2008年年底投产。该装置有助于开发生产基于生物的酸类，并有助于减少对石油的依赖。

在美国能源部采用的工艺中，琥珀酸将由CO_2和葡萄糖生产。该装置位于年产5500万gal乙醇装置的邻近处，该乙醇装置由ARD公司于2007年5月投产。两套装置均采用由小麦衍生的糖类为原料。琥珀酸生产工艺中的第一步是让专有的E. coli菌株在需氧条件下生长，该E. coli菌株将被用作第二步即厌氧步骤中的催化剂。在第二阶段中，空气会被抽除，将CO_2泵送入内，然后E. coli菌株消耗葡萄糖和CO_2生成琥珀酸。葡萄糖是两个步骤中的碳源。然而，酸的高浓度会杀死E. coli菌株，为此要连续地加入氢氧化铵，在溶液中形成琥珀酸铵。继而再蒸发提浓，最后琥珀酸形成琥珀酸结晶。

帝斯曼公司于2009年2月底宣布，将从生物原材料商业化生产系列化学品，包括琥珀酸。帝斯曼公司已与食品组分公司法国公司建立联盟并在法国Lestrem建立了生物基琥珀酸中型装置，试验帝斯曼公司的工艺技术。琥珀酸现从原油和天然气制取。琥珀酸现采用马来酸酐加氢，再采用琥珀酸酐通过水合作用生产。替代的发酵法工艺采用两种可持续的原料，如植物的碳水化合物和CO_2，与化学基途径相比，可节能30%～40%。琥珀酸是用作几种高性能聚合物生产的中间体，并可应用在许多其他的工业领域，如医药、食品和汽车。

美国Myriant技术公司也于2009年8月24日宣布，中型规模的从葡萄糖生产生物基琥珀酸的生产技术已完成验证。该公司预计于2010年中期进行商业化生产。Myriant技术公司与合作伙伴Purac公司已成功地使生物基D(-)乳酸推向商业化，生物基D(-)乳酸于2008年6月开始商业化生产。Myriant技术公司表示，其琥珀酸生产成本可望与石油基替代路线如马来酸酐法相竞争，这还没有涉及其绿色化的优势。生物基琥珀酸的生产可解决因石油基方案相关的价格上扬问题，Myriant技术公司的工艺具有很大的环境效益，包括低的温室气体排放。

Myriant技术公司于2009年12月9日宣布，获美国能源部有关开发先进生物燃料和生物产品启动计划的5000万美元的资助，用于开发生物基琥珀酸生产装置。

Myriant 技术公司表示,美国能源部已认定琥珀酸是拥有市场规模的前 12 种化学品之一,它可从生物质来生产。琥珀酸具有广泛用途,包括生产塑料、纤维、聚酯和颜料。Myriant 技术公司低成本的生产技术也将为琥珀酸开辟新的应用市场。2009 年 11 月,Myriant 技术公司与伍德美国公司和其技术提供商伍德公司签署联盟协议,为 Myriant 技术公司的生物基琥珀酸装置提供工程、采购和施工(EPC)服务。伍德美国公司将是 Myriant 技术公司美国项目的承包商,伍德公司将是 Myriant 技术公司在所有其他地区的 EPC 承包商。

由 DNP 绿色技术公司(DNP Green Technology)与法国农业研究开发公司(Agro-industrie Recherches et Développements,ARD)于 3 年前组建的合资企业法国 Bioamber 公司于 2010 年 1 月 22 日宣布,该公司使位于法国 Pomacle 的世界第一套商业化规模生物琥珀酸装置投入生产。Bioamber 公司于 2009 年 11 月完成该装置的建设并开始试投运,采用由小麦衍生的葡萄糖为原料,该装置初期生产能力为 2000t/a。琥珀酸又名丁二酸,被称之为"构筑基块"的化学品,可在宽范围的工业过程中被应用。Bioamber 公司表示,琥珀酸不仅可从可再生来源生产,而且其纯度高于石油基琥珀酸,并且在生产过程中具有消耗 CO_2 气体的绿色效应。因此与传统的石油路径相比具有明显的优点。Bioamber 公司已将试样送交 50 多家公司,应用范围包括聚氨酯、聚酯、增塑剂、溶剂和防冰剂。

DNP 绿色技术公司(DNP Green Technology)与绿色乙醇公司(GreenField Ethanol)于 2010 年 3 月 29 日宣布,将联合投资 5000 万美元来建设生物基琥珀酸炼油厂,以生产新一代环保友好的防冰液,这种生物可再生防冰液为负碳排放,并且比传统的防冰液腐蚀性要低。

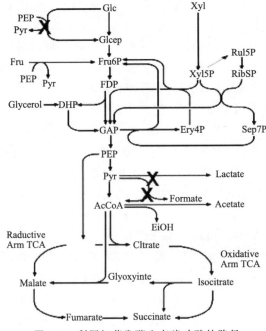

图 6.9　利用细菌发酵生产琥珀酸的路径

该琥珀酸生产技术从 Bioamber 公司转让而来的,Bioamber 公司在世界范围内拥有独家技术,该技术是用大肠杆菌(E. coli)突变菌生产琥珀酸,该公司的目标是使生产的生物基琥珀酸与马来酸酐相竞争,从而构建四碳化学的可行平台。图 6.9 所示为用细菌发酵生产琥珀酸路径。

6.2.17 生物质生产异戊二烯

生物异戊二烯工艺将脱颖而出。丹麦生物基产品生产商 Danisco(丹尼斯克)公司旗下的酶技术分部 Genencor(杰能科)公司与美国轮胎和橡胶生产商固特异公司于 2008 年 9 月 18 日宣布,两家公司将联合开发从可再生原材料制取异戊二烯的工艺过程。异戊二烯是生产轮胎的一种关键原料,现仅能从原油通过裂解 C5 馏分分离来制取。两家公司的研发项目已被欧洲生物工业协会(EuropaBio)列为 2008 年工业生物技术的欧洲论坛课题。

Genencor 公司将在今后 3 年内投资 5000 万美元,研究开发发酵过程用于从遗传工程细菌制取生物异戊二烯。5000 万美元投资不包括建设中型和商业化装置。两个合作伙伴从 2007 年所作的研发工作成果确定了这一项目,据称,取得的技术进步已超过预想。Genencor 公司表示,所用原料将为农业原料,如生物质、谷物或糖类,但也考虑其他方案。固特异公司将开发分离和提纯生物异戊二烯的技术。Genencor 公司计划建设中型装置以便在 2010 年 6 月前共同试验所开发的生物工艺。并计划于 2012 年建成商业化装置。按照计划,Genencor 公司将拥有商业化生物异戊二烯装置,固特异公司将成为该产品的主要购买商。

Genencor 公司于 2009 年 7 月 23 日宣布已经可以将其生物异戊二烯产品转化成用于生物燃料应用,如航空燃料的 C_{10} 和 C_{15} 的平台化合物,被公司命名为 BioIsoFuel。Genencor 公司开发的生物异戊二烯是通过发酵过程制得的,用作石油基异戊二烯的替代产品。当前生物异戊二烯的应用包括制作轮胎橡胶、黏合剂和弹性体。该项目当前仍处于预试验阶段,还需要进行更多的研究。据 Genencor 公司称,公司计划与大型石油公司合作对该产品进行进一步的开发。公司的目标是在 2013 年前开始商业化生产 BioIsoFuel。

固特异公司表示,新的生产工艺过程的吸引力在于,其与现在从原油生产异戊二烯的工艺相比,具有较少的碳足迹。固特异公司拥有异戊二烯生产能力 9 万 t/a,公司轮胎约 25% 由这类聚合物来生产,其中异戊二烯是关键的单体。高纯度异戊二烯的世界市场趋势,包括其他应用如胶黏剂在内,年价值为 10 亿～20 亿美元。生物异戊二烯可望用于生产轮胎用的合成橡胶,其潜在的市场估算会超过 77 万 t/a。

世界上采用生物异戊二烯技术生产的第一款轮胎于 2009 年 12 月 7 日横空出世,这种突破性的替代方案,采用可再生生物质替代制造合成橡胶时需由石化途径生产时所用的原料,这一成果已在当天联合国哥本哈根气候变化会议时亮相。用生物异戊二烯制造的轮胎是丹尼斯克(Danisco)旗下的 Genencor 公司与世界上最大和最具创新性的轮胎公司之一固特异公司合作的成果。

从可再生来源如生物质生产异戊二烯的技术挑战在于要开发高效工艺以使碳水化合物转化为异戊二烯。在第239届美国化学学会会议上,Genencor公司的Joseph McAuliffe介绍了该公司如何利用杰能科工程化细菌有效地使来自甘蔗、谷物、谷物穗轴、换季牧草或其他生物质转化成异戊二烯,并如何使发酵和回收工艺过程进行良好的组合,并开发出用于制取合成橡胶这一重要成分的新路径。

这一工作的要点在于新陈代谢路径的优化,这一路径使碳水化合物基质脱氧化,形成5碳的类异戊二烯前身体3,3-二甲基烯丙基焦磷酸酯(DMAPP),DMAPP然后再通过酶异戊二烯合酶的催化反应,转化为生物异戊二烯产品。

报告指出,这一过程可在发酵情况下生产当量超过60 g/L的生物异戊二烯单体。从整体上来看,该工艺过程显示了利用生物学和过程工程的组合使碳水化合物转化为有价值化学品的潜力。

6.2.18　生物质生产丙烯酸

全球石油基丙烯酸市场约为80亿lb/a(363万t/a),价值约80亿美元,近来年平均增长率为4%。因此一些大公司,包括现有的丙烯酸生产商均已投资研发从可再生原料来生产丙烯酸。

嘉吉公司和诺维信(Novozymes)公司于2008年初同意合作开发从可再生原材料生产丙烯酸的工艺,这一工艺采用的3-羟基丙酸(3HPA)技术平台可望用于生产宽范围的化学品衍生物。该技术预计将在5年内达到可进行技术转让的程度。该技术包括的发酵过程可利用一种生物工程微生物,将葡萄糖或另一种碳水化合物资源转化为3HPA。发酵过程为多步反应,在微生物细胞核中进行。然后回收3HPA,并转化为化学品衍生物,如丙烯酸。开发这一工艺将需使这些公司克服重要的科学障碍。然而,卡吉尔公司的强势IP地位与Novozymes公司在微生物开发方面的经验相结合,将有助于战胜这些困难。两家公司预计该技术将在5年内申请专利。丙烯酸现主要是从基于原油的烃类丙烯进行氧化来制取。

阿科玛公司利用生物燃料生产的可再生副产品甘油,生产丙烯酸的工艺在Carling进行了中型规模的生产,该工艺的投入应用,有助于阿科玛公司使基于可再生原材料生产的产品所占的比例从现在的约5%到2012年翻一番。阿科玛公司正在加大生物基丙烯酸研发力度,并于2010年3月9日宣布,与法国两所大学实验室共同实施生产生物基丙烯酸制造的研发计划。该联合研究计划旨在开发工业化工艺,用于将生产生物柴油的副产物甘油转化成丙烯酸,丙烯酸目前仍只能从化石来源的丙烯生产。该计划将在3年内投入1100万欧元。

日本催化合成公司于2009年10月底宣布,正在开发一种工艺,可以直接从生物柴油生产的副产品甘油来制取丙烯酸。该公司已可以在筑波研究实验室每年生产20t脂肪酸甲酯(FAME),产率为99 mol%,以及2t/a的甘油。现在,该公司已计划使用其甘油来制取生产塑料、涂料、黏合剂和弹性体的前身物丙烯酸。在该生产过程中,甘油借助负载酸/碱的新催化剂进行脱水,生成丙烯醛,丙烯醛再采用该公司专有的氧化催化剂,被氧化成为丙烯酸。而在传统路线中,丙烯醛由环氧丙烷通过两个工艺步骤才能生成。催化合成公司现正在按实验室规模优化甘油脱水步骤,目标是使生产丙烯醛的产率达到 80～90 mol%,该公司也将取得新能源产业技术合开发组织(川崎,日本)的支持,在 2009～2010 年投资 20 亿日元(2000 万美元)建设中型装置。该公司计划于 2009 年内完成小试和中型装置设计,并于 2010 年在其姬路生产基地设置和投运中型装置,用于验证甘油生产。商业化装置的基础设计计划在 2011 年进行,到 2012 年实现商业化生产。

日本催化合成公司作为全球丙烯酸领先的生产商,产品已占丙烯酸市场份额的 13%,该公司于 2009 年 11 月 20 日宣布,将会推进基于甘油的工艺生产丙烯酸,甘油是从植物油制取生物柴油得到的副产物。催化合成公司从日本政府创新促进计划取得了 22.3089 万美元基金资助,用来开发该技术并建设该中型生产装置。该公司已计划在日本姬路的丙烯酸生产基地建设该中型装置。该中型生产装置将于 2011 年第一季度投产。催化合成公司这项新的技术是采用高活性催化剂来制取生产丙烯酸的中间体丙烯醛。该技术可从可再生原料来源制取碳中性的丙烯酸。新开发的催化剂首先通过甘油气相脱水制取丙烯醛,丙烯醛再通过气相氧化技术被氧化成丙烯酸。该公司称,与石油来源原料相比,新技术将有助于使 CO_2 排放减少约 1/3。据称,已有好几家公司在研究从可再生原料来源制取丙烯酸,但该技术遇到许多问题,包括生产量、产率和催化剂寿命。迄今开发的大多数催化剂具有强酸性,但是,催化合成公司通过控制催化剂的酸性而解决了这些问题。据称,阿科玛公司已在法国使从甘油生产丙烯酸的工艺进行中型放大,但将在 1～2 年内完成。全球丙烯酸市场约为 400 万 t/a。催化合成公司的能力为 52 万 t/a,包括在姬路的 38 万 t/a,其余的产能在新加坡、印度尼西亚和美国。

位于美国科罗拉多州的 OPX 生物技术公司(OPX Biotechnologies)于 2010 年 2 月 28 日宣布,预计商业化规模的生物基丙烯酸装置将于 2013 年投产,在中型规模运行 6 个月之后,最近已达到成本降低 85% 的目标。OPX 生物技术公司设定的其丙烯酸成本的商业化目标是 50 美分/lb,将低于常规的烃类基丙烯酸。初步的生命循环分析也表明,OPX 生物技术公司的葡萄糖基丙烯酸的碳足迹要低 85%。在此工艺中生物基丙烯酸是通过优化的微生物生产路径,通过使用糖类包括葡萄糖为原料来生产。该公司会于 2010 年下半年完成中型规模运行,并交付 Merrick & Company 公司设计验证装置,定于 2011 年投运,并设计商业化规模装置。该公司商业化规模丙烯酸装置能力将为 1 亿～3 亿 lb/a(4.54 万～13.6 万 t/a)。OPX 生物技术公司利用其高效导向性基因组工程(Efficiency Directed Genome Engineering,EDGE)技术开发出微生物,这一技术可标识出控制微生物新陈代谢的基因,而同时可使 OPX 生物技术公司能优化微生物生产路径和整个生物加工的生产性能。该公司表示,EDGE 技术与常规基因工程方法相比,可使菌株性能改进 1000 倍,可在数月内而不是几年,就可创建出优化的微生物和生物加工。

6.2.19　生物法生产甲乙酮

美国一家可持续发展化学公司 Genomatica 于 2009 年 2 月 25 日宣布,已开发成功甲乙酮(MEK)的生物制造工艺 Bio-MEK,MEK 是全球市场现价值超过 20 亿美元的常用工业溶剂。Bio-MEK 工艺的开发验证了 Genomatica 公司的技术可用于制取这种特种化学品,而 MEK 以前只能由石油基原料生产。Genomatica 公司的研究成果证实了这类化学品可在有机体内采用可再生原料制取。2008 年下半年,Genomatica 公司首次开发出生物制取 1,4-丁二醇的工艺,现在该公司又在实验室内第一次从糖类并采用有机体生物制造出 MEK。MEK 大多作为家具涂料中的溶剂。

Genomatica 公司的开发目标针对 MEK,是因为近期市场萎缩,美国现有的一些乙醇生产装置处于闲置状态,可利用它生产 MEK,这些装置也将面临生产乙醇或生产 MEK 的长期竞争。采用 Genomatica 化学工艺可使用相同的设备、温度和工艺。这些装置只需极少的投资,就可生产出比乙醇售价高出许多的 MEK。据美国可再生燃料协会估算,截至 2009 年 2 月,美国已有 10 多家公司停运了 24 套乙醇装置,这占美国乙醇生产约 15%。

Genomatica 公司的技术由专有的计算化模拟、湿法微生物变异和特定的过程工程组成。通过计算化模拟,Genomatica 公司研究人员可确定从各种低成本、可再生原料制取目标化学品的各种可能的生物学路径。据此,他们开发出从葡萄糖和蔗糖制取 MEK 的所有可行路径。研究人员采用计算机模型设计出理想的微生物,并为提供实用途径作出必要的设计改进。与 Genomatica 公司的生物学经验相结合,研究人员开发出能耐不利条件的微生物有机体,它们可进一步使所需化学品产品的产量提高。从传统化学工业的丰富经验出发,Genomatica 公司已设计出完整的工艺过程,通过原材料制备及从发酵到分离和提纯,来生产该化学品。Genomatica 公司也已验证了这一重要技术。

据称,美国每年销售约 18 万 tMEK,约 4.5 万 t 从海外进口。全世界生产能力为 136 万 t/a,市场价值为 20 亿美元/a。Genomatica 公司的工艺投资低,与传统的 MEK 制造技术相比具有成本优势,该技术在美国的应用将有望增产 MEK,并减少对该化石燃料的进口。Genomatica 公司已申请专利,将很快采用该工艺直接用于生产 MEK。

6.2.20　生物质生产二甲醚

瑞典的 Chemrec 公司于 2008 年 9 月 15 日宣布,在瑞典建设欧洲第一套生物二甲醚(BioDME)项目,该项目将按工业规模验证从木质纤维素生物质生产对环境友好的合成生物燃料。验证装置的产品为从造纸废液通过气化和最后的燃料合成步骤来生产的二甲醚(DME)。该装置建在爱尔兰造纸商 Smurfit Kappa 公司在瑞典皮特奥的造纸厂内,项目建设周期为 18 个月。该项目的合作伙伴包括 Chemrec 公司、Delphi 柴油系统公司、能源技术中心(ETC)、海尔德托普索公司、Preem 石油公司、道达尔公司和沃尔沃公司。

Chemrec 公司和海尔德托普索公司将建设世界第一套从生物质生产 DME 的装置,产量为 4～5t/d。Preem 石油公司将负责 DME 的分销和建设 4 个加注站。沃尔沃公司将为重型汽车验证 DME 技术,进行 14 辆卡车的现场试验。能源技术中心(ETC)将在该中型装置中评价产品的性能特征。Delphi 柴油系统公司为卡车发动机提供燃料喷射设备。道达尔公司负责燃料和润滑油规格。7 家国际合作伙伴已签署组建联盟协议,该项目已通过欧盟核准。项目总费用约为 2800 万欧元。该 BioDME 装置采用了 Chemrec 公司专利的废液气化技术(加压、携带流、吹氧气化系统)和海尔德托普索公司的 DME 合成工艺。海尔德托普索公司自 20 世纪 80 年代初就从事二甲醚(DME)的技术开发,并向伊朗的 Zagros DME 装置供应催化剂。DME 已拥有可成为对化石燃料有竞争力的可再生替代燃料的潜力。从生物质生产 DME 的特征是能效高,且对气候变化的影响很小。DME 汽车排放很低,并且 DME 无毒。

中科院广州能源研究所采用该所自主知识产权技术在广东省博罗县建设的千吨级生物质气化合成二甲醚(DME)示范装置于 2009 年 7 月 24 日试车成功。这标志着生物质气化合成二甲醚技术初步具备产业化能力,对生物质化工的高端发展有积极的推动作用。该项目以木粉、秸秆、谷壳等生物质废弃物为原料,通过流化床气化与焦油催化裂解造气作为气头,实现了在千吨级装置上由生物质一步法合成绿色燃料二甲醚的过程。该套技术已经申请了国家发明专利。该系统采用低焦油流化床富氧-水蒸气复合气化、粗合成气一步临氧重整调变和一步法二甲醚合成等关键技术,用木粉等生物质原料生产二甲醚。约 7t 生物质原料可生产 1t 二甲醚,生产的二甲醚纯度达到 99.9%,系统可实现电及蒸汽自给,能源效率达 38% 以上。

据了解,采用生物质气化合成二甲醚,在国家原料补贴政策的支持下,已具有可观的利润空间,其规模放大后成本还会进一步降低,因此具有较好的市场竞争力。专家认为,该技术适于在生物质资源丰富的地区推广。该装置的建设得到中科院知识创新重要方向性项目、国家"863"计划、科技部国际合作重点项目等的资助。目前我国二甲醚的主要生产原料是煤炭,但由于煤是不可再生的化石资源,而生物质是唯一可生产液体燃料的可再生碳资源,因此世界各国都很重视发展生物质能源技术。据估计,植物每年贮存的能量相当于世界主要燃料消耗的 10 倍,而其利用量还不到 1%。我国生物质资源相当丰富,通过生物质能转换技术,将农林废弃物的生物质能源转化为二甲醚等清洁燃料,部分替代煤炭、石油和天然气,对减少温室气体排放,保障我国未来能源安全,促进新农村建设具有重要的意义。

6.2.21 生物油生产烷烃

由慕尼黑科技大学 Johannes A. Lercher 带领的德国和中国科学家组成的研究团队于 2009 年 5 月 13 日宣布,他们开发出的新的催化工艺,可用于使生物油组分经水相加氢直接制取烷烃和甲醇。该成果已发表在《Angewandte Chemie》杂志上,该工艺是通过以碳为载体的贵金属组合无机酸进行的一步催化反应。

生物油(即热解油)由生物质快速热解或液化产生。虽然它是有前途的第二代可再生能源载体,但其具有高含氧、不稳定和能量密度较低的性质,所以使其直接用作先进的液体燃料尚不可行。为此,已有许多研究项目正在开发使生物油有效地改质以使其成为替代烃类燃料的途径。美国能源部也资助使生物油进行改质的研究。生物油是含水、呈酸性的混合物(含 15%～30% H_2O、pH 为 2.5),并且高度被氧化(含酚类成分约 30%),不能作为直接的先进燃料使用,为此,将其改质为烷烃将成为一种有吸引力的原料。烷烃通常称之为石蜡烃,是饱和的烃类,它是化学工业极其重要的原材料,尤其是生产塑料的起始原材料。另外,烷烃在世界经济中也是主要的燃料。加氢脱氧已被认为是用于生物油改质最有效的方法。然而,使用常规的(硫化物基)加氢处理催化剂,由于会有硫结合而污染产品、因焦炭沉积而使催化剂快速减活,同时因有微量水存在而可能毒化催化剂,因此,从概念上说,在酸性含水介质中采用金属催化剂不适宜于生物油改质,应开发新的有吸引力的替代路径。

生物油含有由化合物组成的酚类成分,这些化合物的主骨架为六碳原子附着有一些羟基(-OH)基团的芳环。研究团队开发了一种新的催化路径,该路径采用稳定的、以碳为载体的钯催化剂以及反应时作为质子来源的磷酸的双功能组合。这一反应被称为"一罐式"反应,意味着是一步法反应,在同一反应器中发生局部反应(氢化、水解和脱水),无中间产物产生。这一反应路径应用于含酚单体逐步的水相加氢脱氧,基于双功能催化,这样,就将金属催化的氢化与酸催化的水解和脱水结合在了一起。这一路径与采用硫化物催化剂的 C-O 键的氢解大不相同。最终的结果是得到各种烷烃的混合物,它们可在第二相中被分离出来,从含水的生物油相中很易分出。新的途径为含水的生物油粗混合物的直接使用提供了一种可行的方案,这将有助于开发一种能效的和原子经济性的过程。该研究中,要加入大量氢气以改质这种燃料,这在每一个碳原子中则加入了大量能量。氢气可从生物质制取,但更为有效的是采用风能、太阳能或核能的制氢方案。

6.2.22　生物质生产合成氨

美国 SynGest 公司于 2009 年 5 月中旬宣布,将于 2011 年实现使生物质制取合成氨的工艺商业化。图 6.10 所示为从生物质制取合成氨的工艺过程。第一套装置位于爱荷华州 Menlo,将使 15 万 t/a 谷物穗轴转化成 5 万 t/a 合成氨,足以供邻近农庄 50 万 acre 的土地施肥。

采用来自制冷空分装置的氧气,将谷物穗轴在鼓泡床气化器中于 1700°F 温度和 100lb/in² 压力下气化。得到的合成气(主要由氢气和一氧化碳组成)进行水气变换反应,再经变压吸附,可得到 99.9% 的 H_2。H_2 与来自空分单元的 N_2 进行混合用于生产合成氨。虽然该装置将达不到世界规模级合成氨装置标准,但它仍将具有竞争性,原因是它使用廉价的原料替代天然气,另外因产品在当地使用,分销成本低。常规的装置中,分销要占将合成氨送往市场成本的一半。该公司的长期计划是在邻近生物质来源和当地市场的地方建设小型合成氨装置。每一套装置的投资约为 8000 万美元,可产生年营业收入约 3000 万美元。

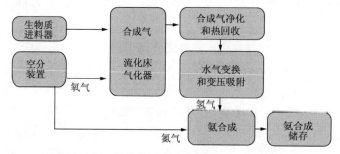

图 6.10 从生物质制取合成氨的工艺过程

6.2.23 纤维素生物质制取芳烃

将纤维素生物质转化成芳烃化合物的一步法工艺正在成为制取石化原料如纯苯、甲苯和二甲苯(BTX)较为简易且更为环境友好的途径,美国马萨诸塞州生物能源公司正在放大这一技术。马萨诸塞州大学的研究人员 George Huber 开发了基于催化快速热解的工艺,与从石油途径生产 BTX 相比,该技术可望以较低的成本生产 BTX 芳烃。由 Huber 公司和 Anellotech 公司组建的马萨诸塞州生物能源公司正在使该工艺推向商业化。

Anellotech 公司 CEO David Sudolsky 表示,当油价在 50～60 美元/桶时,该工艺的生产成本可与石油途径生产的 BTX 相竞争,部分原因是由于产品无需进一步加工。工艺过程的效益表现为以下几方面:无需使用水,从而可避免在生物燃料工艺过程如乙醇生产中产生大量废弃物流;无需使用氢气,这是生物油改质途径所需要的;另外,木质纤维素原料无需进行预处理。一步法催化快速热解工艺涉及将木质或其他生物质在流化床反应器中快速加热至 600℃,使其生成含氧化合物。然后采用专有的沸石催化剂将这些含氧化合物转化成工业化学级 BTX 芳烃。Anellotech 公司现已投资中型装置,将加工 1～3t/d 生物质,预计于 2014 年建成小规模生产装置。

6.2.24 新型生物质降解塑料

1. 发展态势

塑料大都属石油化工产品,以石油和天然气生产的化工原料合成,多不具备降解性。所以越来越多的塑料废弃物造成了严重的"白色污染",这就促使人们开发和利用可自然降解的塑料。20 世纪 90 年代后期,可完全生物降解的塑料和所谓全淀粉塑料大力发展,使用发酵和合成方法制备能真正降解的塑料及用微生物生产的可降解塑料开始受到重视。随着油价的上涨,传统石油基塑料的价格优势正在逐渐缩小,寻找替代品已迫在眉睫,这无疑是生物塑料产业加速发展的福音。据权威机构预测,今后全球生物塑料市场将快速增长,预计年均增速可达 8%～10%,2020 年有望达到百亿美元,在汽车和电子领域的新应用将推动生物塑料需求的增加。据统计,1999～2005 年间世界生物聚合物生产能力大大增长,2005年已达到约37万 t/a。在欧洲,消费量已从2001年的2万 t增加到2005年的9万 t,预计到2015年,消费量将增加到约100万 t。

美国擅长于市场研究的Freedonia集团公司于2008年9月5日发布预测报告,认为在今后几年内美国对生物可降解塑料的需求将以年率15%的速度增长,这将使其需求量从2007年的3.5亿 lb增长到2012年的7.2亿 lb,届时市场价值将达8.45亿美元。据Freedonia集团公司分析,生物可降解塑料占美国2007年全部热塑性树脂需求量的不到0.5%,但是如果其价格适中,则将面临很大的发展机遇。据称,不断上涨的原油价格使生物可降解塑料应用逐步升温,生物可降解塑料的原料来自于可再生资源如谷物,与石油基常规树脂相比,成本更具竞争性。该报告指出,淀粉基塑料的需求将以年率16.8%的速度增长,2012年将达到2.93亿 lb。其发展来自于树脂混配物的改进及一些应用领域的发展机遇,这些应用领域如复配的餐饮包装以及食品行业用托盘和餐具。

奥巴马抑制温室气体排放的绿色新政正在助推基于可再生资源的聚合物应用,这将有助于提高美国生物聚合物的需求。分析人士指出,即使经济状况不佳,大量用户仍都愿意购买环境友好的产品。美国也已提出新的能源和环境法案,预计将包括排放交易法规或碳税,这使人们更加重视环境。

生物塑料由生物聚合物制取,它与烃类聚合物不同,生物聚合物可被微生物降解并用作堆肥。2008年2月,生物塑料被认定为清洁技术工业的亮点。虽然生物塑料可作为改进回收利用的一种方法,可使美国用于塑料的石油消费减少10%,但制取生物塑料仍会产生CO_2,并且制取它所需的作物仍需要土地和水分。

欧洲生物塑料在终端的应用将越来越广泛。目前,生物塑料主要用于塑料袋、新鲜产品包装和农膜。生物塑料正在逐步替代低密度聚乙烯(LDPE)和高密度聚乙烯(HDPE),应用在塑料袋中。相比其他传统的塑料如聚乙烯(PE)、聚苯乙烯(PS)的终端市场渗透度,随着环保意识的提高,生物塑料的需求正在增加,市场潜在巨大。生物塑料可以不同程度地进行生物降解,它为世界指明了一条不再依靠石油生产塑料的道路。而且生物塑料具有价格优势、良好的环保性能、原料可再生等市场优势。在人们重视绿色产品的今天,生物塑料由于其对环境和资源的保护特性而大受终端用户的欢迎。欧洲的调查显示,1t淀粉基聚合物相对于1t的矿物来源的聚乙烯,可减少0.8~3.2 t的CO_2排放量。因此,消费者比较喜欢接受土豆做的超市购物袋和用豆油加工的汽车座位等。随着消费者环保意识的增加,人们更愿意支付更高的价格去购买用天然原料加工的产品。

绿色包装的发展主要受以下因素的支撑:一方面,可生物降解塑料包装具备节能、环保和可回收的优点。另一方面,北美市场、政府部门和流通渠道等各方面力量都在积极推动这一新技术的应用。在未来两三年,市场对可生物降解塑料的需求将逐渐走强。

但作为一个新兴产业,可生物降解塑料包装业也面临重重挑战。首先,包装技术尚不够成熟。虽然消费者对可生物降解塑料包装的关注度在逐步提高,但与传统塑料包装技术相比,目前这种包装技术还比较落后。其次,可生物降解塑料包装的应用领域有限。虽然可生物降解塑料包装在食品保鲜领域占有垄断地位,但其在隔热、防水、密封等性能上略逊于传统塑料,所以在其他下游领域渗透率较低。再次,消费者的认知度不高。最后,高昂的价格也阻碍了该产品的应用。作为生物降解塑料的原料,如玉米、小麦等农作物产品的价格上涨,也推动了生物降解塑料的价格攀升。从价格上看,2007 年石油基塑料的成本低于生物可降解塑料。例如,包装牌号的聚乙烯和聚苯乙烯成本为 0.65~0.85 美元/lb,而可降解的聚乳酸塑料成本在 1.75~3.75 美元/lb 的范围内,淀粉衍生的聚己酸内酯为 2.75~3.5 美元/lb。即使在 2009 年 2 月油价下跌的情况下,生物降解塑料的价格仍比传统的石油基塑料价格高出 2.5~7.5 倍。但从油价将长期在高位震荡的前景来看,生物塑料的竞争地位将会提升。

NatureWorks 公司预计到 2025 年,亚洲将是全球生物塑料市场的领导者,而中国正是亚洲最具活力的地区。为此,NatureWorks 公司早就开始紧锣密鼓地布阵中国市场,全力支持合作伙伴研究、投资及开发 Ingeo 产品。自 2005 年以来,上海水星家纺就与美国 NatureWorks 公司深度合作,共同研发生产新型绿色环保科技产品。采用 Ingeo 生产的长丝和短纤,具有天然、环保、可降解、可循环利用的特点。水星家纺也将自行研发的性能优异的 Ingeo 纤维超柔短绒毛面料,以及与科研机构合作研发的 Ingeo 纤维水刺无纺布应用在水星产品上,为 2010 年在上海举办的世博会作准备。2008 年北京奥运会上,也使用了 Ingeo 天然塑料制成的冷饮杯子等一次性产品。

亚什兰公司于 2010 年 1 月宣布,由亚什兰高性能材料部门研发的 Envirez 生物树脂已被加拿大玻璃纤维船舶生产商 Campion Marine 公司大批量应用,近期将有数百艘由 Envirez 树脂制造的船舶下水。据介绍,Envirez 树脂配方中使用了一定量的大豆油和由玉米所制得的乙醇,被称为来自可再生原料的新型树脂。亚什兰与 Campion Marine 公司 2008 年合作,建造了世界第一艘利用生物树脂的船舶。对该船舶的测试数据不仅证明了 Envirez 树脂在高性能游艇船舶中的应用成功,同时表明应用该树脂造船每年可减少 10 万 lb CO_2 的排放量。

减少环境足迹和化学工业的创新都是发展生物塑料市场强有力的推动力。一些品牌产品生产商和零售商如可口可乐和沃尔玛都在推进生物塑料的应用方面作出了很大努力。可口可乐公司推出的 PlantBottle 品牌是新的 100% 循环回收塑料瓶,这种塑料瓶的 30% 由甘蔗和糖浆制造,其他为石油基聚乙烯。巴斯夫公司指出,因为成本较低且具有环境效益,生物塑料在市场上常常具有较高价值。

从材料发展前景看,天然聚合物如 PLA、淀粉混配物、PHBV 和聚羟基丁酸酯(PHB)将主导生物塑料市场,各大公司和研究机构现正在开发更多的生物树脂与传统聚合物的混配物。现在,已有基于不同原材料的许多类型的生物聚合物,并且新产品和工艺也在不断涌现。表 6.2 示出典型的高功能生物聚合物的发展现状。

表6.2 典型的高功能生物聚合物的发展现状

生物聚合物	公司(品牌名称)	2007年生产能力(t/a)
淀粉聚合物和混配物	Biop(Biopar)	—
	Bio tec(Bioplast)	10 000
	KfuR Kunststoff	4 200
	Novamont	35 000
	Plantic	数千吨
	Rodenburg 生物聚合物(Solanyl)	47 000
聚乳酸(PLA)	NatureWork(嘉吉-陶氏)(NatureWork)	140 000
	Galactic	中型(数十t/a)
	Hycail BV(Hycail)	1 000
	Cereplast	18 000
聚羟基烷基酸酯(PHAs;PHB,PHBH)	Biomer	数吨/月
	Procter & Gamble(Nodax)	中型
基于生物基PDO(丙二醇)的聚合物	杜邦(Sorona)	中型
纤维素聚合物	Innovia 薄膜	—

2010年3月上旬,在瓶装水市场出现了一种新的趋势,生物塑料瓶可百分之百的来自植物制造,而不是近年出现的混合复合材料制成的瓶。新推出的经济矿泉水瓶(eco-bottles)来自于美国绿色星球矿泉水瓶(Green Planet Bottling)公司和 Keystone 瓶装水公司。美国绿色星球矿泉水瓶公司的100%植物基矿泉水瓶无毒且为碳中性,而常用的塑料瓶含有石油和双酚A成分。它们可再利用、循环利用并且可在80天内成为堆肥。绿色星球矿泉水瓶公司表示,每生产72瓶植物基瓶,可节约1gal石油。这些矿泉水瓶生产时使用的能源和燃料也减少65%。绿色星球矿泉水瓶公司的产品规格现有16.9OZ瓶,1L和12OZ瓶也已推出。

荷兰帝斯曼公司于2010年4月16日宣布,已推出汽车行业用的两款生物基高性能材料。帝斯曼的产品展现了生物基经济的魅力,一款是 Palapreg ECO P55-01,为汽车车身零部件用生物基树脂,这些车身零部件包括外部面板在内;另一款产品是 Eco-PaXX,为生物基高性能工程塑料。Palapreg ECO 由55%可再生资源组成,是当今市场生物基含量最高的复合树脂材料。工业试验证明,帝斯曼的产品能达到高的可再生基材料含量,而不会使产品性能或生产速度有任何减小。EcoPaXX是高性能的聚酰胺,它将高熔点(约250℃)、低吸湿性和优良的耐各种化学物质腐蚀等性能的优点组合在一起。该材料约70%是基于可再生资源蓖麻油的构筑基块。帝斯曼把致力于发展高效能、可持续的材料作为其业务内涵,为全球生物基经济的发展作出了重要贡献。这两款产品 ECO P55-01 和 EcoPaXX 目前正在由汽车行业包括 MCR 在内的几家客户进行最后核准。Palapreg ECO P55-01 已被用于世界第一次零排放赛车冠军赛 Formula Zero 竞赛的小型赛车车身制作,并已获得一级方程式比赛协会(FIA)的批准。

福特汽车公司于2010年4月21日宣布,福特汽车正在越来越多地使用可再生和可循环再造的材料,如2010年福特金牛座(Taurus)版汽车使用了大豆和生物基坐垫和座椅背。福特汽车现在重量的85%都采用可回收利用材料。2009年,福特通过使用再生材料节省了大约 450 万美元,仅在北美地区就减少塑料填埋 4500 万～3000 万 lb。2010 年福特金牛座(Taurus)版汽车是福特第十一款以生物基坐垫和椅背为特征的汽车。与其他汽车制造商相比,福特汽车座位中使用的大豆和其他生物基泡沫要多。福特 Mustang, F-150, Focus, Flex, Escape, Expedition 和 Econoline 以及 Mercury Mariner, Lincoln MKS 和 Navigator 版汽车也均使用了可持续材料。福特现已有超过 200 万辆汽车使用了生物基泡沫,并正在寻求在未来使该公司汽车百分之白改用生物基泡沫。

日本富士通(Fujitsu)公司于 2010 年 4 月 22 日宣布,已利用生物可降解塑料制造了其 KBPC PX ECO 电脑键盘的两个部件。德国安珀河-特里奇(Amper Plastik R. Dittrich)塑料公司为该项目提供模塑,据称,该键盘是“世界上第一款生态键盘”。安珀河公司也为富士通键盘提供另一类塑料,该塑料采用来自混配物生产商 Tecnaro 公司的废木料和废纸张来源的木质素生产。这两种可再生塑料材料占新键盘塑料含量的 45%。键盘的 USB 缆线也由“非聚氯乙烯”塑料制作。据称,新的高档键盘具有与传统塑料制成的键盘同样的价格。

Cereplast 公司是专有的生物基可持续塑料制造商,该公司于 2010 年 4 月 28 日宣布,其第一款 Cereplast 的藻类塑料产品将于年底实现商业化应用。Cereplast 藻类基树脂有潜力取代传统塑料树脂所用石油含量的 50% 或更多。藻类基树脂代表了生物塑料技术的最新进展,是 Cereplast 公司近几个月来产品开发的成果。采用藻类开发的混配材料的性能已相当接近该公司的期望值。可以相信,在不太遥远的将来,藻类将成为生物塑料和生物燃料最重要的“绿色”原料之一。

2. 聚乳酸

全生物降解聚乳酸是将大豆、玉米淀粉等原料,经生物聚合技术处理提炼而成的一种生物降解塑料产品。随着人们环保意识的不断增强,以及原油等不可再生资源的逐步减少,聚乳酸因具有原料来源丰富、可再生、可降解、生产所需的能耗低、CO_2 排放少等众多优势,产业规模正在逐步扩大。

聚乳酸(PLA)是由生物发酵生产的乳酸经化学合成而得到的聚合物,有良好的生物相容性和生物可降解性,防渗透性与聚酯相似,光泽度、清晰度和加工性与聚苯乙烯相似,可被加工成各种包装材料,如农业、建筑业用的塑料型材、薄膜,以及化工、纺织业用的无纺布、纤维等。PLA 还可用作生物医用材料,如无需拆线的医用缝合线、药物控释载体、骨科固定材料、组织工程支架等。聚乳酸属新型可完全生物降解塑料,是世界上近年来研究开发的最活跃的降解塑料之一。聚乳酸塑料在土壤掩埋 3～6 个月就会破碎,在微生物分解酶作用下,6～12 个月变成乳酸,最终变成 CO_2 和 H_2O。

在化石资源日益枯竭的今天,生物资源的开发和应用被广泛关注,也带动了生物质产业的蓬勃发展。这个新兴产业就是利用农作物等可再生或循环的有机物质为原料,通过生物化工方法生产燃料、能源及生物质材料。号称“玉米塑料”的聚乳酸,如今已被认为是替代传统化工塑料、终结白色污染的热门材料。实际上,聚乳酸的原料不仅仅限于玉米,很多种作物都可以提取乳酸。因此,把聚乳酸称为生物质塑料更为恰当。我国每年消耗塑料达 2000 多万 t,又是玉米生产大国,加速生物降解聚乳酸塑料研发对经济和社会发展将具有重大意义。

国家重大科技项目要求,研制出用于制备聚 L-乳酸的催化体系和聚合方法,解决聚合过程中的结构控制问题,以及聚合和后处理过程的传质和传热问题,建立连续本体聚合的生产线,完善一步法合成聚乳酸的新工艺,提出改善聚乳酸热力学性能的实时改性方法。课题方向包括研究高效低聚乳酸脱水缩聚和裂解催化剂、L-丙交酯的精制提纯工艺;研究工业化可行的低成本高纯 L-丙交酯的反应条件和工艺条件;研究在技术和经济上切实可行的聚合工艺;开发高纯乳酸单体的低成本制备技术,研究乳酸的纯度和聚合条件对合成聚乳酸的相对分子质量及其分布的影响;研究一步法合成聚乳酸的关键技术问题;研究聚乳酸的成型加工技术,形成具有自主知识产权的聚乳酸加工和制品的关键技术;建立 1 万 t 聚乳酸生产线,形成 5 万 t 聚乳酸生产线的工艺包。

华东理工大学的直接缩聚合成高分子量聚乳酸项目通过上海市教委和科委的鉴定。该校研发出了在密闭体系中利用脱水剂进行固相缩聚以制备高分子量聚乳酸的新工艺。该工艺简单、合理,技术具有独创性,工业化应用前景广阔。

甘肃省白银市与中科院上海有机所、上海新立工业微生物科技有限公司等,就马铃薯生物炼制项目签署了协议,该项目于 2007 年底在白银市启动建设。马铃薯生物炼制项目是目前国际上研究开发的热点项目,主要以马铃薯等农作物为原料生产可生物降解的新型高分子环保材料——聚乳酸,形成"马铃薯—L 乳酸—聚乳酸—共聚共混物—日用高分子材料制品"完整的产业链。其产品性能优良、应用广泛,是继金属材料、无机材料、高分子材料之后的"第四类新材料"。

中科院长春应化所从 20 世纪 90 年代末就把研究重点聚焦到聚乳酸方向上。2000 年,该所与国内颇具实力的浙江海正集团开展联合攻关,从而加速了聚乳酸研制和产业化的研发速度。在研制过程中,他们以实现合成聚乳酸所需的 L-丙交酯国产化为突破口,先后解决了提高 L-丙交酯收率、纯化、聚合反应等制备聚乳酸的三大瓶颈问题,得到了熔点 160~180℃、玻璃化转变温度 58~60℃、抗张强度大于 65MPa、模量大于 3GPa 的国产化制品,产品性能达到国外聚乳酸先进标准。2000 年下半年,他们把工作的重点转移到聚乳酸产业化的研发上。经过近 7 年的攻关,先后突破了乳酸脱水时间、聚乳酸分子量分布、裂解催化剂反应条件、单体高温消旋化、精馏和聚合工艺等产业化所需的关键技术。2007 年底,他们建成了乳酸低聚裂解、L-丙交酯提纯、绿色无溶剂本体聚合等核心技术都具有自主知识产权的我国第一条、世界第二条年产 5000t 绿色可降解环保型聚乳酸树脂工业示范线,并实现批量生产。目前,该示范线聚乳酸收率达理论收率的 90% 以上,所生产的聚乳酸数平均相对分子质量大于10 万,完全达到企业标准。

中科院长春应化所低成本聚乳酸关键技术的研究项目于 2009 年 2 月通过长春市科技局组织的专家验收。该项目为聚乳酸的产业化提供了成套的低成本新型工艺技术,为聚乳酸万 t 级规模化生产奠定了基础,产业化前景广阔。截至目前,中科院长春应化所深入开展了从乳酸到丙交酯单体的制备及其聚合得到聚乳酸的最佳反应条件和工艺的探索,提高了产物收率,将丙交酯的收率从 90% 提高到 97%;设计并合成了具有自主知识产权的用于低聚乳酸裂解制备丙交酯单体、本体聚合的催化剂;以 L-乳酸为起始原料,最终得到可工业应用的聚 L-乳酸树脂及其一次性应用制品,为万 t 级产业化生产提供了合理的技术参数。

华东理工大学材料科学研究所于 2008 年 12 月 7 日宣布,其采用独特的专利技术,实现了玉米塑料(聚乳酸)薄膜的稳定生产,得到了厚度 $\leqslant 4\mu m$ 的可完全降解超薄塑料薄膜。该薄膜为目前世界最薄的完全降解薄膜,且单位面积价格接近目前 PE 地膜价格。专家表示,这种老百姓用得起的可完全降解材料,将使我国抗"白色污染"能力得到极大提升,并开创了我国农业及包装材料发展的新纪元。目前利用聚乳酸强度高的特性,开拓农用薄膜、包装领域的可完全降解塑料产业链,已经成为国际研究热点。虽然聚乳酸的生产原料已从食用玉米向转基因玉米、玉米芯、玉米秆、纤维方向发展,但材料价格高、脆性大成了聚乳酸走向大众生活的"拦路虎"。华东理工大学材料科学研究所科技攻关组经过艰苦努力,通过分子设计,采用具有自主知识产权的低渗出、非石油基、可完全降解改性剂对脆性聚乳酸进行改性,在增加材料柔性的同时,显著改善了加工性能,并具有良好的强度。所制得的超薄玉米塑料薄膜具有优良的透光性、拉伸强度、导热性、渗水性、抗紫外性和无滴性,且有一定的价格竞争力。从国外情况来看,除农膜、保鲜膜外,聚乳酸在糖果、烟草、茶叶等采用 PET、PP 材料的包装领域,也具有替代优势。在日本爱知世博会上,使用的所有餐具都是由可降解塑料制成的,上海世博会也将全部用上高强度、透明、印刷鲜艳的可完全降解包装袋。这一超薄聚乳酸薄膜的重大进展,将加快可降解材料得到市场认可的速度,"聚乳酸生产+材料改性+薄膜生产+国内外市场销售"的产业链,也将带动农业、可降解塑料、包装材料的全面技术更新。得到价格能被接受的可完全降解材料,将为开发创制环保型节水制剂新材料、研发缓(控)释肥料等新型肥料、可降解地膜等应用技术奠定良好的基础。

我国在全生物降解 PLA 塑料阻燃技术开发上也取得了突破。全生物降解 PLA 塑料添加了石家庄金迪化工科技有限公司新研发的阻燃母料后,具有良好的耐热、难燃和低烟雾等性能。这项阻燃技术的开发将提升聚乳酸的使用性能,为 PLA 生物降解塑料扩大应用领域创造了条件。此前,韩国 BMP 株式会社采用稻壳、糠麸、甜菜、土豆等为原料,研发出一种较先进的 PLA 合成技术,并在韩国南部顺川市投资建设了年生产能力为 2.4 万 t 的 PLA 生产厂,并于 2009 年 6 月份开工生产。为了提高聚乳酸的使用性能,使这种生物降解塑料应用到更多领域,韩国 BMP 株式会社委托石家庄金迪化工科技有限公司为其研究开发阻燃、抗菌、耐温、吹塑成形的 PLA 技术。2008 年 5 月,双方签订了技术合作协议。此后金迪化工即把生物塑料阻燃技术作为重点攻关项目,经过半年多的时间,成功开发出 PLA 塑料阻燃技术,而且比协议预期的时间提前了半年。

河南飘安集团有限公司于 2009 年 4 月初与日立(中国)有限公司就聚乳酸建设项目达成协议。该项目建设周期约 2 年 9 个月,总投资达 18.26 亿元,选址为河南省长垣县,计划 2011 年正式投产,生产的聚乳酸将用于制造医疗卫生器具及医疗消耗用品。该项目在投产初期年产聚乳酸约 1 万 t,计划将来逐步扩展至年产 15 万 t 的规模。该项目拟以玉米等植物为原料。

生物塑料生产商浙江海正生物材料股份有限公司 2009 年 6 月推出一种耐热性可达 80℃的新级别热聚乳酸(PLA)树脂。由于采用了特殊成型技术,PLA 甚至可承受 100℃的高温。该公司已收到餐饮服务制造商对新级别树脂的订单。海正生物材料公司可年产 5000tPLA。其中有 60% 的产品出口到海外,在国内销售的 PLA 通常也被模塑为成品后销往发达国家。其母公司海正集团凭借自身在生物制药上的丰富专长,为海正生物材料股份有限公司提供了先进的发酵技术与设备。作为中国首屈一指的 PLA 生产商,海正生物材料股份有限公司正在为制定中国的生物可降解塑料标准发挥着带头作用,该公司是 2008 北京奥运会的 PLA 餐饮产品供应商之一。总部位于浙江台州的海正生物材料股份有限公司在 5 年前成立,由浙江海正集团有限公司、中国科学院长春应用化学研究所和台州国有资产管理公司等合资组建。

由中科院长春应化所科研人员发明的"四元复配完全生物降解聚乳酸型复合材料及应用"的专利,2009 年 6 月获得了国家发明专利授权。作为一种以可再生植物资源为原料,人工合成的热塑性脂肪族聚酯,PLA 不仅具有良好的生物降解性和生物相容性,同时 PLA 也具有通用塑料的力学强度,因此 PLA 被认为是通用塑料的理想替代品,在包装材料等领域都有着广阔的应用前景,特别是在薄膜材料领域。然而,聚乳酸脆性严重,其薄膜材料及其他制品的柔韧性较差,抗撕裂强度低。同时熔体强度较低,热稳定性较差,使得 PLA 难以在通用的塑料加工设备上进行稳定的吹塑成膜,这些缺陷极大地限制了 PLA 薄膜材料及其制品的发展和应用。本发明针对聚乳酸 PLA 的这些缺陷,通过多相共混体系改善了 PLA 的流变行为,制备成了适合于通用设备加工的、具有良好柔韧性和抗撕裂强度的聚乳酸复合材料。该技术主要涉及一种四元复配可完全生物降解的聚乳酸型复合材料,该复合材料将聚乳酸(PLA)、聚丙撑碳酸酯(PPC)、聚己内酯(PCL)及聚 3-羟基丁酸酯(PHB)作为基体树脂,并添加相关的复配加工改性剂,然后在此基础上,进行复配共混,改善了聚乳酸制品的成型加工性、耐热性、撕裂强度及制品的尺寸稳定性。该四元复配可完全生物降解的聚乳酸型复合材料可以通过吹塑成型的方法来制备物理化学性能优良的薄膜制品。该薄膜制品生物降解速度可控,可广泛用于包装行业及农用产品。

2009 年 7 月 17 日,山西省化工研究院宣布在生物基塑料配套助剂研究领域取得重大突破,成功开发出聚乳酸(PLA)专用成核剂 TMC-328。这种专用成核剂可大大提升生物基塑料的加工和应用性能,扩大了绿色塑料的应用范围,可将其工业化推广。绿色 TMC-328 属于创新结构的多酰胺类化合物,无毒、无味,对聚乳酸、聚对苯二甲酸乙二醇酯(PET)、聚对苯二甲酸丁二醇酯(PBT)等结晶性树脂具有良好的成核促进作用。应用这种新型助剂,能显著提高结晶性聚酯的结晶度,改善制品的耐热变形性、透明性、抗冲击性等,同时缩短制品的成型周期,提高生产效率。研究表明,在聚乳酸树脂中添加 0.2%~0.3% 的 TMC-328 成核透明剂,可以促进 PLA 的成核,细化球晶尺寸,从而加快树脂结晶,提高制品的透明性、耐热稳定性和拉伸强度、弯曲模量等力学性能。据了解,TMC-328能够广泛应用于聚乳酸医疗及卫生用品、包装制品和其他注塑制品的加工与改性,包括绷带、人造骨骼及移植用品、购物袋、食品容器、吸管、包装膜、农用地膜、地毯和家用装饰品等。

3. 聚羟基烷基酸酯

生物法合成新型高分子材料生物聚酯已经成为一个新材料生产、开发和应用的方向,该领域的研究充分体现了多领域、跨行业的现代科技产业特点,生物聚酯将在人类的环境保护、医药保健等方面发挥重要作用。生物可降解塑料以可再生的原材料为原料,可望在许多应用中替代传统聚合物。但是因生产费用较高,和受到性能与可加工性的限制,发展速度还较慢。然而据称,美国 Metabolix 公司推出的聚羟基烷基酸酯(PHA)生物聚合物家族可望与现有产品,尤其是 PE 在价格和性能上相竞争,并可望最终替代 50%的传统塑料。

PHA 的开发始于 20 世纪 70 年代,当时,ICI 公司采用天然土壤中的微生物通过发酵过程生产 PHA。同时,麻省理工学院技术学院(MIT)开始采用工程化微生物生产 PHA。MIT 的工作导致 1992 年诞生了 Metabolix 公司。而 ICI 的技术转让给了 Zeneca 公司,此后此项业务出让给了孟山都公司。Metabolix 公司于 2001 年从孟山都收购了该技术并与自有成果进行了融合,并于 2004 年与 Archer Daniels Midland(ADM)公司签约,将使 PHA 塑料推向大规模工业化,将建设 5 万 t 发酵装置以生产这种聚合物,并组建 50/50 合资企业生产和销售这种聚合物。

PHA 是近 20 年来迅速发展起来的生物高分子材料,已经成为近年生物材料领域最为活跃的研究热点之一。这种天然高分子材料是由很多微生物合成的一种细胞内聚酯,其结构多元化带来了性能多样化。由于 PHA 兼具良好的生物相容性、生物可降解性和塑料的热加工性能,因此可作为生物医用材料和可降解包装材料。对 PHA 研究获得的信息证明,生物合成新材料的能力几乎是无限的,今后将有更多的 PHA 被合成出来,并带动生物材料特别是生物医学材料的发展。由于 PHA 还具有非线性光学活性、压电性、气体阻隔性等许多高附加值性能,使其除了在医用生物材料领域之外,还可在包装材料、黏合材料、喷涂材料和衣料、器具类材料、电子产品、耐用消费品、化学介质和溶剂等领域得到广泛应用。

PHA 家族的主要优点是可采用生物技术生产工艺,产品性能适用面宽,可从这类聚合物生产硬性塑料,可模塑薄膜,甚至制成弹性体。吹塑和纤维级产品也在开发之中。这类聚合物甚至在热水中也很稳定,但在水中、土壤中和两者兼具的环境中,甚至在厌氧条件下,也可生物降解。将其用于网织品或用作涂层处理的纸杯和纸板也具有吸引力,在医疗上的应用如植入也有应用潜力。Metabolix 已分立了一家独立的公司 Tepha 公司,来开发可用于市场的产品。

据称,高的生产费用和性能限制使竞争中的一些聚合物,如 PLA 发展仍较慢。在 PLA 生产中,生物技术贯穿于乳酸单体生产中,而聚合物生产本身基本是用的常规技术。PLA 性能范围不宽,不能调节到如同 PHA 聚合物家族的宽范围性能。PHA 产品的关键优点在于该聚合物结构可利用其生物技术生产过程而予以改变,从而得到宽范围的产品性质。

采用 Metabolix 微生物发酵工艺的 PHA 生产成本为 60～70 美分/lb,但工业化装置可望使生产成本低于 50 美分/lb。Metabolix 公司的目标是在创新型的改进装置中生产 PHA,这一途径可望使生产费用降低到 25 美分/lb 以下。

美国 Metabolix 公司于 2008 年 8 月 15 日宣布,实现了一项实验成果,采用 Metabolix 基因表征技术和 Metabolix 公司的经验,突破了从换季牧草植物生产生物塑料的工程研究,并生产出大批量聚羟基烷基酸酯(PHA)生物塑料。这一成果是用新的功能性多基因路径使换季牧草成功转化的第一次尝试,证实了该公司的路径破解法的生物工程能力,它可成为使生物质作物最大限度地生产生物塑料和生物燃料的有力工具。据称,Metabolix 公司开发换季牧草生产 PHA 聚合物的技术已达 7 年之久。最近的研究结果证实了用换季牧草经济地生产 PHA 聚合物的前景,并实现了将换季牧草作为有附加价值生物能源作物的重要用途。换季牧草是大自然牧草上的一类草,在美国有大量生长。美国能源部和农业部已确定将其作为生产下一代生物燃料和生

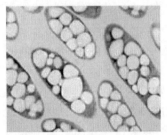

图 6.11 Metabolix 利用基因表征技术生产的 PHA 生物塑料

物产品的一种主要原料。Metabolix 公司表示,关键的目标是开发有附加价值的工业用作物,如油籽、换季牧草。换季牧草的适用性是该公司植物科学活动中商业化发展策略的重要里程碑。图 6.11 所示为 Metabolix 利用基因表征技术生产的 PHA 生物塑料。

天津大学微生物学和生物材料系教授陈广庆于 2009 年 4 月 9 日表示,作为一类生物聚合物的聚羟基烷基酸酯(PHA)可望成功地挑战聚乳酸(PLA)在许多应用领域的使用。陈广庆的这一发现已在阿姆斯特丹由 ENG 公司组织的"化学工业的创新与新产品开发"会议上发表。作为热性聚酯的 PHA 可从生物质借助于微生物生长,采用发酵过程来制取。陈广庆及 PHA 领域的其他研究人员已确认了制取的 PHA 可以有超过 150 种单体。使这些单体进行不同的组合可得到长链的分子结构,对硬而脆的塑料短链结构加以组合,就可使这些结构形成柔软的塑料。陈广庆表示:"PHA 的优点是具有很高的分子量。"PHA 的性质可通过所用基质的类型来加以调节。PHA 的应用包括医疗、生物燃料和生物可降解包装。相反,由生物原材料生产的另一种聚合物 PLA 的特征是仅有两种单体,为此,陈广庆认为,从 PLA 生产的塑料范围相当有限。PHA 与 PLA 不同,它也可被制造成透明塑料。陈广庆表示,采用原应用于制造抗生素的发酵装置,仅需少量投资就可生产 PHA。另外,在建造和改造生产 PHA 的发酵装置方面,也可通过向这些装置移植生产 PHA 的细菌,就可从现有的污水处理设施来生产 PHA。应用这样的途径可产生含有 50%～60% PHA 浓度的污泥。PHA 可相当容易地从污泥中分离出来,并以高达 30% 的浓度用作汽车的生物燃料。现在,天津大学正在开发从污泥制取 PHA 的工艺过程。陈广庆认为,这是生产燃料不与人争粮的很重要的解决方案。废物处理设施

可每天进行运转,并且可使用它生产 PHA,这将不使用粮食或耕地。尽管 PHA 有明显的优点,但这种材料的应用开发还有限,这一领域的研发还处于科研阶段,而非工业化阶段。

但是,也有一些公司正在投资商业化规模 PHA 制造能力。帝斯曼公司已参与天津绿色生物科学公司组建了合资企业,在天津经济开发区建设了 1 万 t/a 的 PHA 装置。该装置于 2009 年 8 月投产。帝斯曼公司于 2008 年 3 月向该装置投资了 2000 万美元。帝斯曼公司认为,PHA 是适用于汽车、生物医疗和电子行业使用的材料,其利用方式包括纤维、薄膜和泡沫。帝斯曼公司与天津绿色生物科学公司已计划在生物基功能材料方面共同创建新的业务。

Metabolix 公司与 ADM(Archer Daniels Midland)公司组建的合资企业 Telles 公司(位于美国 Clinton)已于 2009 年下半年在 Clinton 投产 5 万 t/a PHA 装置。Metabolix 公司 CEO Rick Eno 表示,可以相信,客户对该公司 Mirel 品牌 PHA 的需求将保持强劲态势,PHA 产品具有巨大的长期发展机遇。Mirel 品牌 PHA 独特的性质,尤其是其生物基来源和生物可降解性,将为宽范围的传统塑料提供环境友好的替代方案。

天津大学教授陈广庆也表示,该校将很快进行 PHA 的大规模生产,2009 年是生物聚合物十分兴旺的一年。图 6.12 所示为可从现有的污水处理设施低成本地生产 PHA。

图 6.12 可从现有的污水处理设施低成本地生产 PHA

2009 年 7 月 29 日,深圳市意可曼生物科技有限公司具有完全自主知识产权的 5000t/a 可完全生物降解材料聚 3-羟基丁酸酯 4-羟基丁酸酯(PHAs)项目在山东邹城市投产。这是全球首个第四代聚羟基烷酸酯(PHA)产品产业化项目,产品综合性能接近聚乙烯、聚丙烯等通用塑料。这标志着 PHA 材料产业化再获重大突破。据介绍,该公司突破了 PHAs 产业化规模生产成本高、产品性能单一的瓶颈,产品生产成本在 2.5 美元/kg 以下,接近"石油塑料"成本。目前,该公司已申请 21 项国内专利,多项国际专利。

意可曼生物科技有限公司率先实现可完全生物降解材料 PHAs 的产业化,主要是运用了世界领先的基因工程菌种构造法,进行生物发酵合成,提高了单体转化率和反应效率,实现了连续、稳定生产。他们通过最新的酶提取法,得到了高纯度的生物合成高分子所必需的几种酶,并运用最新的基因构造法,将几种关键酶构建到 E.Coli 基因中,得到了适合产业化生产的稳定、高效的菌株。同时,他们用代谢工程控制法,提高了原料转化率,并通过不同的基因组合控制不同单体的比例,生产性能各异的高分子材料,其湿法一步提取技术则降低了成本,提高了产品纯度。目前,意可曼可以生产吹膜级、压片级、吹瓶级、发泡级和弹性体级等 5 大类 20 个牌号的 PHAs 产品;通过调整单体配比,可以使产品性能横跨纤维、塑料、橡胶、热熔胶等不同范畴,降解周期为 3~6 个月。PHAs 产品已经引起了英国、日本等国相关公司的高度关注。据悉,意可曼将在 3 年内分 3 期建成年产 10 万 t PHAs 的项目,并将进一步降低产品成本,扩大应用领域。据介绍,第一代 PHA 产品的典型代表为均聚物聚羟基丁酸酯(PHB),该材料脆性大,很难大规模应用。为了改善加工性能,人们又研发了第二代产品 3-羟基丁酸酯戊酸酯共聚物(PHBV)和第三代产品 3-羟基丁酸酯己酸酯共聚物(PHBH-Hx)。与前三代产品相比,PHAs 具有成本低、综合性能优异、应用范围广、可在传统塑料加工机械上加工成型等优点。

4. 聚丁二酸丁二醇酯

聚丁二酸丁二醇酯(PBS)是生物降解塑料材料中的佼佼者,用途极为广泛,可用于包装、餐具、化妆品瓶及药品瓶、一次性医疗用品、农用薄膜、农药及化肥缓释材料、生物医用高分子材料等领域。PBS 综合性能优异,性价比合理,具有良好的应用推广前景。和 PCL、PHB、PHA 等降解塑料相比,PBS 价格低廉,成本仅为前者的 1/3 甚至更低;与其他生物降解塑料相比,PBS 力学性能优异,接近 PP 和 ABS 塑料;耐热性能好,热变形温度接近 $100\,℃$,改性后使用温度可超过 $100\,℃$,可用于制备冷热饮包装和餐盒,克服了其他生物降解塑料耐热温度低的缺点;加工性能非常好,可在现有塑料加工通用设备上进行各类成型加工,是目前降解塑料加工性能最好的,同时可以共混大量碳酸钙、淀粉等填充物,得到价格低廉的制品;PBS 生产可通过对现有通用聚酯生产设备略作改造进行,目前国内聚酯设备产能严重过剩,改造生产 PBS 为过剩聚酯设备提供了新的机遇。另外,PBS 只有在堆肥、水体等接触特定微生物条件下才发生降解,在正常储存和使用过程中性能稳定。PBS 以脂肪族二元酸、二元醇为主要原料,既可以通过石油化工产品满足需求,也可通过纤维素、奶业副产物、葡萄糖、果糖、乳糖等自然界可再生农作物产物,经生物发酵途径生产,从而实现来自自然、回归自然的绿色循环生产。而且采用生物发酵工艺生产的原料,还可大幅降低原料成本,从而进一步降低 PBS 成本。

20 世纪 90 年代中期,日本昭和高分子公司采用异氰酸酯作为扩链剂,与传统缩聚合成的低相对分子质量 PBS 反应,制备出相对分子质量可达 200 000 的高相对分子质量的 PBS。

中科院理化技术研究所工程塑料国家工程研究中心针对传统丁二酸和丁二醇缩聚得到的 PBS 相对分子质量低,难以作为材料使用的不足,该中心开发了特种纳米微孔载体材料负载 Ti-Sn 的复合高效催化体系,大大改善了催化剂的催化活性。在此基础上,通过采用预缩聚和真空缩聚两釜分步聚合的新工艺。直接聚合得到了高相对分子质量的 PBS。该创新性工艺不仅可以和扩链法一样得到相对分子质量超过 200 000 的 PBS,而且在工艺流程和卫生等方面具有明显优势,因为产品中不含异氰酸酯扩链剂,卫生性能得到明显改善。

中科院理化技术研究所工程塑料国家工程研究中心和扬州市邗江佳美高分子材料有限公司签署协议,合资组建扬州市邗江格雷丝高分子材料有限公司,将投资 5000 万元建设世界最大规模 2 万 t/a PBS 生产线。目前,国际上已有日本昭和高分子和美国伊士曼等公司进行了 PBS 的工业化生产,其年产规模分别为 5000t 和 15 000t。此次在江苏扬州邗江建设的高相对分子质量 PBS 生产线规模居世界之首。这标志着中国生物降解塑料产业将开创大规模产业化的新纪元。PBS 在热性能、加工性能和性价比方面在降解塑料中具有独特的优势。与国际常用的扩链法生产 PBS 相比,工程塑料国家工程研究中心开发的 PBS 在健康、卫生及应用于食品、药品、化妆品包装等方面具有显著的优势。PBS 生产装置的建设,为中国生物降解塑料制品开发应用奠定了基础,相关技术也引起产业界广泛关注。与此同时,塑料制品行业对这一成果也给予高度重视和积极配合。上海申花集团、福建恒安集团等企业对 PBS 在一次性包装用品、卫生用品、餐具等领域的应用和推广进行了有效开拓。目前,上海申花集团 PBS 制品已经面市,改性材料、挤出片材已经小批量出口韩国。上海申花集团已与扬州邗江格雷丝高分子材料有限公司签署长期购货合同,从而形成了树脂、改性、制品完整的产业链。

5. 其他生物降解聚合物

夏威夷大学的夏威夷天然能源学院开发了从食品废料制造可生物降解的聚合物聚-3-羟基丁酸酯(PHB)工艺。新方法与 ICI 工艺相比,因原材料费用低廉,成本大大降低。ICI 工艺过程需从纯糖类和有机酸才能制取相关聚合物。新工艺采用厌氧细菌分解食品废物,释放出乳酸和丁酸作为副产物,这些酸类从浆液中取出,并在含有磷酸盐和硫酸盐的营养液中通过硅酮膜扩散进入含 Ralstonia eutropha 细菌的充气悬浮体中,然后这些细菌将酸转化为包括 PHB 的聚合物,最后用离心分离得到 PHB。如扩散膜由硅酮改为聚酯,被细菌转化的酸的比例就可调节,可产生较黏稠的可生物降解聚合物聚 3-羟基丁酸酯-3-羟基戊酸酯(PHBV)。采用该工艺,每 100kg 食品浆液可制取 22kg 聚合物。已有几家公司拟采用该工艺,包括亚洲废物管理公司。

杜邦公司 2007 年 10 月初宣布,与一家澳大利亚公司结成合作伙伴,开发和推销淀粉基聚合物,这种生物塑料将应用于化妆品、个人护理和食品包装容器。杜邦公司与 Plantic 技术公司的合作协议涉及使用高直链淀粉含量的谷物淀粉作为可再生原料。杜邦公司将帮助 Plantic 技术公司开发这种新材料,并以杜邦 Biomax 品牌将该公司这种树脂和板材产品推向市场和进行分销。高直链淀粉含量的谷物淀粉来自于可每年收获的杂交种谷物,它具有独特的化学和成膜性能。也具有极好的生物可降解性和共混稳定性。这种淀粉基板材材料已拓展到北美市场,应用于托盘和硬材包装。这类产品原来只应用于欧洲和澳大利亚。另外,除了澳大利亚和新西兰外,其注模树脂将在其他所有市场上推销。杜邦公司的聚合物科学和生物技术加上 Plantic 技术公司领先的淀粉基技术,将使两家公司相得益彰,加快推进替代不可再生原料的进程。杜邦公司表示,这是该公司到 2015 年从非衰竭性资源获取的营业收入翻近一番总体战略的组成部分。

鉴于美国农业研究服务中心(ARS)加快技术开发步伐,分析认为,基于玉米淀粉的泡沫总有一天会替代聚苯乙烯泡沫。美国 ARS 西部地区研究中心(位于奥尔巴尼,加利福尼亚州)正在推进两种工艺过程,一种是使生产的产品类似于发泡聚苯乙烯,另一种是发展纤维增强泡沫。在第一种工艺过程中,玉米淀粉粉末与增塑剂和约 20% 的水相混,并通过挤出机产出固体纤维索,这一材料经干燥和造粒,然后使颗粒预膨化,放入模具并加热至 120℃ 可形成模塑形状,如杯子或包装材料。在第二种工艺过程中,来自木浆的纤维素纤维在约 100℃ 下分散在含水的淀粉浆液中,混合物被冷却,加入更多的淀粉及增塑剂,将这一材料进行挤压并造粒。在这种情况下,颗粒在第二挤压机中在约 170℃ 下被熔融,来自挤压机的物料因突然的压降而成为发泡泡沫纤维索。在商业化过程中,这种材料可被挤压成板,这种材料经加热和加压可生产薄板或其他容器。该技术的优点是,它可使用廉价的从谷物、土豆或小麦得到的淀粉。缺点是这种材料"看起来像聚苯乙烯",但它能吸收水分,为此,研究人员正在寻求一种合适的防水涂料作为持续开发的组成部分。

杜邦公司于 2009 年 6 月中旬宣布,推出基于可再生材料的几款树脂新产品家族。这些可再生树脂新产品包括:Hytrel RS 品牌热塑性弹性体、Sorona EO 品牌生物塑料、Zytel RS 品牌长链尼龙。这些产品属于工业上最大范围使用可再生原料的工程树脂。杜邦公司的发展战略是使其生产的聚合物至少有 20% 来自可再生材料,并且代用时,其性能要与石化基材料相同或更好。最近这些可再生产品的应用包括 Hytrel RS 品牌热塑性弹性体应用于由运动商品供应商法国 Salomon 集团制造的滑雪板护圈,以及 Zytel RS 品牌长链尼龙应用于由日本 Kariya Denso 公司制造的汽车散热器箱。

巴斯夫公司 2007 年 10 月中旬宣布,推出主要以可再生原材料生产的聚酰胺。称为 Ultramid Balance 的聚酰胺是聚酰胺 6.10,其 60% 由蓖麻油衍生的可再生原材料癸二酸制取而成。该公司于 50 年前就开发、制取和销售这类产品。现在,采用可再生原材料变得更为重要。Ultramid Balance 聚酰胺将聚酰胺的低密度与良好的低温抗冲性组合在一起,具有极好的尺寸稳定性,为此,其水的吸收性低。应用领域包括典型的 PA6 的应用领域,但也可应用于常规聚酰胺使用受限的领域。蓖麻油可从蓖麻油植物种子获得,蓖麻油植物主要在印度、巴西和中国商业化种植。

巴斯夫公司正在开发新的可再生聚合物,研究和开发聚羟基脂肪酸,特别是聚-3-羟基丁酸酯(PHB)。PHB 作为半结晶状聚酯,是唯一可天然产生的聚合物,适合于熔融温度 180℃ 以上的聚合物加工。PHB 是巴斯夫公司基于可再生资源的又一聚合物,该公司开发采用各种生物质原料生产 PHB 的技术,将在两年内决定建设工业化装置,生产能力为 7 万 t/a。该产品与其他聚酯相组合,可在许多应用中替代聚烯烃。如果巴斯夫决定使用糖类为原料,将 PHB 装置将建在巴西;如采用谷物为原料,则将

PHB 装置建在美国。泰国或马来西亚也是建设 PHB 装置的候选地,将基于棕榈油和木薯淀粉为原料。

三菱化学公司与泰国能源公司 PTT 于 2009 年 9 月 28 日签署谅解备忘录,就在泰国从生物质资源发展生物可降解聚合物生物聚丁烯琥珀酸酯业务进行合作。三菱化学公司推进生物基聚合物研究与开发作为其"可持续资源"产品的组成部分,该公司现在日本从石油基琥珀酸生产其聚丁烯琥珀酸酯,并将其推销到世界市场。三菱化学公司也已开发了原创工艺,利用其生物技术方面的强势,从生物质资源生产琥珀酸,并且从事从生物琥珀酸制取其聚丁烯琥珀酸酯的业务开发。PTT 公司也已涉足开发与生物相关的业务,如生物燃料和生物基聚合物。鉴于对生物基聚合物未来需求增长的预测,三菱化学公司与 PTT 公司将合作研究开发三菱化学公司的聚丁烯琥珀酸酯和生物琥珀酸业务。两家公司将进行市场研究,并于 2010 年 6 月组建合资企业。

美国农业部 ARS 环境质量实验室的研究人员开发了一种由柠檬酸(一种农产品)和甘油(生物柴油生产的副产物)制备的生物降解聚合物。这种聚酯类聚合物的黏度可从涂料似的稠度到可缓慢溶化的玻璃状产品。这种新型材料可为生物柴油工业副产的丙三醇提供新的用途。

美国加利福尼亚州大学的化学家推出从碳水化合物和肽合成生物材料的设计新概念。这种设计概念采用单元组合途径构筑糖类-肽混合共聚物,作为高功能生物材料。Zhibin Guan 领导的小组已从自然界存在最多的基块-糖和肽获取了这类材料。这种糖类-肽混合共聚物具有生物降解性。

美国 Wisconsin 大学的研究人员开发了将水果中的糖分果糖转化为 5-羟基甲基糠醛(HMF)的简单工艺,HMF 是制取工业化学品和聚合物的潜在中间体。HMF 可快速转化成包括 2,5-呋喃羧酸(FDCA)在内的化合物,FDCA 是生产聚酯和尼龙模拟物料和琥珀酸(另一种关键的生物基中间体)的起始材料。据称,与传统的 HMF 合成不同,新工艺高效、简单而且成本较低。因为其成本高,将果糖转化为 HMF 尚未走向工业化规模。合成方法在关键的脱水步骤采用酸催化剂,在有机溶剂如二甲基亚砜(DMSO)或水相中进行。然而,使用高沸点溶剂如 DMSO 会使分离费用增高,而在水相中,转化通常无选择性,导致产生大量副产物,也难于分离。对使用两相体系,其中加入互不相溶的有机溶剂,以从水相中连续地抽提 HMF,进行了研究,但是,HMF 进入有机物流的分配性较差。Wisconsin 大学的科学家使用了改进的二相体系解决了这些问题,通过将 DMSO 和(或)聚乙烯基吡咯烷酮加到水相中,可抑制不需要的副反应。对于分离,可采用含有正丁醇的甲基异丁基酮低沸点溶剂,因为正丁醇对 HMF 有高的亲和力。这一新技术拥有工业化应用前景,因为它可在高的果糖浓度下操作,并且转化率达 90%,HMF 选择性为 80%。在生产塑料和精细化学品方面,由生物质获得的呋喃衍生物可望用作现有石油基生产产品的替代物。

生物塑料开发商 Metabolix 公司于 2007 年 9 月底接受了美国政府 200 万美元的项目开发计划资助。这一先进技术计划(ATP)由美国商务部国家标准和技术研究院授权 Metabolix 公司启动。这一资金将用于该公司集成的生物工程化化学品项目开发,该项目旨在开发生物工程细菌,通过植物衍生的糖类发酵,以生产与 Metabolix 公司 Mirel 生物塑料相似的聚合物。生产的这类聚酯再转化为各种 4 碳(C_4)工业化学品。现在,C_4 化学品均从化石基烃类如石油或煤炭来生产。据分析,全球对 C_4 工业化学品的需求估计为 114 万 t/a,年增长率为 4%～5%。

西兰怀卡托大学(TheUniversity of Waikato)的一个为期两年的研究项目于 2009 年 3 月宣布研发出一种新型加工工艺,可以使用血粉和羽毛等动物蛋白废物来生产创新的可生物降解塑料材料。这种新型生物塑料可以使用传统的塑料加工工艺如注塑和挤出成型的标准设备进行生产加工。新西兰的研究学者表明,这是一种完全的生物降解材料,并可提供与聚乙烯相仿的强度。

6. 我国发展现状

我国从 20 世纪 80 年代中期就开始进行可降解塑料的研究工作,最初主要集中在光降解塑料方面,但这种添加型的降解塑料在自然环境中并不能全部降解,同时使用性能上也不能满足要求。因此从 20 世纪 80 年代末起,我国开始研发生物分解塑料。目前我国生物分解塑料主要集中在植物纤维如秸秆纤维模塑制品、淀粉模塑制品,能规模化生产的品种主要为聚羟基丁酸酯戊酸酯(PHBV),CO_2 聚合物(PPC),聚乙烯醇(PVA),聚乙二醇(PEG),聚羟基脂肪酸酯(PHA)。尽管这在整个生物分解材料中只占很少的一部分,但目前国内从事这方面工作的生产研究单位已有十几家,其中宁波天安、内蒙古蒙西、深圳绿维、武汉华丽等企业已能进行规模化生产,某些产品技术指标达到或超过国外同类产品水平,且价格相对较为低廉,外销形势很好。

聚丁二酸丁二醇酯(PBS)于 20 世纪 90 年代进入材料研究领域,并迅速成为可广泛推广应用的通用型生物降解塑料研究热点材料之一。和 PCL、PHB、PHA 等降解塑料相比,PBS 价格极低廉,且耐热性能好,热变形温度和制品使用温度可以超过 100℃,完全能够满足日常用品的耐热要求,因而在所有生物降解塑料产品中,它的市场前景最为业界看好。据保守估计,仅中国市场目前就有 50 万 t/a 的需求量,可谓商机无限。其合成原料来源既可以是石油资源,也可以通过生物资源发酵得到,因此引起了科技和产业界高度关注。在中科院理化技术研究所工程塑料国家工程研究中心努力下,国内 PBS 从合成、改性到制品加工及应等用全方位的研究目前已经取得突破性进展,为我国生物降解材料的推广应用奠定了良好基础。

目前,全球只有 2～3 家企业能够产业化生产 PBS,总年产量不足 5 万 t,但因其卓越的性价比,估计目前全球市场规模在 100 万 t/a。PBS 被认为是生物全降解塑料领域最具发展前途的产品之一。从 2000 年起,我国掀起了聚酯投资热潮。我国聚酯包装用树脂生产能力已居世界第 2 位,到 2008 年全国聚酯产量超过 1800 万 t。由于国内聚酯供应量骤增,目前过剩趋势十分严重,尤其是中低档产品,如纤维级聚酯和瓶片聚酯价格竞争十分激烈,目前很多 10 万 t/a 规模以下的中小型聚酯企业开工率不足 75%。中科院理化所开发的 PBS 技术,既可以新建装置,也可以通过增加核心设备对聚酯或 PBT 装置稍加改造改产 PBS。以 2 万 t/a PBS 装置为例,新建需要 5000 万元,而改造同规模聚酯装置只需 1600 万元。目前,国外 PBS 价格在 4 万～6 万元/t,

国产 PBS 虽然还没有规模化生产,但中试装置的产品售价为 2.8 万元/t,市场供不应求。在聚酯日益过剩,产品利润急剧下降的情况下,这一新技术无疑为聚酯过剩的产能提供了一个新的解决方案。

中国石油天然气集团公司拟在海南省建设首个 5 万 t/a 的可降解塑料项目。该项目将有效地消除"白色污染",减少 CO_2 的集中排放,促进海南省的生态建设。该项目主要以淀粉为原料,年需淀粉约 3 万 t,项目拟采用广东上九生物降解塑料有限公司的技术。

河南华丹全降解塑料有限公司打造的完全生物降解塑料工业园一期工程于 2006 年 8 月底在河南新密市建成投产。该公司计划在 5 年内总投资 3 亿元,建设年产能力达 30 万 t 的完全生物降解塑料工业园。该工业园分三期建设,其中一期工程投资 3000 余万元,年产能力为 5 万 t,已建成投产。一期工程主要批量生产完全生物降解塑料颗粒和六大系列全降解塑料制品,生产出的塑料颗粒全部用于制作工业包装膜、手提袋、干物垃圾袋、快餐盒等注塑制品。该产品是在国内有关科研院所指导下,利用淀粉、聚乙烯醇、甘油等可再生资源为原料研制出的完全生物降解塑料制品。在整个生产过程中,不产生废水、废气、废渣,制成品使用后可随生活垃圾丢弃,对环境无毒、无害,分解时间快,完全生物降解塑料制品在 28 天内的降解率高于 66.6%。国家塑料制品质量监督检验中心对该公司工艺和产品鉴定后认为,该公司在技术方案、原料遴选、生产工艺设计、设备选型等方面都达到了较高的水平。该公司的全生物降解塑料技术已被国家科技部列入 2005 年国家火炬计划。据称,华丹全降解塑料公司的全生物降解塑料技术如果得到推广,有望改善我国塑料行业长期以来依赖石油资源作为主要原料的局面,对促进我国塑料行业健康发展具有里程碑的作用。

武汉华丽环保科技有限公司生产的一种以植物淀粉为主要原料的生物降解材料,也可解决一次性塑料带来的"白色污染"问题。目前,该产品已销往韩国、德国、英国、澳大利亚等多个国家,2006 年产值达到 1 亿元。该公司于 2004 年 6 月开始规模化生产销售此产品。该可塑淀粉生物降解材料以植物淀粉为主要原料,原料来源广,生产成本低,在环境中可以完全降解,且耐水耐油,可在 100℃ 左右温度下使用,无毒无害。用该材料加工的产品不仅是石油基一次性塑料制品的极好替代品,同时也是新型绿色包装材料,可广泛用于工业、医药、家电、食品等行业的产品包装。

近年来我国包装用塑料已超过 400 万 t,其中难以回收利用的一次性塑料包装约占 30%,每年产生的塑料包装废弃物约 120 万 t、塑料地膜 40 多万 t。由于塑料地膜较薄,用后破碎在农田中并夹杂大量沙土,很难回收利用。一次性塑料废弃物造成的"白色污染"引起了全社会的极大关注和强烈反响。但从上海、福州、武汉等大城市情况来看,由于性能、成本等方面的原因,推广可降解塑料面临着很大的阻力,不可降解塑料依然泛滥,开发生产高性能、低成本的生物塑料原材料成为根治"白色污染"的治本之策。

近两年来,石油资源的紧张及环保法规的日益严格,使可再生资源的开发及塑料材料可降解性的研究得到重视。中国因为对该领域的原创性技术及集成技术的深入研究,使得产品和技术研发与国际保持了同步,从而极大地推进了国内生物分解材料从研发走向产业化的进程。目前,中国生物分解材料的产能已由 2003 年的 2 万 t 提高到 2008 年的 9 万 t,年消费量也增长到 7 万 t。国内已有工业化装置在生产聚 CO_2、聚羟基丁酸酯、聚乳酸、改性淀粉等,而且有些生产线在国际上也处于领先地位。

生物分解材料和生物基技术的发展是缓解当前国内对石油基资源的过度依赖和消除废弃塑料给环境带来的压力及减少 CO_2 排放量等最有效的措施之一,是《国家中长期科学和技术发展规划纲要》中重点鼓励发展的项目,符合国家产业政策,因而越来越多的企业认识到了它的发展潜力和商机,正在积极参与该领域的研发和生产。

据了解,目前国内可降解材料及制品行业已有一批优秀企业脱颖而出。武汉华丽环保科技有限公司生产的由葡萄糖组成的可塑淀粉生物降解塑料,可用于一次性餐具、酒店用品、工业包装等领域,市场推广良好;宁波天安生物材料有限公司生产的一种由微生物合成的可降解的聚羟基脂肪酸酯塑料,具有很好的抗热湿气性能,可以在食品包装上大显身手;内蒙古蒙西分子材料有限责任公司研制开发的 CO_2 聚合物降解塑料,用在农业地膜上效果很好;台湾瑞旗生物科技股份有限公司生产的运用玉米等植物淀粉发酵后,再经过聚合制造出的植物塑料聚乳酸特别适用于餐饮用品、服装制造等领域;浙江海正生物材料股份有限公司研制生产的聚乳酸是一种玉米塑料,可制成高性能的一次性碗、盘、杯、叉、刀、勺等;中科院理化所国家工程塑料中心开发的全生物降解塑料聚丁二酸丁二醇酯,产业化势头尤为迅速,目前已形成超过 2 万 t/a 的生产能力,曾作为北京奥运会一次性餐具的材料。

业界专家预计,在未来几年内,国内生物降解塑料在一次性包装领域的需求量将达约 150 万 t/a,在无纺布领域将达 30 万~60 万 t/a,在农业地膜领域将达约 100 万 t/a,在一次性日用杂品和部分医疗材料领域将达约 50 万 t/a……可降解塑料在中国市场潜力巨大。

在国家中长期科技发展纲要中,具有环保和健康功能的绿色材料是一个非常重要的发展领域。根据这一主旨,"十一五"国家科技支撑计划将"全生物分解塑料的产业化关键技术"作为制造业领域的优先主题而设立。生物分解塑料是在堆肥条件下可完全降解的新型环保材料。在国家科技支撑计划重点项目中,将选择以不同耐温性能的 CO_2 基塑料、聚乳酸、聚羟基丁酸酯等三类典型生物分解塑料的连续工业化生产的共性关键技术进行研究开发,建立工业化示范生产线,推动建立相关的国家标准,加速生物分解塑料制品的规模化应用。

6.2.25　生物质制氢

在 2004 年 8 月底召开的美国化学协会第 228 届大会上,英国利兹大学的科学家公布了一项利用葵花籽油产氢的新技术,这项技术可为汽车及家庭使用的燃料电池提供高效、清洁的氢产品,这样不仅可以减少污染,还为人们提供了一种丰富、廉价而又可再生的替代资源,从而降低对石油进口的依赖性。该氢发生器是把日常食用的葵花籽油和水加入装置后,通过预热器加热,形成水油混合蒸气,在两种特定的镍基酶和碳基吸附酶的作用下,储存和释放 O_2 或 CO_2,进而产生氢。利用这种氢发生器所产氢的纯度为 90%,而其他氢发生器产氢纯度目前只达到 70%。

日本东京农工大学开发出一种利用乙醇生产氢的新设备,在氢发生装置的催化剂层上附着 CO_2 吸收剂。这种新技术可高效生产氢且不需要再安装吸收 CO_2 的专门装置,实现了氢的低成本制备。新开发的这种不锈钢设备主要用于燃料电池。制备氢时,首先使空气和浓度为 30%~40% 的乙醇流经上、下两条通道,同时给 4 块金属板的合金层通电。当铂催化剂层的温度上升到 500℃ 时,乙醇发生燃烧反应。再让同等浓度的乙醇溶液流经中间的通道,乙醇和空气在高温环境下反应生成 H_2 和 CO_2。由于 CO_2 被锂硅酸盐吸收,所以从反应器中释放出的只有 H_2。从实验情况估算,1mL 乙醇水溶液可反应生成约 1.5L H_2。

由新西兰、美国、英国、西班牙和澳大利亚研究人员组成的国际团队于 2009 年 1 月 11 日宣布开发成功一种稳定的催化剂,这种催化剂可在现实条件下从生物乙醇制氢,这一成果已发布在 2008 年 11 月 24 日的《ChemSusChem》杂志上。利用该方法制取的 H_2 颇为清洁,同时它也可以转化所有有害的 CO,因此适用于燃料电池。该催化剂由很少量的金属纳米颗粒沉积在较大纳米颗粒的氧化铈载体上制成。中规模燃料电池所需的 H_2 可使用 1kg 催化剂就可实现。

日本东京技术研究院的 Kiyoshi Ohtsuka 及其同事发现了一种新的工艺,可从纤维素生产纯氢。该工艺不仅产率接近 100%,而且不产生 CO 和 CO_2,为此这种 H_2 产品适用于燃料电池应用。常规的烃类蒸汽转化需要附加的变换反应使 CO 转化为 CO_2,然后 CO_2 被分离以生产纯 H_2。在新工艺过程中,纤维素、NaOH 溶液(约 50m%)和催化剂(以氧化铝为载体的 Ni 催化剂)的混合物,用蒸汽以 2℃/min 速度逐步升温,使混合物温度从 100℃ 提高到 600℃。纤维素首先被分解成有机酸(包括甲酸、乳酸、乙醇酸和醋酸),有机酸再几乎以 100% 的产率完全分解为 H_2 和 Na_2CO_3,并同时能抑制甲烷的生成。Na_2CO_3 可与石灰反应转化为 NaOH。仅有的 CO_2 排放来自 $CaCO_3$ 焚烧以制取石灰。而 CO_2 再进入碳循环以生产更多的生物质。除纤维素外,该工艺可应用于其他类型生物质,包括淀粉、葡萄糖和木屑。虽然该技术仍处于基础研究阶段,但已申请了专利,并正在寻求工业合作伙伴以将该技术推向商业化。

生物质用蒸汽气化以生产氢气是有发展前途的方法。为了提高在得到的燃烧气体混合物中氢气的浓度,可就地使用 CO_2 吸附剂,通常使用氧化钙来吸附。澳大利亚悉尼大学化学和生物分子工程系的可持续发展技术实验室研究小组开发了特定制作的 CaO 吸附剂用于生物质气化。据称,经验证,使用特定制作的 CaO 吸附剂可使生物质转化为 H_2 的转化率达到 86%,而使用工业 CaO 吸附剂的转化率则为 68%。该课题组的研究,第一次合成了定制的 CaO 吸附剂用于就地捕集气化时的 CO_2。课题组开发了沉淀技术,使用浆液鼓泡塔制备带有定制形态性质的 $CaCO_3$。以前的工作是使用沉淀技术合成 $CaCO_3$,用于从烟气中分离 SO_2 和 CO_2。经仔细控制的焙烧步骤可使 $CaCO_3$ 转化为有优化孔结构的 CaO。该吸附剂已在加工 2kg/h 生物质的气化器中进行了试验。计划建设 25kg/h 中型装置,以组合到工业化设施中进行验证,将第一次用于从生物质发电和捕集 CO_2。

美国佛罗里达州 Sanford 公司于 2008 年 3 月下旬宣布在北美第一次采用 Max-West 气化系统处理生物固体。MaxWest 环境系统公司开发了这一气化系统,可将城市废水处理系统的污泥转化为能量。MaxWest 环境系统公司在一废水处理场建立污泥转化为能量设施。废水处理场的最后产物为污泥,也称之为生物固体,污泥在密闭的气化器内被气化,产生合成气。在连续的集成过程中,合成气再在密闭的热氧化器中被氧化而产生热能。Sanford 公司使用该热能可替代天然气以驱动新的干燥器。与使用化石燃料天然气的成本相比,可使 Sanford 公司在 20 年内节约 900 万美元。该技术强化了对使废弃物料的管理,并保护了环境。

总部在美国加利福尼亚州 Yorba Linda 的 PHREG 技术公司于 2008 年 11 月申请了一种热解工艺专利,该热解工艺可将生活废弃物和其他生物有机物转化成质量为 350～600 Btu/标准立方米(取决于废弃物性质)的合成气。虽然该工艺仅处于模拟化阶段,但该技术已采用经验证的可靠组件进行了设计。它基本为一小型鼓风炉,气化和熔渣分离过程在一台单一的反应器中完成。按照 PHREG 概念,碎片残余物从直立式反应器顶部进入,并受热进行热解,上流驱动气体。合成气产品离开反应器顶部,残渣(约占进料 2 vol%)从器底予以回收。反冲驱动的气体由被循环的气体在 3000～3200℉ 下进行次化学计量燃烧产生。合成气被净化后,可用于涡轮发电机发电,或被加工以制取氢气、甲醇或合成氨。据估算,2500t/d 的装置(相当于约 100 万人丢弃的残余物)可产生电力 60～100MW,投资成本约为 2.1 亿美元,投资偿还期为 2.5～4 年。

秦皇岛领先科技发展有限公司在国内率先构建成功持续高效产氢的"双突变"菌株,使得光合生物制氢走出实验室,并有望实现产业化。低能耗制取氢气,一直是国内外科学界追求的目标。近年来,我国加大了对生物制氢的研究开发力度,但一直处于实验室研究阶段,还没有突破性的成果。秦皇岛领先科技公司是国内第一家从事生物制氢的高新技术企业,该公司获得国家"863"计划资助后,以产氢速度快、氢产量高、产生氢气较纯的深红红螺菌作为研究对象,应用分子生物学方法,对菌株中吸氢酶和固氮酶的失活酶基因进行处理,解除了吸氢酶和固氮酶在黑暗条件下的失活作用,从而成功构建了持续高效产氢的"双突变"菌株,使制氢的成本大幅降低,并达到国内先进水平。光合反应器的设计是提高氢产量的第二个核心内容。为使光合生物制氢工艺符合产业化要求,领先科技公司根据前期实验参数,选择了耐高温、透光性能好的玻璃材料,并设计了不同形状的光合反应器,使之能够充分吸收光能,达到较高的光能转化率。现在这种反应器已经设计完毕,一旦设备到位将实现规模化生物制氢。

6.2.26 生物质制造轮胎

日本横滨轮胎公司于 2009 年 7 月初宣布推出新的 Super E-spec 轮胎,这种轮胎部分由橘子皮抽出的油来制造,图 6.13 所示为橘子皮制造的轮胎,这种轮胎采用了 80% 的非石油材料,并且改进了滚动阻力,这种轮胎可使滚动阻力减小 20%,这意味着可节省一部分燃油。

此种新轮胎主要由橘子皮油与天然橡胶制成,并可改进汽车动力。这类轮胎的尺寸适合于一般的混合动力汽车,如丰田公司 Prius、本田公司 Civic 和丰田公司 Camry 车型使用。

"从树木制造轮胎",这也不是妄想,而是人们正在实现的事实,已有研究证实,可从树木得到制取轮胎所需的部分材料。

美国俄勒冈州立大学(OSU)的木质科学研究人员于 2009 年 7 月 22 日宣布,已发现微晶纤维素的应用潜力,微晶纤维素作为一种产品可以很容易地从几乎任何类型的植物纤维来制取,它可部分替代二氧化硅,作为橡胶轮胎制造中的增强填充剂。

新的研究指出这一途径可望降低生产轮胎所需的能量和成本,并能更好地阻止热量集聚。初步试验指出,这类产品可望使轮胎在寒冷或潮湿的路面上具有

图 6.13　橘子皮制造的轮胎

更好的摩擦力,并且在炎热气候条件下,与传统轮胎相比,可以有更好的燃料效率。

6.2.27　生物润滑油

生物润滑油是从可再生的植物性原料中提取的具有润滑作用的油脂,常见的品种包括液压机油、链条油、混凝土脱模剂、齿轮油、二冲程发动机润滑油、润滑油脂和金属加工油等。其中,液压机油所占份额最大,链条油和混凝土脱模剂规模次之,金属加工用切割润滑油市场自 2000 年以来增长较快,目前居应用市场的第三位。

从事催化剂技术的 Materia 公司于 2008 年 4 月初组建了 Elevance 可再生科学公司,注册资金超过 4000 万美元。Elevance 可再生科学公司为新的特种化学品公司,采用可再生油生产商业等级石蜡,并最终生产润滑油和添加剂。TPG Star L. P 公司和 TPG 生物技术伙伴公司参与了这项投资,通过采用 Materia 公司的"易位转化"技术可使通过低成本可再生油类如大豆、油菜籽和谷物油类生产的产品推向商业化。Elevance 可再生科学公司生产的商业化石蜡以 NatureWax 品牌销售,通过嘉吉炼油厂进行生产。其他易位转化产品方案包括 α-烯烃、酸类/酯类、环氧化合物、醛类和醇类。并将很快生产润滑油、添加剂和其他化学品,预计公司的销售额到 2016 年将会超过 10 亿美元。

西班牙韦尔瓦大学的一个科研小组于 2009 年 7 月在英国《绿色化学》杂志上发表文章称,他们利用蓖麻毒素和纤维素的衍生物,研制出一种新型工业环保润滑剂,不含任何传统润滑剂中的污染物质,从而有利于环境保护。研究人员介绍说,这种新型环保润滑剂实际上是一种"油凝胶",以植物纤维素和蓖麻毒素的衍生物为基础研制而成,其原料完全取自天然,因此可完全生物降解,可作为传统润滑剂的替代产品,从而避免传统润滑剂对环境造成的污染。目前工业使用的传统润滑剂多采用难以生物降解的物质制成,如合成油或石油的衍生物等,尤其还需添加对环境污染严重的金属增稠剂,这一类润滑剂

虽然性能良好,但却不够环保。另外,与传统润滑剂相比,这种新型润滑剂的生产技术和加工流程更加简单,它的机械稳定性与传统润滑剂相当,而且耐高温,黏度稳定。不过,在高温环境下有强惯性力作用时,它会大量流失。韦尔瓦大学研究小组说,他们将对这种新型的"绿色"润滑剂进一步研究,以改进它的润滑和抗磨性能。

目前北美生物润滑油市场上处于快速增长阶段,预计 2009～2014 年市场年均增长率将达 8.9%。美国增长咨询公司弗若斯特沙利文在 2009 年 7 月发布的 2008 年度北美生物润滑油市场报告中称,美国和加拿大是该地区主要的生产和消费国,墨西哥则处于萌芽阶段,市场规模还有很大的提升空间。2007 年,北美生物润滑油市场规模为 5.1 亿美元,总产量约 11.5 万 t。北美生物润滑油市场发展可谓动力十足。首先,环保和废物处理方面的法律法规正日趋严格,推动了生物润滑油等环境友好型产品的发展。近年来北美各国政府都出台了严格的法律法规,限制高残留高污染的产品使用。由于生物润滑油超过 90% 的成分都可生物降解,使用该产品不会对环境造成额外负担。另外,与矿物润滑油和合成润滑油相比,生物润滑油不含有毒物质,因此即使发生泄漏事故也不需要投入太多精力处理,这对生产厂商控制环保成本非常有利。其次,北美民众不断增强的健康环保意识和社会责任感,有效地促进了生物润滑油的消费。与此同时,美国政府也通过统一采购来支持生物润滑油市场的发展。美国 2002 年的《农业法》规定,由农业部负责制定的联邦政府采购计划应购买一定数量的生物润滑油。2006 年 3 月,美国农业部进一步明确了六种不同润滑油的最低生物质含量,其中包括可移动设备液压机油(最低生物质含量 44%)和渗透润滑油(最低生物质含量 68%)。

美国政府还通过免征油籽销售税、降低进出口税率和对消费者实施减税等手段,提高上游油籽种植者和下游生物润滑油消费者的生产和消费热情。例如,油籽种植者的油籽销售税免征幅度最高达 50%,这一免税政策有力控制了油籽收购价格,缩小了生物润滑油和矿物及合成润滑油之间的价差,增强了生物润滑油的竞争力。然而,由于生物润滑油产业尚处于襁褓期,市场规模很小,目前还只能作为矿物及合成润滑油的替代品使用。长远看来,市场发展还将面临原材料价格波动带来的成本压力、本身的性能缺陷、市场供需关系变化、消费习惯、生物原料缺乏等不确定因素的挑战。原料及能源价格波动是最大的不确定因素。生物润滑油以可再生的植物为原料,生产过程中消耗的能源由传统能源供给。因此,植物原料或者原油价格波动都会对其价格产生影响。由于生物润滑油低温易硬化、高温易降解,影响了其在二冲程发动机、四冲程发动机、液压机械及变压器领域的应用。目前业界主要通过加入添加剂来解决这些问题。市场供需是否平衡是决定生物润滑油行业发展顺利与否的重要因素,供过于求或者供不应求都不利于市场的发展。消费者的观念短时间内难以改变,这也使生物润滑油市场的增长受阻。由于目前的主流润滑油还是矿物润滑油,生物润滑油相对明显的弱点和高昂的价格很难吸引大多数消费者。

近年来,北美地区生物润滑油市场的竞争并不激烈。目前共有厂商 35 家,预计未来随着新厂商的加入,这一数字将不断增大。由于各大厂商,特别是国际大公司投入的研发力度很大,新产品层出不穷,预计各厂商在技术领域的较量将会愈演愈烈。

当然,随着生物质工业技术的发展,将会有新产品新发现不断地涌现出来。因此,在可以预见的未来,生物质产业将会极大地改善我们人类的生活,改善地球的生态环境,人类历史将进入崭新的一页。

6.3 微生物产生能源新途径

6.3.1 生物酶市场

作为工业生物技术的核心,生物(酶)催化技术被誉为工业可持续发展最有希望的技术。

BCC 的报告指出,2008 年全球氨基酸市场的销售收入达到 54 亿美元,是全球发酵原料产业最大的分支。未来 5 年全球氨基酸市场需求将以年均 7.6%的速度快速增长,到 2013 年该市场将达到 78 亿美元。而工业酶是发酵原料产业的第二大分支,2008 年的销售收入达到 38 亿美元,未来 5 年有望以年均 8.9%的速度快速增长,到 2013 年该市场将达到 49 亿美元。据 BCC 称,在过去的 4 年间,一些非常重要的产品仍然是通过发酵而得到的,这些产品包括氨基酸、类胡萝卜素、抗生素原料、酶、有机酸、多糖和维生素等。

在工业用酶市场方面,动物饲料和乙醇生产用酶将以高于平均增长速率增长,而食品和饮料市场用酶将以较慢的速率增长,但其发展仍处于健康态势。动物饲料用酶在发展市场中将以最快的销售增长速率增长。

据弗里多尼亚公司预测,应用于以食物为原材料加工乙醇使用的酶的需求量将会下降。而将纤维素材料加工成乙醇的酶的需求量有助于在乙醇生产领域实现可持续的需求增长,虽然一些非酶类技术可能会影响其在生物燃料市场上的应用增长。

生物催化和生物转化技术将是能源和化工行业实现生产方式变革、产品结构调整与清洁高效制造的有力保证。

不仅仅是酶,生物创新是通向绿色未来的光明道路,人们把它称为是基于生物创新的社会,而不使用基于石油的产品,人们称为生态社会。

生物创新的意思就是用更少生产更多,用更少的原材料消耗、更少的能源消耗、更少的水消耗,产生更少的废弃物比如生化乙醇的生产,废弃物也可以变成乙醇。所以,所有这些的废品都可以再重新回到农村地区作为肥料,能够形成一个良性的、封闭的循环,能够被不断地重新利用。

6.3.2 微生物产生能源新实例和新进展

1. 动物肠道微生物降解纤维素

美国马里兰大学的研究者们于 2008 年 6 月宣布研究出一种特殊的酶,该种酶能够将大批量的工业废料转化成能够掺和汽油使用的生物燃料。这种酶叫做 Etha,它能够将纤维素中的细胞壁分解,使纤维素成为可供发酵成生物燃料的糖类。使用酶作催化剂,不但成本低廉,也避免了在生产生物燃料的过程中使用大量具有腐蚀性的化学制剂。这意味着纤维素素乙醇燃料获得重大突破,因此量产第二代乙醇燃料成为可能,并且使用纤维素乙醇也不会与粮食造成冲突。这种酶能够转化多种类型的纤维质,包括植物和建筑垃圾。纤维制乙醇的原料主要是非谷物作物,例如废纸、酿酒的副产品、剩余的农业产品(稻草、玉米秸秆、谷壳),也可以分解能源作物柳枝稷等。使用这种酶,生物乙醇的生产潜力大约为 750 亿 gal/a。这种酶是从切萨皮克海湾的一种水草中提炼,马里兰大学的教授们发现这种生物中含有一种能够将植物迅速分解为糖类的特殊物质,这种物质可以被运用到生物燃料的生产中。最初困扰研究者们的难题是这种生物很难在海湾以外的其他介质中存活,但是后来研究者们在实验室中合成了这种酶,这使得分解纤维素的成本大大降低。

2. 促使大肠杆菌合成生物燃料乙醇

美国加利福尼亚大学洛杉矶分校的研究人员经过多年攻关,利用基因改造技术,首次促使大肠杆菌合成出一种高能效的生物燃料成分——拥有 8 个碳原子的长链乙醇。

2008 年 12 月一期的美国《国家科学院学报》刊载了该校研究人员撰写的研究论文。论文指出,普通生物燃料的重要成分乙醇仅含有两个碳原子,最常见的天然长链乙醇所含碳原子不到 5 个,而他们对普通大肠杆菌进行基因改造后,可促使其合成的长链乙醇包含 8 个碳原子,能量显著提高。用这种长链乙醇生产的生物燃料不仅能效高,而且污染低,可用以生产汽车和飞机燃料等。

3. 新菌种可产生"真菌柴油"生物烃类

美国明尼苏达大学以 Gary Strobel 教授领衔的研究团队于 2008 年 11 月 4 日宣布,发现了可产生生物烃类的菌种,这是一种内生植物的菌种 Gliocladium roseum (NRRL 50072),它可自然地产生数量多达 55 种不同挥发性的烃类和烃类衍生物,其数量之多可相当于柴油燃料中的烃类。为此,研究人员称这种菌种产出了"真菌柴油"。

Gary Strobel 等这次发现的意义大于其 1993 年在抗癌药物 taxol 中发现的菌种。它们首次发现了可生成许多柴油成分的菌种。这一重要发现揭示了它可生成各种中链长的烃类。这种菌种的另一有前途的应用是可在纤维素中生长。例如,这种有机体可产生多种直链烷烃的醋酸酯,包括戊基、己基、庚基、辛基、二辛基和癸基醇类的醋酸酯。其他的烃类也可由这种有机体产生,包括 2,6-二甲基十一烷、3,3,5-三甲基癸烷、4-甲基环己烯、3,3,6-三甲基癸烷和 4,4-二甲基十一烷。在纤维素基介质中也可产生一些挥发性烃类,包括庚烷、辛烷、纯苯和一些支链的烃类。

4. 微生物法制备丁醇燃料的新路线

美国科学家于 2008 年 1 月初宣布,开发出一种用微生物生产长链醇燃料的新路线。作为替代燃料,其比乙醇有更好的应用前景。

美国加利福尼亚大学研究人员通过对大肠杆菌进行加工，使它产生异丁醇和其他多种有前景的长链醇燃料。含有四或五个碳原子的丁醇和支链链醇都是远优于乙醇的汽油替代品，其单位体积能储存更多的能量（不过仍比不上汽油），且从大气中只吸收较少的水分子，不太容易产生污染，腐蚀性也比乙醇低。

早在1916年，人们就开始利用微生物发酵糖以生产丁醇和乙醇，但该工艺一直无法与廉价的石油路线相竞争。如今，随着石油价格的上升，微生物路线再次引起诸多研究者的关注。传统的发酵途径仅能产生直链1丁醇，该研究小组的目标是生产比直链丁醇具有更高的辛烷值的支链异丁醇。因此他们设计了一种全新的路线，可以生产分子链含碳原子个数为3～5的多种醇类，其中具有良好特性的异丁醇收率较高。同时，由于该工艺的反应是依靠一种氨基酸生物合成途径，因此在这种路线中，用其他微生物替代不太适合工业化的大肠杆菌应该较容易。据称，这一研究进展打开了探索各种高级醇作为生物燃料的大门，不仅限于乙醇和1-丁醇。丁醇具有微生物毒性，因此生物丁醇的商业化需要突破的一个关键性障碍是提高微生物的耐受性。研究人员表示，他们和一家生物燃料公司的合作已经展开，上述障碍主要存在于技术工艺设计方面。未来2～3年里，生物丁醇的工业化应该还是处在初级阶段。

5. 工程化细菌生产非自然的高能密度醇类

美国能源部UCLA研究院的研究人员于2008年12月11日宣布，开发了非自然的生物合成路径，利用工程化细菌Escherichia coli生产各种带有5～8个碳数的醇类。较高碳数的醇类因其有较高的能量密度和较低的水溶性，是生产生物燃料的有吸引力目标产品。相对比较，乙醇含2个碳原子，丁醇含4个碳原子原子。

为了验证这一途径的可行性，研究人员优化了六碳醇：3-甲基-1-戊醇的生物合成。这一研究成果已在2008年12月8日出版的《美国科学院汇刊》上发布。

2008年1月，James Liao及其同事采用遗传改性的E. coli细菌有效地生产出几种较长链的醇类，包括异丁醇、1-丁醇、2-甲基-1-丁醇、3-甲基-1-丁醇和2-苯基乙醇。James Liao通过E. coli细菌的高活性氨基酸生物合成路径，将2-酮酸中间体移位应用于醇类的合成。

6. 蓝细菌分泌脂肪酸的潜力可望降低生物燃料生产成本

美国亚利桑那州大学生物设计学院的研究人员使蓝藻细菌（Synechocystis sp. PCC 6803）实现了工程化处理，从而可分泌脂肪酸（C_{10}～C_{18}），提供了可降低生物燃料生产成本障碍的方法。他们的研究结果已发表在2010年3月29日国家科学院院汇刊（PNAS）上。

研究人员此前已修改过这些微生物，使其可自生自灭，并释放出其脂质含量。该团队的研究成果进一步表明，富能量的脂肪酸可被提取，而此过程并不杀死细胞。

7. 由细菌产出腐胺

韩国先进科学技术研究院（KAIST）的科技团队于2009年8月30日宣布，成功开发出使E. coli细菌菌株经工程化处理后，产出了构筑模块化学品腐胺。这项研发成果已在《Biotechnology and Bioengineering》科学杂志上发布。

新开发的 E.coli 菌株工艺可成为当今石化路线生产腐胺的天然替代工艺。这一用于生产化学品和化工材料的生物炼油厂的开发对替代大量依赖于化石燃料的生产路线具有重要意义。

腐胺是含有 4 个碳链的二胺,有广泛的用途,包括用于生产医药、农化产品和特种化学品。它现在正被用于合成有广泛用途的工程塑料尼龙-4,6。腐胺的售价超过1600 欧元/t,市场规模约为 1 万 t/a。

腐胺在商业上系可通过催化工艺从石化产品来生产。与 KAIST 开发的细菌体系不同的是,石化工艺具有高的毒性和可燃性,对环境和人类健康均会带来潜在的严重负面影响。

研究团队通过 E.coli 菌株新陈代谢的途径解决了会引起腐胺品质降级的难题。研究人员也对一种关键的酵母 Spec C 进行了性能强化,这种酵母可使化学品乌氨酸转化成腐胺。最后,使从细胞中分泌出腐胺的腐胺"输出载体"也得以优化。这一工艺过程的最终结果是,经工程化处理的 E.coli 菌株每 L 可产出 24.2g 腐胺。

众所周知,腐胺对微生物具有毒性,然而,KAIST 研究人员发现,经工程化处理的E.coli 菌株与其他微生物相比,其容忍度要高出 10 倍,从而可使产生的目标化学品浓度能应用于工业生产。

8. 微生物制氢的技术挑战

另一个有前景的生物燃料是氢气。许多汽车制造商已经生产出氢气概念车,氢能汽车项目也在洛杉矶取得了许可,Burbank 公司也使氢能汽车在 2008 年夏天投入使用。随着更多的汽车投入使用,对氢能源的需求也不断增加。

生长在池塘、湖泊和污泥中的紫细菌可以将水和 CO_2 转化为氢气(有些细菌利用一氧化碳),但目前的问题是怎样使菌液中的每一个细菌都能充分接触到气态 CO_2。解决方法是将细菌固定在大量多孔的中空纤维上,水和气体都可以自由地透过这些纤维,但是由于细菌体积较大,所以不能通过纤维。氢气可以从 50ml 大小的生物反应器中直接注射到燃料电池中。另一个问题是大气中的 CO_2 还不能被利用,但是研究人员表示:用特殊的热化学过程可以用生物质生产 CO_2,另外也有一些细菌可产生 CO_2。

9. 借助细菌生产甲醇

美国科学家 Craig Venter 宣布,他们的实验室正在构建一种可以利用燃煤工厂中产生的 CO_2 直接生产甲醇的细菌。他们曾经在海洋中收集到大量首次发现的微生物,有些微生物能够利用自然代谢的 CO_2 和氢分子反应生成 CH_4。另外,这些微生物不是光合细菌,也就是它们可以生长在普通的容器中,不需要太阳光。这与培养海藻捕获 CO_2 相比是一个主要的优点。因为这些海藻必须生长在光反应器中,这样会使成本大大提高,产量降低。

10. 借助细菌将煤炭转化成甲烷

BP 公司与从事生物技术研究的 Synthetic Genomics 公司于 2009 年 6 月底宣布,在超过 1mi 深度的地下发现了可将煤炭转化成甲烷的细菌。

生物学家兼 Synthetic Genomics 公司的共同创建者 Craig Venter 表示，这一发现可望产生一项打开世界煤田大门的新技术，使甲烷可从煤炭中很容易地得到。两家公司将放大这一技术，甚至可使不易开采的煤炭也能大量生成可予应用的天然气。

Craig Venter 领导的 Synthetic Genomics 公司表示，已对地下深层或地下水中收集到的微生物进行 DNA 分析，并获得了 2000 万个基因的信息。

BP 公司与 Synthetic Genomics 公司合作始于 2007 年，双方持续研究在化石燃料沉积物中生存的微生物基因。

11. 借助细菌从电力和 CO_2 直接生产甲烷

由美国宾夕法尼亚大学 Bruce Logan 等组成的研究团队于 2009 年 3 月 30 日宣布，借助细菌可从电力和 CO_2 直接生产甲烷，研究人员采用电化学系统中含有甲烷细菌的生物阴极或微生物电解电池，利用称之为电甲烷合成（electromethanogenesis）的工艺，可直接从 CO_2 生成甲烷。研究表明，电甲烷合成工艺可用于从可再生能源（如风能、太阳能或生物质）产生的电力，通过转换 CO_2 来生产生物燃料（甲烷），并可用作捕集 CO_2 的一种方法。这一成果已在美国化学学会杂志《环境科学与技术》上发表。

采用含有生物阴极的双室电化学反应器，在小于 -0.7 V（vs Ag/AgCl）下，CO_2 就可被还原成甲烷，而无需贵金属催化剂。在 -1.0 V 下，CO_2 捕集效率约为 96%。

12. 生物基卤代甲烷可望工业化

美国加利福尼亚州大学科研人员于 2009 年 6 月上旬表示，使用基因工程菌和酵母可以实现以生物质为原料的卤代甲烷工业化生产。当前卤代甲烷主要来自于石油，而来自于海藻和菌类等生物体的天然卤代甲烷因收率很低，尚未实现工业化生产。

加利福尼亚大学已成功开发出一种新工艺，该工艺可以利用细菌来分解植物生物质，并生产出醋酸盐，然后由酵母来分解这些醋酸盐，生成卤代甲烷。这种生物工艺可利用非食物可再生资源生产卤代甲烷，如果与化工催化相结合，还可以生产出日用化学品或燃料。研究人员当前正在利用甘蔗渣为原料来生产卤代甲烷，面临的主要挑战是如何利用基因工程来提高卤代甲烷的收率。

13. 微生物使污水合成燃料技术

一种全新的生态能源——微生物碳捕获燃料"海遂富"于 2009 年 6 月完成实验室研发和中试，即将进入产业化阶段。这是我国科学家经过 5 年攻关，研制出的一种从污水中提取的名为"海遂富"的微生物生态能源。

与传统的生物能源不同，这种燃料并不消耗粮食，而是用污水做原料。据"海遂富"微生物碳捕获燃料课题组介绍，这种"污水燃料"是一种微生物生态能源，是混合城市生活污水、垃圾渗滤液和工业污水 3 种渗滤液，通过添加特殊微生物群落发酵而成的一种有机液体燃料。

"海遂富"的研发是在联合国有关机构与国际生态安全科学院的支持下，由国际生态安全合作组织与东莞国津微生物能源工程有限公司联合成立的微生物生态能源研究所承担的科研项目。该项目已通过研发机构所在地质量技术监督检验部门和相关高校专家的论证，并将进入产业化生产。

14. 微生物经生物化工技术合成细菌纤维素

织布用棉花,造纸业用木浆、芦苇、稻草,这是人类几千年的传统经验,这些原料能提供纤维素,用于制造布和纸。而现在,由微生物经生物化工技术合成的细菌纤维素正取代这些传统纤维资源,逐步进入食品、医药、纺织、造纸、化工、采油、选矿等行业,在日、美发达国家已初步形成年产值上亿美元的市场。在人口增长与耕地有限的矛盾日益突出、资源日益短缺的情况下,细菌纤维素蕴藏着无限商机。

我国在这方面的研究开发尚处于起步阶段。我国细菌纤维素要形成产业化、规模化应用,必须要过降低成本和开拓应用领域两道关。据介绍,细菌纤维素由微生物合成,不仅具有合成速度快、产率高等特点,而且具有许多植物纤维素无法比拟的优良性能。它具有良好的生物适应性,很好的韧性强度和水合度。因其对液、气通透性好,与皮肤相容性好、无刺激,并且结构极为细密,防菌性和隔离性均优于当今其他人造皮肤和外科敷料,在医学应用上有着很好的发展前景。细菌纤维素膜还可作为缓释药物的载体携带各种药物,用于皮肤表面给药,促进创面的愈合和康复。

在食品工业中,由于它具有很强的亲水性、黏稠性、稳定性及不被人体消化的特点,细菌纤维素成为一种优质的食品基料,可作为食品成型剂、增稠剂、分散剂、抗溶化剂等,还可替代沙拉酱中的油脂、冰激凌中的奶油。由于细菌纤维素和其他胶体具有共效作用,以其制作的鱼丸子、肉丸子及香肠类制品的胶体添加剂,会赋予产品更好的口感。

此外,细菌纤维素还可作为造纸、织布、涂料的增稠剂、增强剂,超滤和反渗透膜材料、动物细胞培养载体、高级音响设备振动膜等。细菌纤维素的高机械强度可满足当今顶级音响设备的声音振动膜材料对声音振动传递快、内耗高的特性要求。

目前,成本过高和应用领域较窄限制了细菌纤维素的发展。生产细菌纤维素需要适合发酵条件的培养基,而且培养基的组成对纤维素产量有很大的影响。目前培养基所需要的碳源如葡萄糖的成本比较高,制约了细菌纤维素的规模化生产与应用。因此,要想更广泛地使用细菌纤维素,首先就要降低成本。据了解,我国发展细菌纤维素最早的海南省,以自然发酵椰子水为主要培养基质,利用微生物工业化生产纤维素凝胶已有十年的历史。

现在国内的细菌纤维素主要应用在食品加工领域,在其他领域中的应用还未形成产业化规模,行业还存在着产品标准未建立、无权威性的检测方法及技术、产品品质无法规范、部分厂商甚至无生产许可证等问题。

15. 细菌变生物工厂

美国研究人员开发出一种称为多重自动基因工程技术(MAGE)的细胞编程新方法,通过平行编辑多重基因,可快速地进行细胞定制(见图 6.14)。他们仅用 3 天时间就将大肠杆菌细胞转变成一个生产化合物的高效工厂,而大多数生物科技公司要完成这一任务需要几个月或几年的时间。该研究成果刊登在 2009 年 7 月 26 日的《自然》杂志网络版上。

随着生物技术的发展,高通量基因测序技术使得生物学家可以每小时扫描数百万个 DNA 字母或碱基。但当他们要修正一个基因组时,往往会遇到阻碍,而过时的细

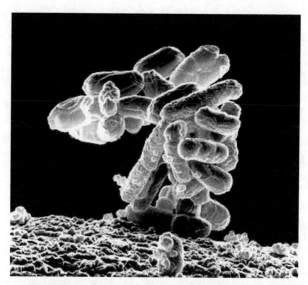

图 6.14 美国研究人员开发出细胞编程新方法,可快速进行细胞定制

胞编程技术更加大了修正的难度。

为了缩小 DNA 测序技术和细胞编程技术之间的差距,加快细胞编程速度,以快速设计出细胞的新功能或提高现有细胞功能,美国哈佛医学院遗传学教授乔治·丘奇领导的研究小组正寻求利用基因和基因组信息,来开发新的细胞编程工具。新技术的关键在于,如何摆脱线性基因工程技术的束缚,超越目前的串行操纵单个基因模式。

研究人员选定大肠杆菌作为实验对象。他们将几个基因引入到大肠杆菌的环状染色体中,诱使其产生具有极强的搞氧化活性的番茄红素——胡萝卜素的一种。接下来的任务就是想办法调整细胞来增加这种化合物的产量。

传统上,可利用 DNA 重组技术,也称为基因克隆技术,来完成该类转化。但这种技术的程序相当复杂,包括分、切、连、转等多个环节。丘奇教授领导的研究小组则采取了不同的方法。研究论文的作者之一哈里斯·王强调,基因功能不是孤立的,而是相互依存的。克隆经常会使研究人员忽略了基因的相互依存性,以至于过于简单地看待细胞系统。他们有可能忘记,某一个突变可能会增强或削弱另一个突变的效果。而该论文的另一位作者法伦·艾萨克斯则指出,要预测哪一种变异组合会带来预期的性能几乎是不可能的,生物学如此复杂,根本无法找到这个问题的最优解。因此,研究小组将工程师的逻辑性与生物学家对复杂事物的理解力有效结合起来。他们重组了进化路径,以前所未有的速度创造出遗传多样性,从而增加了发现具有特定属性细胞的几率。

研究人员从大肠杆菌 4500 个基因中选取了 24 个基因,将它们的 DNA 序列分成易于处理的 90 个字母片段,然后对每一个片段进行修改,以产生一系列的基因变异。接下来,利用这些特定的序列,研究人员制成数千个独特的基因结构,将它们重新插回细胞,以使自然的细胞机制能吸收这些改进了的遗传物质。实验表明,有些细菌会和一个新结构融合,有些细菌则可以和多个新结构融合。在所产生的细胞中,有些细胞比其他细胞能产生更多的番茄红素。研究小组从这些细胞中提取出最好的"生产者",

不断重复同样的过程,以使这一"生产机械"更加精细完善。而为了使实验更容易,所有这些步骤都是自动操作进行的。

通过加速进化,研究小组在 3 天内创造出了多达 150 亿个的基因变异,而番茄红素的产量则提高了 5 倍。而如使用传统的克隆技术创造这 150 亿个基因变异,需花费数年的时间。

报道指出,该研究小组的新路径在合成多种宝贵化合物的过程中会起到很重要的作用,那些经过重新编程的细菌也具有多种用途。MAGE 平台将会给生物技术学,尤其是合成生物学的发展,带来强有力的推动。正如丘奇教授所言,MAGE 这种自动化、多元化的技术将有助于研究人员设计出完整的研究路径和基因组,将把细胞编程技术带到一个全新的水平。

16. 利用海藻细胞生产电流获得成功

据美国物理学家组织网 2010 年 4 月 14 日报道,美国斯坦福大学研究人员利用可进行光合作用的海藻细胞生成了微弱的电流,被认为是在生产清洁、高效的"生物电"的探索中迈出的第一步。相关研究已发表在《纳米快报》杂志上。

所谓光合作用是指植物、藻类和某些细菌等利用叶绿素,在阳光的作用下,把经由气孔进入叶子内部的 CO_2,水或是硫化氢转化为葡萄糖等碳水化合物,同时释放氧气的过程。这一过程的关键参与者是被称为"细胞发电室"的叶绿体。在叶绿体内水可被分解成氧气、质子和电子。阳光渗透进叶绿体推动电子达到一个能量水平高位,使蛋白可以迅速地捕获电子,并在一系列蛋白的传递过程中逐步积累电子的能量,直到所有的电子能量在合成糖类时消耗殆尽。

作为此项研究的主导人员,柳在亨表示,他们是首个从活体植物细胞中提取电子的研究团队。研究小组使用了专为探测细胞内部构造而设计的一种独特的纳米金电极。将电极轻轻推进海藻细胞膜,使细胞膜的封口包裹住电极,并保证海藻细胞处于存活状态。在将电极推入可进行光合作用的细胞时,电子被阳光激发并达到最高能量水平,然后研究人员对其进行"拦截":将金电极放置在海藻细胞的叶绿体内,以便快速地"吸出"电子,从而生成微弱的电流。科学家表示,这一发电过程不会释放 CO_2 等常规副产品,仅会产生质子和氧气。

研究人员表示,他们能从单个细胞中获取仅 1 微微安培的电流,这一电流十分微弱,也就是说上万亿细胞进行为时 1 小时的光合作用,才等同于存储在一节 AA 电池中的能量。同时,由于包裹在电极周围的细胞膜发生破裂或者细胞遗失原本用于自养的能量,都可能导致海藻细胞的死亡。因此研究团队下一步将致力于优化目前的电极设计,以延长活体细胞的生命,并将借助具有更大叶绿体、更长存活时间的植物等进行研究。

柳在亨称,目前研究仍处于初级阶段,研究人员正在证明是否能通过单个海藻细胞获取大量的电子。研究人员表示,聚集电子发电的效率将大大超越燃烧生物燃料所生成的能量,并与太阳能电池的发电效率相当,并有望在理论上达到 100% 的能量生成效率。但这一方式在经济上是否合算,还需要进一步的探寻。

参考文献

[1]Biomass-An Emerging Fuel for Power Generation,renewableenergyworld,2010-3-2

[2]Siemens Completes Successful First Firing of PetroAlgae's Biomass Fuel in Pilot Plant-scale Pulverized Coal Burner,renewableenergyworld,2010-6-8

[3]Industry Tests Show Bio-Derived Synthetic Paraffinic Kerosene Performs as Well as Petroleum Jet Fuel; Aviation Partners Push for Approval for Use,greencarcongress,2009-6-19

[4]BioJet Corporation and Camelina Producer Great Plains Oil Team to Produce Renewable Jet Fuels,greencarcongress,2010-1-7

[5]Policy changes key to a switch to biofuels,Biofueldaily,2010-2-21

[6]Analysis Finds That First-Generation Biofuel Use of Up to 5.6% in EU Road Transport Fuels Delivers Net GHG Emissions Benefits After Factoring in Indirect Land Use Change,greencarcongress,2010-3-26

[7]Study Finds E20 Blends Reduce CO and Hydrocarbon Emissions in Automobiles,greencarcongress,2010-3-29

[8]EC commissioned analysis positive about sustainability of biofuels,renewableenergymagazine,2010-4-8

[9]Life Cycle Analysis of Evogene Castor Bean-based Biodiesel Shows 90% Emissions Reduction Compared to Petroleum ,renewableenergymagazine,2010-4-15

[10]Jatropha Biodiesel-FT Blends Reduce Most Criteria Pollutants Compared to Neat FT; Higher NOx,renewableenergymagazine,2010-6-1

[11]Lifecycle Analysis Finds Cellulosic Ethanol Produced by POET's Project LIBERTY Will Reduce GHG Emissions 111% Over Gasoline,greencarcongress,2010-6-16

[12]Two Groups of Researchers Make Gasoline from Sugar,renewableenergyworld,2008-9-24

[13]Air New Zealand and Boeing Sustainable Biofuels Test Flight Set for 3 December,Greencarcogress,2008-11-12

[14]VERBIO Grain Ethanol Can Emit Up to 80% Less CO_2 on Lifecycle Basis Than Gasoline,Greencarcongress,2008-11-27

[15]Idaho National Lab Developing Highly Carbon-Efficient Biomass-to-Liquids Process Combining High Temperature Steam Electrolysis and Biomass Gasification,Greencarcongres,2009-1-10

[16]Edmund Henrich, Nicolaus Dahmen and Eckhard Dinjus, (2009) Cost estimate for biosynfuel production via biosyncrude gasification. Biofuels, Bioprod. Bioref. 3:28-41 doi: 10.1002/bbb. 126

[17]Biosyncrude Gasification Process Could Produce Motor Fuel at Cost of Around $3/gallon , Greencarcongress,2009-1-31

[18]Researchers Develop Two-Step Chemical Process to Take Untreated Biomass to Furans for Fuels and Chemicals,Greencarcongress,2009-2-13

[19]Dynamotive Produces Renewable Gasoline and Diesel from Biomass in Three-Stage Process: Pyrolysis, Hydroreforming, Hydrotreating,Greencarcongress,2009-4-25

[20]New Catalyst Converts CO_2 to Useful Synthetic Chemicals,Greencarcongrees,2008-10-10

[21]Catalysts,Chemical Week,2009-5-3

［22］New One-Pot Catalytic Pathway to Convert Cellulose to Glucose and HMF, an Intermediate for Fuels and Chemicals, Greencarcongress, 2009-6-10

［23］Biofuels potential to reach 178 billion by 2020, biofuels-news, 2009-6-15

［24］Virent Receives Presidential Green Chemistry Challenge Award for BioForming Process to Produce Biohydrocarbon Fuels, Greencarcongrees, 2009-6-23

［25］Amyris Opens Renewable Products Demonstration Facility in Brazil; Final Scale-up Before Commercial Production of Renewable Fuels and Chemicals, Greencarcongrees, 2009-6-25

［26］DoD Researchers Work to Increase the Production of Higher Chain Hydrocarbons from CO_2 Using a Traditional Fischer-Tropsch Catalyst, Greencarcongrees, 2009-6-27

［27］Five More Airlines Join Sustainable Aviation Fuel Users Group, Greencarcongrees, 2009-7-14

［28］UK Biofuels Update, renewableenergyworld, 2009-7-21

［29］Terrabon Produces High-Octane Green Gasoline, Biofueldaily, 2009-7-30

［30］Joule Unveils Solar-to-Biodiesel Process, renewableenergyworld, 2009-11-10

［31］Elevance Renewable Sciences Planning Biorefinery Based on Olefin Metathesis Process; Range of Products Includes Renewable Jet and Diesel, and Biodiesel, Greencarcongrees, 2009-12-30

［32］New Nanohybrid Catalysts Could Streamline Biofuel Production, greencarcongress, 2010-1-5

［33］ARA Developing Catalytic Hydrothermal Process to Convert Plant Oils Into Non-Ester Biofuels (Biohydrocarbons), greencarcongress, 2010-1-15

［34］LS9 Purchases Florida Site to Manufacture Renewable Diesel; Commercial-Scale Demonstration, greencarcongress, 2010-2-4

［35］British Airways Partnering With Solena on Renewable Jet Fuel Plant; F-T Biojet Use Targeted for 2014 , greencarcongress, 2010-2-15

［36］Wisconsin Researchers Devise Process to Convert Biomass Intermediate Product into Drop-in Transportation Fuels Without Use of External Hydrogen or Precious Metal Catalysts, greencarcongress, 2010-2-27

［37］University of Wisconsin Team Develops High-Yielding Chemical Hydrolysis Process to Release Sugars from Biomass for Cellulosic Fuels and Chemicals, greencarcongress, 2010-3-12

［38］UK Consortium to Develop Carbon-Efficient Pyrolysis Biofuel Blendstock for Transport Sector, greencarcongress, 2010-3-16

［39］CSI Says New Pretreatment Technology for Cellulosic Biomass Could Reduce Enzyme Dosage By Up To a Factor of 10, greencarcongress, 2010-3-27

［40］Uhde's PRENFLO Gasification Process to be Part of 113M BioTfueL BTL Project in France, greencarcongress, 2010-3-27

［41］Ionic Liquids for Conversion of Biomass to Sugars or HMF Without Additional Catalysts, greencarcongress, 2010-4-5

［42］Another Potential Pathway to Biomass-Derived Gasoline: Aqueous Phase Hydrodeoxygenation, greencarcongress, 2010-4-21

［43］A One-Step Process for Converting Biomass and Biomass-Derived Carbohydrates into DMTHF for Liquid Fuels, greencarcongress, 2010-5-3

［44］UW-Madison Team Shows Good Yield of Renewable Diesel and Jet Hydrocarbons from Processing of Biomass-Derived GVL greencarcongress, 2010-5-4

［45］Shell Researchers Develop New Generation of Lignocellulose-based Biofuels Derived from GVL，greencarcongress，2010-5-17

［46］Novozymes and Nedalco Partner to Develop Different Strains of Yeast to Ferment C5 Sugars from Biomass for Cellulosic Ethanol，greencarcongress，2010-5-15

［47］Ondrey G，This new process makes biogasoline from carbohydrates，Chemical Engineering，2010,117(5):8～9

［48］IBN Team Uses Imidazolium Salts in Catalyst System to Convert Sugars into HMF Biohydrocarbon Fuel Intermediate，greencarcongress，2008-12-13

［49］Study Finds Integrated Biorefinery Processes Could Be Highly Competitive With Petroleum Fuels on Efficiency and Costs，While Offering Substantial Reductions in Greenhouse Gas Emissions，greencarcongress，2009-3-9

［50］Eric Johnson ，Biofuels Face a Carbon Certification Challenge，Chemical Engineering，2008-4:12～15

［51］Gerald Ondrey，Norske Skog/Xynergo & Choren collaborate on biofuels，Chemical Engineering ，2008-9-26

［52］Newly Discovered Fungus Produces "Myco-Diesel" Bio-hydrocarbons，greencarcongress，2008-11-4

［53］Amyris Opens First Pilot Plant for Renewable Diesel Fuel，Greencarcongress，2008-11-12

［54］Avantium and Royal Cosun to Develop Process for Production of Furanics Biofuels and Bioplastics from Ag Waste，Greencarcongress，2009-1-22

［55］Genomatica Develops Bio-manufacturing Process for Methyl Ethyl Ketone；Potential Product for Struggling Corn Ethanol Plants，Greencarcongress，2009-2-25

［56］Biopolymers: Could PHA Succeed PLA?，Chemical Week，2009-4-9

［57］Researchers Engineer Yeast to Produce Methyl Halides from Biomass；Precursors for Biohydrocarbon Fuels，Greencarcongress，2009-4-22

［58］New One-Pot Catalytic Process For Hydrogenation of Bio-Oil to Produce Alkanes，Greencarcongress，2009-5-13

［59］Development for fats and oils-based chemicals rises，ICIS，2009-5-4

［60］Renewable Feedstocks: Trading Barrels for Bushels，Chemical Engineering，2009-6-12

［61］Development and marketing are surging as bioplastics categories expand to meet a worldwide demand that is growing exponentially ，ICIS，2009-3-25

［62］Annual Increase in Global CO_2 Emissions Halved in 2008；Decrease in Fossil Oil Consumption，Increase in Renewables Share，GreenCarCogrees，2009-6-27

［63］Analysis of Dynamotive Upgraded BioOil Confirms Gasoline，Jet，Diesel and Vacuum Gasoil Fractions，GreenCarCogrees，2009-6-29

［64］Biofuels and Biobased Chemicals Race to the Starting Line，renewableenergyworld，2009-7-17

［65］Cellulose-to-aromatics process simplifies BTX production，Chemical Engineering，2009-8

［66］Biobased succinic acid pilot effort underway，Chemical Engineering，2009-8

［67］Korean Team Develops Process for Generating Putrescine from Bacteria，Chemical Week，2009-8-28

［68］ClearFuels to Develop Co-Located Commercial-Scale Biorefinery for Renewable Jet or Diesel Production in Tennessee，Greencarcongress，2010-2-28

[69]IBM and Stanford University Developing New Organic Catalysts for New Types of Biodegrade-able，Biocompatible Plastics，greencarcongress，2010-3-10